Águas subterrâneas e poços tubulares profundos

2ª edição | revista e atualizada

Carlos Eduardo Quaglia Giampá
Valter Galdiano Gonçales

organizadores

Copyright © 2013 Oficina de Textos
1ª reimpressão 2018

Grafia atualizada conforme o Acordo Ortográfico da Língua
Portuguesa de 1990, em vigor no Brasil a partir de 2009.

Conselho editorial Cylon Gonçalves da Silva; Doris C. C. K. Kowaltowski;
José Galizia Tundisi; Luis Enrique Sánchez; Paulo Helene;
Rozely Ferreira dos Santos; Teresa Gallotti Florenzano

Capa e projeto gráfico Malu Vallim
Preparação de textos Cássio Pellin
Diagramação Maria Lúcia Rigon
Revisão de textos Hélio Hideki Iraha
Impressão e acabamento BMF gráfica e editora

Dados Internacionais de Catalogação na Publicação (CIP)
(Câmara Brasileira do Livro, SP, Brasil)

Águas subterrâneas e poços tubulares profundos /
Carlos Eduardo Quaglia Giampá, Valter Galdiano
Gonçales, organizadores. – 2. ed. rev. e atualizada – São Paulo : Oficina
de Textos, 2013.

Vários autores.
Bibliografia.
ISBN 978-85-7975-086-1

1. Águas subterrâneas 2. Hidrogeologia 3. Poços
tubulares 4. Recursos hídricos - Desenvolvimento
I. Giampá, Carlos Eduardo Quaglia. II. Gonçales,
Valter Galdino.

13-10306   CDD-628.114

Índices para catálogo sistemático:
1. Águas subterrâneas e poços tubulares profundos :
Recursos hídricos : Engenharia 628.114

Todos os direitos reservados à **Editora Oficina de Textos**
Rua Cubatão, 798
CEP 04013-003 São Paulo SP
tel. (11) 3085-7933
www.ofitexto.com.br   atend@ofitexto.com.br

Agradecimentos especiais

Aos autores, mais uma vez, pela dedicação e paciência na atualização e revisão dos textos.

Aos patrocinadores Açofiltro, Ebara, Maxiágua, Mojave, Prominas e Sampla, pela confiança depositada.

Ao João Manuel Filho, Professor Mestre e um dos pioneiros na Hidrogeologia do Brasil, pela incumbência recebida em verificar todos os capítulos.

À Abas, por meio de sua diretoria, pelo apoio institucional e divulgação desse relançamento.

Aos funcionários da DH, amigos e familiares, pelo incentivo em empreendermos esse projeto.

À Shoshana e ao Marcel e sua equipe da Oficina de Textos, pela confiança e parceria demonstradas.

Apresentação à 2ª Edição
2013

Esta nova edição do livro *Águas subterrâneas e poços tubulares profundos* é consequência do sucesso da primeira edição e corrobora a aceitação desta obra pela comunidade técnica e acadêmica não só como livro didático, para uso em cursos de graduação, mas como ferramenta de consulta por profissionais da hidrogeologia, que lidam cotidianamente com a construção de poços tubulares profundos, tanto para a investigação de aquíferos quanto para a produção de água subterrânea.

Por ser essencialmente prática, esta publicação, agora revista e ampliada, enriquece a bibliografia hidrogeológica nacional e se consolida como referência, porque oferece, com o uso de termos simples e de fácil compreensão, rápido acesso ao conhecimento das tecnologias de construção de poços para captação de água subterrânea. Essa facilidade, todavia, pela abrangência dos temas tratados, não foi alcançada sem sacrificar o aprofundamento dos assuntos, que se restringem essencialmente aos conceitos básicos dos temas expostos.

O primeiro capítulo traça um panorama sobre as águas subterrâneas, com a introdução de conceitos ligados às origens e formas de ocorrência dos aquíferos e sua função como unidade de armazenamento e de transmissão de água, realçando as vantagens de seu uso. Descreve, resumidamente, o estágio de conhecimento hidrogeológico continental, nacional e local, fazendo uma abordagem sobre as províncias hidrogeológicas da América do Sul e as águas subterrâneas no Brasil.

Coerente com a tendência atual sobre o uso conjunto das águas superficiais e subterrâneas, o segundo capítulo, *Elementos de hidrologia de superfície*, descreve o ciclo hidrológico de uma bacia hidrográfica e a apresenta como uma unidade de planejamento, descrevendo métodos de aquisição e tratamento de dados de precipitações e ensinando como separar, dos hidrogramas de descarga dos rios, o fluxo subterrâneo neles embutido.

Elementos de hidrologia subterrânea, o terceiro capítulo, esclarece os parâmetros físicos responsáveis pelo movimento da água nos meios porosos não saturados e saturados do subsolo, além de explicar, passo a passo, como eles podem ser avaliados com a realização de testes de bombeamento (que são de dois tipos: de aquífero e de produção). Ele orienta também como devem ser efetuadas e organizadas as tabelas de medição de nível d'água e de vazão durante esses experimentos de campo.

No quarto capítulo, Qualidade e classificação das águas subterrâneas, os processos geoquímicos e bioquímicos naturais atuantes sobre as águas subterrâneas são abordados: entre outros, procedimentos de amostragem de água, métodos de interpretação e apresentação dos resultados analíticos, além dos padrões de qualidade da água para diferentes usos (consumo humano, industrial, irrigação).

Prospecção geofísica é o tema do Cap. 5. Reconhecida como ferramenta essencial na caracterização das dimensões e geometria dos reservatórios subterrâneos que constituem os aquíferos, ela tem descritos seus fundamentos (notadamente aqueles aplicados à prospecção de água subterrânea).

Técnicas de locação de poços em diferentes domínios hidrogeológicos (fissural, das rochas cristalinas; cárstico, das rochas calcárias; poroso, das rochas sedimentares granulares) são encontradas no Cap. 6.

Em sequência, nos Caps. 7 – Projetos de poços –, 8 – Métodos de perfuração, completação e desenvolvimento de poços tubulares – e 9 – Perfilagem geofísica – são descritos os aspectos ligados à engenharia de construção de poços. A perfilagem geofísica é uma importante tecnologia que serve para complementar a descrição do perfil litológico elaborado pelo geólogo com base nas amostras de calha da perfuração, e é usada para identificar e atribuir valor às propriedades físicas das formações atravessadas (natureza da litologia, espessura das camadas, argilosidade, porosidade) e às propriedades químicas do fluido. Com o conhecimento desses valores, o geólogo consegue indicar quais são os trechos mais favoráveis para a instalação dos filtros do poço.

A Hidráulica de aquíferos e a eficiência de poços, Cap. 10, são expostas de forma bastante concisa e direta, definindo conceitos fundamentais ao entendimento da modelagem analítica dos aquíferos, como subsídio para a interpretação de testes de bombeamento orientada para a avaliação prática da vazão e da eficiência hidráulica do poço.

Os aspectos práticos da engenharia de produção de água de poços são abordados nos Caps. 11, Conjuntos de bombeamento – que trata dos tipos de equipamentos usados para a captação de água subterrânea em poços tubulares –, e 12, Operação, manutenção e telemetria em poços tubulares – que aponta causas e procedimentos necessários para corrigir problemas triviais que costumam reduzir a vazão e afetar a vida útil de poços produtores.

Preservação das águas subterrâneas, Cap. 13, descreve o problema da degradação ambiental decorrente do desenvolvimento urbano, industrial e agrícola, com a produção de resíduos perigosos de diversas origens (lixões, derivados de petróleo, indústrias metalúrgicas e químicas abandonadas etc.), e apresenta modernas técnicas investigativas de contaminações, da avaliação do risco à reparação de casos consumados.

O capítulo final, *Gerenciamento de recursos hídricos*, é uma leitura indispensável por apresentar o progresso institucional e legal alcançado pelo Brasil nos últimos 35 anos, em decorrência do reconhecimento da água como um bem de múltiplos usos e de valor econômico.

Finalmente, os autores desejam dizer que, pela simplicidade e abrangência no tratamento de um assunto tão essencial à vida como a água, esta obra os enobrece.

João Manoel Filho
Mestre em Hidrogeologia pela Universidade de Strasbourg e Doutor em Hidrogeologia pela Universidade de São Paulo. Geólogo da Sudene (1963-1971), Diretor Executivo da Planat (1975-1985). Professor Adjunto do Centro de Tecnologia e Geociências da UFPE (1972-2003). Professor Voluntário da UFPE e Consultor.

Prefácio à 2ª Edição

Água – Água subterrânea – Água superficial – Geleira – Nuvem

Em qualquer estágio, a água estará situada, em algum momento, em um desses espaços, no tempo e no contexto do ciclo hidrológico. Este ciclo regula a vida e interfere no planeta de forma direta em todas as suas atividades. Nesta obra, contemplamos uma de suas fases, a água subterrânea, não visível aos nossos olhos, e a forma mais adequada de sua exploração.

A importância da Hidrogeologia e dos conhecimentos para a construção de poços tubulares profundos (sua melhor e mais difundida forma de captação) é intrínseca aos processos voltados para a exploração de água subterrânea. A divulgação desses conhecimentos se fazem necessários e recomendáveis para o bom desempenho e, principalmente, para que o binômio uso sustentável/uso duradouro seja observado e mantido.

Lembremos que o Brasil possui 14% dos recursos hídricos do planeta, e as águas subterrâneas contribuem com 97% desse total.

Observa-se a carência de material técnico-científico nessa área específica da construção de poços tubulares profundos e da exploração das águas subterrâneas no Brasil. Muito pouco material está disponível, e até recentemente o conhecimento básico era decorrente de bibliografia e produções do exterior, que sequer contemplavam as condições, o mercado e as características do território brasileiro.

Esta edição pretende atender não somente aos técnicos e especialistas, mas também a outros profissionais e usuários das águas subterrâneas. Ela é composta de vários capítulos que abordam temas que mostram a atividade como um todo e em suas partes. Destaca-se a sua atualização no que diz respeito aos capítulos que falam de hidroquímica das águas observando a atual portaria do Ministério da Saúde, a MS 2914/12, bem como o capítulo sobre as legislações nacional e estaduais.

Com apoio de especialistas renomados nos diversos segmentos dessa atividade, confirmamos essa parceria, que viabiliza a segunda edição do primeiro livro brasileiro sobre o assunto. Editado em 2006 e lançado durante o XIV Congresso Brasileiro de Águas Subterrâneas, em Curitiba/PR, *Águas subterrâneas e poços tubulares profundos* agora é atualizado observando o novo estágio do conhecimento e da legislação brasileira.

Atingimos um nível considerável de conhecimento e domínio das tecnologias de exploração das águas subterrâneas, inclusive exportando conhecimentos e serviços para outros países. Porém, deve-se destacar a necessidade de qualificação e preparo dos profissionais que atuam na base da estrutura, o sondador e a equipe que lida diretamente com a operação das sondas perfuratrizes.

É o momento de se normatizar o setor, de modo a manter esse crescimento organizado e com responsabilidade diante da demanda e das necessidades do País em relação tanto ao abastecimento humano quanto à demanda industrial e do agronegócio.

Por último, agradecemos o empenho dos colaboradores e parceiros nessa empreitada, e dos especialistas que se dedicaram a revisar e atualizar seus textos e viabilizaram esta nova edição, que, esperamos, possa cumprir com a expectativa que se tem sobre ela.

Carlos Eduardo Quaglia Giampá
Valter Galdiano Gonçales

Introdução

Os profissionais das águas subterrâneas são um grupo peculiar, embora em número reduzido diante da nobreza e grandeza do tema. Eles constituem um setor que se distingue em muito do grande grupo dos profissionais, amadores e apaixonados pelo tema das águas.

Em primeiro lugar, por serem dedicados e apaixonados pela água que se encontra invisível na natureza, e portanto com um apelo muito menor do que sua porção superficial. Em segundo lugar, por comporem um universo distinto no universo de trabalho gerado pela produção e pelo controle dessa parte invisível do manancial.

Distintos claramente na ação de pequenas e médias empresas que atuam na área, invariavelmente pela iniciativa privada, com exceções tão raras que não mais fazem do que confirmarem a regra.

Como a água compõe nossas vidas de forma definitiva – afinal, mais de 70% de nosso corpo é composto por ela –, não é surpresa existirem regras infinitas ao seu redor. De legislações gerais a específicas, passando por lendas, mitos, funções religiosas e recreativas e muito mais. Assim, não é estranho que seu uso seja regrado e muito bem acompanhado pelo Estado ou pelas comunidades em geral, em qualquer parte do planeta.

Entretanto, o segmento de produção de águas subterrâneas permanece, em sua grande maioria, como uma iniciativa privada. Uma iniciativa nobre, técnica e merecedora de aplauso.

A evolução das técnicas nas águas subterrâneas deve-se ao empenho de profissionais apaixonados por esse bem tão importante, que, ao se unirem e trabalharem em conjunto com órgãos de controle de governos, universidades e pesquisadores, permitiram e permitem o acesso a ele de forma correta, limpa e ambientalmente saudável.

Este livro é o retrato desse panorama das águas subterrâneas. Pelas mãos dos amigos Valter Galdiano Gonçales e Carlos Eduardo Quaglia Giampá, *Águas subterrâneas e poços tubulares profundos* espelha essa peculiaridade do grupo formado pelos profissionais das águas subterrâneas.

Importante e essencial para aqueles que se dedicam ao assunto, este livro foi capitaneado por editores oriundos da iniciativa privada, que dedicaram seu tempo para o aprimoramento de todos os demais profissionais da área. Num esforço tão louvável quanto árduo, pelo qual não podem ser menos louvados, conseguiram reunir 18 autores para produzir este volume, entre os quais eles mesmos se encontram.

Neste livro nos deparamos com textos introdutórios sobre as águas subterrâneas no Brasil e com conceitos básicos de hidrologia superficial e subterrânea, além de textos sobre a qualidade de águas e a prospecção e locação de poços. Ele se esmera na parte que as escolas em geral não conseguem cobrir com profundidade, o poço propriamente dito.

Pela longa experiência profissional dos editores na perfuração de poços de diversas profundidades nas mais variadas geologias do País, a seleção dos autores e a apresentação do texto mostram ao estudante e ao profissional a arte na ciência e na engenharia da boa instalação de um poço tubular.

Este livro, cujo valor o leitor poderá comprovar e usufruir, ainda não consegue mostrar na totalidade a contribuição que os editores Valter Gonçales e Carlos Giampá ofereceram e oferecem aos profissionais da área. Seu desprendimento e dedicação ao setor das águas subterrâneas é sincero e definitivo, sua descrição não caberia neste espaço. Conseguem ser peculiares dentro de um grupo peculiar.

É um prazer tê-los dentro de um grupo de amigos e uma tarefa muito fácil recomendar a todos a leitura deste livro. Aproveitem.

Everton Oliveira
Associação Brasileira de Águas Subterrâneas (Abas)

Sumário

1 Águas subterrâneas 17
Aldo da Cunha Rebouças
   1.1 Origens das águas subterrâneas 18
   1.2 Aspectos geológicos básicos 21
   1.3 Condições de ocorrência das águas subterrâneas 27
   1.4 As principais funções dos aquíferos 33
   1.5 Principais vantagens relativas do uso das águas subterrâneas 36
   1.6 Situação dos conhecimentos hidrogeológicos 38
   1.7 Províncias hidrogeológicas da América do Sul 41
   1.8 Águas subterrâneas no Brasil 55
         Referências bibliográficas 56

2 Elementos de hidrologia de superfície 57
Kokei Uehara
   2.1 Descrição do ciclo hidrológico 57
   2.2 Bacia hidrográfica como unidade básica de estudo 58
   2.3 Aquisição e tratamento de dados de precipitações 62
   2.4 Componentes do hidrograma 70
   2.5 Separação dos fluxos de base 77
   2.6 Exemplo de aplicação 78
         Referências bibliográficas 79

3 Elementos de hidrologia subterrânea 81
Aldo da Cunha Rebouças, Fernando Antônio Carneiro Feitosa e José Geílson Alves Demétrio
   3.1 Parâmetros da zona saturada 82
   3.2 Parâmetros da zona não saturada 89
   3.3 Classificação hidrogeológica dos sedimentos ou rochas porosos e fraturados 89
   3.4 Tipos de aquíferos 90
   3.5 Energias do fluxo subterrâneo 91
   3.6 Parâmetros hidrodinâmicos de um aquífero 99
         Referências bibliográficas 106

4 Qualidade e classificação das águas subterrâneas 109
Suely Schuartz Pacheco Mestrinho
   4.1 Noções de hidrogeoquímica 109
   4.2 Qualidade das águas subterrâneas 120
   4.3 Classificação hidroquímica 131
   4.4 Classificação para o enquadramento: Resolução Conama n° 396 135
         Referências bibliográficas 143

5 Prospecção geofísica 145
Nelson Ellert
    5.1 Condições de aplicabilidade dos métodos geofísicos 146
    5.2 Principais métodos geofísicos 147
    5.3 Técnicas de sondagem e caminhamento elétrico 160
    5.4 Exemplos de aplicação 166
          Referências bibliográficas 168

6 Locação de poços 169
Waldir Duarte Costa
    6.1 Fatores atuantes nas águas subterrâneas 170
    6.2 Metodologia de locação 182
    6.3 Sistemática do método convencional 182
    6.4 Métodos geofísicos 186
    6.5 Métodos sensitivos 187
          Referências bibliográficas 188

7 Projetos de poços 189
Ivanir Borella Mariano
    7.1 Componentes básicos de projeto 191
    7.2 Principais tipos de desenhos de poços tubulares 205
    7.3 Projetos especiais 208
          Referências bibliográficas 211

**8 Métodos de perfuração, completação e desenvolvimento
de poços tubulares** 213
Carlos Eduardo Quaglia Giampá e Valter Galdiano Gonçales
    8.1 Seleção do sistema/método de perfuração 213
    8.2 Sistema de perfuração com percussão a cabo 214
    8.3 Sistema de perfuração rotativa 221
    8.4 Sistema de perfuração rotativa com ar comprimido:
         martelo ou *down-the-hole* 236
    8.5 Sistema de perfuração rotativa com circulação reversa 241
    8.6 Completação de poços tubulares 243
    8.7 Desenvolvimento de poços tubulares 248
          Referências bibliográficas 270

9 Perfilagem geofísica 271
Geraldo Girão Nery e Jean-Pierre Di Schino
    9.1 Tipos de perfis geofísicos 272
    9.2 Ambiente de uma perfilagem 276
    9.3 Formato e apresentação dos perfis 278
    9.4 Princípios teóricos dos perfis geofísicos 280
    9.5 Lei de Archie 296
    9.6 Interpretação dos perfis geofísicos aplicados à Hidrogeologia:
         estudo de caso 299
          Referências bibliográficas 304

10 Hidráulica de aquíferos e eficiência de poços..........305
Fernando Antônio Carneiro Feitosa e José Geílson Alves Demétrio
   10.1 Interpretação de testes de aquífero..........305
   10.2 Equações básicas do regime de equilíbrio..........307
   10.3 Equações básicas do regime transitório..........312
   10.4 Métodos especiais..........323
   10.5 Raio de influência e fronteiras hidrogeológicas..........329
   10.6 Interpretação de testes de produção..........335
   10.7 Eficiência de poços..........346
   Referências bibliográficas..........349

11 Conjuntos de bombeamento..........351
Almiro Cassiano Filho e Walter Antonio Orsati
   11.1 Tipos de equipamento..........351
   11.2 Análise entre tipos de equipamentos..........354
   11.3 Características das bombas submersas..........358
   11.4 Dimensionamento da bomba submersa..........359
   11.5 Instalações elétricas..........364
   11.6 Recomendações..........369
   11.7 Manutenção de poços..........375
   11.8 Medidas de eficiência..........376
   11.9 Exemplos da aplicação..........378

12 Operação, manutenção e telemetria em poços tubulares..........379
Carlos Eduardo Quaglia Giampá, Valdir Gonçales e Valter Galdiano Gonçales
   12.1 Operação..........379
   12.2 Planejamento e controle operacional..........381
   12.3 Manutenção de poços tubulares profundos e equipamentos de bombeamento..........390
   Referências bibliográficas..........403

13 Preservação das águas subterrâneas..........405
André Marcelino Rebouças e Janaina Barrios Palma
   13.1 Fontes de contaminação das águas subterrâneas..........406
   13.2 Tipos de contaminantes das águas subterrâneas..........406
   13.3 Diagnóstico ambiental..........409
   13.4 Gerenciamento de áreas contaminadas..........426
   Referências bibliográficas..........427

14 Gerenciamento de recursos hídricos..........429
Cid Tomanik Pompeu e Flávio Terra Barth
   14.1 Aspectos institucionais..........430
   14.2 A legislação brasileira..........444
   14.3 A experiência de São Paulo em águas subterrâneas..........450
   14.4 O sistema aquífero Guarani..........454

Anexos
Anexo I 457
Anexo II 461
Anexo III 462
Anexo IV 464
Anexo V 473

Sobre os autores 493

Águas subterrâneas

Aldo da Cunha Rebouças

Água é vida, dádiva dos deuses. Assim foi desde tempos primordiais, porque ela parecia muito abundante em relação às demandas da humanidade. Entretanto, o seu desperdício e a degradação da sua qualidade agora atingem níveis nunca imaginados! Depois da realização da 2ª Conferência das Nações Unidas sobre Meio Ambiente e Desenvolvimento – Rio-92 –, constatou-se que usar com eficiência cada vez maior a gota de água disponível é mais importante do que ostentar sua abundância ou escassez.

Quanto mais estudamos os principais problemas de nossa época, melhor compreendemos que eles não podem ser entendidos de forma isolada. Por exemplo, a escassez de água e a degradação da sua qualidade nos rios e aquíferos são resultados da urbanização, industrialização e desenvolvimento agrícola desordenados e em rápida expansão. Em última análise, problemas que precisam ser vistos como diferentes facetas de uma única crise.

Tal abordagem é cada vez mais clara do ponto de vista sistêmico, consolidada pelas Nações Unidas em 1987 por meio do relatório *Nosso futuro comum*, e tornou-se consenso no mundo, ou seja, o único desenvolvimento possível é o sustentável.

Esse é o grande desafio do nosso tempo: criar comunidades sustentáveis em ambientes sociais e culturais que satisfaçam nossas necessidades e aspirações sem eliminar as oportunidades de as gerações futuras também as realizarem.

De acordo com a visão sistêmica, as características essenciais da água subterrânea surgem das interações e das relações entre as partes componentes do sistema hídrico global, tais como a litosfera, a biosfera e a atmosfera. As propriedades das partes podem ser entendidas apenas com a organização do todo. O que importa considerar é a quantidade de água da Terra que é renovada, pelo menos em escala anual. O Brasil ostenta a maior descarga de água doce do mundo nos seus rios: 183.000 m^3/s.

Dividindo-se as descargas médias de longo período dos rios do Brasil por sua população (IBGE, 2000), verifica-se que cada brasileiro tem uma oferta de água nos rios da ordem de 34.000 m³/ano, 34 vezes superior aos 1.000 m³/hab/ano que as Nações Unidas verificaram ser a taxa mínima de que um indivíduo necessita numa região árida relativamente desenvolvida.

Pode-se dizer que o Brasil viveu cerca de 500 anos no berço esplêndido da abundância de água, dada, principalmente, pela visão de rios que nunca secam sobre mais de 90% do seu território, em que as chuvas sempre foram superiores a mil mm/ano. Por ostentar uma exuberante cobertura vegetal, com a maior biodiversidade do planeta, é difícil migrar para o modelo de uso cada vez mais eficiente da gota de água disponível, em particular das subterrâneas, para as quais, em boa parte por falta de conhecimento hidrogeológico, o resultado positivo do poço de água sempre foi vendido como um prêmio de loteria.

A crise de água no Brasil resulta, basicamente, dos desperdícios e da degradação de sua qualidade em níveis nunca imaginados, tanto nas cidades quanto na agricultura.

Uma abordagem sistêmica mostra que há um estreito entrosamento entre as partes vivas ou bióticas do planeta – plantas, micro-organismos e animais – e suas partes não vivas ou abióticas – rochas, águas superficiais e subterrâneas continentais, oceânicas e atmosféricas. Não se pode mais pensar nessas duas partes como separadas ou independentes uma da outra.

1.1 Origens das águas subterrâneas

As águas subterrâneas representam a parcela da *hidrosfera* que ocorre na subsuperfície da Terra. Elas têm três origens principais: meteórica, conata e juvenil.

1.1.1 Origem meteórica

É a mais importante, em termos práticos, por constituir 97% dos estoques de água doce no estado líquido que ocorrem nos continentes. O mecanismo de recarga é a infiltração de uma fração das águas atmosféricas que caem nos domínios emersos da Terra, principalmente sob a forma de chuva e neve.

Infiltração é o processo de penetração da água na superfície do terreno, sob a ação da gravidade. Uma fração da água que se infiltra vai reconstituir a umidade do solo – 0,065 milhão de km³ –, que garante o desenvolvimento da biomassa. Outra fração percola verticalmente, à medida que a gravidade ou o próprio peso supera as forças de adesão e a capilaridade, até atingir um substrato relativamente menos permeável, no qual a água infiltrada se acumula para formar o manancial subterrâneo.

Esse mecanismo de recarga forma estoques de água doce líquida, acessíveis pelos meios tecnológicos e financeiros disponíveis para abastecimento doméstico e industrial e irrigação.

As águas subterrâneas de origem meteórica que ocorrem até profundidades da ordem de 750 m – 4,2 milhões de km^3 – participam ativamente do mecanismo de renovação das águas da Terra – o *ciclo hidrológico* –, resultando numa contribuição da ordem de 13.000 km^3 por ano à descarga dos rios.

Considerando-se que o sistema está em equilíbrio, as descargas igualam as recargas de origem meteórica das águas subterrâneas, que podem ser avaliadas com base nos dados fluviométricos, mostrados no Cap. 2.

A magnitude da recarga depende das condições de infiltrabilidade, impostas pelas formas de uso e ocupação do território considerado e pelas condições de ocorrência dos corpos aquíferos, entre outros fatores. Essas condições são mais rápidas e abundantes nos aquíferos livres e mais lentas e limitadas nos sistemas confinados, tal como acontece nas bacias sedimentares preenchidas por sequências alternadas de espessas camadas argilosas e arenosas.

Quando a aridez climática é acentuada, a taxa de recarga poderá ser reduzida ou praticamente nula, porque os excedentes hídricos para infiltração são pequenos ou negligenciáveis. Essa situação pode afetar os aquíferos livres e confinados localizados nas regiões submetidas às condições de clima árido ou desértico no último milhão de anos.

A quantidade infiltrada pode ser expressa em termos de altura de lâmina (mm/ano) pela Eq. 1.1:

$$I = Is + Ir + Io + Ip \qquad (1.1)$$

Em que:
I = taxa de infiltração das chuvas;
Is = fração que é retida pelo solo para desenvolvimento da biomassa, calculada com base no déficit de umidade, geralmente adotado entre 100 mm e 150 mm no método empírico de Thornthwaite e Mather;
Ir = fração que alimenta nascentes, calculada pelos seus hidrogramas de descarga, de dados hidroquímicos e isotópicos;
Io = fração que deságua diretamente nos rios, oceanos e lagos, calculada geralmente com medidas hidrogeológicas, como flutuação de níveis d'água numa

rede de poços de monitoramento e dados de porosidade efetiva das rochas que compõem o arcabouço geológico da área considerada, ou com equipotenciais de fluxos subterrâneos e valores da permeabilidade dos materiais, utilizando-se a equação de Darcy;

Ip = fração que é extraída pelos poços e obras de captação em geral, calculada com dados de cadastro ou de avaliação de demandas.

Uma importante parcela dos estoques de água subterrânea – estimada em 5,3 milhões de km^3 – circula lentamente na litosfera a profundidades entre 750 m e 4.000 m. Os seus tempos de retorno são muito longos – de dezenas de milhares a até milhões de anos – em relação à vida útil dos projetos de utilização, cujo horizonte é, em média, de algumas dezenas de anos.

1.1.2 Águas conatas

As águas conatas representam um volume de água subterrânea – estimado em 53 milhões de km^3 – estocado na litosfera a profundidades superiores a 4.000 m. Essas águas ficam retidas nos sedimentos desde as épocas das deposições e por isso são chamadas de "águas de formação". Consequentemente, têm altos teores salinos, característicos dos paleoambientes de formação dos depósitos sedimentares considerados, da ausência de recargas e dos longos períodos de interações água/matriz rochosa.

Nessas condições, as reservas de água subterrânea são classificadas em: renováveis, pouco renováveis e não renováveis ou fósseis. Contudo, essa classificação é de certa forma artificial, pois, em absoluto, não existe água subterrânea desconectada do ciclo hidrológico. Essa parcela integra-se ao gigantesco mecanismo de circulação das águas da Terra, tendo em vista os mecanismos geológicos relacionados com a *tectônica de placas*.

Por sua vez, toda forma de extração de água subterrânea afeta os gradientes hidráulicos naturais, alterando os sistemas de fluxos subterrâneos e induzindo recarga direta ou indireta em setores aquíferos praticamente não realimentados nas condições naturais de ocorrência.

1.1.3 Origem juvenil

A quantidade de água de origem juvenil, ou seja, gerada por processos magmáticos da Terra, é estimada em cerca de 0,3 km^3 por ano. Essa parcela integra-se ao gigantesco mecanismo de circulação das águas da Terra, por meio dos mecanismos geológicos de circulação de massas e energias relacionadas com a tectônica de placas. Por outro lado, a quantidade de água de origem juvenil torna-se praticamente negligenciável em relação aos volumes de água subterrânea de origem meteórica em jogo no ciclo hidrológico.

1.2 Aspectos geológicos básicos

As condições de ocorrência das águas subterrâneas numa região são muito variadas, porque dependem da interação de fatores climáticos muito variáveis no espaço e no tempo e de aspectos geológicos extremamente complexos. Os fatores hidroclimáticos condicionantes dos excedentes hídricos que poderão proporcionar recarga aos mananciais subterrâneos serão analisados no Cap. 2.

Os aspectos geológicos condicionam as formas de recarga, estocagem, circulação e descarga e influenciam substancialmente a qualidade das águas subterrâneas, além de determinarem as características das obras de captação – poço escavado ou tubular –, equipamentos de perfuração e as especificações dos materiais que devem ser empregados para revestimentos, filtros e outros.

Os corpos rochosos com características relativamente favoráveis à circulação e ao armazenamento de água subterrânea – os aquíferos – podem variar de alguns quilômetros quadrados até milhões de quilômetros de extensão; ter espessuras de alguns metros até centenas de metros; ocorrer na superfície ou encontrar-se a profundidades de até milhares de metros, encerrados entre camadas relativamente pouco permeáveis; ter porosidade/permeabilidade intergranular ou de fraturas; fornecer água de excelente qualidade para consumo ou ter águas muito salinizadas.

1.2.1 Tipos de rochas e processos transformadores

▷ O termo *rocha* designa todo material geológico que constitui o quadro físico de uma área ou região.

▷ O termo *sedimento* designa os depósitos não consolidados formados por partículas de minerais ou de rochas, tais como cascalho, areia, silte, argila ou misturas em proporções variadas.

Os sedimentos apresentam características que refletem a rocha de origem, a maneira como as partículas foram produzidas, transportadas, depositadas, a sua distância e os ambientes nos quais foram gerados e depositados. Eles ocorrem formando dunas, aluviões, tilitos e outros depósitos superficiais.

▷ O termo *rocha sedimentar* designa o depósito sedimentar consolidado, tal como arenitos, siltitos e folhelhos.

▷ O termo *rocha cristalina* designa as rochas compactas de origem magmática ou vulcânica, tais como granitos, basaltos, diabásios, e metamórficas em geral, tais como gnaisses, quartzitos, micaxistos, mármores calcários e dolomitos, filitos.

Os principais tipos de rochas – ígneas, metamórficas, sedimentares e sedimentos – que formam o contexto geológico de uma determinada área representam estágios de um processo dinâmico – de formação, transformação e circulação permanente de massas – comandado pelo fluxo de energias física, química e biológica que atuam na Terra, conforme a Fig. 1.1.

Nela pode-se observar que as rochas ígneas são formadas pela consolidação do magma da Terra. Os processos de intemperismo as desagregam e os produtos são transportados por mecanismos de erosão e depositados em ambiente aéreo ou subaquático, dando origem aos sedimentos eólicos, fluviodeltáicos, marinhos ou mistos. Conforme são submetidos aos processos diagenéticos de consolidação, transformam-se em rochas sedimentares.

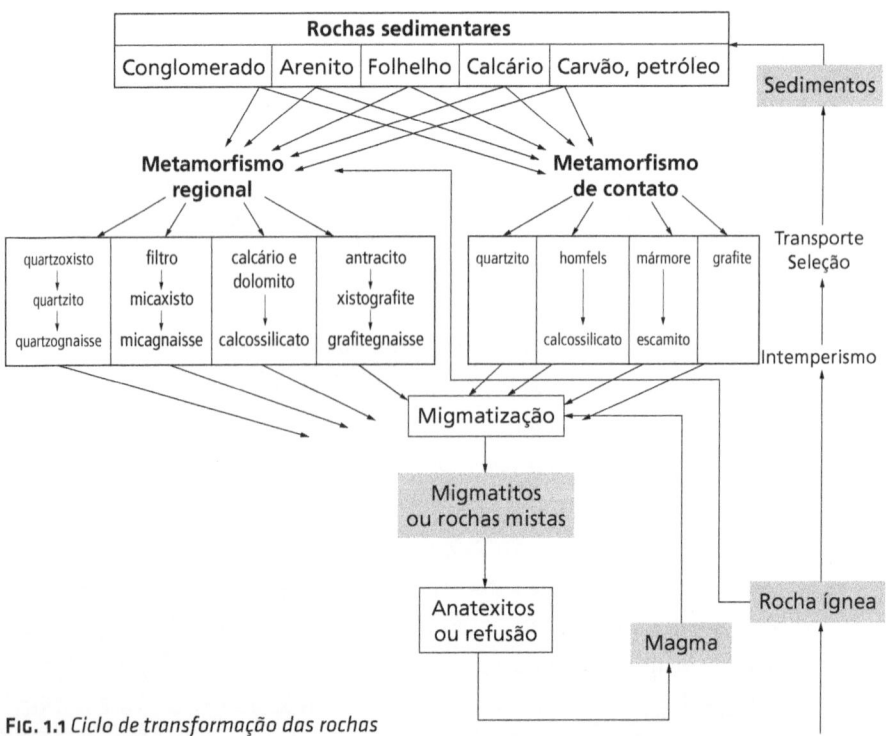

Fig. 1.1 *Ciclo de transformação das rochas*
Fonte: Rankama e Sahama (1950).

Rochas metamórficas são formadas de rochas sedimentares ou cristalinas submetidas às temperaturas e pressões litostáticas que reinam nas grandes profundidades da crosta da Terra.

1.2.2 Intemperismo

As rochas que compõem o arcabouço geológico de uma região ficam sujeitas a ação dos agentes de intemperismo – desagregação física e decomposição química e biológica paleoambiental das rochas –, cujos produtos são levados pelos agentes de erosão que atuam na superfície da Terra, tais como vento e águas correntes – subterrâneas e de superfície –, ou formam massas de materiais que são arrastadas pela força gravitacional.

A intensidade do intemperismo depende da temperatura na qual a rocha considerada foi formada, das condições físico-climáticas do meio em que ocorre, da disponibilidade e composição química da água que circula e das características petrográficas e químicas dos seus minerais. Corpos graníticos que se formam pela consolidação de magma a temperaturas de aproximadamente 600 ºC são relativamente mais resistentes aos processos de intemperismo do que basaltos, cujas temperaturas de formação são da ordem de 1.200 ºC.

O clima e o relevo também desempenham papel importante na determinação da natureza do sedimento que é gerado pelo intemperismo. Uma massa granítica, em uma região de relevo acentuado e clima frio subártico, irá se transformar em cascalhos e areias constituídos principalmente de feldspatos frescos ou pouco alterados. Em condições de clima quente e úmido e topografia relativamente suave, na qual prevalece um acentuado intemperismo químico, a mesma massa granítica irá se transformar principalmente em minerais de argila e quartzo.

O granito produzirá sedimentos feldspáticos se a topografia apresentar pendentes fortes e o regime de chuva for torrencial, de modo que a erosão física prevaleça sobre a decomposição química. Quando uma superfície profundamente intemperizada é exposta a um processo de erosão intensa, tal como ocorre na fachada leste da Serra do Mar, produz-se uma mistura de material muito decomposto com feldspatos frescos.

As massas de rocha intemperizada formam *regolitos*, que são arrastados pela gravidade e vão formar depósitos clásticos pouco selecionados, constituídos por uma mistura, em proporções variadas, de partículas grossas, médias e finas e argilas.

1.2.3 Erosão/transporte/deposição

A erosão começa com o processo de intemperismo, à medida que alguns componentes minerais da rocha considerada são dissolvidos, enquanto outros relativamente mais resistentes constituem partículas.

Essas partículas podem ser deslocadas e transportadas – erodidas – pelo vento, dando origem aos depósitos eólicos, tais como as dunas de areia – sedimentos de granulometria grossa e média, bem-selecionados. Os sedimentos eólicos muito finos formam depósitos denominados loess.

As partículas erodidas, transportadas e depositadas em ambientes subaquáticos vão constituir os depósitos fluviais, marinhos ou mistos, tais como os aluviões, que geralmente são formados por cascalho, areia grossa, média, silte, argila ou misturas em proporções muito variadas.

Os componentes minerais transformados em soluções podem dar origem a depósitos sedimentares de precipitação química, tais como calcários, dolomitos, gipsita. Alguns calcários e dolomitos são formados por depósitos de esqueletos ou carapaças de animais. Carvão mineral, petróleo e similares são formados por depósitos de constituintes da flora.

1.2.4 Diagênese

Os sedimentos formados pela deposição das partículas de minerais ou desagregados de rochas gerados por processos de intemperismo poderão ser transformados em rochas sedimentares sob a ação de mecanismos diagenéticos, tais como: compactação, cimentação, alterações químicas e recristalização.

Esses processos engendram dois efeitos de significados totalmente opostos do ponto de vista hidrogeológico: consolidam os sedimentos, favorecendo a construção da obra de captação, e, por outro lado, reduzem a porosidade e permeabilidade originais e, consequentemente, engendram uma menor produtividade relativa da obra de captação.

1.2.5 Tempo geológico e litoestratigrafia

Os tipos de rochas que compõem o arcabouço geológico da Terra podem ter idades que vão desde o Pré-Cambriano (entre 4,6 bilhões e 570 milhões de anos) até o Período Quaternário, que começou há aproximadamente 1,6 milhão de anos, conforme mostra a escala de tempo geológico apresentada no Quadro 1.1.

Quadro 1.1 ESCALAS DO TEMPO GEOLÓGICO

Era	Período	Época	Idade (milhões de anos)
Cenozoica	Quaternário	Holoceno, Pleistoceno	0,01; 1,6
	Terciário	Plioceno, Mioceno, Oligoceno, Eoceno, Paleoceno	5,3; 23,7; 36,6; 57,8; 66,4
	Cretáceo	Superior, Inferior	97,5; 144
Mesozoica	Jurássico	Superior, Médio, Inferior	163; 187; 208
	Triássico		245
	Permiano		286
	Carbonífero		360
	Devoniano		408
Paleozoica	Siluriano		438
	Ordoviciano		505
	Cambriano		570
Arqueana	Pré-Cambriano		4.600

Fonte: Driscoll (1986).

O estudo dos sedimentos e rochas sedimentares compreende três aspectos principais. O primeiro, a *petrografia*, é o estudo da sua composição mineralógica, textura, malha e estrutura; o segundo é a *sedimentologia*, que estuda os processos que lhes deram origem, isto é, como foram gerados, transportados e depositados; o terceiro aspecto é a *estratigrafia*, o estudo dos estratos ou camadas que se formaram pelos processos sedimentares, suas dimensões e atitudes geométricas, tais como extensão, espessura, formas de ocorrência – horizontal plana, dobrada, inclinada – e características faciológicas minerais, granulométricas, diagenéticas e fossilíferas – relações espaciais, temporais e história geológica.

O estudo estratigráfico, em sentido estrito, compreende três fases: a primeira é a *descrição* dos constituintes litológicos dos estratos e respectivos conteúdos fossilíferos, tal como ocorrem nas sequências que são observadas na escala local ou de afloramento; a segunda é a *correlação* dessas seções locais – a determinação de suas relações temporais mútuas e sua posição na escala de idades geológicas; a terceira é a *datação* ou *posicionamento* da unidade litoestratigráfica considerada na escala de tempo da história geológica. Cada um desses aspectos tem uma própria e vasta literatura e seus especialistas.

Como as características químicas da água subterrânea são fundamentalmente determinadas pelas suas interações com os constituintes mineralógicos do meio aquífero pelos quais percolam mais ou menos longamente, o conhecimento dos aspectos de geologia física e histórica da área considerada torna-se cada vez mais importante.

Entre esses aspectos, destacam-se: composição mineralógica-petrográfica do esqueleto sólido, tipos e graus de reatividade fluidos/rochas, litoestratigrafia, modelos deposicionais e paleoambientes, idade das rochas e volumes e tempo de trânsito dos fluxos de água.

O modelo deposicional fluviodeltáico, por exemplo, resulta na formação de corpos arenosos descontínuos e com características hidráulicas extremamente heterogêneas e anisotrópicas.

Uma camada que aflora em pleno domínio continental atual, mas cujo paleoambiente de deposição foi marinho, tal como ocorre nas bacias sedimentares do Brasil, ainda poderá conter água salgada ou salobre nos setores fracamente realimentados pelas infiltrações que ocorrem ao longo da sua história geológica. É o caso, por exemplo, das unidades litoestratigráficas correspondentes às formações paleozoicas da bacia sedimentar do Paraná, que encerram água salgada em suas posições mais profundas, enquanto têm água doce nas proximidades das suas áreas de afloramento.

Situações semelhantes são encontradas nas sequências sedimentares mais profundas das outras bacias sedimentares do Brasil, na medida em que apresentam compartimentos ou camadas que foram formadas em ambiente marinho ou simplesmente foram afogadas por transgressões marinhas posteriores.

Os sedimentos arenosos formados na Era Cenozoica, tais como aluviões, dunas, depósitos ou misturas em proporções variáveis de cascalho, areia e silte, constituem os aquíferos mais promissores no mundo em geral. Contudo, depois da Revolução Industrial, tais mananciais subterrâneos vêm sendo afetados, cada vez mais, pelos processos de poluição ou contaminação.

As fontes de contaminação mais importantes são de origem antrópica, localizadas nas áreas relativamente mais urbanizadas ou industrializadas. Atualmente, os impactos dessas atividades são sentidos no meio rural, com a expansão do uso de insumos químicos na agricultura.

Nessas condições, os estudos de hidrogeologia ambiental têm como interesse maior os depósitos de idade cenozoica e áreas de afloramento ou de recarga das unidades hidroestratigráficas mais antigas.

As rochas aquíferas mais profundas, que formam sistemas confinados associados às sequências alternadas de camadas de arenitos permeáveis e de siltitos argilosos relativamente pouco permeáveis, passam a ter importância hidrogeológica crescente para extração de água subterrânea de boa qualidade.

1.3 Condições de ocorrência das águas subterrâneas

As águas subterrâneas preenchem poros, fraturas, fissuras e outras formas de vazios das rochas. Esses elementos têm dimensões milimétricas, porém ocorrem em tão grande número que estocam 97% das reservas de água doce em estado líquido nos domínios dos continentes. Os 3% restantes formam rios e lagos, além de constituir a umidade do solo que dá suporte ao desenvolvimento da biomassa.

Como ocorre no subsolo, esse manancial tem sido pouco considerado pelos interessados no negócio da água no mundo, em geral, e no Brasil, em particular.

1.3.1 Conceitos hidrogeológicos básicos

A Hidrogeologia como ciência e tecnologia é recente no Brasil, e seu aprendizado tem sido embasado em bibliografia internacional, particularmente americana, francesa e espanhola. Ainda não se atingiu o estágio de consolidação de uma terminologia na língua portuguesa. É necessário, portanto, apresentar alguns conceitos básicos importantes:

▷ **Porosidade/permeabilidade intersticial ou primária:** os sedimentos e rochas sedimentares são formados pela deposição natural de fragmentos de rochas ou de minerais em ambiente aquático – rios, lagos, oceanos –, aéreos – desertos – e mistos – praias, estuários. Nesses processos de deposição, os grãos deixam espaços vazios, poros ou interstícios entre si, resultando no tipo de *porosidade/permeabilidade* dito *intersticial, intergranular* ou *primário*. Esses elementos têm dimensões milimétricas, porém ocorrem em tão grande número que os sedimentos e rochas sedimentares constituem os aquíferos mais importantes de uma área.

▷ **Porosidade/permeabilidade fissural ou secundária:** como resultado dos processos de solidificação do magma ou das pressões e temperaturas a que foram submetidos os corpos rochosos no interior da crosta terrestre, as rochas cristalinas e metamórficas são relativamente compactas. Apresentam porosidade/permeabilidade primária ou intersticial praticamente nula. Entretanto, sob o efeito dos esforços tectônicos a que foram submetidas, as rochas cristalinas, metamórficas e compactas apresentam rupturas tais como falhas, fraturas, fissuras e outras formas de rachaduras, que constituem o tipo de *porosidade/ permeabilidade* dito *secundário* ou *fissural*. Os processos hidroclimáticos de alteração física e química dessas rochas engendram a formação de um manto de intemperismo que apresenta porosidade/permeabilidade intersticial importante, semelhante à das rochas sedimentares.

▷ **Porosidade/permeabilidade cárstica:** os calcários e dolomitos são formados por precipitação química de soluções aquosas concentradas ou pela deposição de carapaças de organismos marinhos. Essas rochas têm um comportamento hidrogeológico especial, porque os seus vazios – porosidade/permeabilidade primária ou secundária – foram ampliados por processos de dissolução cárstica, isto é, engendrados pela ação das águas de infiltração.

Como as características de porosidade/permeabilidade das rochas podem variar no sentido horizontal e vertical, resultando em condições de heterogeneidade e anisotropia, é importante conceituar zonas aquíferas e horizontes aquíferos ou unidades hidroestratigráficas.

1.3.2 Zonas aquíferas

As rochas cristalinas e/ou metamórficas de uma região constituem o embasamento geológico de idade pré-cambriana. Com as grandes pressões e temperaturas a que foram submetidas no interior da crosta terrestre, apresentam-se praticamente impermeáveis, constituindo o substrato hidrogeológico sobre o qual as águas infiltradas no solo/subsolo vão se acumular para dar origem ao manancial subterrâneo.

As zonas aquíferas correspondem aos setores de rochas compactas em que as condições de porosidade e permeabilidade relativamente maiores ficam restritas às faixas afetadas por falhas, fraturas e fissuras ou são associadas às descontinuidades entre corpos rochosos muito distintos, tais como corpos graníticos ou quartzíticos encerrados em xistos, conforme mostra a Fig. 1.2.

Os processos de intemperismo que afetam as rochas compactas são aprofundados ou ampliados sob o efeito das águas que se infiltram nas zonas fraturadas. O inverso pode ocorrer, porque ou os produtos do intemperismo são muito argilosos ou ocorrem processos diagenéticos de deposição/cristalização de componentes em solução nas águas de percolação.

O meio hidrogeológico poderá apresentar, local e ocasionalmente, dupla porosidade/permeabilidade – intersticial, nos produtos do intemperismo, e fissural, nos domínios de rocha fraturada ainda sã.

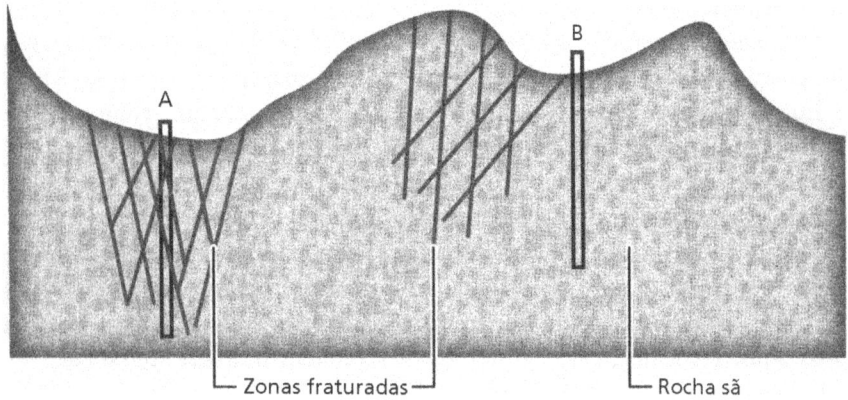

FIG. 1.2 *Zonas aquíferas com A) poço produtor e B) poço seco*

A obra de captação construída nas zonas aquíferas pode resultar produtiva quando interconectar os tipos de porosidade/permeabilidade secundária e fissural. O contrário pode ocorrer quando atravessar um bloco de rocha compacta ou um conjunto de fraturas/fissuras colmatadas/cimentadas pelos produtos do intemperismo.

As zonas aquíferas de interesse prático têm largura variável entre algumas dezenas e centenas de metros e comprimento de alguns quilômetros, e atingem profundidades variáveis entre algumas dezenas e uma centena de metros.

Em razão da grande heterogeneidade das suas propriedades hidrogeológicas, as tarefas de locação exigem a aplicação integrada de diferentes tecnologias, tais como: interpretação de fotos aéreas ou imagens de sensoriamento remoto, análise litoestrutural e caracterização de modelos geotectônicos por aplicação de métodos geofísicos de prospecção, como será discutido no Cap. 5.

A produtividade da obra de captação poderá depender da aplicação de métodos geofísicos de perfilagem ou da utilização de técnicas de estimu-lação – fraturamento hidráulico, escovação mecânica, gelo seco e uso de explosivos –, as quais poderão estabelecer a interconexão ou limpeza das fraturas atravessadas.

Nesse quadro, o estudo litogeotectônico-estrutural da área considerada é de fundamental importância para a locação e definição do projeto de poços e para o conhecimento das condições de uso e proteção das suas águas subterrâneas, a seleção de locais para deposição de resíduos perigosos, a definição de medidas de proteção de poços e a instalação de redes de monitoramento de fontes de contaminação. Esses aspectos serão abordados nos Caps. 5 e 12.

1.3.3 Unidades hidroestratigráficas

As camadas de rochas sedimentares apresentam espaços vazios ou interstícios entre os grãos ou fragmentos que as compõem. Esses depósitos formam camadas ou estratos com extensão de dezenas, centenas, milhares e até milhões de quilômetros quadrados. As espessuras mais frequentes variam entre algumas dezenas e centenas de metros.

Como apresentam características sedimentológicas, petrográficas e paleoambientais distintas, formam unidades litoestratigráficas, com idades que vão do Período Cambriano (570-505 milhões de anos atrás) até o Quaternário (de 1,6 milhão de anos atrás até agora).

Os sedimentos ou rochas sedimentares constituem os melhores aquíferos, porque apresentam características distributivas de porosidade/permeabilidade relativamente homogêneas sobre grandes extensões. São mais bem realimentados pelas infiltrações das chuvas e outras formas de precipitações de águas meteóricas. Quando são francamente alimentados pelas infiltrações das águas de origem meteórica – chuva, neve, neblina –, apresentam recursos de água subterrânea relativamente renovável e de boa qualidade.

Nos estudos hidrogeológicos regionais mais recentes, a denominação *unidade hidroestratigráfica* é considerada mais apropriada para designar horizontes, camadas ou conjunto de horizontes ou camadas litoestratigráficas que apresentam propriedades hidrogeológicas similares.

Quando as propriedades hidrogeológicas dos horizontes aquíferos ou unidades hidroestratigráficas apresentam relativa continuidade, as tarefas de locação das obras de produção tornam-se mais simples. Entretanto, cresce a exigência de aplicação de uma melhor tecnologia de construção e desenvolvimento da obra de captação.

1.3.4 Perfil hidrogeológico composto

A crescente necessidade de uso e proteção do binômio solo/água subterrânea exigiu que a hidrogeologia evoluísse do seu escopo físico-hidráulico para uma abordagem geoquímica-bioquímica. Em consequência, torna-se cada vez mais necessário o conhecimento do perfil hidrogeológico composto do subsolo da área considerada, conforme ilustra o Quadro 1.2.

Nesse caso, o conhecimento dos processos que ocorrem na zona solo/subsolo não saturado assume especial importância. A definição do perfil geológico – características e espessuras dos tipos litológicos atravessados pela perfuração – constitui uma das tarefas básicas mais importantes do estudo hidrogeológico. O perfil hídrico indica a distribuição vertical da água (fluido essencial) no perfil geológico considerado e as forças que engendram os seus fluxos, enquanto o perfil geoquímico assinala as interações hidrogeoquímicas.

A fim de descrever geometricamente o *sistema rocha-água*, considera-se um volume de rocha **Vt**. Na zona de rocha não saturada, o volume **Vt** conterá um volume de matéria sólida **Vs**, de água **Va** e de vapor **Vp** nos seus poros, obtendo-se:

$$Vt = Vs + Va + Vp \qquad (1.2)$$

Na zona de rocha saturada, o sistema passa a ser bifásico, resultando que a expressão pode ser escrita sem o termo **Vp**, ou seja:

$$Vt = Vs + Va \qquad (1.3)$$

O perfil hidrogeológico composto compreende três domínios principais:

▷ **Zona de água do solo:** corresponde à zona do solo que é penetrada pelas raízes da cobertura vegetal, em que o sistema é trifásico – *sólido, líquido e gasoso*. A fase *sólida* é composta por partículas minerais e matéria orgânica. A *líquida* é constituída por uma solução de sais minerais e componentes orgânicos. Sua composição varia de solo para solo, em função, principalmente, do seu teor de água, de matéria orgânica e de argila. A *gasosa* é constituída de ar e vapor d'água.

Em termos químicos, a quantidade de O_2 é reduzida em comparação com a atmosfera externa, mas a de CO_2 é um pouco maior, em consequência das atividades biológicas.

Por sua importância agrícola, o comportamento da água dessa zona tem sido muito estudado pelas ciências do solo. A importância hidrogeológica desses estudos decorre do fato de que a maioria dos agentes impactantes do aquífero e/ou do manancial subterrâneo atravessa, primeiro, a zona do solo e porque aí ocorrem as mais intensas e amplas reações físico-biogeoquímicas de atenuação dos poluentes que se infiltram.

▷ **Zona não saturada ou vadosa:** abaixo do solo agronômico, desenvolve-se uma zona *não saturada* ou *vadosa, intermediária*, com água pelicular e gravitacional. O sistema ainda é trifásico, mas com aumento da fase líquida, e a força dominante de transporte dos fluidos é a gravidade. Embora ocorra uma progressiva redução dos teores de O_2 com a profundidade, persistem as condições ainda francamente oxidantes. Em função das características do meio aquífero, desenvolve-se uma *franja capilar* mais ou menos extensa na base da zona não saturada. Essa franja é tanto mais extensa quanto menores e mais contínuos são os espaços vazios – poros ou fraturas – da formação aquífera considerada. A franja capilar é mantida por potenciais hidráulicos ascendentes ou forças matriciais negativas e, como tal, poderá constituir uma barreira hidráulica que isola as águas da zona saturada das condições reinantes na zona não saturada ou no meio ambiente. A função de barreira hidráulica da franja capilar de uma mistura de areia fina, silte e argila é utilizada com frequência na construção das coberturas do confinamento de resíduos domésticos e/ou industriais.

▷ **Zona saturada:** é formada quando as águas de infiltração se acumulam sobre um substrato relativamente menos permeável existente no perfil geológico da área considerada – embasamento pré-cambriano, camada de sedimento ou rocha sedimentar relativamente mais argilosa. Todos os poros, rachaduras, fraturas, fissuras e outras formas de vazios interconectados das rochas são totalmente preenchidos por água, resultando na condição dita saturada. O sistema passa a ser bifásico (sólido+água) e os fluxos são horizontais e comandados pelo gradiente das pressões hidrostáticas reinantes no meio aquífero. Em termos químicos, o ambiente tende a ser progressivamente menos oxidante conforme se aprofunda. O seu limite superior é representado pelo nível d'água (**NA**), o qual é encontrado num poço ou em qualquer outra perfuração que penetre na zona saturada do aquífero em questão. Por causa da função utilitária e do maior volume de água armazenada na zona saturada, ela é objeto de grande interesse dos estudos hidrogeológicos tradicionais.

Atualmente, em função da necessária abordagem de uso e proteção, o estudo hidrogeológico abrange o conjunto aquífero, não saturado e saturado. Efetivamente, a característica aquífera é uma propriedade intrínseca da formação geológica considerada, enquanto a espessura saturada é uma condição de estado. Em outras palavras, a espessura aquífera saturada varia com o tempo, geralmente em função da existência de excedentes pluviométricos para recarga, dos seus mecanismos de infiltração e tempos de trânsito.

▷ **Substrato hidrogeológico ou camada confinante:** é constituído por uma camada ou substrato geológico relativamente impermeável, sobre o qual vêm se acumular as águas que se infiltram no aquífero livre ou freático. Esse substrato hidrogeológico pode constituir a *camada confinante* do corpo aquífero situado logo abaixo, conforme o Quadro 1.2.

Quadro 1.2 PERFIL HIDROGEOLÓGICO COMPOSTO

Perfil geológico	Perfil hídrico	Perfil biogeoquímico
Solo argiloarenoso, rico em matéria orgânica	Água do solo: penetrado pelas raízes das plantas (fluxo vertical – importância da gravidade). Sistema trifásico: fase sólida (mineral + matéria orgânica); fase líquida (soluções mineral + húmica retidas pelo potencial matricial); fase gasosa (vapor d'água).	Ambiente rico em CO_2 e O_2, grande interação com ambiente externo, acentuados processos biogeoquímicos, filtração, troca iônica, adsorção, volatilização (CCl_4, C_2Cl_4).
Sedimento arenoso e/ou rocha fraturada	Zona não saturada ou vadosa (fluxo vertical dominante > gravidade). Sistema trifásico: fase sólida (mineral); fase líquida (água retida pelo potencial matricial); fase gasosa (vapor d'água). Nível d'água (NA)	Ambiente progressivamente mais pobre em CO_2 e O_2, trocas iônicas, precipitação, filtração, adsorção, complexação, processos geoquímicos.
Sedimento arenoso e/ou rocha fraturada	Zona saturada: tem fluxo horizontal dominante > gradiente hidráulico. Sistema bifásico: fase sólida (mineral); fase líquida (água). Aquífero livre.	Ambiente relativamente redutor, alta diluição, lentas interações água/rocha.
Sedimento argiloso, cores cinza, vermelho-escura, e/ou rocha compacta	Substrato hidrogeológico do aquífero livre e camada confinante do aquífero inferior: fluxo horizontal praticamente nulo (processo de drenagem vertical). Sistema bifásico: fase sólida (mineral + orgânica), fase líquida (água).	Ambiente redutor dominante, interações geoquímicas das argilas.
Sedimento arenoso, fino/ médio/grosseiro	Aquífero confinado. Meio saturado com água sob pressão (fluxo horizontal > gradiente hidráulico). Sistema bifásico: fase sólida (mineral), fase líquida (água).	Ambiente redutor dominante (N_2, H_2S, CH_4 etc.).
Embasamento pré-cambriano	Substrato hidrogeológico impermeável: fluxo praticamente nulo. Sistema bifásico.	Ambiente redutor dominante

Fonte: Rebouças (1996).

1.4 As principais funções dos aquíferos

O crescente número de casos positivos nos países desenvolvidos confirma que os aquíferos de uma área desempenham diversas funções na abordagem do gerenciamento efetivamente integrado dos recursos hídricos. Entre as mais importantes, destacam-se:

▷ **Função produção:** corresponde à sua função mais tradicional de produção de água para abastecimento humano, industrial ou irrigação. Nesse caso, o estudo hidrogeológico dá ênfase especial à sua zona saturada.

A Lei de Privatização do Abastecimento Público (Lei nº 8.987 de 13/2/1995) cria uma perspectiva de crescente utilização do manancial subterrâneo, porque representa a alternativa mais barata, não obstante ser menos fotogênica e ter pouco prestígio político-administrativo. Cerca de 70% das nossas cidades têm população inferior a 10 mil habitantes, o que significa a possibilidade de abastecimento por três a cinco poços, com exceção de algumas daquelas localizadas no domínio de rochas cristalinas do Nordeste semiárido sem cobertura relativamente importante de aluvião.

▷ **Função ambiental:** resulta da percepção do problema ambiental como uma questão abrangente, isto é, o ambiente não existe como uma esfera desvinculada das ações, ambições e necessidades humanas. Nesse novo enfoque, o escopo da hidrogeologia clássica, voltada basicamente para o estudo da zona saturada, passou a abranger a zona não saturada – solo e zona intermediária – e as variadas funções de aquicludes e aquitardes, em termos de vulnerabilidade ou de estanqueidade aos agentes de poluição que já degradam as águas dos rios e lagos em níveis nunca imaginados. A percepção de que os processos de degradação da qualidade da água dos rios e lagos também podem atingir o manancial subterrâneo é relativamente recente – anos 1970 – nos Estados Unidos e Comunidade Europeia. Desenvolveu-se uma quase paranoia na década de 1980 com relação aos fatores que poderiam afetar a qualidade das águas subterrâneas. E agora ela começa a chegar ao Brasil, principalmente nos contextos metropolitanos. Essa quase paranoia, que já atinge as regiões mais desenvolvidas do país, decorre, em grande parte, da falta de conhecimento dos processos biofísico-geoquímicos ambientais de atenuação do solo/subsolo aliados às capacidades de filtração dos materiais que são atravessados pelos fluxos subterrâneos. Além disso, deve-se considerar o fato de no Brasil chover muito e dos processos fotossintéticos serem muito intensos. Entretanto, a quase paranoia sobre a qualidade das águas subterrâneas vem contribuindo para pressionar o mercado da água e dos equipamentos analíticos, mais interessado nos grandes investimentos para construção e operação de estações de tratamento de água de rios ou lagos cada vez mais poluídos ou de poços perfurados sem os devidos controles. Atualmente, a abordagem dominante nos países industrializados tem como base a análise de risco à saúde pública. No Brasil, falta capacitação tecnológica e um arcabouço legal e institucional para definir e aplicar padrões de referência da qualidade do solo/subsolo e das águas subterrâneas. O paradigma ambiental é o próximo passo no ajuste competitivo dos mercados. A certificação pela ISO9000 ou ISO14000 das empresas cuja produção se destina ao mercado internacional torna-se compulsória e imposta pelo mercado, porque é nele que a competição ocorrerá. Como consequência, haverá um relativo incremento na utilização do manancial subterrâneo – fonte de abastecimento público e industrial – e das atividades de avaliação e gerenciamento de risco de contaminação do binômio solo-água subterrânea.

▷ **Função transporte:** nesse caso o aquífero é utilizado como *pipeline* para transportar água das zonas de recarga artificial ou natural abundante às áreas de extração excessiva. Essa função apresenta um rápido crescimento em muitos países desenvolvidos, como poderosa ferramenta de gestão para remediar ou evitar os efeitos do uso intensivo do manancial subterrâneo, tal como ocorre em Israel, no Centro-Oeste dos Estados Unidos e na Austrália.

▷ **Função estratégica:** consiste na utilização complementar do manancial subterrâneo, natural ou artificialmente recarregado pelas enchentes dos rios ou pela reutilização de águas tratadas, para enfrentar situações de escassez periódica ou eventual de água nos grandes centros urbanos e de falta de água resultante de acidentes ou de grandes picos de demanda. A filosofia básica é a de que a utilização das águas subterrâneas não deve ser vista como uma panaceia, mas como uma alternativa de regularização, racional e mais barata, do abastecimento de água da região considerada. De modo geral, o uso conjunto de águas superficiais e subterrâneas disponíveis é a alternativa mais barata e proporciona os melhores resultados, em termos tanto de quantidade e qualidade como de custos.

▷ **Função filtro:** corresponde à utilização da capacidade filtrante e de depuração biogeoquímica do maciço natural permeável, como forma de reduzir os custos do tratamento convencional das águas dos mananciais de superfície. Para tanto, poços são implantados a distâncias adequadas de rios perenes, lagoas e lagos para extrair água naturalmente filtrada e purificada, o que é obtido, em geral, com um tempo de trânsito de cinco a seis semanas.

▷ **Função energética:** corresponde à utilização da água subterrânea aquecida pelo gradiente geotermal natural ou mediante a infiltração de água aquecida por sistemas de ar condicionado ou processos industriais. O hidrotermalismo de baixa entalpia no Brasil é uma fonte de energia não convencional ainda inexplorada. Nossas bacias sedimentares estocam cerca de 100.000 km³ de água de 5 °C a 30 °C acima da temperatura ambiente.

1.5 Principais vantagens relativas do uso das águas subterrâneas

A importância da água subterrânea como fator de desenvolvimento já é relativamente reconhecida no meio empresarial de países desenvolvidos e começa a ser percebida pelos governos, empresas e sociedade civil organizada nos países de economia emergente.

Assim, o nosso grande potencial de água doce – superficial e subterrânea – deve ser caracterizado como um *capital ecológico* de inestimável importância e fator competitivo fundamental do desenvolvimento socioeconômico sustentável.

A moderna gestão dos recursos hídricos no Brasil foi implantada pela Lei Federal nº 9.433/97, e impõe a prática de determinados princípios adotados em quase todos os países desenvolvidos. Foi um avanço para a gestão integrada de cada gota de água – captação de água de chuvas, de rios, subterrâneas e de reúso – disponível em nosso território. Entre os princípios básicos, destacamos:

1. adoção da bacia hidrográfica como unidade físico-territorial de planejamento;
2. usos múltiplos integrados da água;
3. reconhecimento da água como bem natural finito e dotado de valor econômico;
4. gestão descentralizada e participativa.

Nessas condições, a importância crescente do manancial subterrâneo resulta da interação de fatores de ordem econômica e ambiental, principalmente daqueles relacionados com a melhor qualidade relativa.

▷ Uma das principais vantagens de ordem econômica do uso do manancial subterrâneo para abastecimento de água de consumo doméstico e industrial decorre do fato de ela ser naturalmente filtrada e depurada pelos mecanismos físico-biogeoquímicos que ocorrem no solo e subsolo não saturado. Esses processos engendram uma depuração da qualidade em níveis impossíveis de serem atingidos pelos processos convencionais de tratamento das águas dos rios e lagos.

▷ Por sua vez, o manancial subterrâneo está relativamente mais bem protegido dos agentes de contaminação: infiltração de águas de esgotos domésticos, falta generalizada de saneamento básico nas cidades, vazamento de postos de gasolina, não coleta do lixo que se produz nas cidades e áreas industriais, disposição desordenada de resíduos e efluentes domésticos e industriais, uso intensivo de insumos químicos na agricultura, entre outros tão comuns no Brasil. Esses agentes podem desaguar direta e rapidamente nos rios, lagos e açudes.

▷ Além disso, o manancial subterrâneo não está sujeito a processos de assoreamento que reduzem, progressivamente, a capacidade dos reservatórios naturais ou artificiais de água em geral ou açudes.

▷ Outra vantagem econômica do uso da água subterrânea resulta do fato de que, na medida em que o aquífero constitui um extenso reservatório de estoque de água, a sua captação poderá ser realizada onde ocorre a demanda, sem custos com obras de tratamento ou adução.

▷ Os avanços tecnológicos já alcançados, tanto nas fases de locação, construção e desenvolvimento de poços como nas fases de bombeamento e manutenção, e a expansão da oferta de energia elétrica reduzem rapidamente os riscos dos investimentos e os prazos de execução das obras.

▷ Ademais, tem-se um menor volume inicial de investimentos e a possibilidade de realizar o seu escalonamento em função do crescimento das demandas. Não há o problema de "lucros cessantes", porque os prazos de execução das obras são relativamente muito curtos.

A alternativa de captação do manancial subterrâneo, consagrada na indústria, que usa a cultura da planilha de custos, é utilizada por empresários e governos que atuam, com frequência crescente, no negócio da água.

▷ O que mais preocupa é que a extração sem controle da água subterrânea no Brasil sofre a pressão dos tomadores de decisão que sempre manipularam a estratégia da escassez de água, vinculando-a aos níveis de pobreza das populações. O que se observa são os crescentes impactos no meio físico, na flora e na fauna aquática, tornando praticamente impossível a captação da água subterrânea no meio urbano, no terreno da fábrica ou dentro dos perímetros irrigados.

▷ Entretanto, a utilização do manancial subterrâneo tem importância econômica ou social cada vez maior nas regiões mais densamente povoadas, em que os preços das terras que serão afogadas pelos reservatórios das águas superficiais são cada vez mais elevados.

▷ O grande desafio do Brasil no setor é abandonar a ideia tradicional de realizar investimentos públicos que custam de duas a três vezes mais, não atraindo o setor privado e favorecendo a baixa eficiência das empresas de água.

Na 1ª Conferência Mundial da Água Potável, em 1977, realizada em Mar del Plata, Argentina, foi estabelecida pela Organização das Nações Unidas (ONU) a década da água potável, em que o manancial subterrâneo passou a ser considerado como reserva estratégica para abastecimento público, sobretudo nos países em desenvolvimento, em função dos grandes volumes disponíveis serem, em geral, naturalmente potáveis e os projetos de captação terem custos relativamente menores do que a captação convencional de rios.

Na Década Mundial da Água Potável e Saneamento, 1980/90, a alternativa de captação e tratamento da água de rios, cada vez mais poluídos e/ou distantes, foi dominante, sobretudo nos países ditos em desenvolvimento. Nesse período houve um grande desenvolvimento da engenharia sanitária, mas muito pouco saneamento básico no Brasil e no mundo.

A cultura tecnológica dominante no Brasil ainda não enxerga o manancial subterrâneo como uma grande reserva de capital ecológico de alcance social, econômico e ambiental.

1.6 Situação dos conhecimentos hidrogeológicos

Os níveis do conhecimento hidrogeológico alcançados são muito variados, tanto no plano continental como nacional ou local. Eles variam em função dos graus de percepção de alguns tomadores de decisão sobre a importância da água subterrânea na área considerada (Rebouças, 1991).

Essa percepção era determinada, tradicionalmente, por fatores culturais herdados ou adquiridos por meio de contatos profissionais, estágios técnicos ou estudos acadêmicos em centros culturais em que a valorização das águas subterrâneas é comparativamente maior. Percebe-se a crescente importância dos fatores de ordem econômica, impostos pelas regras de competitividade do mercado global.

Um estudo hidrogeológico compreende sucessivas etapas: vai da fase de coleta de dados disponíveis e controle de campo até as fases de construção e operação de poços experimentais, de produção ou de monitoramento. A necessidade de uma gestão das condições de uso e proteção das reservas disponíveis, em termos de quantidade e de qualidade, torna-se consenso. Efetivamente, o manejo integrado proporciona os melhores níveis de competitividade.

Na maioria dos países da América do Sul, os estudos hidrogeológicos ainda fazem uma abordagem pouco integrativa, tanto em termos hidrológicos como profissionais. Eles se limitam a uma caracterização das condições de ocorrência das águas subterrâneas da área considerada, com avaliação preliminar das potencialidades quantitativas e qualitativas dos aquíferos e locação de poços produtores. Esses estudos são fundamentados em informações disponíveis sobre a geologia, poços existentes, hidrologia, análises químicas, requisitos administrativos e legais. Excepcionalmente, realizam-se tarefas específicas para gerar dados primários.

Os mapas hidrogeológicos elaborados no nível dos países têm escalas muito pequenas, conforme mostra a Fig. 1.3. Estudos mais consistentes cobrem extensões relativamente limitadas na maioria dos países da América do Sul. Onde existem, vêm proporcionando uma valiosa informação para orientar os planificadores do desenvolvimento econômico e da gestão integrada dos recursos hídricos regionais, estaduais e de bacias hidrográficas.

A utilização desordenada das águas subterrâneas está se convertendo, rapidamente, num problema crítico em importantes regiões de muitos países da América do Sul, tais como Nordeste e Sudeste do Brasil, Norte/Nordeste/Sudeste da Argentina, faixa costeira do Peru, Norte do Chile, Norte da Venezuela, Centro/Norte da Colômbia e Noroeste do Uruguai.

A atuação espasmódica dos órgãos públicos responsáveis pelo desenvolvimento de estudos básicos, controle e fiscalização das condições de uso e proteção das águas subterrâneas constitui uma característica comum de todos os países da América do Sul. Como resultado, os dados disponíveis são gerados de forma desordenada e se apresentam pouco consistentes quando se procede a uma análise adequada.

Outra característica comum do estado da arte do conhecimento hidrogeológico na América do Sul é a escassa publicação dos estudos realizados, resultando na predominância de relatórios internos, de acesso limitado. Resultados de cadastros de poços são apresentados na forma de arquivos físicos e, mais recentemente, de arquivos eletrônicos de dados, de acesso limitado, salvo raras e honrosas exceções.

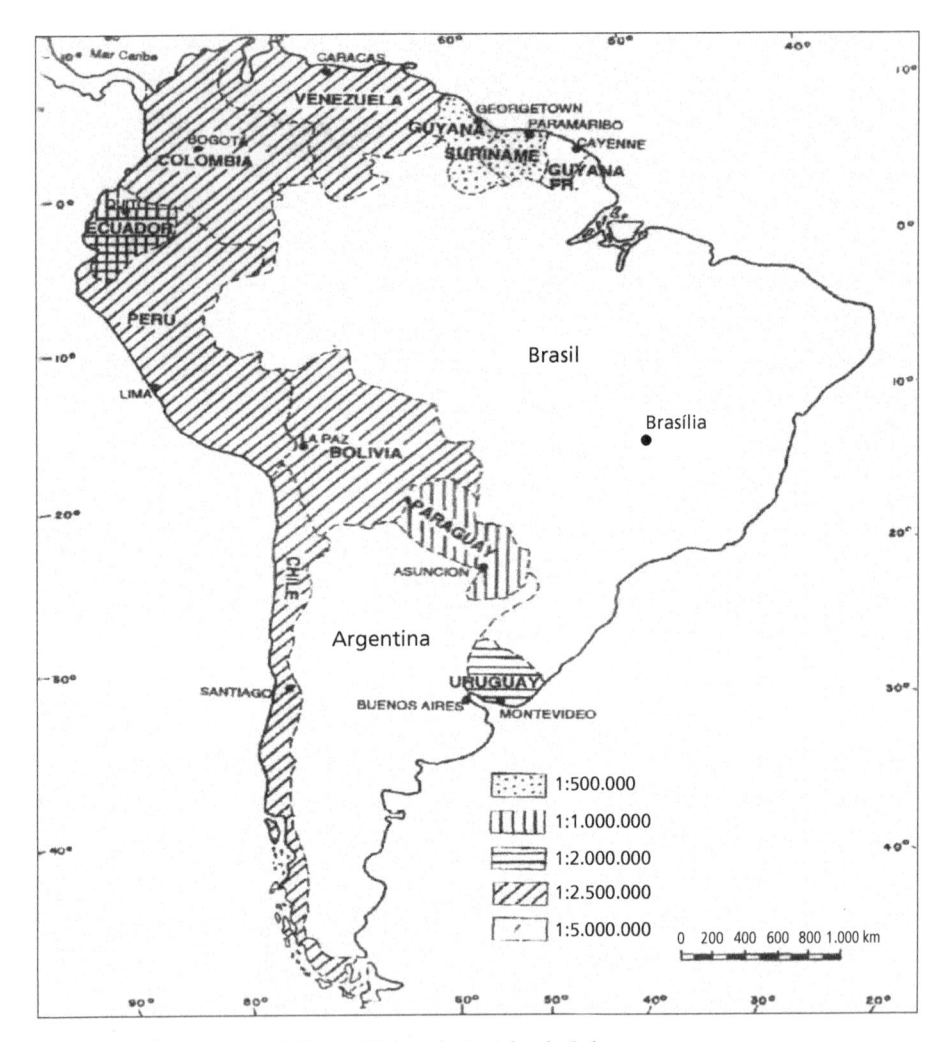

FIG. 1.3 *Escalas dos mapas hidrogeológicos da América do Sul*

A constituição de um banco de dados ainda é limitada a casos de estudos especiais de áreas críticas, como zonas metropolitanas e distritos industriais ou de irrigação. Nenhum país dispõe de um banco de dados hidrogeológico em escala nacional, nem rede básica de poços de monitoramento das águas subterrâneas – de níveis, produção e qualidade – com operação integrada a redes hidrometeorológica e fluviométrica convencionais.

Quanto à qualidade técnica construtiva e operacional de poços, o predomínio é de conhecimento empírico e improvisado, com exceção de poços profundos mais recentes – de 200 m a 2.000 m –, para abastecer cidades, indústrias, irrigações e complexos recreativos ou hidroterápicos.

1.7 Províncias hidrogeológicas da América do Sul

As potencialidades hidrogeológicas de uma região resultam da interação de dois fatores principais: *geológicos* e *climáticos*. Os fatores geológicos determinam as condições de ocorrência das águas subterrâneas, enquanto os climáticos indicam as possibilidades de recarga. A análise integrada desses fatores, associada aos aspectos do relevo, solo/vegetação e de extração, constitui a base da caracterização das províncias hidrogeológicas.

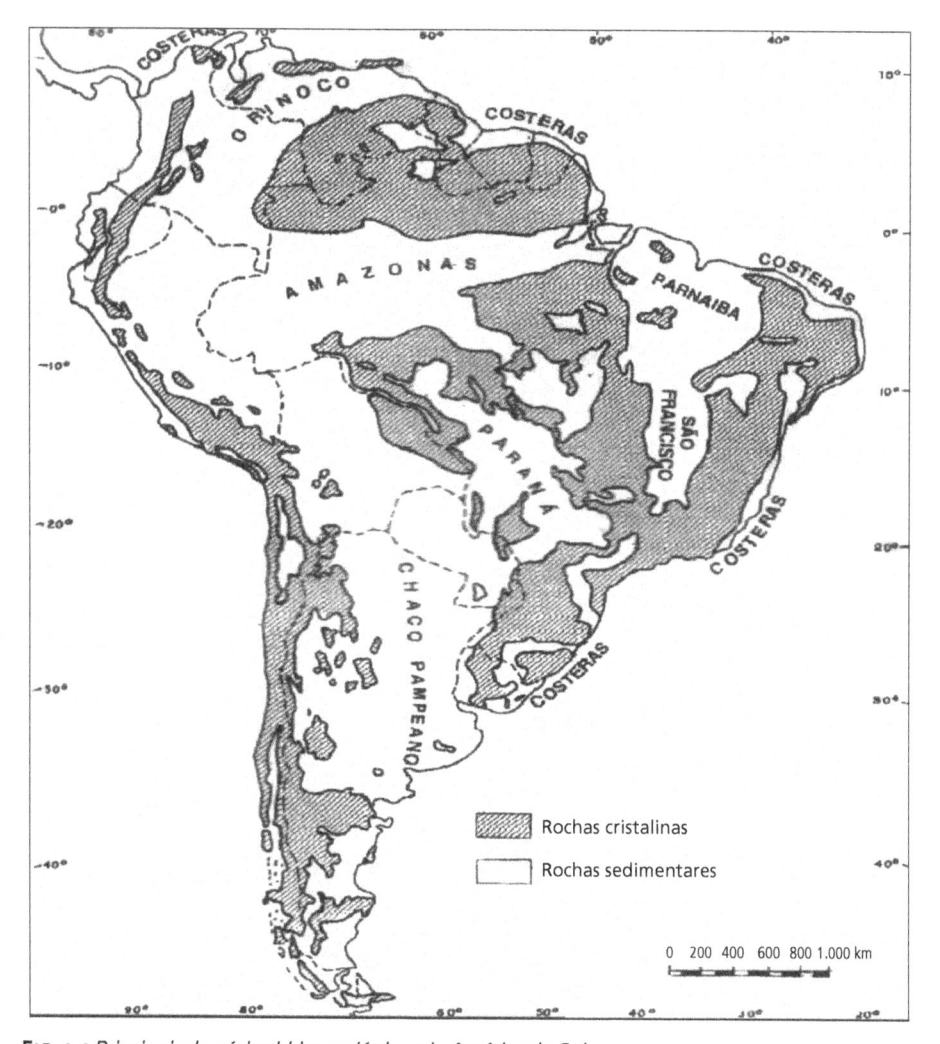

Os principais domínios hidrogeológicos da América do Sul estão representados na Fig. 1.4. A Fig. 1.5, por sua vez, apresenta a distribuição média anual das chuvas.

FIG. 1.4 *Principais domínios hidrogeológicos da América do Sul*

O mapa hidrogeológico da América do Sul, tornado disponível em 1996, graças ao empenho de publicação do DNPM/CPRM, assinala as 16 províncias hidrogeológicas mais importantes no continente, conforme a Fig. 1.6.

1.7.1 Província Andina/Pacífico

Corresponde à faixa de terra situada entre a cordilheira andina e o oceano Pacífico. Os aquíferos mais importantes dessa zona são essencial-

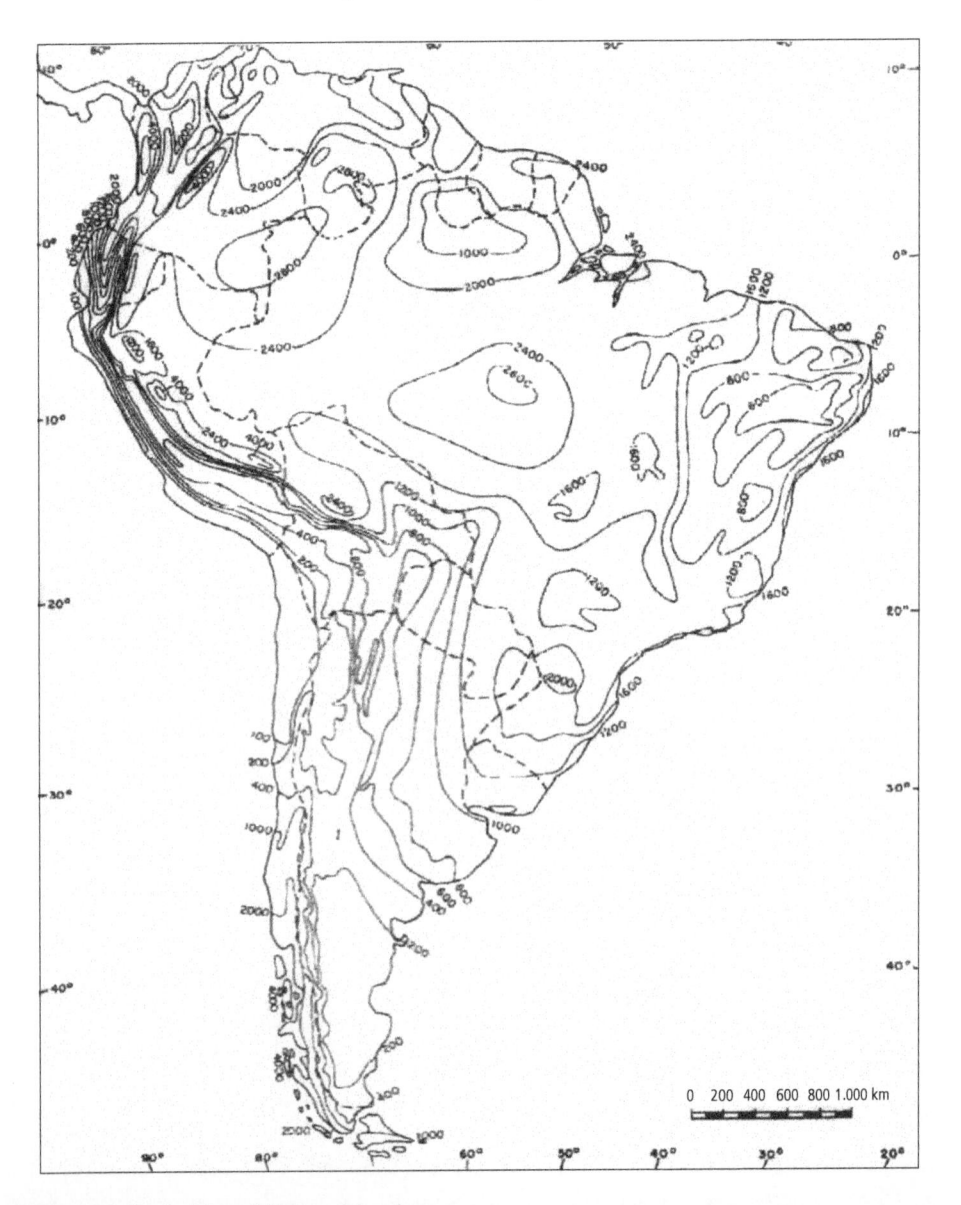

FIG. 1.5 *A distribuição média anual das chuvas*

mente encontrados nos cones de dejeção dos paleovales que descem da cordilheira, compreendendo setores importantes da Colômbia, Equador, Peru e Chile. As condições de ocorrência são variadas, predominando

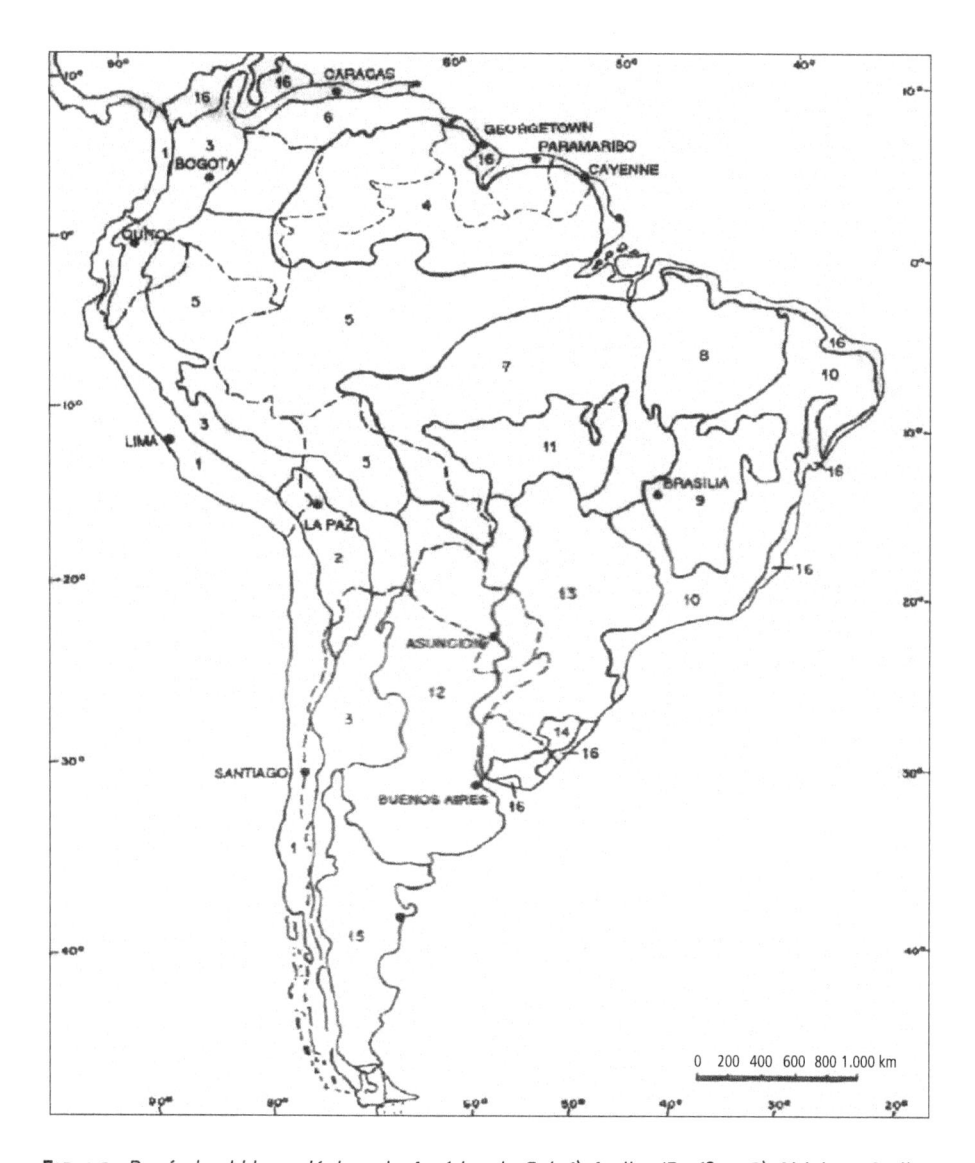

FIG. 1.6 *Províncias hidrogeológicas da América do Sul. 1) Andina/Pacífico; 2) Altiplano Andino; 3) Andina/Atlântico; 4) Embasamento Pré-Cambriano das Guianas; 5) Bacia Sedimentar Amazônica; 6) Orinoco; 7) Embasamento Pré-Cambriano do Brasil Central; 8) Bacia Sedimentar Parnaíba/Maranhão; 9) Cobertura Proterozoica do São Francisco; 10) Embasamento Pré-Cambriano do Nordeste/Leste do Brasil; 11) Cobertura Proterozoica do Centro-Oeste do Brasil; 12) Pantanal/Chaco/Pampeano; 13) Bacia Sedimentar do Paraná; 14) Embasamento Pré-Cambriano do Sul; 15) Patagônia; e 16) Costeira Atlântica.*

aquíferos do tipo semiconfinado e confinado, pela sucessão de camadas arenosas/conglomeráticas encerradas em matriz siltoargilosa.

A perfuração de poços nessas áreas pode enfrentar sérias dificuldades, em razão da presença de matacões de rochas inseridos na massa de material de granulometria comparativamente mais fina.

As águas subterrâneas são recarregadas pelos excedentes hídricos proporcionados pela abundante pluviometria – entre 2.000 mm/ano e mais de 4.000 mm/ano – que cai no domínio colombiano da cordilheira andina e pelas enchentes engendradas pelos degelos. Entre o Equador e o território chileno situado ao norte de Santiago, a pluviometria média é inferior a 200 mm/ano. Nesse caso, as recargas são proporcionadas, principalmente, pelas enchentes dos rios, durante os períodos de degelo na cordilheira.

A água subterrânea é de excelente qualidade e extraída por poços tubulares cujas profundidades mais frequentes situam-se entre 100 m e 200 m. As vazões são também variáveis, entre menos de 10 m^3/h a mais de 300 m^3/h, com capacidades específicas de alguns $m^3/h.m$ até perto de 50 $m^3/h.m$.

As cidades localizadas nessa província, tais como Guaiaquil, Trujillo e Lima, capital do Peru, são abastecidas, em sua maior parte, por baterias de poços que captam nos cones de dejeção aluviais. Na cidade de Lima, cerca de 200 poços produzem perto de 1 bilhão de m^3/dia, para abastecimento de mais de 70% da demanda total de água da região metropolitana.

1.7.2 Província Altiplano Andino

Compreende depósitos tércio-quaternários e formações vulcânicas. Os aquíferos geralmente são confinados, podendo ocorrer, local e ocasionalmente, os tipos não confinados ou semiconfinados. Sua importância é comparativamente maior no setor boliviano, porque aumenta o contingente populacional e escasseia a pluviometria, cujas médias situam-se entre 200 mm/ano e 400 mm/ano. No setor localizado no Peru, predominam os poços escavados para abastecimento doméstico.

No setor boliviano, essa província hidrogeológica apresenta três domínios distintos: os lados leste e oeste constituem zonas de recarga cujos fluxos alimentam os lagos Titicaca e outros menores. Na sua porção central, os aquíferos formados apresentam condições de artesianismo. Os poços têm, em geral, profundidades entre algumas dezenas e uma centena de metros e são usados para abastecimento doméstico e atividades de mineração. As capacidades específicas variam de 3 $m^3/h.m$ a 18 $m^3/h.m$.

A qualidade da água é para consumo, mas alguns poços podem apresentar águas termais e salobras. Os "salaris" que ocorrem nesse contexto constituem zonas de descarga de águas termais (60 °C a 80 °C), as quais são ricas em sais (STD 7.000 mg/L).

As principais limitações às tentativas de utilização desse importante potencial geotermal para geração de energia elétrica têm sido a pouca resistência dos materiais de revestimento dos poços e de vedação das bombas submersas diante do caráter altamente corrosivo e das temperaturas dos fluidos geotermais.

No Chile, essa província é formada por sedimentos não consolidados de idade quaternária, cujas espessuras perfuradas atingem uma centena de metros. A capacidade específica dos poços varia muito, podendo atingir 10 m^3/h.m, e a qualidade das águas é boa, com STD médio de 500 mg/L.

Na Argentina, essa província compreende rochas pré-cambrianas e paleozoicas, recobertas, local e ocasionalmente, por depósitos quaternários. As melhores potencialidades hidrogeológicas ficam restritas aos depósitos mais recentes e são muito pouco exploradas.

1.7.3 Província Andina/Atlântico

Corresponde à longa faixa que se estende ao longo do sopé da cordilheira andina, do lado atlântico. Os setores mais importantes estão localizados na Venezuela, Colômbia, Bolívia e Argentina. Esse domínio encerra importantes aquíferos nos depósitos sedimentares intramontanos na Venezuela e Colômbia e nos cones de dejeção dos rios que descem da cordilheira no lado atlântico.

Esses aquíferos sedimentares estão associados a materiais piroclásticos e rochas vulcânicas fraturadas. A infiltração das chuvas, cujas médias situam-se entre 1.000 mm/ano e 3.000 mm/ano na Venezuela e Colômbia, reduzindo-se para 200 mm/ano a 400 mm/ano na Bolívia e Argentina, bem como as enchentes dos rios engendradas pelo degelo na cordilheira, proporciona abundantes recargas das águas subterrâneas dessa província.

Na Venezuela, a região de Caracas está inserida nessa província, as águas subterrâneas são utilizadas de forma não controlada para abastecimento de indústrias e consumo doméstico, principalmente. As vazões são muito variadas, podendo atingir 100 m^3/h por poço, e as águas apresentam boa qualidade, com STD inferiores a 500 mg/L.

Na Colômbia, destacam-se as extrações não controladas na região de Bogotá, para abastecimento industrial, irrigação de flores e consumo doméstico. Grandes esforços vêm sendo desenvolvidos para avaliar as possibilidades hidrogeológicas desse setor, com a percepção da importância das águas subterrâneas como fonte alternativa ou complementar para abastecimento público.

No setor boliviano, destacam-se os cones de dejeção aluviais associados a fossas tectônicas nas regiões de Cochabamba, Sucre e Tarija. A espessura dos depósitos aquíferos varia de uma dezena a centenas de metros. Os poços, cujas profundidades variam entre 50 m e 500 m, apresentam capacidades específicas de 1 m^3/h.m a mais de 40 m^3/h.m. As águas apresentam, regra geral, boa qualidade para consumo doméstico, com STD inferiores a 500 mg/L.

A presença de finos misturados em proporções variadas às granulometrias mais grossas constitui séria limitação à obtenção segura de boas vazões, exigindo avançadas tecnologias de construção/completação, operação e manutenção dos poços.

O setor argentino compreende as regiões de Tucumán e Mendoza, entre outras, cujo desenvolvimento agropecuário está embasado na utilização racional das águas subterrâneas. Os depósitos nos cones de dejeção aluviais têm espessuras de até 500 m, e os poços produzem entre 10 m^3/h e mais de 200 m^3/h de água de boa qualidade para irrigação e consumo doméstico. Como resultado, a legislação e os conhecimentos hidrogeológicos nesse setor situam-se entre os mais avançados na América do Sul.

1.7.4 Província Embasamento Pré-Cambriano das Guianas

Corresponde à extensão de rochas pertencentes ao embasamento de idade pré-cambriana, representadas por granitos, gnaisses, micaxistos, quartzitos e associadas. A abundante pluviometria, entre 1.000 mm/ano e 3.000 mm/ano, proporciona excedentes hídricos que alimentam a rede hidrográfica formada por rios perenes, os quais recebem importantes descargas de origem subterrânea na forma de fontes/olhos d'água de contato ou de depressão.

O principal aquífero é formado pelo manto de intemperismo ou rigolitos dessas rochas e coberturas detríticas associadas. A franca recarga e a rápida circulação dos fluxos locais são bem caracterizadas pelos valores de STD inferiores a 100 mg/L.

Os tipos de captação mais comuns são os poços escavados e as fontes de contato que ocorrem ao longo dos vales esculpidos no material de alteração das rochas, as quais afloram, local e ocasionalmente, na calha dos rios ou constituem formas realçadas do relevo.

1.7.5 Província Bacia Sedimentar Amazônica

Essa província tem uma extensão total de 1,5 milhão de km², e seus depósitos têm uma espessura máxima de 7.000 m e idades que vão do Período Siluriano ao Quaternário. Os excedentes hídricos proporcionados pela abundante pluviometria equatorial, cujas médias situam-se entre 2.000 mm/ano e 3.000 mm/ano, engendram as características encharcadas dos terrenos, nos quais as formas dominantes de restituição dos fluxos subterrâneos são as ressurgências difusas. Os fluxos de base dos rios representam lâminas superiores a 600 mm/ano.

Os aquíferos mais importantes são encontrados nos depósitos mais recentes, cujas idades vão do Cretáceo ao Quaternário, com espessura média de 600 m. A água subterrânea é obtida de poços escavados de grande diâmetro ou "amazonas" e, atualmente, de poços tubulares, cujas profundidades mais frequentes situam-se entre 100 m e 200 m, podendo atingir 400 m.

Nas cidades mais importantes, tais como Manaus, Santarém e Belém, os poços têm logrado vazões que variam desde alguns m³/h até 400 m³/h, com capacidades específicas situando-se entre 2 m³/h.m e 20 m³/h.m.

O volume de água doce, isto é, com STD inferior a 1.000 mg/L, estocado nos aquíferos da Formação Alter do Chão (K) e em sedimentos mais recentes (TQ) da bacia amazônica é estimado em 32.500 mil km³. As taxas de recarga representam os potenciais explotáveis nos seus limites máximos, os quais podem ser avaliados pelas descargas de base dos rios, estimadas entre 900 km³/ano e 1.000 km³/ano nessa província hidrogeológica.

1.7.6 Província Orinoco

Essa província hidrogeológica corresponde às terras baixas do vale do rio Orinoco, as quais ocorrem na Colômbia e Venezuela. A pluviometria média nessa área situa-se em torno de 2.000 mm/ano. Os aquíferos mais importantes são encontrados nos depósitos aluviais e eólicos e, em menor escala, nos depósitos sedimentares do Cretáceo e Terciário.

A água subterrânea é geralmente extraída por meio de poços escavados e tubulares, esses últimos atingindo profundidades de 100 m. Uns poucos poços já apresentam profundidades de 300 m e produzem até 500 m³/h, com capacidades específicas de 10 m³/h.m. A qualidade das águas extraídas tem se apresentado boa para consumo doméstico e irrigação.

1.7.7 Província Embasamento Pré-Cambriano do Brasil Central

Nesse caso, têm-se rochas de idade pré-cambriana cobertas, local e ocasionalmente, por mantos descontínuos de depósitos cenozoicos. Os escassos dados hidrogeológicos refletem a baixa densidade de população da área – inferior a 5 hab/km² – e a abundância relativa de água superficial.

Esses recursos são renovados por uma abundante pluviometria média – entre 1.000 mm/ano e 2.000 mm/ano – e tornam-se disponíveis por meio do grande número de fontes de depressão, de contato, de falhas ou fraturas que ocorrem na área.

1.7.8 Província Bacia Sedimentar Parnaíba/Maranhão

Essa unidade geológica tem uma superfície de 700.000 km², e seus depósitos atingem a espessura máxima de 3.000 m. Os estratos mergulham suavemente, formando uma bacia intracratônica cortada por falhas e diques de diabásio.

Entre as mais importantes formações aquíferas, destacam-se os arenitos da Formação Serra Grande (Siluriano-Devoniano), com espessura que varia entre 50 m e 700 m; os arenitos da Formação Cabeças (Devoniano), com espessura entre 200 m e 300 m, e os arenitos da Formação Piauí e Poti (Carbonífero), com espessura entre 200 m e 300 m. Essas unidades hidroestratigráficas estão separadas por importantes sequências de folhelhos e siltitos, com arenitos intercalados, os quais têm água salgada (sulfatada e cloretada).

Alguns milhares de poços, frequentemente com profundidades entre 100 m e 300 m, penetram ora um, ora outro sistema aquífero. Boa parte dos poços é jorrante e fornece água para consumo doméstico e pequena irrigação. A maioria, contudo, não é utilizada nos limites das suas potencialidades, por razões de ordem cultural – medo de que venham a secar nos períodos de longas estiagens.

Essa prática resulta, todavia, em grandes desperdícios, porque centenas de poços ficam abertos, descarregando água sem qualquer controle. Por sua vez, em função dos interesses político-eleitoreiros, muitos poços são perfurados no momento de uma campanha eleitoral e permanecem sem equipamento (bomba ou catavento).

Em outros casos, o equipamento instalado quebra e parece ser mais interessante perfurar outro poço, cuja operação fica sendo promessa para o próximo período eleitoral.

A qualidade da água dos aquíferos paleozoicos depende, desde a última transgressão marinha que ocorreu no Período Cretáceo, mais do nível de lavagem que o sistema de fluxos de água subterrânea propicia, do que da formação aquífera considerada. Como resultado, os poços com menos de 1.000 m de profundidade fornecem água de boa qualidade para uso doméstico e irrigação.

Contudo, os sistemas de fluxos subterrâneos podem ser, local e ocasionalmente, alterados pela presença de falhas geológicas importantes e diques de diabásio. Em consequência, alguns poços relativamente rasos captam água salgada, imprópria para consumo ou irrigação. Nas camadas confinantes, tal como ocorre na Formação Pimenteiras, têm-se níveis salinos. Essa situação indica a necessidade de construção cuidadosa dos poços. A falta de isolamento adequado desses níveis salinos constitui a principal causa da degradação das águas de alguns dos poços que captam os aquíferos Cabeças ou Serra Grande, tornando-as, ao longo do tempo, impróprias para consumo doméstico e irrigação.

Os depósitos mesozoicos que ocorrem, sobretudo, no Estado do Maranhão, em pleno domínio de transição climática amazônica, produzem, comparativamente, menores vazões. Tendo em vista o regime hidrológico proporcionado pela pluviometria média entre 1.000 mm/ano e 2.000 mm/ano e as condições hidrogeológicas da área, os rios apresentam regime de fluxo perene. A densidade demográfica na maior extensão desse domínio é muito baixa – entre menos de 2 hab/km^2 e 5 hab/km^2.

O volume de água subterrânea estocado nessa província hidrogeológica é estimado em 17.500 km^3, e os fluxos de base dos rios indicam uma recarga da ordem de 3 km^3/ano.

1.7.9 Província Cobertura Proterozoica do São Francisco

Esse contexto é formado por rochas metassedimentares – quartzitos e metaconglomerados, metacalcários e dolomitos. A permeabilidade é mista, sendo a de fraturas a mais importante. Os aquíferos são alimentados pelos excedentes hídricos engendrados por uma pluviometria média que varia entre 800 m/ano e 1.500 m/ano, cuja regularidade é influenciada pelas condições orográficas de relevo acentuado da área.

Os poços já perfurados logram vazões que variam entre perto de 1 m^3/h até mais de 100 m^3/h, mercê da grande heterogeneidade do meio aquífero, cuja permeabilidade intersticial baixa é, local e ocasionalmente, ampliada por falhas e fraturas. A água dos poços é usada, principalmente, para consumo humano e animal. O volume de água subterrânea estocado é estimado em 400 km^3 e realimentado a uma taxa de 4 km^3/ano.

1.7.10 Província Embasamento Pré-Cambriano do Nordeste/Leste do Brasil

Corresponde à grande extensão de rochas pertencentes ao substrato geológico de idade pré-cambriana subaflorante do Nordeste semiárido do Brasil e sua extensão Leste, em que se apresenta coberta por um espesso manto de intemperismo.

No domínio do substrato geológico subaflorante do contexto semiárido, a pluviometria média varia entre 500 mm/ano e 800 mm/ano, porém o regime é muito irregular, resultando em condições de clima semiárido.

As potencialidades hidrogeológicas mais importantes ficam restritas às zonas fraturadas e mantos aluviais associados. A análise hidrogeológica do seu quadro geotectônico revela a existência de seis subdomínios principais:

1. coberturas paleoproterozoicas (tipo Chapada Diamantina), cujos poços já perfurados têm vazão modal de dezenas de m³/h e a água extraída tem teor modal de sólidos totais dissolvidos (STD) inferior a 100 mg/L;
2. coberturas neoproterozoicas (tipo cársticos de Irecê/Jaíba), cujos poços têm vazões na mesma ordem de grandeza e as águas têm STD modal carbonático e com valores entre 1.000 mg/L e 2.000 mg/L;
3. faixas formadas por micaxistos, metagrauvacas e bancos de quartzitos, marginais aos blocos de rochas ígneas e de altos graus de metamorfismo (crátons), cujos poços têm vazões entre 5 m³/h e 10 m³/h e STD inferior a 1.000 mg/L;
4. faixas formadas por filitos, micaxistos e calcários tipo Seridó e Orós, distantes dos blocos cratônicos, com poços de vazão modal da ordem de 5 m³/h e STD entre 1.000 mg/L e 2.000 mg/L;
5. zonas de cisalhamento tipo Sobral, Senador Pompeu, Patos, lineamento de Pernambuco, com vazões de 2 m³/h a 3 m³/h e STD modal em torno de 2.000 mg/L;
6. rochas cratônicas de alto grau de metamorfismo, tipo gnaisse, migmatito e granito, com vazão modal inferior a 2 m³/h e STD modal superior a 2.000 mg/L.

Abaixo do paralelo 15° Sul, o quadro climático dominante é tropical úmido, com pluviometria média entre 800 mm/ano e 1.600 mm/ano. Como resultado, o substrato geológico apresenta um manto de intemperismo com espessura média de 50 m, podendo atingir até mais de 100 m no Alto Tietê, Estado de São Paulo.

Nesse contexto há formação de um sistema aquífero misto: porosidade/permeabilidade intersticial no manto e sistema de fraturas em profundidade.

A produtividade média dos poços é de 10 m³/h, com valores mais frequentes entre 5 m³/h e 20 m³/h, podendo atingir cerca de 100 m³/h. As águas são de boa qualidade para consumo doméstico, industrial e de irrigação.

Na Grande São Paulo, as zonas aquíferas fraturadas dos 6.599 km² de rochas cristalinas, associadas a um manto de intemperismo de espessura média de 50 m, estocam reservas de água subterrânea da ordem de 10 bilhões de m³, as quais recebem recargas avaliadas em 2 bilhões de m³/ano. Os recursos explotáveis são de 586 milhões de m³/ano ou 18 m³/s.

1.7.11 Província Cobertura Proterozoica do Centro-Oeste do Brasil

As rochas do embasamento geológico pré-cambriano dessa área apresentam espessas coberturas de metarenitos e metassiltitos formando chapadões realçados no relevo, tal como a Chapada dos Guimarães. Os aquíferos formados nos recobrimentos detríticos de idade mesozoica descarregam os seus fluxos ao longo das escarpas dos vales, formando cachoeiras e olhos d'água, ou são extraídos pelos poços escavados.

A pluviometria média, da ordem de 2.000 mm/ano, é sensivelmente regularizada pelos processos orográficos, resultando em abundantes excedentes para recarga. As águas subterrâneas mais rasas acusam a influência de períodos de estiagem mais prolongados, o que se caracteriza pela queda acentuada das vazões das cachoeiras. Os poços já perfurados atingem profundidades de uma centena de metros e fornecem vazões entre 2 m³/h e 20 m³/h para abastecimento doméstico, principalmente.

1.7.12 Província Pantanal/Chaco/Pampeano

O Pantanal representa uma das maiores extensões de terras alagadas do mundo, e está situada na fronteira centro-oeste do Brasil. Trata-se de uma fossa tectônica preenchida por sedimentos formados por uma mistura, em proporções variadas, de areia, silte e argila de origem fluviolacustre. As várias centenas de poços já perfurados têm profundidades variadas entre 10 m e 100 m e extraem água das passagens arenosas para abastecimento doméstico e das atividades agropecuárias. A vazão varia muito, de alguns m³/h a 10 m³/h-20 m³/h, e a qualidade da água é boa para consumo.

A subprovíncia do Chaco corresponde, praticamente, à Região Oeste do Paraguai. Centenas de poços perfurados, com profundidades entre 60 m e 300 m, têm capacidade específica média de 1,6 m³/h.m. A água apresenta-se de boa qualidade para consumo humano, podendo ocorrer, local e ocasionalmente, STD de até 10.000 mg/L.

A subprovíncia pampeana representa a extensão do Chaco em território argentino. Os aquíferos correspondem às passagens mais arenosas do pacote de depósitos formados por uma mistura, em proporções variadas, de areia, silte e argila. As condições de ocorrência das águas subterrâneas são de aquífero livre, semiconfinado e confinado. Os poços têm profundidades mais frequentes entre 50 m e 100 m, com capacidades específicas variando entre 1 m³/h.m até mais de 10 m³/h.m. A qualidade das águas varia muito de um poço para outro, situando-se entre teores de STD de 300 mg/L até mais de 2.000 mg/L.

1.7.13 Província Bacia Sedimentar do Paraná

Essa província tem uma extensão de 1,6 milhão de km², sendo cerca de 1 milhão de km² nas regiões Sudeste e Sul do Brasil, 100.000 km² na Região Leste do Paraguai, 100.000 km² na Região Noroeste do Uruguai e 400.000 km² no Nordeste da Argentina. O pacote de sedimentos é formado por uma sucessão alternada de camadas arenosas – espessuras variadas entre 50 m e 300 m – e sedimentos siltoargilosos não menos importantes, cujas idades vão do Siluriano ao Cretáceo. A característica mais marcante dessa província é a ocorrência de derrames de basalto (Cretáceo Inferior), cuja extensão atual é da ordem de 800.000 km².

Entre os aquíferos paleozoicos, destacam-se os arenitos das Formações Furnas (Devoniano), Aquidauana e Itararé (Permiano Inferior), Rio Bonito (Permiano Médio) e Rio do Rasto (Permiano Superior). Esses aquíferos têm água doce a até 100 km e 200 km das suas zonas de afloramento, atingindo salinidades de 10.000 mg/L a 20.000 mg/L nas partes centrais da bacia. As vazões dos poços produtores construídos nas bordas da bacia situam-se entre 10 m³/h e 50 m³/h, podendo atingir 100 m³/h, e os teores de STD variam de menos de 100 mg/L até mais de 2.000 mg/L.

O principal aquífero dessa província é formado pelos depósitos fluviolacustres da Formação Piramboia (Triássico Médio), associados aos sedimentos eólicos da Formação Botucatu (Triássico Superior-Jurássico).

Esse sistema aquífero é confinado por uma sucessão de derrames de rochas vulcânicas, constituintes da Formação Serra Geral (Jurássico-Cretáceo Inferior). O pacote de basalto tem uma extensão da ordem de 800.000 km² e espessura crescente das bordas para o centro da bacia, onde atinge cerca de 2.000 m.

O sistema aquífero Botucatu cobre uma área de 839.000 km² no Brasil, 71.1 mil km² no Paraguai, 225.5 mil km² na Argentina e 58.500 km² no Uruguai. Em função das profundidades que atingem, os poços extraem águas do aquífero com temperaturas de até 90 ºC.

Os milhares de poços que atingem esse sistema aquífero, cujas profundidades mais frequentes variam entre 100 m e 500 m, produzem vazões entre 100 m³/h e 700 m³/h, para abastecimento público e de indústrias e complexos de recreação hidrotermal. As capacidades específicas dos poços situam-se entre 4 m³/h.m e mais de 30 m³/h.m.

As águas são de excelente qualidade para consumo humano, com valores de STD inferiores a 200 mg/L. Os custos de produção da água pelos poços com profundidades entre 100 m e 1.000 m e vazões entre 300 m³/h e 500 m³/h variam de US$ 0,15 a US$ 0,40 por m³ liberado na boca da captação, representando 10-20% do custo de captação e tratamento convencional da água dos rios da região.

O pacote confinante de rochas vulcânicas apresenta falhas, fraturas e descontinuidades interderrames que são, local e ocasionalmente, bons aquíferos. Ocorrem pacotes de arenitos intraderrames, os chamados *intertraps*. Nesse pacote já foram perfurados cerca de cinco mil poços, cujas vazões variam entre 5 m³/h e mais de 20 m³/h, para abastecimento doméstico e industrial, principalmente. As profundidades mais frequentes dos poços variam entre 50 m e 100 m e as águas são de boa qualidade para consumo humano, salvo casos de teores elevados de ferro e de sílica.

No terço norte da Bacia Sedimentar do Paraná, ocorrem sedimentos recobrindo o pacote de basalto. Esses depósitos constituem as Formações Bauru-Caiuá (Cretáceo Superior), têm extensão de 315.000 km² e espessura média de 100 m. Cerca de cinco mil poços com profundidades entre 50 m e 100 m produzem água para abastecimento doméstico, industrial e de pequena irrigação.

O volume de água estocado nos aquíferos da Bacia Sedimentar do Paraná é estimado em 50.000 km³, com taxa de recarga da ordem de 250 km³/ano, sendo cerca de 100 km³/ano explotáveis.

1.7.14 Província Embasamento Pré-Cambriano do Sul

Corresponde à extensão de rochas cristalinas e metamórficas do embasamento geológico de idade pré-cambriana que aflora na região Sul do Brasil e na costa atlântica do Uruguai. Essa região recebe uma pluviometria média entre 1.000 mm/ano e 1.200 mm/ano, garantindo excedentes hídricos importantes que alimentam rios perenes.

As possibilidades hidrogeológicas mais promissoras ficam restritas às zonas de falhas, fraturas, contato entre rochas muito diferentes e outras descontinuidades litológicas características. As vazões dos poços variam entre 1 m³/h e 36 m³/h e os teores de STD são muito baixos, com valores médios de 230 mg/L.

1.7.15 Província Patagônia

Os aquíferos mais importantes são encontrados nas formações sedimentares do Cretáceo Superior e Oligoceno, as quais formam sistemas hidrotermais com espessuras de mais de 1.500 m em Bahia Blanca. Considerando que a pluviometria varia entre 200 mm/ano e 600 mm/ano, as águas subterrâneas têm um papel cada vez mais importante na solução dos problemas de abastecimento público e industrial na região.

A vazão dos poços varia entre 10 m³/h e 400 m³/h e são usados para abastecimento público complementar e em indústrias. Uma outra importante parcela da água subterrânea é extraída dos depósitos tércio-quaternários com espessuras de mais de 100 m. Os poços existentes produzem entre 20 m³/h e 100 m³/h de água cuja qualidade é caracterizada por teores STD em torno de 320 mg/L.

1.7.16 Província Costeira Atlântica

Ao longo das costas norte e leste da América do Sul desenvolve-se uma estreita faixa de depósitos sedimentares com idades mais frequentes que vão do Cretáceo ao Quaternário. A pluviometria média da área é relativamente abundante – entre 2.000 mm/ano e 3.000 mm/ano, na costa do Mar do Caribe, e superior a 1.000 mm/ano, na costa do Brasil –, e lá se encontram as maiores densidades de população do continente. Como resultado, a importância das águas subterrâneas como recurso complementar do abastecimento doméstico vem crescendo de forma nunca imaginada.

As bordas de bacias do Cretáceo constituem, na realidade, os domínios continentais de bacias sedimentares suboceânicas. Entre as mais importantes no Brasil, merecem destaque: a bacia de São Luís, que forma a ilha na qual se instala a capital do Estado do Maranhão; a bacia Potiguar, que forma o canto nordeste do Brasil, a faixa costeira leste do Rio Grande do Norte até Pernambuco; as bacias de Alagoas-Sergipe; e a bacia do Recôncavo, na Bahia.

Os poços já perfurados nesses depósitos têm obtido vazões de 10 m³/h a 100 m³/h, para abastecimento doméstico, industrial e irrigação. Nesse contexto se encontram cidades de 200 mil a 500 mil habitantes e até com mais de 2 milhões de habitantes, que são abastecidas, integralmente ou de forma complementar, por poços.

Os depósitos terciários e quaternários formam uma faixa descontínua sobre os setores de rochas cristalinas/metamórficas e sedimentares. As vazões mais frequentes dos poços nesses depósitos variam entre 10 m³/h e 50 m³/h, mercê da grande heterogeneidade da mistura que os compõem.

1.8 Águas subterrâneas no Brasil

As águas subterrâneas fluem de forma permanente nas bacias hidrográficas, com velocidades da ordem de cm/dia. Isso faz com que o subsolo tenha uma função básica de estoque e regularização dos recursos hídricos da área considerada. Os rios constituem verdadeiros canais de drenagem e transporte de águas, com velocidades médias de fluxo da ordem de km/dia. As águas subterrâneas fluem muito mais lentamente, regularizando as descargas dos rios que nunca secam durante todo o período sem chuvas.

Além disso, no Brasil, a maior utilização das águas subterrâneas para abastecimento público e irrigação enfrenta problemas como a falta de conhecimentos básicos sobre a forma de ocorrência e circulação e a de pessoal especializado com conhecimentos hidrológicos e legais dos recursos hídricos, aliados à falta de controle e de fiscalização das condições de uso e proteção do manancial subterrâneo nos governos federal, estaduais e municipais.

Também deve ser considerada a preferência dos tomadores de decisão pelos projetos extraordinários de captação ou tratamento das águas dos rios, cada vez mais distantes e poluídos pelos despejos sem tratamento prévio dos esgotos domésticos.

O manancial subterrâneo poderia abastecer cerca de 80% das nossas cidades, proporcionando recurso de água complementar ou estratégico nas alternativas de gerenciamento integrado da água disponível na maioria das nossas áreas metropolitanas, bem como contribuindo como alternativa econômica de uso múltiplo da água não potável em atividades industriais e de irrigação e lazer que não exigem água potável.

Seu contexto na América do Sul é importantíssimo, ocorrendo em 11 das 16 províncias hidrogeológicas:

▷ Província Embasamento Pré-Cambriano das Guianas;
▷ Província Bacia Sedimentar Amazônica;
▷ Província Embasamento Pré-Cambriano do Brasil Central;
▷ Província Bacia Sedimentar Parnaíba/Maranhão;
▷ Província Cobertura Proterozoica do São Francisco;
▷ Província Embasamento Pré-Cambriano do Nordeste/Leste do Brasil;
▷ Província Cobertura Proterozoica do Centro-Oeste do Brasil;
▷ Província Pantanal/Chaco/Pampeano;
▷ Província Bacia Sedimentar do Paraná;
▷ Província Embasamento Pré-Cambriano do Sul;
▷ Província Costeira Atlântica.

Referências bibliográficas

DRISCOLL, F. G. *Groundwater and wells*. 2. ed. Minnesota: Johnson Division, 1986. Appendix 3A, p. 898.

IBGE. *Censo Demográfico 2000* – Resultados do universo. 2000. Disponível em: <http://www.ibge.gov.br>. Acesso em: 4 jul. 2013.

RANKAMA, K.; SAHAMA, T. G. *Geochemistry*. Chicago: University of Chicago Press, 1950.

REBOUÇAS, A. C. Desarrollo y tendencias de la hidrogeología en America Latina. In: ANGUITA, F.; APARICIO, I.; CANDELA, L.; ZURBANO, M. F. (Ed.). *Hidrogeología*: estado actual y prospectiva. Barcelona, 1991. p. 429-453.

REBOUÇAS, A. C. Diagnóstico do setor de hidrogeologia - PADCT-MCT. *Caderno técnico da Abas*. 1996. 46 p.

Elementos de hidrologia de superfície   2

Kokei Uehara

2.1 Descrição do ciclo hidrológico

O ciclo hidrológico é o comportamento da água entre a superfície do planeta Terra e a atmosfera que a envolve. O Sol fornece a energia para que haja esse movimento.

Essa definição do ciclo é muito simplista. Na verdade o ciclo é um fenômeno bem mais complexo. O ciclo envolve duas fases distintas:
▷ Atmosfera;
▷ Terrestre (oceanos e continentes).

Essas duas fases apresentam:
▷ Armazenamento temporário de água;
▷ Transporte;
▷ Mudança de estado.

Há um ciclo completo de evaporação, condensação, precipitação e escoamento. Do ponto de vista didático, é interessante iniciar a descrição do ciclo hidrológico pela evaporação que ocorre na superfície das águas (oceanos, lagos naturais ou artificiais), no solo e na transpiração de vegetais e animais. O vapor produzido é precipitado em forma de chuva, neve, granizo ou orvalho. No Brasil, a precipitação mais importante é a chuva.

Uma parte da chuva, em sua queda para a superfície do planeta, evapora e fica na atmosfera. A outra parte atinge oceanos e lagos ou a parte continental. Há casos em que toda a chuva evapora antes de atingir a superfície da Terra.

Na parte continental, a chuva poderá cair sobre as folhagens de coberturas vegetais (por exemplo, na Floresta Amazônica, chuvas finas podem ficar totalmente retidas nas folhagens). Essa fase é chamada de *interceptação*.

A água que atinge o solo poderá se infiltrar na camada superficial da Terra, alimentando o escoamento subterrâneo ou subsuperficial. Quando a camada de solo se satura, uma parte da água começa a escoar pela superfície da Terra: fase do escoamento superficial. A água escoada atinge a rede de drenagem natural ou artificial e se dirige para oceanos ou lagos. As relações entre as várias formas de comportamento das águas no planeta Terra e a atmosfera podem ser melhor visualizadas na Fig. 2.1.

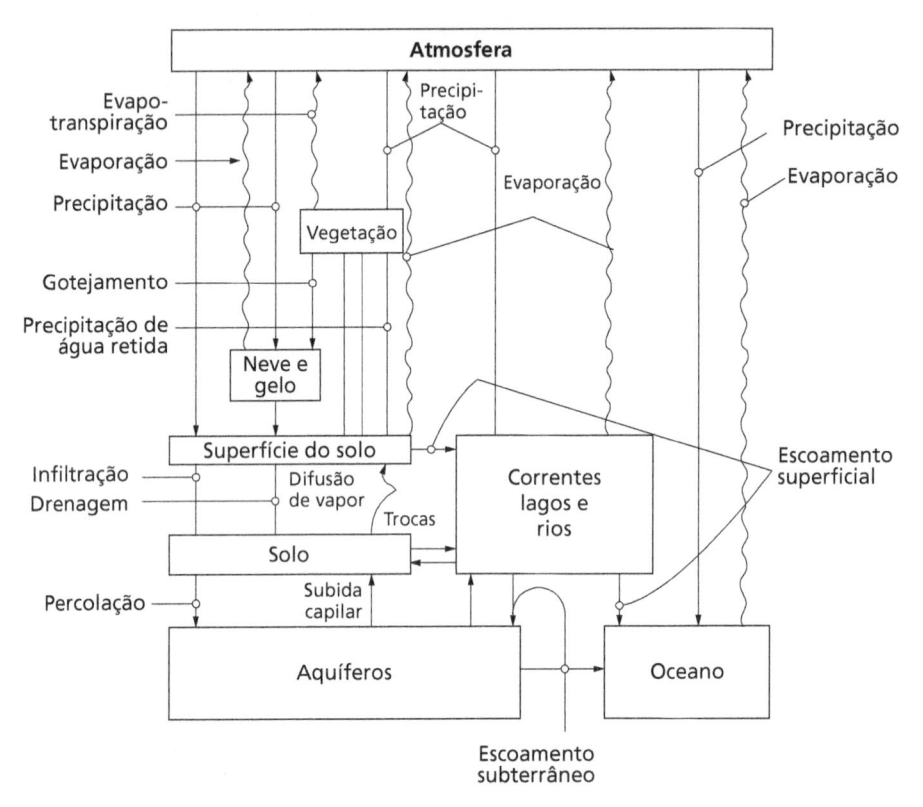

FIG. 2.1 *O ciclo hidrológico do ponto de vista do engenheiro*
Fonte: Eagleson (apud Villela e Mattos) (1975).

Pela Tab. 2.1, verifica-se o grande volume de água doce subterrânea disponível para a humanidade. Mas o seu uso deve ser precedido de minucioso estudo para que as gerações futuras não sejam prejudicadas, pois a recarga desse volume é muito lenta. Os números apresentados nas Tabs. 2.1 e 2.2 provavelmente irão mudar porque serão introduzidos equipamentos, metodologia de medição e análise de novos dados coletados cada vez com melhor precisão.

2.2 Bacia hidrográfica como unidade básica de estudo

A maioria dos problemas práticos de hidrologia de superfície refere-se a uma bacia hidrográfica (vazões mínimas, médias e máximas). O compor-

Tab. 2.1 Disponibilidade de água no planeta Terra

	m³	%/ total	%/ água doce
Oceano	$1.338.000.000 \times 10^9$	96,5	
Água subterrânea			
Água doce	$10.590.000 \times 10^9$	0,76	30,1
Água salgada	$12.870.000 \times 10^9$	0,96	
Calotas polares	$24.023.500 \times 10^9$	1,70	68,6
Lagos			
Água doce	91.000×10^9	0,007	0,26
Água salgada	85.400×10^9	0,006	
Pântanos	11.470×10^9	0,0008	0,03
Rios	2.120×10^9	0,0002	0,006

Fonte: Unesco (1978).

tamento hídrico de cursos d'água que drenam as bacias depende de suas características físicas e meteorológicas.

Tab. 2.2 O ciclo hidrológico nos continentes considerando a precipitação sobre a Terra (100%)

Evaporação no oceano	424
Precipitação sobre o oceano	385
Umidade sobre a Terra	39
Evapotranspiração	61
Precipitação sobre a Terra	100
Escoamento superficial	38
Escoamento subterrâneo para o oceano	1

Fonte: Unesco (1978).

2.2.1 Características topográficas

▷ **Bacia hidrográfica:** área de captação de chuva ou neve com caimento superficial que dirige a água para uma determinada seção transversal de um curso d'água, lago ou oceano.

▷ **Bacia hidrográfica:** área cujo escoamento, superficial ou subterrâneo, alimenta o deflúvio em determinada seção de um curso d'água, lago ou oceano.

As duas definições sobre bacias nem sempre se identificam.

Uma bacia hidrográfica pode ser caracterizada pelos seguintes dados:

- **Área da bacia;**
- **Curva hipsométrica:** curva que apresenta em ordenadas áreas de diversas altitudes marcadas em abscissas. Essas curvas são importantes para o planejamento territorial.
- **Curva das frequências altimétricas:** histograma que representa áreas compreendidas entre determinadas cotas.
- **Curva de distribuição das declividades de uma bacia:** curvas que apresentam as áreas de terras cuja declividade excede os valores

marcados em ordenadas. São importantes para os estudos de erosão.
- **Perfil longitudinal de um curso d'água:** cota do talvegue do curso d'água na ordenada e distância na abscissa. Do perfil longitudinal podem-se calcular as declividades:
  - \# declividade média;
  - \# declividade equivalente constante do alvo;
  - \# média harmônica;
  - \# método gráfico.

  Essas declividades são importantes para o cálculo do tempo de concentração da bacia que é empregado na estimativa de vazões máximas úteis para o dimensionamento de canalizações, extravasores de barragens etc.
- **Características fluviomorfológicas:**
  - \# **Índice de conformação:** relação entre a área **A** de uma bacia hidrográfica e o quadrado de seu comprimento L, medido ao longo do curso d'água.

    Índice de conformação: $\dfrac{A}{L_2}$

  - \# **Índice de compacidade:** relação entre o perímetro de uma bacia hidrográfica **P** e a circunferência de círculo **C** de área A igual à da bacia (Eq. 2.1).

$$\text{Índice de compacidade} = \frac{P}{L} = 0{,}28\,\frac{P}{\sqrt{A}} \quad (2.1)$$

$$\text{Porque:} \quad A = \frac{\pi D_2}{4} \therefore D = \sqrt{\frac{4A}{\pi}} \quad (2.2)$$

$$C = \pi D = \pi \sqrt{\frac{4A}{\pi}} \quad (2.3)$$

- **Densidade de drenagem:** relação entre o comprimento total de cursos d'água perenes, intermitentes e efêmeros e a área total da bacia. É importante indicar a escala da planta.
- **Número de ordem de um curso d'água:** indica a abundância ou não de tributários de um curso d'água numa determinada seção. É importante indicar a escala das plantas.
- **Procedimento:** marcam-se todos os cursos d'água que partem do divisor da bacia com o número 1. Prosseguir a numeração da

seguinte forma: 1 e 1 igual a 2; 1 e 2 igual a 2; e 2 e 2 igual a 3, e assim por diante.

2.2.2 Características pedológicas e geológicas

São importantes para o estudo de permeabilidade do solo que influencia a ocorrência ou não de enchentes e para o estudo da recarga de água subterrânea. Essa caracterização deve ser feita com o auxílio de geólogos e agrônomos.

2.2.3 Cobertura vegetal

Florestas, pastagens e campos cultivados, acrescidos dos fatores geológicos, são importantes no comportamento hidrológico de uma bacia. Florestas são importantes no amortecimento de cheias e eficazes no combate à erosão ou produção de *debris-flow* (Serra do Mar).

2.2.4 Características de temperatura

A análise do balanço térmico de uma bacia também é importante. Deve ser considerado não apenas o calor recebido pela radiação solar, mas também as trocas de calor entre o solo, a atmosfera, a superfície líquida etc.

2.2.5 Fatores climáticos

▷ **Tipos de precipitação:** frontais, orográficas e convectivas (serão tratados no item 2.3.1);
▷ **Intensidade da chuva** (será tratada no item 2.3.4);
▷ **Duração da chuva** (será tratada no item 2.3.4);
▷ **Distribuição da chuva em uma bacia.**

Nem sempre a chuva se precipita uniformemente numa bacia. Hoje, com o uso do microcomputador, pode-se simular o epicentro da chuva em qualquer parte da bacia e estimar os hidrogramas e cheias.

Direção do deslocamento do temporal
Uma tormenta que se desloca de cabeceira para a jusante poderá provocar pico de cheia maior do que outra se deslocando no sentido contrário.

As tormentas que cruzarem perpendicularmente o curso d'água provocarão picos de cheia intermediários aos anteriores.

Exemplo interessante é o comportamento do rio Paraíba do Sul, em Cachoeira Paulista. Os rios Paraibuna e Paraitinga nascem perto da divisa do Estado de São Paulo com o do Rio de Janeiro e correm na direção da cidade de São Paulo. Juntam-se e formam o rio Paraíba do Sul.

Esse rio, na altura de Jacareí, dá uma volta de quase 180° e se dirige para o Estado do Rio de Janeiro. As frentes frias que provocam as cheias ocorrem no sentido São Paulo-Rio, e as chuvas de frentes frias ocorrem de jusante para a cabeceira, nas bacias do Paraitinga e Paraibuna, e a jusante, no rio Paraíba, de Jacareí. Se assim não fosse, as cidades que se localizam ao longo do rio Paraíba, tais como Taubaté, Guaratinguetá e Cachoeira Paulista, estariam sofrendo inundações bem maiores.

Precipitação antecedente

A quantidade de umidade contida nas camadas superficiais influi na capacidade de infiltração. Isso irá influir tanto na capacidade de recarga da água subterrânea como na produção de vazões de cheias.

Em suma, o estudo das características físicas e meteorológicas de uma bacia hidrográfica é um dos assuntos mais importantes da hidrologia inseridos no campo de recurso hídrico e, por sua vez, no campo maior do meio ambiente.

2.3 Aquisição e tratamento de dados de precipitações

A chuva é um elemento fundamental para o estudo de hidrologia de superfície. No Brasil, ela é praticamente a única fonte alimentadora de cursos d'água e da água subterrânea. No "polígono da seca", na Região Nordeste do país, a precipitação chega a ser de apenas 300-400 mm por ano, e no interior do Estado de São Paulo é da ordem de 1.200 mm/ano, em média.

2.3.1 Tipos de chuvas

As chuvas podem ser classificadas em frontais, convectivas e orográficas.

Chuvas frontais

São provocadas por frentes frias ou quentes, abrangem grandes áreas e têm grande duração. Provocam grandes cheias em bacias maiores, como a do rio Paraná. As regiões Sul e Sudeste do Brasil sofrem a influência de frentes frias. No encontro de frente fria, que vem do sul, e quente, que vem do norte, há ocorrência de chuvas intensas, que provocam catástrofes nessa região (Serra de Araras, Caraguatatuba, Rio de Janeiro etc.). Em 1929, uma chuva desse tipo provocou enchentes em São Paulo, inundando o vale do rio Pinheiros.

Chuvas convectivas

São, em geral, de grande intensidade e curta duração. Provocam grandes cheias em pequenas bacias hidrográficas. Elas causam inundações em pequenos córregos de áreas urbanas de São Paulo, com áreas de captação inferiores a 200 km² (córregos Jaguaré, Pirajussara, Cabuçú, rio Aricanduva etc.). O ribeirão Arrudas, em Belo Horizonte (já canalizado), provocava inundações catastróficas.

Chuvas orográficas

São provocadas por barreiras e montanhas que forçam movimentos ascendentes de ar quente e úmido que sopra do oceano para o continente. As chuvas na Serra do Mar são um exemplo. Nessa serra, em Itapanhaú, já foi registrada chuva de 5.912 mm/ano. Na Índia, em Cherrapundi, em 1836, foi observada uma grande precipitação de 25.000 mm/ano.

2.3.2 Coleta de dados de chuvas

A coleta de dados de chuva, assim como de todos os dados hidrometeorológicos, é relegada ao esquecimento em todos os países subdesenvolvidos. O pior é que muitos livros de hidrologia pouco se referem à hidrometria e apresentam metodologia de cálculos com base em dados, muitas vezes, pouco confiáveis.

Desenvolver modelos matemáticos com o auxílio de microcomputadores é importante, mas desenvolver conhecimentos físicos e matemáticos de fenômenos hidrológicos é muito mais, uma vez que essa parte está bastante estagnada. Um dos caminhos seria intensificar e melhorar a coleta de dados.

Aparelhos de medição

São três os tipos de aparelhos de medição de chuvas no Brasil: pluviômetros, pluviógrafos (Figs. 2.2, 2.3 e 2.4) e radar. Um quarto tipo começa a fornecer dados importantes, o satélite meteorológico.

Mas dados fornecidos por satélites de outros países, com auxílio de um supercomputador do Instituto Nacional de Pesquisas Espaciais (Inpe), em Cachoeira Paulista/SP, permitem realizar a previsão do tempo com bastante sucesso.

No Estado de São Paulo há dois radares meteorológicos: em Bauru e em Salesópolis (na barragem de Ponte Nova). Este último, operado pelo DAEE-SP, é importante para a previsão de chuva na Região Metropolitana de São Paulo.

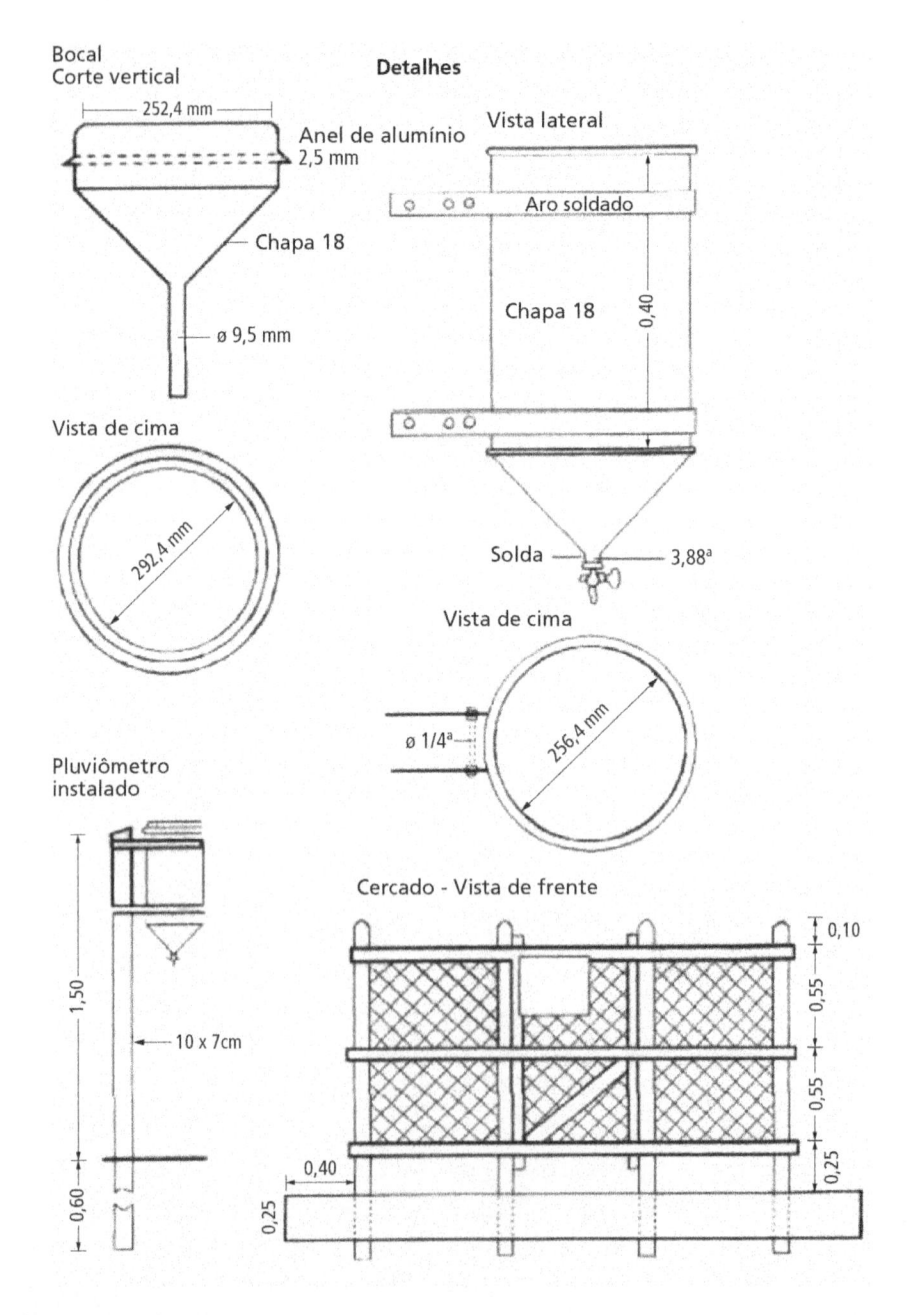

FIG. 2.2 *Pluviômetro*
Fonte: *Garcez (1967)*.

2 | Elementos de hidrologia de superfície

Pluviógrafo Hellmann - tipo 95   Detalhes

Esquema do aparelho

a Bocal do aparelho
b Recipiente
c Flutuador
d Sifão
e Haste da boia
f Haste e pena
g Tambor
h Coletor
i Suporte do recipiente

Instalação do pluviógrafo

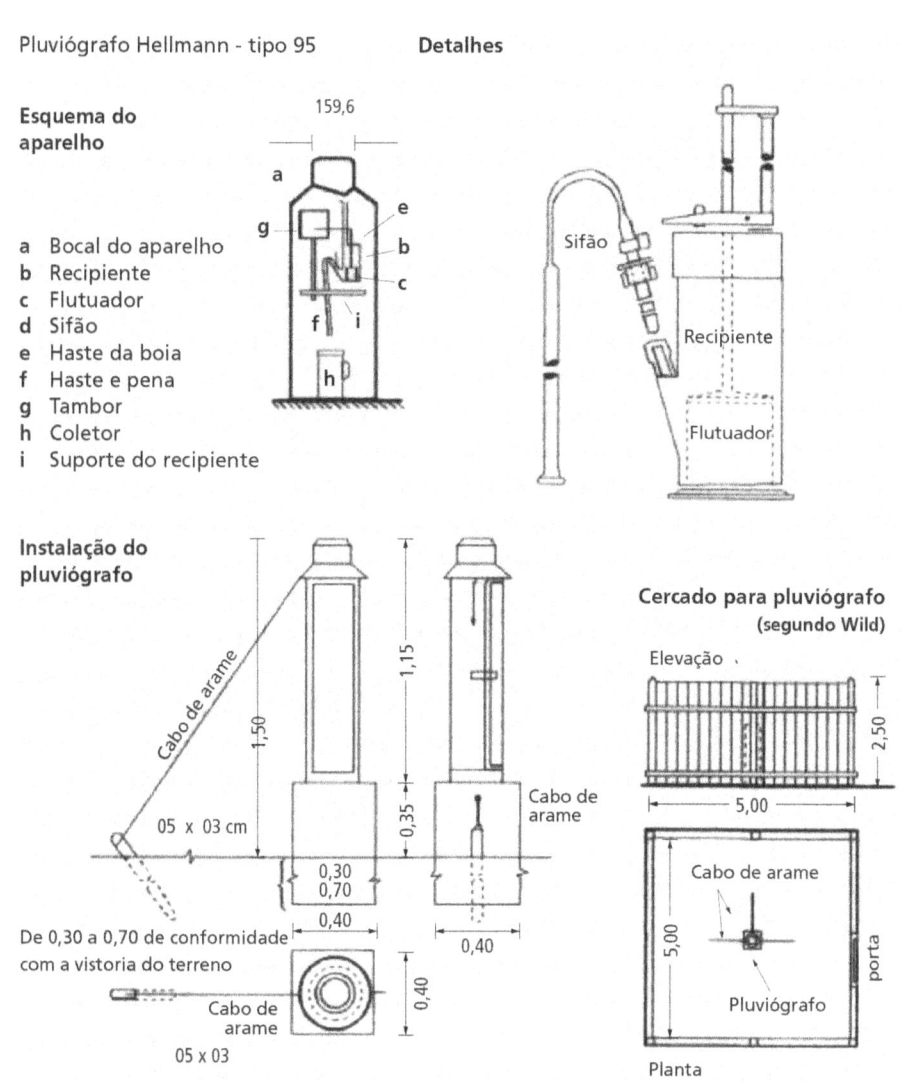

Cercado para pluviógrafo
(segundo Wild)

FIG. 2.3 *Pluviógrafo tipo Hellmann*
Fonte: Garcez (1967).

Seus dados são analisados e arquivados, e o seu acesso está disponível no Centro Tecnológico de Hidráulica na Cidade Universitária de São Paulo.

O DAEE opera uma rede hidrométrica no Estado de São Paulo com aproximadamente:

▷ mil postos pluviométricos;
▷ 110 postos pluviográficos;
▷ 200 postos fluviométricos;
▷ 40 postos limnigráficos;

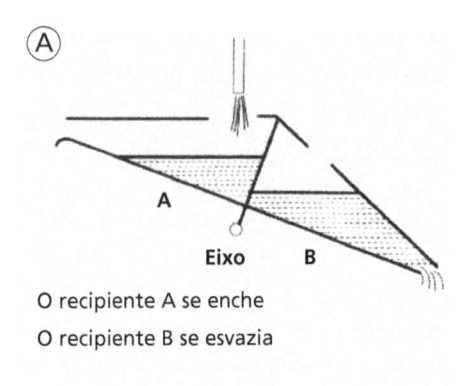

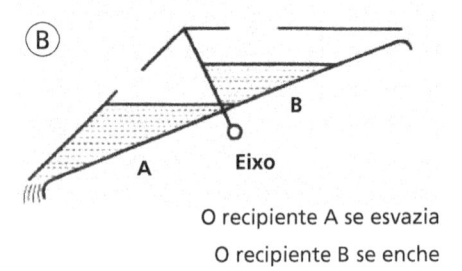

▷ 15 postos sedimentométricos;
▷ 12 estações hidrometeorológicas;
▷ 1 radar meteorológico.

O Estado de São Paulo, com área da ordem de 270.000 km², apresenta uma densidade de pluviômetros bem razoável, isto é, um posto a cada 270 km², que é a média em países desenvolvidos.

No Brasil, há uma densidade razoável de pluviômetros mais nas áreas costeiras. Felizmente, há um trabalho bastante intenso de medição de chuva na bacia amazônica e no Pantanal.

Pluviômetros servem para medir a altura de chuva precipitada (em mm) em determinado intervalo de tempo, em geral de 24 horas. Esses aparelhos são baratos e de fácil operação e manutenção. São úteis para o estudo hidrológico de grandes bacias hidrográficas.

Princípio de funcionamento do pluviógrafo basculante

FIG. 2.4 *Pluviógrafo basculante*
Fonte: Garcez (1967).

(A) O recipiente A se enche
O recipiente B se esvazia

(B) O recipiente A se esvazia
O recipiente B se enche

Pluviógrafos servem para medir a intensidade de chuva (em mm/min). Os mais usados são do tipo sifão. Para aparelhos de telemetria são empregados os basculantes.

A Região Metropolitana de São Paulo dispõe de uma rede de telemetria munida de pluviógrafos tipo basculante que fornece dados da chuva em tempo real. Esses dados, junto com os do radar, são muito úteis para a previsão de chuvas na região. Faz parte dessa rede um grande número de limnígrafos, que fornecem níveis d'água de rios, reservatórios e as vazões (em função de curvas-chaves) em tempo real.

Os dados de pluviógrafos são úteis para estudar enchentes de pequenas bacias hidrográficas e para o estabelecimento de equações de chuva.

2.3.3 Grandezas e unidades

▷ **Altura pluviométrica h:** quantidade de água de chuva precipitada por unidade de área horizontal em 24 horas, 1 mês ou 1 ano, em mm;
▷ **Duração t:** intervalo de tempo decorrido entre o início e o término da precipitação (minutos ou horas);

▷ **Intensidade i:** medida em geral em mm/min ou mm/h ou L/s/ha.

*Frequência ou período de retorno **T***
O período de retorno **T** em anos é o número médio de anos em que uma determinada chuva com duração t e altura h é igualada ou ultrapassada, pelo menos uma vez.

2.3.4 Preenchimento de falhas de dados

O ideal de um posto pluviométrico é fornecer uma série ininterrupta de dados de chuvas, mas é comum ocorrerem problemas com os aparelhos ou com os operadores, que, por má-fé, inventam dados.
Resumindo:
▷ Leitura ou preenchimento de folhetos errados;
▷ Aparelho quebrado ou sua mudança para outro local;
▷ Crescimento de árvores junto ao aparelho;
▷ Valor inventado pelo observador.

Para evitar esses erros é importante a visita frequente de um hidrometrista aos postos pluviométricos. Caso ocorra alguma dúvida sobre os dados de totais mensais ou anuais, pode-se recorrer aos seguintes métodos, entre outros:
▷ Média ponderada;
▷ Método de regressão linear.

Nos dois métodos há necessidade de dados confiáveis disponíveis de postos vizinhos. Supondo-se que haja falha nos dados de um determinado ano, por exemplo, 1990, num posto **X**, circundado pelos postos **A**, **B** e **C**. Sendo N_A, N_B, N_C e N_X as médias anuais dos referidos postos, P_A, P_B e P_C as precipitações correspondentes ao ano de 1990 e P_X a precipitação que se quer avaliar.

Média ponderada

$$P_x = \frac{1}{3}\left(\frac{N_x}{N_A}P_A + \frac{N_x}{N_B}P_B + \frac{N_x}{N_C}P_C\right) \qquad (2.4)$$

Média de regressão linear

$$P_x = a + b_A P_A = b_B P_B + b_C P_C \qquad (2.5)$$

Em que **a**, b_A, b_B e b_C são parâmetros a serem determinados.

Qualquer método de preenchimento de dados deixa dúvidas para sempre. Existem diversos métodos para o preenchimento de falhas de dados diários ou horários, mas nenhum merece ser considerado aqui.

2.3.5 Análise de consistência de dados anuais

Uma vez preenchidas as falhas dos dados anuais, é importante verificar a sua consistência. Para isso emprega-se o método da dupla massa (Fig. 2.5).

Pode-se efetuar a somatória de totais anuais do posto X, que será comparado à somatória das médias anuais de postos vizinhos (por exemplo, postos A, B, C e D).

Marcando os pontos da somatória do posto X na ordenada contra a somatória das médias dos postos A, B, C e D, obtém-se uma reta se os dados do posto X forem consistentes. Caso contrário, ocorrerão várias retas paralelas (erros de transcrição) ou mudança no coeficiente angular da reta (tendência

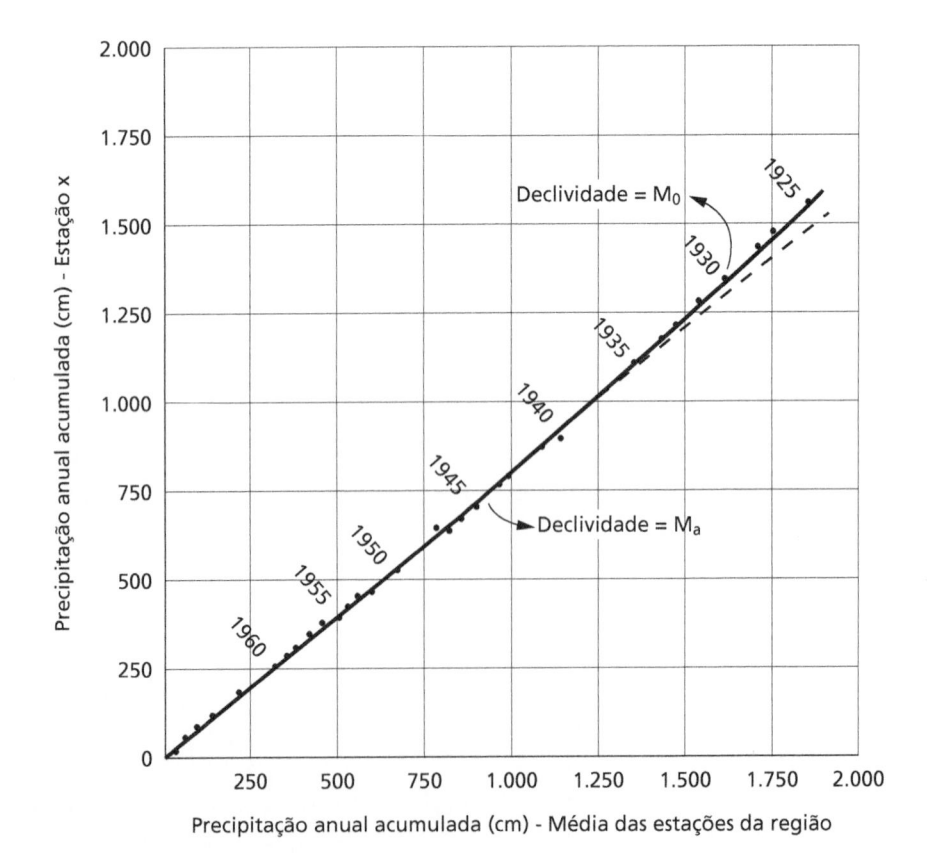

FIG. 2.5 *Diagrama de dupla massa*
Fonte: Villela e Mattos (1975).

alterada provocada, por exemplo, pela construção de uma casa perto do pluviômetro etc.) ou uma curva com pontos dispersos (indicação de regime de variáveis de chuva, por exemplo, efeito orográfico etc.).

2.3.6 Chuva média na bacia

O conhecimento de chuva média na bacia é muito importante. Uma das aplicações é no cálculo de balanço hídrico de uma bacia hidrográfica e também na aplicação de modelos matemáticos de transformação chuva-vazão.

São quatro os métodos clássicos de estimativa de chuva média, com dados de pluviômetros (Fig. 2.6):

▷ Média aritmética;
▷ Método de Thiessen;
▷ Método das isoietas;
▷ Método ponderado com base nas características da bacia hidrográfica.

Há um grande esforço para que se calcule a chuva média de uma bacia com os dados de radar, que podem ser comparados com os dados dos métodos tradicionais.

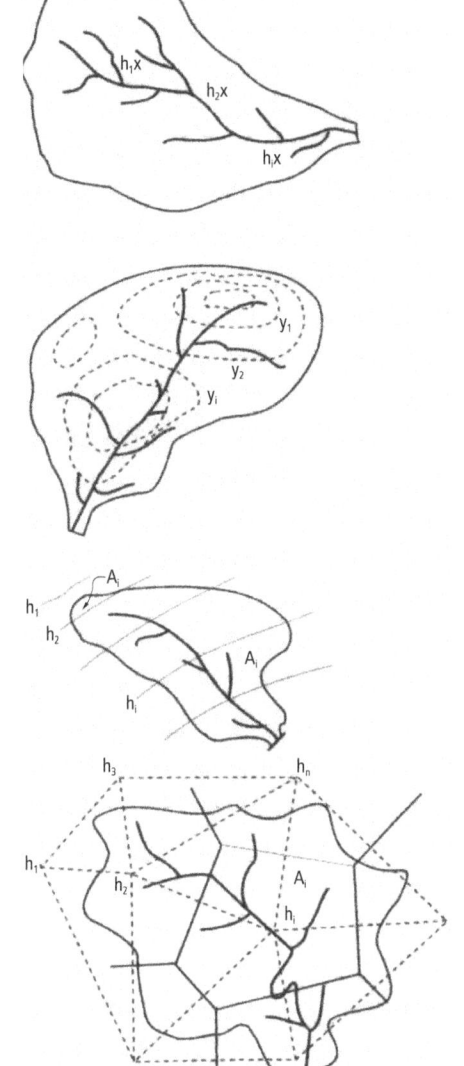

FIG. 2.6 *Cálculo de chuva média numa bacia*
Fonte: Garcez (1967).

2.3.7 Chuvas intensas

Para o dimensionamento de obras de drenagem urbana, extravasores de pequenas barragens, canalização de córregos etc., é muito importante o conhecimento de equação de chuvas.

O trabalho mais importante nessa área foi desenvolvido pelo engenheiro Otto Pfafstetter (1957).

Nesse trabalho consta um grande número de equações de chuva no Brasil que serviram de base para o dimensionamento de centenas e milhares de obras hidráulicas. Com os dados de pluviógrafos, foi estabelecido um grande número de equações de chuvas no Brasil. Mesmo assim, deve-se fazer um esforço para se estabelecerem mais equações para todos os postos pluviográficos do país.

Em geral, a equação de chuva apresenta a seguinte forma:

$$i = \frac{KT^m}{(t+t_0)^n} \qquad (2.6)$$

Em que:
i = intensidade de chuva (mm/min);
T = período de retorno (anos);
t = duração da chuva (min);
K, m, t_0, n = parâmetros.

Por exemplo (Wilken, 1978):

$$i = \frac{29,137^{0,181}}{(t+15)^{0,89}}$$

Antes de iniciar um trabalho prático, o técnico deve consultar os livros especializados e as universidades locais, pois há muitas equações não difundidas.

2.3.8 Precipitação máxima provável (PMP)

Para o projeto de extravasores de grandes barragens emprega-se o método de PMP, que é transformada para vazão máxima provável (VMP). No Brasil, ainda há falta de dados sobre as grandes tormentas. Por isso, a sua aplicação ainda é muito precária. A bibliografia clássica é o *Manual for estimation of probable maximum precipitation* (1973).

2.4 Componentes do hidrograma

O hidrograma é um gráfico que relaciona a vazão (em ordenada) e o tempo (na abscissa). Representa a variação da vazão ao longo de um determinado período, isto é:

$$Q = f(t)$$

Pode ser um hidrograma de uma cheia isolada ou de um intervalo de tempo maior (um ano ou vários anos). Para o estudo de níveis de inundação é interessante trabalhar com o fluviograma de cotas ou limnigramas.

Para traçar um hidrograma de um curso d'água numa determinada seção é preciso, antes de tudo, medir os níveis d'água com réguas fluviométricas ou limnígrafos. Devem ser realizadas campanhas de medição de vazões para diversos níveis d'água.

2.4.1 Medição de vazões

Para pequenos cursos d'água pode-se empregar vertedores.

Vertedor retangular de parede fina: Fórmula de Francis

$$Q = 1{,}838\left(L - \frac{2H}{10}\right)H^{3/2} \qquad (2.7)$$

Em que:
Q = vazão em m³/s;
H = lâmina líquida acima do vertedor, medida a montante da soleira (da ordem de 6H), em m;
L = largura do vertedor, em m.

Vertedor triangular de 90°: Fórmula de Thomson

$$Q = 1{,}4H^{5/2} \qquad (2.8)$$

Em que:
Q = vazão em m³/s;
H = carga sobre a soleira, em m.

Nos cursos d'água maiores, pode-se medir a vazão com molinetes. Para rios nos quais se torna difícil esticar cabos de aço transversalmente à seção, por exemplo, no rio Paraná, pode-se empregar o método de barco em movimento. Se houver uma ponte, os trabalhos de medição são facilitados, se a seção não for muito irregular. Se existir alguma barragem com vertedor tipo Creager, pode-se empregar a seguinte fórmula:

$$Q = 0{,}46LH\sqrt{2gH} \qquad (2.9)$$

Em que:

Q = vazão em m³/s;

L = largura do vertedor, em m;

H = carga sobre a soleira do vertedor, em m.

2.4.2 Curva-chave ou curva cota-descarga

Uma vez efetuadas as medições de vazões para vários níveis, pode-se traçar a curva-chave do rio. Ela relaciona as vazões com os níveis d'água do momento da medição e deve ser bem analisada. A curva-chave depende da qualidade da seção de controle e dos trabalhos de campo (medição) e de escritório (análise). Se a régua fluviométrica está localizada num trecho de um rio com fundo móvel, ela deve ser verificada frequentemente com novas medições de vazões. Algumas obras hidráulicas projetadas com base em curvas-chave duvidosas terminaram em fracassos.

2.4.3 Traçado de hidrograma

Uma vez estabelecida uma curva-chave bem confiável e medidas de níveis d'água em determinados horários (limnígrafo) ou diárias (régua fluviométrica), pode-se traçar o hidrograma. A Fig. 2.7 apresenta a curva-chave do rio Paraíba, e a Tab. 2.3, seu fluviograma de cotas.

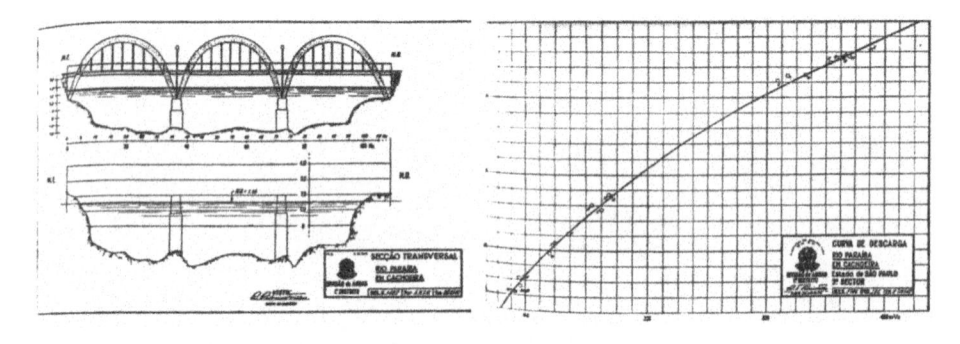

Fig. 2.7 *Curva-chave, rio Paraíba, em Cachoeira Paulista/SP*
Fonte: Ministério da Agricultura (1943).

Por sua vez, as Figs. 2.8 e 2.9 apresentam, respectivamente, o registro de descargas diárias da usina Barra Bonita e um esquema de histograma e hidrograma. Já a Fig. 2.10 mostra a análise de trecho de recessão de um hidrograma.

Tab. 2.3 Fluviograma de cotas, rio Paraíba, em Cachoeira Paulista/SP, 1924

Dias	Descargas médias diárias (m³/s)											
	Jan.	Fev.	Mar.	Abr.	Maio	Jun.	Jul.	Ago.	Set.	Out.	Nov.	Dez.
1	218,9	377,5	496,1	264,4	190,3	188,8	130,1	101,5	92,7	77,2	92,7	103,8
2	222,7	414,2	484,8	246,9	188,8	190,3	130,1	100,3	94,8	79,1	93,8	107,2
3	232,5	459,4	513,0	242,8	187,2	194,0	127,5	100,3	95,9	80,0	94,8	109,7
4	262,2	496,1	544,1	251,2	187,2	179,2	124,9	100,3	96,9	80,9	96,9	112,2
5	302,2	507,4	549,7	266,6	184,0	174,6	119,7	99,2	98,0	81,9	100,3	117,2
6	388,8	484,8	552,5	273,4	176,0	171,7	118,5	100,3	98,0	81,9	102,6	123,6
7	417,1	465,0	538,4	253,4	171,7	108,8	118,5	101,5	94,8	83,7	103,8	118,5
8	414,2	450,9	507,4	249,0	108,8	168,8	117,2	101,5	92,7	91,7	106,1	114,7
9	400,1	439,6	465,0	238,7	164,5	167,4	117,2	102,6	91,7	98,0	107,2	112,2
10	402,9	431,2	450,9	232,5	160,2	158,8	116,0	101,5	91,7	100,3	106,1	106,1
11	388,8	442,5	439,6	232,5	158,8	149,0	114,7	100,3	89,6	98,0	102,6	102,6
12	383,2	482,0	431,2	234,6	158,8	146,2	114,7	100,3	88,6	102,6	103,8	114,7
13	377,5	569,5	417,1	255,6	157,4	143,5	113,4	98,0	87,5	112,2	102,6	136,8
14	374,7	671,1	400,1	285,2	154,6	142,2	112,2	96,9	87,5	117,2	100,3	158,8
15	371,9	699,3	371,9	304,7	151,8	140,8	112,2	95,9	85,6	114,7	107,2	150,4
16	377,5	710,6	352,1	325,1	150,4	140,8	110,9	94,8	84,7	100,1	114,7	154,6
17	388,8	704,9	338,5	333,2	149,0	142,2	109,7	94,8	83,7	102,6	112,2	140,8
18	405,8	648,5	333,2	304,7	151,8	143,5	109,7	93,8	83,7	100,3	113,4	135,4
19	450,9	597,7	327,8	292,3	154,0	143,5	108,4	92,7	83,7	106,1	117,2	132,8
20	465,0	631,6	322,5	278,1	165,9	138,1	107,2	91,7	82,8	107,2	116,0	138,1
21	473,5	623,1	317,9	271,0	168,8	135,4	107,2	91,7	81,9	112,2	109,7	146,2
22	479,1	594,9	307,2	262,2	173,1	132,8	108,4	91,7	81,9	119,7	107,2	164,5
23	479,1	583,6	299,7	253,4	179,2	130,1	109,7	90,7	81,9	113,4	102,6	165,9
24	476,3	569,5	287,6	242,8	184,0	130,1	109,7	89,6	80,0	103,8	100,3	184,0
25	465,0	552,5	268,8	226,5	195,4	128,8	110,9	89,6	79,1	100,3	98,0	207,7
26	459,4	535,6	253,4	215,1	200,7	127,5	112,2	88,6	78,2	98,0	102,6	220,8
27	439,6	530,0	249,0	204,2	202,4	127,5	109,7	88,0	77,f	04,8	106,1	262,2
28	417,1	521,5	246,9	195,4	195,4	126,2	107,2	87,5	77,2	91,7	107,2	287,6
29	388,8	507,4	262,2	191,9	190,3	127,5	103,8	90,7	76,4	88,6	103,4	299,7
30	371,9	-	273,4	190,3	184,0	128,8	102,6	91,7	75,6	90,7	109,7	307,2
31	360,6	-	278,1	-	182,4	-	102,6	91,7	-	91,7	-	317,9
Características mensais												
Médias m³/s	388,90	541,40	383,20	254,00	173,80	145,00	113,40	95,50	86,50	97,60	104,90	163,00
Méd, 1/s,km²	33,26	46,31	32,78	21,72	14,86	12,40	9,70	8,16	7,39	8,35	8,97	13,94
Máx, m³/s	479,10	710,60	552,50	333,20	202,40	190,30	130,10	102,60	98,00	119,70	117,20	317,90
Mín, m³/s	218,90	377,50	246,90	190,30	149,00	120,20	102,60	87,50	75,60	77,20	92,70	102,60
Totais 10⁶ m³	1.041,6	1.356,7	1.026,4	658,25	465,48	375,79	303,85	255,77	224,12	261,50	271,82	436,66
Totais mm	89,09	116,04	87,79	56,30	39,81	32,14	25,99	21,88	19,17	22,37	23,25	37,35

Fonte: Ministério da Agricultura (1943).

2.4.4 Componentes do hidrograma de uma enchente isolada

A forma de um hidrograma depende das características físicas e meteorológicas da bacia, assunto tratado no item 2.2. O hidrograma de uma enchente isolada é caracterizado por valores como:

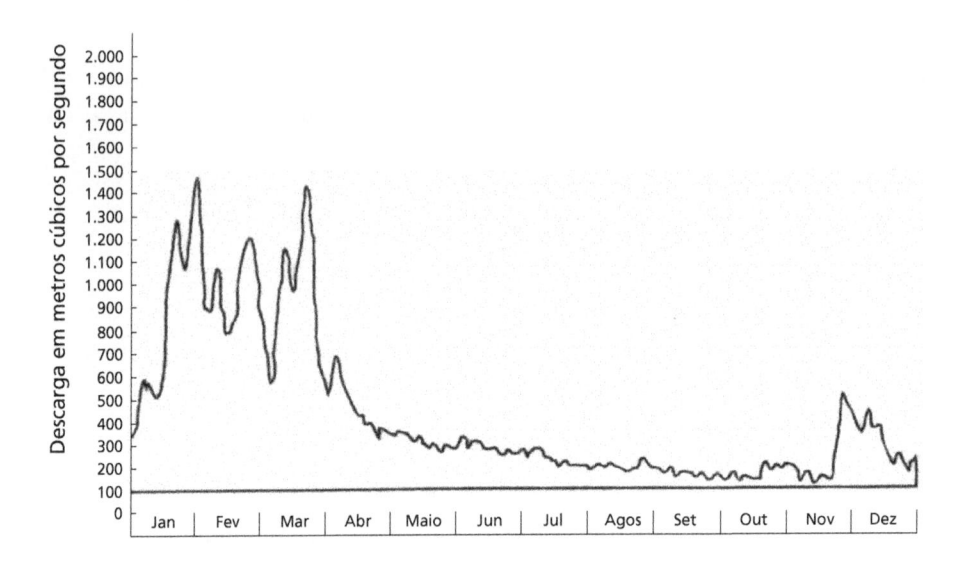

FIG. 2.8 *Usina Barra Bonita, rio Tietê, corredeira do Matão, Matão/SP. Registro de descargas diárias, ano de 1951*
Fonte: Villela e Mattos (1975).

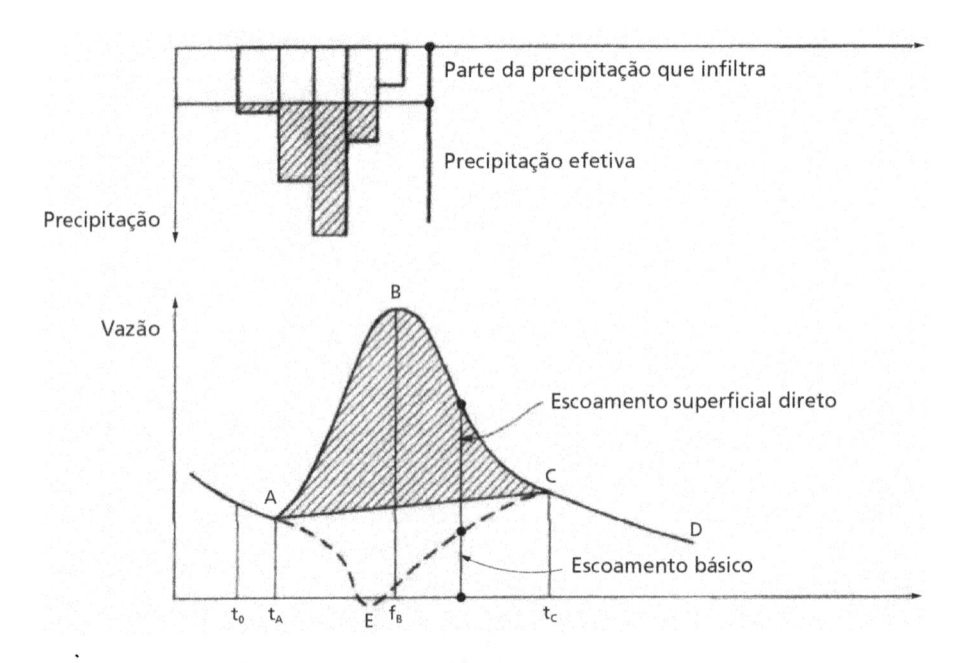

FIG. 2.9 *Hietograma e hidrograma*
Fonte: Villela e Mattos (1975).

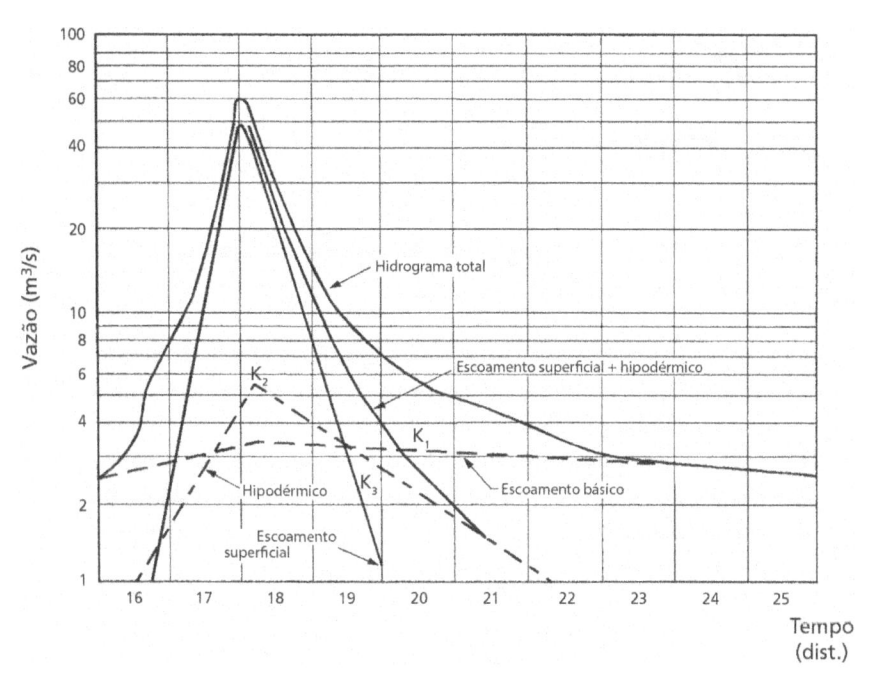

FIG. 2.10 *Análise do trecho de recessão de um hidrograma, posto*
Fonte: DAEE (1973).

▷ **Tempo de concentração** tc: tempo gasto por uma gota de chuva que cai no ponto mais afastado da bacia para atingir a seção considerada. Na Fig. 2.9, esse tempo é representado pela reta horizontal **tc** (fim da precipitação ao ponto C, que representa o fim do escoamento superficial);

▷ **Tempo do pico** tp: representado pela reta horizontal **tp**, que representa o intervalo entre o centro de massa da precipitação e o tempo de pico;

▷ **tempo de ascensão** tm: intervalo entre o início da precipitação e o pico da hidrografia;

▷ **Tempo de retardamento** te: representado pela reta horizontal **te**, que mede o intervalo de tempo entre o centro de massa da precipitação e o centro de gravidade do hidrograma;

▷ **Tempo de recessão** tr: intervalo entre o pico e o ponto C, em que cessa o escoamento superficial;

▷ **Tempo base** ti: desde o início da precipitação até o fim do escoamento superficial.

A forma do trecho ascendente do hidrograma depende da distribuição temporal e espacial da chuva. O pico do hidrograma em geral corresponde ao fim da precipitação prolongada que cobre toda a área da bacia hidrográfica ou ao fim da chuva de pequena duração e precipitada em apenas uma parte da bacia. A forma do trecho descendente ou de recessão do hidrograma depende da forma e da natureza do leito e das margens dos cursos d'água.

Na Fig. 2.11 a linha **MN** corresponde ao ponto **A** do hidrograma. Com a subida do nível d'água de **MN** para **TS**, haverá um fluxo alimentando as margens do rio, diminuindo a contribuição do escoamento subterrâneo. Assim, a linha do escoamento subterrâneo deve atingir o ponto **B** no hidrograma. Desse ponto, a vazão do escoamento subterrâneo deverá aumentar, porque, com o abaixamento do nível d'água do rio, as águas acumuladas nas

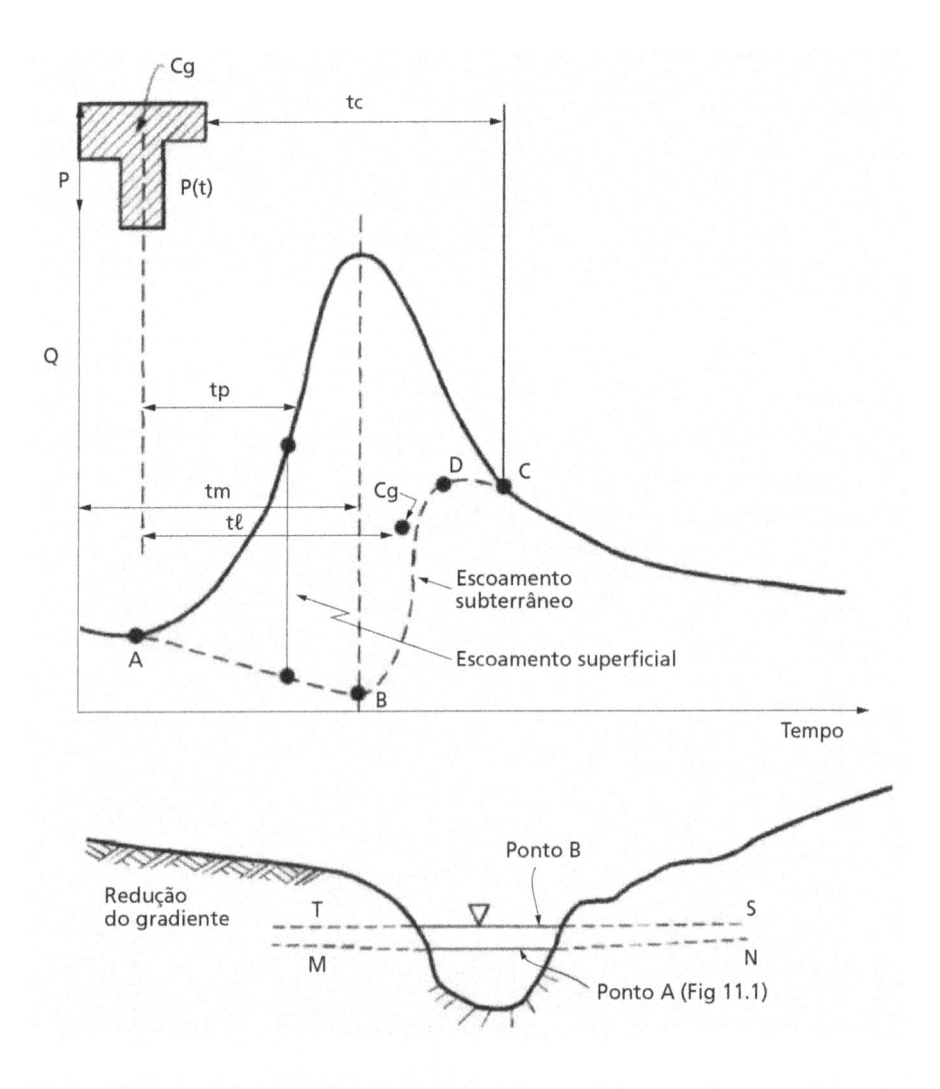

Fig. 2.11 *Hidrograma de uma enchente isolada de um rio, numa determinada seção. A área acima da linha ABC corresponde ao volume do escoamento superficial direto. A área abaixo da referida linha corresponde ao volume do escoamento subterrâneo ou básico*

margens começarão a alimentar o curso d'água. Logo, a linha do escoamento subterrâneo deverá atingir o ponto C.

2.5 Separação dos fluxos de base

A correta separação dos fluxos de base é humanamente impossível, porque não há meios para quantificar o fluxo e o refluxo que ocorrem nas margens de cursos d'água durante a passagem de uma onda de cheia. Por isso, os métodos mais simples de unir o ponto **A** (início da subida do hidrograma) e o ponto **C** são os de separação gráfica, demonstrados na Fig. 2.12.

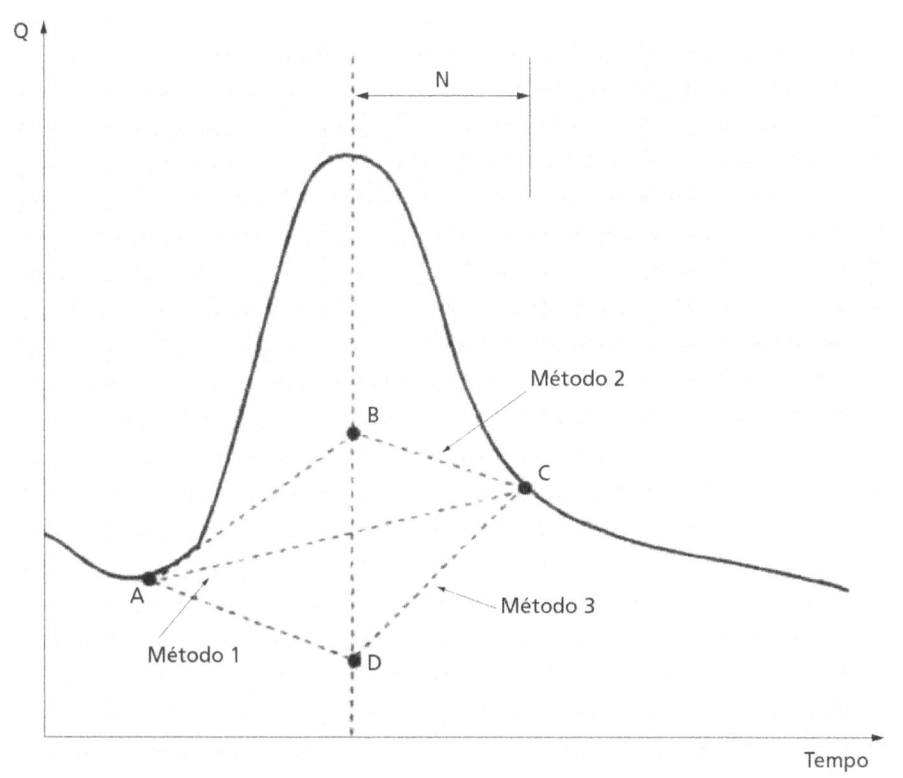

FIG. 2.12 *Métodos de separação gráfica*
Fonte: Tucci (1993).

Existem, ainda, dois outros métodos que podem ser usados para separar o escoamento básico, representados pelas alternativas 1 e 2:

▷ **Alternativa 1**: prolonga-se a curva de recessão do ponto C até o ponto B, localizado na vertical que passa pelo pico. A área que fica abaixo da linha **ABC** é o volume do escoamento básico.

▷ **Alternativa 2:** prolonga-se a curva anterior ao ponto **A** até o ponto **D**, sobre a vertical que passa pelo pico. A área que fica abaixo da linha **ADC** é o volume do escoamento básico.

2.5.1 Determinação do ponto C

O ponto **C** pode ser determinado traçando-se um gráfico do ramo descendente do hidrograma num papel monolog, isto é, na ordenada (escala logarítmica) marcam-se as vazões, e na abscissa, os tempos correspondentes. Em geral, surgem duas retas que se encontram no ponto **C** procurado.

2.5.2 A curva de depleção

A curva depois do ponto **C** recebe o nome de curva de depleção, que representa a curva de esgotamento da vazão básica. Ela pode ser representada por:

$$Q_2 = Q_1 e^{-at} \qquad (2.10)$$

ou fazendo:

$$e^{-a} = K$$
$$Q_2 = Q_1 K^t$$

Essa equação mostra uma variação exponencial da descarga em função do tempo. O volume de água cedido pelo lençol freático quando a vazão de base varia de Q_1 para Q_2 será:

$$V = -\frac{Q_1 - Q_2}{2,3026 \log K} \qquad (2.11)$$

2.6 Exemplo de aplicação

A aplicação da hidrologia de superfície é muito vasta. Vai do dimensionamento de extravasores de barragens, canalização de córregos, determinação de volumes de reservatórios para fins de geração de energia, abastecimento de água potável e irrigação até o estudo de chuvas intensas que provocam o escorregamento de montanhas ou *debris-flow* etc.

Não é possível estudar a hidrologia de superfície separadamente do resto do ciclo hidrológico. Por exemplo, a evapotranspiração e a infiltração são elementos fundamentais para o projeto de irrigação e drenagem. A infiltração é importante para o estudo da alimentação de água subterrânea, que por sua vez é a fonte alimentadora do escoamento básico de cursos d'água, e assim por diante.

Do ponto de vista global, o estudo de hidrologia de superfície pode ser classificado em cinco grupos:

▷ Estudo de chuvas;
▷ Estudo de vazões líquidas;
▷ Vazões mínimas;
▷ Vazões médias;
▷ Vazões máximas.

Referências bibliográficas

DAEE – DEPARTAMENTO DE ÁGUAS E ENERGIA ELÉTRICA. *Boletim técnico n° 2*. 1973.

GARCEZ, L. N. *Hidrologia*. São Paulo: Edgard Blucher, 1967. 249 p.

MANUAL for estimation of probable maximum precipitation. Genebra: WMO, 1973.

MINISTÉRIO DA AGRICULTURA. Divisão de águas. *Boletim fluviométrico n° 4*. 1943.

PFAFSTETTER, O. *Chuvas intensas no Brasil*. Rio de Janeiro: DNOS/Ministério da Viação e Obras Públicas, 1957.

TUCCI, C. E. M. (Org.). *Hidrologia*. Porto Alegre: Editora da Universidade/Edusp, 1993. 943 p.

UNESCO. World water balance and water resources of the Earth. *National Committee for the IHD (USSR)*, Paris, 1978.

VILLELA, S. M.; MATTOS, A. *Hidrologia aplicada*. São Paulo: McGraw-Hill do Brasil, 1975. 245 p.

WILKEN, P. S. *Engenharia de drenagem superficial*. São Paulo: Cetesb, 1978. 477 p.

Elementos de hidrologia subterrânea 3

Aldo da Cunha Rebouças
Fernando Antônio Carneiro Feitosa
José Geílson Alves Demétrio

Os principais parâmetros que regulam a estocagem e o fluxo ou transporte de água ou de solutos no meio poroso ou fraturado, em condição saturada ou insaturada, podem ser determinados no laboratório, sobre amostras não deformadas, e no campo, por meio de métodos geofísicos e testes hidrodinâmicos.

Como resultado da limitação operacional ou econômica de obtenção de amostras não deformadas associada à pequena representatividade que poderão ter as medidas feitas no laboratório sobre amostras relativamente pequenas, tem-se dado preferência aos métodos de campo. Eles podem ser considerados formando dois grupos principais: métodos geofísicos e métodos hidráulicos.

Conforme será descrito nos Caps. 5 e 8, as propriedades petrofísicas, tais como porosidade, permeabilidade, conteúdo e salinidade das águas intersticiais, conteúdo de argila, salinidade das águas das zonas não saturada e saturada, podem ser inferidas com medições de propriedades elétricas, elásticas ou radioativas do perfil hidrogeológico. Essas propriedades podem ser registradas de forma contínua ao longo de toda a extensão ou profundidade dos furos que são realizados para determinação do perfil hidrogeológico da área considerada.

No Brasil, a aplicação dos métodos geofísicos ainda é muito restrita, em função, sobretudo, do fato de as águas, em geral, e as águas subterrâneas, em particular, serem consideradas como um bem livre. Como resultado, falta um compromisso com a qualidade e eficiência dos projetos de captação que justifique um melhor conhecimento dos aquíferos e das suas condições de uso e proteção.

Os métodos hidráulicos de campo compreendem testes de bombeamento, de injeção ou de infiltração. No Cap. 9 serão descritos os métodos mais usuais para determinar os parâmetros hidráulicos com a interpretação de testes de bombeamento de poços.

3.1 Parâmetros da zona saturada

▷ **Coeficiente de porosidade total (h %):** é expresso pela relação percentual do volume de vazios **Vv** – poros intergranulares, fraturas, fissuras e outras formas – pelo volume total **Vt** da amostra da rocha sedimentar ou cristalina aquífera considerada, ou seja:

$$h = 100 \, (Vv/Vt) \tag{3.1}$$

Esse parâmetro pode ser determinado no laboratório por meio de relações de volumes ou de pesos.

O método volumétrico consiste na coleta de uma amostra não deformada de material, cujo volume **Vt** é determinado. Essa amostra é colocada para secar numa estufa à temperatura de 105 °C, até se atingir um peso constante. Em seguida, ela é submergida num volume conhecido de água e aí deve permanecer até atingir o nível de saturação. A saturação fica caracterizada quando o volume residual de água torna-se constante. O volume de vazios **Vv** será igual à diferença entre o volume original de água e o respectivo volume residual, quando se atingiu o ponto de saturação.

No método de massas, a densidade da amostra r_a é determinada dividindo-se o seu peso, depois de secar na estufa a 105 °C, pelo seu respectivo volume **Vt**. Para a maioria das rochas as partículas sólidas têm densidade r_m da ordem de 2,65 g/cm³.

Nessas condições, a porosidade total pode ser determinada pela relação seguinte:

$$h = 100[1-(r_a/r_m)] \tag{3.2}$$

Em que:
r_a = densidade da amostra do material (g/cm³);
r_m = densidade das partículas do material (g/cm³).

Utilizando-se métodos geofísicos de campo, a densidade r_a ou a porosidade total h podem ser medidas *in situ* por meio de técnicas de perfilagem de furos, com os registros de radiação gama-gama, de nêutron-nêutron ou de medição do tempo gasto para uma onda elástica percorrer um certo intervalo de rocha (perfilagem sônica).

▷ **Coeficiente de porosidade específica ou efetiva Sy:** expressa o volume de água que é drenado pela ação da gravidade **Vg** em relação ao volume total da amostra do material aquífero **Vt**, ou seja:

$$Sy = 100 \ (Vg/Vt) \tag{3.3}$$

A porosidade específica ou efetiva é um parâmetro característico do aquífero livre e pode ser determinada por meio de testes de bombeamento num poço, com observação dos níveis num outro vizinho, e os resultados são interpretados pelos de Theis, Jacob e outros derivados, conforme Cap. 9.

A determinação em laboratório pode ser feita porque a amostra possibilita a sua saturação e posterior drenagem sem apresentar deformação da sua fábrica. No meio técnico da engenharia hidráulica, esse parâmetro é denominado de coeficiente de rendimento específico.

▷ **Coeficiente de retenção específica Sr:** é a relação entre o volume de água retido na formação **Vr** – pelas forças de tensão superficial e capilaridade contra a ação da gravidade – e o volume total da amostra do material aquífero em questão **Vt**, ou seja:

$$Sr = 100 \ (Vr/Vt) \tag{3.4}$$

A soma desses dois últimos parâmetros é igual à porosidade total, ou seja:

$$n = Sy + Sr \tag{3.5}$$

▷ **Coeficiente de armazenamento específico Ss:** designa a quantidade de água que é liberada ou absorvida por um volume unitário de um aquífero confinado, sob a ação de uma variação unitária de pressão. Esse parâmetro é dado pela expressão seguinte:

$$Ss = r_w g (a + hb) \tag{3.6}$$

Em que:

r_w = densidade da água;

g = aceleração da gravidade;

a = coeficiente de compressibilidade do esqueleto sólido do aquífero;

h = coeficiente de porosidade total do aquífero;
b = coeficiente de compressibilidade da água.

▷ **Coeficiente de armazenamento S:** é o produto do parâmetro **Ss** anterior pela espessura **b** da camada aquífera considerada, ou seja:

$$S = Ss \times b \qquad (3.7)$$

▷ **Coeficiente de permeabilidade K:** designa a facilidade com que um fluido atravessa um meio poroso ou fraturado qualquer. Esse coeficiente foi determinado experimentalmente (Darcy, 1856), conforme Fig. 3.1.

Efetivamente, foi mostrado que a descarga **Q** de água que atravessa um tubo cheio de areia é diretamente proporcional à diferença de carga hidráulica $h_a - h_b$ entre dois pontos de tomada piezométrica, a área **A** da seção do tubo, e inversamente proporcional à distância **L** entre os pontos de tomada da diferença $h_a - h_b$.

Verifica-se que a descarga também varia ao se alterar as características morfométricas e de uniformidade dos grãos da areia que preenche o tubo pela introdução de um coeficiente **K** chamado, originalmente, de coeficiente litológico. Esse coeficiente foi, posteriormente, denominado de coeficiente de permeabilidade de Darcy.

A combinação dessas relações resultou na expressão da Lei de Darcy:

$$Q = -K \times A \times (h_a - h_b)/L \qquad (3.8)$$

O sinal negativo utilizado na Eq. 3.8 não é operacional, indicando, tão somente, que a variação de $h_a - h_b$ é tomada no sentido decrescente da função. Com base nessa equação pode-se determinar o valor do coeficiente **K** pela seguinte expressão:

$$K = Q/A \times (dh/dl) \qquad (3.9)$$

Em que:
Q = a dimensão de um volume por unidade de tempo [L^3/T];
A = a dimensão de uma área [L^2];
A relação **dh/dl** ou gradiente hidráulico, expresso por **i**, tem a dimensão [L/L], ou seja, é adimensional.

Substituindo essas dimensões na Eq. 3.9, verifica-se que K tem a dimensão de uma velocidade [L/T]. A unidade mais usual no meio técnico é **cm/s**, enquanto no sistema internacional de unidades é **m/d**.

Experimentalmente, foi mostrado (Hazen, 1892) que a condutividade hidráulica K de sedimentos arenosos pode ser determinada com base na curva cumulativa da sua granulometria, obtida por meio do peneiramento mecânico em que se utiliza uma série de peneiras de aberturas padronizadas.

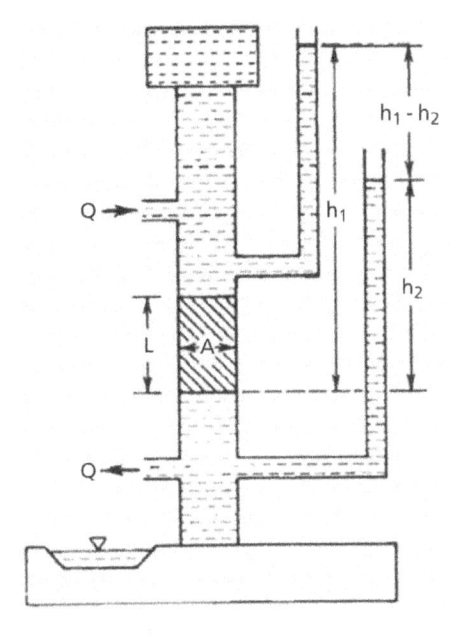

FIG. 3.1 *Ilustração da experiência de Darcy*

O método é aplicável para areias com granulometria entre 0,1 mm e 3,0 mm e baseia-se no diâmetro efetivo ou D_{10}. Nesses termos, K pode ser obtido por:

$$K = C(D_{10})^2 \qquad (3.10)$$

Em que:
K = é o coeficiente de condutividade hidráulica (cm/s);
D_{10} = é o diâmetro efetivo da granulometria do sedimento (cm);
C = é um coeficiente de forma cujo valor geralmente usado para o caso de areias quartzosas é 100.

Ao se proceder ao peneiramento mecânico de uma massa de sedimentos, ela é separada em frações, as quais são definidas pela série de peneiras calibradas e dispostas em ordem decrescente, do topo para a base. Cada fração de sedimento retida numa peneira da série é pesada e constrói-se uma curva granulométrica acumulada. O diâmetro efetivo de um sedimento corresponde ao tamanho definido pelos 10% mais finos da curva acumulada de distribuição dos seus grãos, isto é, 10% da massa do sedimento considerado têm grãos de tamanho inferior e 90% têm grãos de tamanho superior.

▷ **Coeficiente de transmissividade T:** é definido como igual ao produto da condutividade hidráulica K, que tem a dimensão de uma velocidade [L/t], pela espessura b da camada aquífera confinada, cuja dimensão é L. Nessas condições, o coeficiente de transmissividade tem a dimensão [L^2/t].

No caso de um aquífero livre, a dimensão b corresponde à espessura da zona saturada. Em algumas obras didáticas traduzidas do inglês, esse coeficiente é, por vezes, confundido com o parâmetro capacidade específica de um poço, isto é, a descarga [L^3/t] que é obtida por unidade de rebaixamento L de nível da água dentro do poço considerado.

▷ **Coeficiente de permeabilidade intrínseca k:** Darcy não percebeu o fato de que o coeficiente K era função das propriedades do meio e do fluido que o atravessa. Na realidade, K é diretamente proporcional ao peso específico γ do fluido considerado, ou seja, a força que exerce a gravidade no seu volume unitário, e inversamente proporcional à viscosidade dinâmica μ, ou seja, à resistência que o fluido apresenta ao movimento. Dessa forma, uma nova expressão de K pode ser escrita:

$$K = k\,(\gamma/\mu) \text{ ou } k = K\,\mu/\gamma \tag{3.11}$$

Em que:
k = permeabilidade intrínseca.

O peso específico ou densidade e a viscosidade de um fluido variam com sua temperatura. Essas características físicas da água variam com a salinidade. Assim, os valores de k são definidos para água pura a uma temperatura de 15,6 °C. Caso o fluido em questão seja água nas condições de temperatura, pressão e salinidade consideradas padrão, o coeficiente K é mais propriamente denominado condutividade hidráulica, por analogia com a condutividade elétrica de um material. Experimentalmente, foi mostrado (Hazen, 1892) que a permeabilidade intrínseca k é diretamente proporcional ao quadrado do diâmetro médio (D_{50}) dos grãos do sedimento considerado, em que C é um coeficiente de forma cujo valor é geralmente igual a 100 para o caso de areias quartzosas, resultando na seguinte relação:

$$k = C(D_{50})^2 \tag{3.12}$$

Em consequência, a permeabilidade intrínseca tem a dimensão de uma área L^2, porque D_{50} tem a dimensão L, sendo expressa em cm^2 ou m^2. A unidade mais usual no meio técnico da indústria do petróleo é o darcy, o qual é definido assim:

$$1 \text{ darcy} = (1 \text{ centipoise} \times 1 \text{ cm}^3/\text{s}/1 \text{ cm}^2)/ 1 \text{ atm}/1 \text{ cm} \tag{3.13}$$

Em que:
1 centipoise = 0,01 dines/cm^2;
1 atm = 1,0132 x 10^6 dines/cm^2.
Ou seja, 1 darcy = 9,87 x 10^{-9} cm^2, aproximadamente 10^{-3} cm/s $\qquad$ (3.14)

Na Tab. 3.1 são apresentados valores já determinados de condutividade hidráulica e coeficiente de porosidade total e específica ou efetiva para tipos característicos de sedimentos e rochas.

▷ **Velocidade aparente e real de fluxo:** na experiência de Darcy a quantidade Q/A é a vazão por unidade de área, ou seja, a vazão específica ou unitária **q**, o que resulta na expressão:

$$q = -K \, dh/dl \text{ ou } q = -Kxi \tag{3.15}$$

Considerando que a seção hidráulica **A** compreende grãos e vazios – inclusive os poros não interconectados –, a vazão unitária **q** tem a dimensão de uma velocidade aparente ou velocidade de Darcy.

A velocidade verdadeira do fluxo pode ser determinada considerando-se a área hidráulica efetiva da seção **A**, isto é, a área correspondente aos poros que são efetivamente atravessados pelo fluido, a qual é designada como porosidade eficaz **ne**. Essa porosidade eficaz pode ser definida pela Eq. 3.16:

$$ne = n \times fep \tag{3.16}$$

Em que:
n = a porosidade total;
fep = a fração eficaz de poros que é atravessada pelo fluido considerado, ou porosidade hidráulica.

Nessas condições, tem-se:

$$Q/Ane = q/ne = v = -(K/ne)dh/dl \tag{3.17}$$

A determinação de **fep** é muito difícil na prática, porque exige a obtenção de uma seção **A** não deformada. Por sua vez, a medição da área **fep** exige técnica sofisticada, com injeção de fluido contrastante e utilização de microscópio de varredura ou método similar. Nessas condições, o valor **ne** tem sido aproximado pelo valor **Sy**.

O parâmetro **v** é referido como velocidade linear ou velocidade do fluxo subterrâneo nos poros. A velocidade linear ou verdadeira é sempre maior do que a de Darcy ou aparente, pois n_e é sempre inferior à unidade. Tem-se:

$$Q = KiA, \, q = Ki, \, v = Ki/ne \text{ e } v = q/ne \tag{3.18}$$

Os parâmetros **q** e **v** são grandezas vetoriais porque têm magnitude e direção imposta pelo gradiente i.

Na maioria dos casos práticos da hidrogeologia, a Lei de Darcy é aplicável. O coeficiente de porosidade eficaz ou hidráulica e a permeabilidade dos sedimentos e rochas sedimentares variam em função das características morfológicas, arranjo e seleção dos seus grãos.

Tab. 3.1 VALORES DA CONDUTIVIDADE HIDRÁULICA, POROSIDADE TOTAL E ESPECÍFICA OU EFETIVA

Sedimentos	Condutividade hidráulica (cm/s)	Porosidade total n (%)	Porosidade específica Sy (%)
Cascalho	1-10^{-2}	25-50	12-35
Areia bem selecionada	10^{-1}-10^{-3}	20-35	15-35
Silte arenoso, areia fina	10^{-3}-10^{-5}	10-20	10-28
Silte, areia síltica, argila arenosa	10^{-4}-10^{-6}	35-50	3-19
Argila	10^{-6}-10^{-9}	33-60	0-5
Rochas sedimentares			
Arenito	3×10^{-8}-6×10^{-4}	5-30	
Folhelho	10^{-11}-2×10^{-7}	21-41	
Calcário	1×10^{-7}-6×10^{-4}	0-20	
Rochas cristalinas			
Granito	8×10^{-7}-$3\times10^{-2\,(4)}$	0,1	----
Basalto	2×10^{-9}-$4\times10^{-5\,(4)}$	3-35	---
Rocha cristalina fraturada	8×10^{-7}-$3\times10^{-2\,(4)}$	0-10	----

Fonte: Fetter (1988), Domenico e Schwartz (1990) e Norton e Knapp (1977).

3.2 Parâmetros da zona não saturada

▷ **Grau de saturação Sa%:** é expresso pela relação percentual entre o volume de água contido na amostra **Va** e o volume total de vazios **Vv**, ou seja:

$$Sa = 100 \ (Va/Vv) \tag{3.19}$$

▷ • **Teor de umidade q%:** é a relação percentual entre o volume de água intersticial que é retido contra a ação da gravidade **Vr** numa amostra de rocha insaturada e o seu volume total (**Vt**), ou seja:

$$q = 100 \ (Vr/Vt) \tag{3.20}$$

O teor de umidade representa o volume relativo de água retido na rocha insaturada pelas forças de adsorção, tensão superficial e capilaridade, as quais constituem o potencial matricial ou de umidade. Esse potencial é considerado com sinal negativo, porque se opõe à ação do potencial gravitacional.

Esse parâmetro pode ser determinado em laboratório mediante a coleta de uma amostra de rocha da zona insaturada. Ela deve ser pesada (**P**) e submetida ao secamento em estufa a 105 °C. Quando o peso da amostra seca torna-se constante (**Ps**), o seu teor de umidade pode ser determinado pela relação:

$$q = 100 \ (P - Ps) \times Ps \tag{3.21}$$

As determinações *in situ* podem ser realizadas por métodos geofísicos, tais como as células de resistência e a perfilagem com sonda de nêutron.

3.3 Classificação hidrogeológica dos sedimentos ou rochas porosos e fraturados

Tendo-se por base as propriedades de estocagem (porosidade específica) e de fluxo ou transporte (permeabilidade ou condutividade hidráulica) – primária ou secundária – dos sedimentos ou rochas, eles podem ser classificados em quatro tipos principais, conforme a Tab. 3.2:

▷ **Aquíferas:** camadas de sedimentos ou corpos de rochas da região considerada que apresentam porosidade específica e permeabilidade relativamente mais importante, tais como sedimentos arenosos, rochas compactas muito fraturadas ou intemperizadas e sistemas cársticos bem desenvolvidos.

▷ **Aquitardes:** camadas ou corpos de rochas da área em questão que apresentam porosidade específica e permeabilidade relativamente baixa, tais como sedimentos argilosos, misturas de areias, siltes e argilas em proporções variadas, rochas compactas pouco fraturadas ou intemperizadas e sistemas cársticos pouco desenvolvidos.

▷ **Aquicludes:** camadas ou corpos de rochas da área em questão que apresentam porosidade específica e permeabilidade praticamente nula, tais como camadas de sedimentos essencialmente argilosos e rochas compactas muito pouco fraturadas ou carstificadas.

▷ **Aquifuges:** camadas ou corpos de rochas muito compactas que apresentam porosidade e permeabilidade praticamente nulas, tais como rochas cristalinas – magmáticas e metamórficas – do embasamento geológico, blocos de quartzitos, basaltos, diabásios e assim por diante, não fraturados ou intemperizados.

3.4 Tipos de aquíferos

O termo *aquífero* designa uma camada ou corpo rochoso que apresenta, relativamente, os maiores valores de porosidade específica e permeabilidade na área em questão. Os espaços vazios – poros, fraturas e fissuras – são suficientemente grandes para armazenar volumes importantes de água e se apresentam interconectados de tal forma que a água infiltrada – natural ou artificialmente – pode fluir sob a ação de uma diferença de potencial gravitacional ou potenciométrico.

Os aquíferos podem ser de três tipos principais – livre, confinado e suspenso – e dois intermediários – semilivre ou semiconfinado.

Tab. 3.2 CLASSIFICAÇÃO HIDROGEOLÓGICA DOS SEDIMENTOS E ROCHAS

Classes hidrogeológicas	Condutividade hidráulica (cm/s)	Porosidade específica (%)	Litologias características
Aquíferas	$(1-10^{-4})$	(5-27)	Areias, arenitos, rochas muito fraturadas/alteradas
Aquitardes	$(10^{-3}-10^{-5})$	(3-5)	Siltes, areias argilosas, argilas arenosas, rochas pouco fraturadas/alteradas
Aquicludes	$(10^{-6}-10^{-9})$	(2-3)	Argilas, folhelhos, rochas muito pouco fraturadas/alteradas
Aquifuges	$(< 10^{-9})$	(< 1)	Rochas compactas não fraturadas/alteradas

▷ **Aquífero livre:** conforme Fig. 3.2A, o termo designa a primeira camada porosa e permeável do perfil geológico da área considerada, na qual as águas da sua zona saturada estão sob condições de pressão atmosférica normal, isto é, livres. Quando o nível da água **NA** do aquífero livre encontra-se a uma pequena profundidade – da ordem de 5 m a 6 m –, o aquífero livre geralmente é chamado de *freático*.

▷ **Aquífero confinado:** o termo designa a camada aquífera que está encerrada entre duas outras relativamente impermeáveis. Como o peso das camadas sobrejacentes é suportado pelo esqueleto sólido do aquífero confinado e pela água nele armazenada, a pressão reinante no aquífero confinado é superior à atmosférica. Em consequência, quando se atravessa a camada confinante, o nível da água sobe no furo realizado até o ponto em que se estabelece o equilíbrio com a pressão atmosférica da área considerada. Quando esse nível de equilíbrio fica acima da superfície topográfica, configura-se a situação de poço jorrante ou artesiano, conforme mostra a Fig. 3.2B.

▷ **Aquífero suspenso:** configura-se toda vez que ocorre uma acumulação de água acima do nível regional do freático.

▷ **Aquífero semilivre e semiconfinado:** eles ocorrem porque as camadas confinantes e/ou substratos são pouco espessos, descontínuos e/ou relativamente permeáveis (aquitardes), resultando num nível de afloramento ou de confinamento pouco pronunciado (Figs. 3.2C e 3.2D).

3.5 Energias do fluxo subterrâneo

As águas subterrâneas possuem três tipos principais de energia: mecânica, térmica e química ou bioquímica. Como a quantidade dessas formas de energia varia no espaço, a água subterrânea é forçada a mover-se de uma região para outra, numa tentativa de alcançar um estado de equilíbrio. As variações da energia mecânica são, relativamente, as mais importantes.

3.5.1 Fluxo no meio não saturado

No meio não saturado, o fluxo é predominantemente vertical e resulta do comportamento do potencial total da água no solo, o qual representa a diferença da energia livre de Gibbs entre o estado da água no solo e um estado padrão. O potencial da água do solo § tem um grande número de componentes, destacando-se o potencial gravitacional $§_g$, que

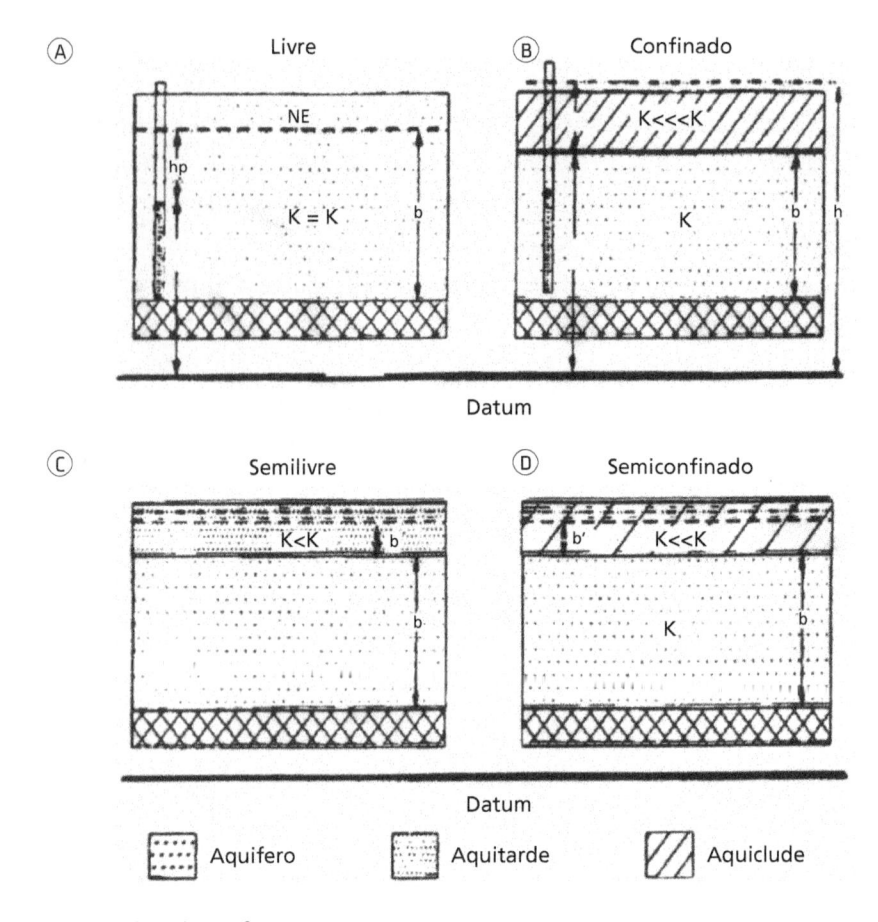

FIG. 3.2 *Tipos de aquíferos*

é uma função da altura Z medida em relação a um referencial arbitrário; o potencial osmótico $§_o$, que é função da concentração salina da água; o potencial matricial $§_m$, resultado de forças capilares e de adsorção, elétricas, e assim por diante, que surgem pela interação entre a água e as partículas sólidas, isto é, matriz solo, sendo, em consequência, função do teor de umidade q no sistema; e o potencial de pressão $§_p$. Dessa forma, o potencial de água no solo pode ser expresso pela Eq. 3.22:

$$§ = §_g + §_o + §_m + §_p \tag{3.22}$$

Esse potencial representa uma pressão negativa, porque se opõe à ação da gravidade, que tende a levar a água infiltrada para acumular na zona saturada. Em condições normais, a água do solo tem pressão positiva ou negativa.

Para solo não saturado, pela presença de meniscos (interfaces líquido-gás) e de superfícies de adsorção (interfaces sólido-líquido), a pressão é negativa, conferindo-lhe potencial matricial negativo. Daí sua frequente designação de tensão da água no solo.

Em solos arenosos, com poros e partículas relativamente grandes, a adsorção é pouco importante, pois os fenômenos capilares predominam no potencial matricial. Para solos de textura fina, o contrário se dá. Variações no potencial também ocorrem para um mesmo solo, em função dos seus teores de umidade. Quando relativamente úmido, as forças capilares são predominantes e, como a umidade decresce, as forças adsortivas vão se tornando mais importantes.

O potencial matricial da água do solo é também denominado de potencial capilar, potencial de tensão, sucção ou pressão negativa. Contudo, pela predominância ora da capilaridade, ora dos fenômenos de adsorção e do teor de umidade, o termo potencial matricial é o mais utilizado, pois designa o efeito total resultante das interações entre a água e a matriz sólida do solo considerado.

Em condições de gravidade, salinidade e pressão constantes, a umidade do solo considerado flui dos pontos mais úmidos para os mais secos, sob a ação do potencial matricial, em busca de um equilíbrio. Quando o seu déficit de umidade é satisfeito, verifica-se percolação vertical do excedente hídrico, sob a ação da gravidade.

Para cada amostra de solo homogêneo, o potencial matricial tem um valor característico para cada teor de umidade. O gráfico potencial matricial $\S_m$ em função do teor de umidade ø é então uma característica do solo e é comumente denominado *curva característica da umidade do solo* ou simplesmente *curva de retenção* (Fig. 3.3A).

Conhecendo-se a curva característica de um solo, pode-se estimar o potencial matricial pelo seu teor de umidade ou vice-versa. A relação entre o potencial matricial e o teor de umidade do solo não é geralmente uma função unívoca, ou seja, a curva obtida pelo processo de secamento do solo difere daquela resultante de um processo de molhamento progressivo da mesma amostra (Fig. 3.3B). Esse fenômeno é denominado histerese.

A questão é contornada utilizando-se a curva de molhamento, quando é preciso evitar perdas por infiltração, e a curva de secamento, quando as perdas são por evaporação.

O potencial matricial pode ser medido no campo por meio de tensiômetros ou instrumentos de pressão ou sucção, e os teores de umidade, por meio de perfilagem de furos com sonda de nêutron ou de coleta de amostras para determinação no laboratório.

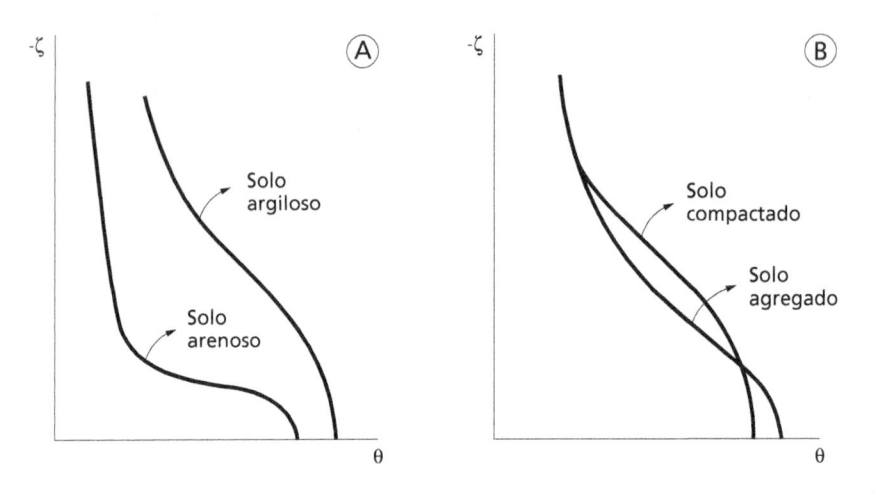

FIG. 3.3 *(A) Curvas características da umidade do solo e (B) histerese da curva de retenção*

A Lei de Darcy é válida para o fluxo do excedente hídrico no meio não saturado, entretanto a condutividade hidráulica **K** não é constante, pois depende diretamente do teor de umidade ø, ou seja, **K(ø)** (Fig. 3.4).

O mecanismo de fluxo, contudo, é muito complexo, porque tanto **K** como ø variam em função do teor de umidade ø do solo considerado. Em condições de quase completo secamento do solo, a Lei de Darcy não é válida, tendo em vista a predominância da fase gasosa (vapor) nos seus poros e o efeito pistão engendrado pela frente de infiltração.

3.5.2 Fluxo no meio saturado

A parcela de água infiltrada que se acumula sobre o substrato relativamente menos permeável flui sob a ação de energias mecânicas, tais como energia cinética, potencial gravitacional e de pressão do fluido. Por causa das características hidráulicas dos materiais aquíferos – porosidade específica e permeabilidade – e dos gradientes

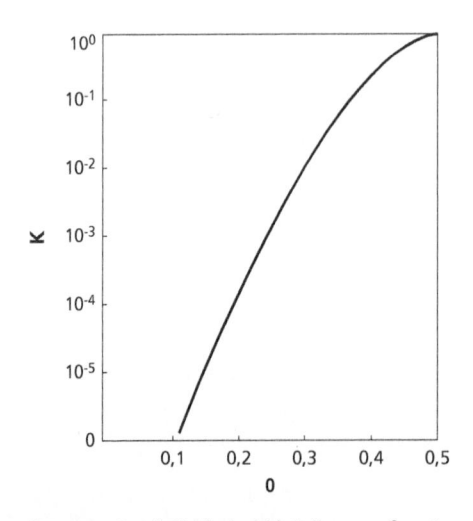

FIG. 3.4 *Condutividade hidráulica em função da umidade do solo*

dos seus potenciais hidráulicos – naturais ou induzidos –, uma fração importante da água subterrânea que forma a zona saturada poderá ser extraída pelas obras de captação em geral – tais como poços tubulares, poços escavados, galerias e túneis – ou desaguar diretamente nos rios, lagos e oceanos.

A velocidade de fluxo da água subterrânea sob a ação de gradientes naturais é muito baixa. Por isso, a energia cinética é ignorada ou considerada desprezível:

$$Ec = 1/2 \; m.v^2 \qquad (3.23)$$

Em que:
m = massa;
v = velocidade de fluxo do fluido.

Nessas condições, no meio aquífero saturado o fluxo é horizontal e tem como forças motoras as energias mecânicas potenciais, em particular a energia gravitacional ou de posição e a energia de pressão ou piezométrica.

A *energia gravitacional* ou de *posição* pode ser entendida considerando-se que, para se elevar uma partícula de água de massa m num meio de gravidade g a uma distância z acima de um plano de referência ou *datum*, realiza-se um trabalho W. Ou seja:

$$W = (m.g) \; z \qquad (3.24)$$

Em que:
m = massa;
g = aceleração da gravidade;
z = elevação do centro de gravidade da partícula do fluido considerado acima do plano de referência ou *datum*.

As unidades são **kg** x **m/s²** x **m**, ou newton-metro, com dimensão de [$M \; L^2 \; T^{-2}$].

Em outras palavras, uma partícula de água de massa **m**, situada a uma altura **z** acima de um plano de referência ou *datum*, num meio de gravidade **g**, tem uma energia potencial gravitacional por sua posição em relação ao *datum*, ou seja:

$$Eg = m.g.z \qquad (3.25)$$

A partícula considerada fica sujeita a uma pressão **P** – força por unidade de área perpendicular a sua direção (newton/m² ou N/m²) – do fluido que a circunda, a qual pode ser expressa como a energia potencial por unidade de volume de fluido, ou seja:

$$Ep = P \qquad (3.26)$$

Por unidade de volume de fluido, a massa **m** é numericamente igual à densidade **r**, desde que a densidade seja definida como massa por unidade de volume. Assim, a energia total de escoamento das águas subterrâneas por unidade de volume **Etv** é assim expressa:

$$Etv = rgz + P \qquad (3.27)$$

Considerando que a água se comporta como um fluido incompressível, ou seja, tem densidade constante, pode ser expressa por unidade de massa:

$$Etm = g.z + P/r \qquad (3.28)$$

Considerando que o meio aquífero ocupa um meio de gravidade constante, a equação da energia mecânica total dos fluxos das águas subterrâneas assume esta expressão:

$$Et = z + P/r.g \qquad (3.29)$$

Na Eq. 3.29 todos os termos são expressos em unidades de energia por unidade de peso, ou seja, em joules/newtons ou metros. Portanto, tem a vantagem de apresentar todos os termos com a dimensão [L].

A soma desses dois termos componentes da Eq. 3.29 é chamada de carga hidráulica **h**, ou seja:

$$h = z + P/r.g \qquad (3.30)$$

3.5.3 Carga hidráulica e potencial de força

A carga hidráulica pode ser medida no campo ou no laboratório, em termos de unidades de comprimento ou [L]. Por exemplo, num furo que penetra a zona saturada de um aquífero, no qual se instala um tubo, pode-se medir a componente **z** ou elevação do ponto de tomada (posição dos filtros) em relação a um *datum* – em geral, o nível médio do mar.

Para um fluido em estado de equilíbrio, a pressão **P** é igual ao peso da coluna de água que fica acima da seção de filtros, ou seja:

$$P = r.g.h_p \qquad (3.31)$$

Em que:
h_p = altura da coluna de água dentro do poço, acima da seção de filtros.

Substituindo na Eq. 3.33, tem-se:

$$h = z + h_p \qquad (3.32)$$

Portanto, a carga hidráulica h – energia por unidade de peso – é a soma da carga de elevação z e da carga de pressão h_p (Fig. 3.5).

A energia mecânica total por unidade de massa (Eq. 3.29) representa uma quantidade física – potencial de força ou um potencial de energia –, que é indicada pela letra grega fi, F, ou seja:

$$F = g.z + P/r = g.z + r.g.h_p/r = g(z + h_p) \qquad (3.33)$$

Desde que a carga hidráulica $h = z + h_p$, tem-se:

$$F = g.h \qquad (3.34)$$

O potencial de força é a energia motriz do fluxo da água subterrânea na zona saturada e é igual ao produto da carga hidráulica pela aceleração da gravidade.

3.5.4 Mapa potenciométrico e gradiente hidráulico

A energia potencial, ou potencial de força F da água subterrânea, consiste de duas partes: elevação e pressão. Ela é igual ao produto da carga hidráulica h pela aceleração da gravidade g, ou seja:

$$F = g.h \qquad (3.35)$$

Para obter a energia potencial basta medir os níveis d'água de uma rede de poços, referi-los em termos de cotas ou altitudes absolutas h – isto é, em relação ao nível médio do mar –, e multiplicá-los pela aceleração da gravidade g.

Como nas áreas de estudo a aceleração da gravidade assume um valor relativamente constante, na maioria dos problemas práticos os níveis medidos

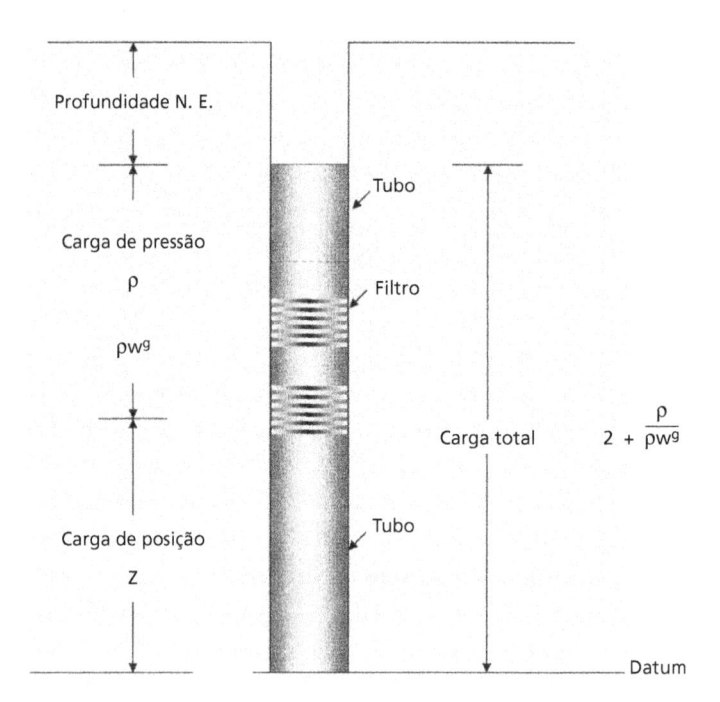

FIG. 3.5 *Ilustração do significado físico de carga hidráulica*

de água subterrânea numa rede de poços são expressos em termos de carga hidráulica **h** ou de níveis potenciométricos.

Quando o valor de **h** é variável num domínio abrangido por uma rede de pontos de medida dos níveis potenciométricos da água subterrânea – nascentes, poços ou cacimbões de produção, de monitoramento ou piezômetros –, pode-se construir linhas equipotenciais. Tais mapas são similares aos mapas topográficos, em que as formas do relevo são mostradas por meio de curvas de níveis topográficos ou isoípsas (Fig. 3.6).

Um mapa potenciométrico é aquele que apresenta linhas de contorno da superfície da zona saturada do aquífero livre ou piezométrica do aquífero confinado. As linhas de fluxo são perpendiculares às tangentes das equipotenciais e o gradiente hidráulico representa a variação de potencial ao longo das linhas de fluxo considerado. Em notação de cálculo diferencial tem-se:

$$\text{grad } h = dh/ds \qquad (3.36)$$

Em que:
s = distância entre equipotenciais sucessivamente decrescentes, tomada ao longo da linha de fluxo.

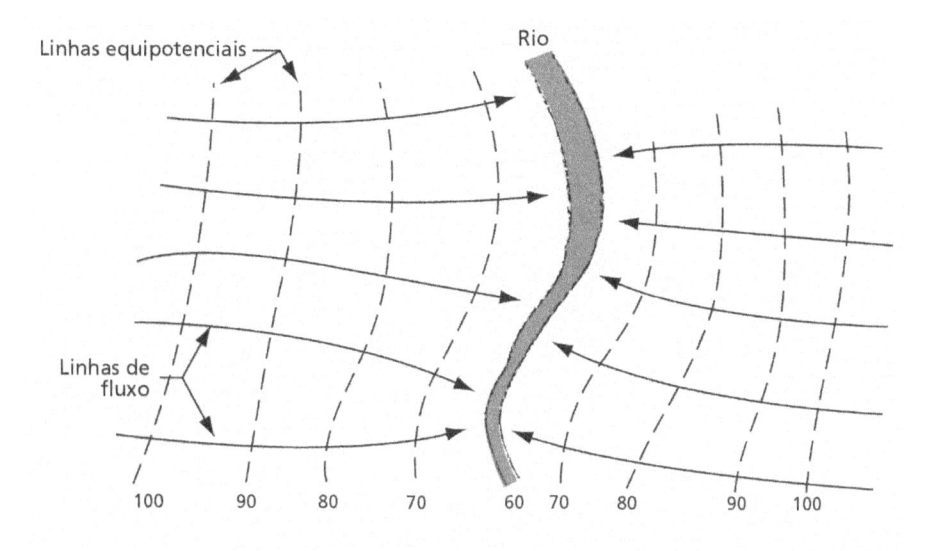

FIG. 3.6 *Mapa potenciométrico e linhas de fluxo das águas subterrâneas*

O gradiente hidráulico é uma grandeza vetorial, porque tem uma magnitude e uma direção.

Os mapas potenciométricos têm uma ampla aplicação na solução dos problemas práticos, tais como:

▷ Identificação das zonas de recarga, de trânsito e descarga dos aquíferos;
▷ Identificação dos divisores de água do manancial subterrâneo;
▷ Determinação da velocidade aparente de fluxo da água subterrânea, em combinação com os valores de permeabilidade do meio aquífero considerado (Eq. 3.15);
▷ Determinação dos locais mais favoráveis para extração da água subterrânea ou para seleção de sítios de disposição de fontes potenciais de poluição;
▷ Identificação das condições de contorno dos sistemas aquíferos, tais como variações bruscas de permeabilidades, de espessuras, de influência das formas de relevo atual ou do seu substrato hidrogeológico;
▷ Determinação das formas e da evolução de plumas de poluição, e assim por diante.

3.6 Parâmetros hidrodinâmicos de um aquífero

O conhecimento dos parâmetros hidrodinâmicos de um aquífero é essencial para caracterizar um manancial subterrâneo e para definir a capacidade de produção de poços. De nada adianta ao hidrogeólogo dispor de sofisticados modelos matemáticos se os dados que irão alimentar esses modelos não são confiáveis ou são insuficientes. Obtêm-se os parâmetros hidrodinâmicos de um aquífero por meio de ensaios de bombeamento. Esses ensaios permitem diagnosticar a heterogeneidade do aquífero nas proximidades do poço testado.

3.6.1 Testes de produção e de aquíferos

Os ensaios de bombeamentos são divididos em dois tipos: *teste de aquífero* e *teste de produção*.

▷ **Teste de aquífero:** é definido como um bombeamento que tem a finalidade de determinar parâmetros hidrodinâmicos do aquífero. Uma das técnicas de execução consiste em bombear um poço com vazão constante e acompanhar a evolução dos rebaixamentos produzidos em pelo menos um poço de observação, situado a uma distância r do poço bombeado. A Fig. 3.7A mostra de maneira esquemática a execução de um teste de aquífero.

▷ **Teste de produção:** é semelhante ao teste de aquífero, porém ele determina a curva característica do poço bombeado. É necessário apenas observar os rebaixamentos no poço bombeado (Fig. 3.7B).

O teste de aquífero/produção, embora de fácil execução, é uma operação cara e deve ser cercada de vários cuidados, para obter-se o maior número possível de informações. Alguns cuidados que devem ser tomados na realização de um teste de aquífero/produção:

▷ **Preparativos preliminares:** são tarefas realizadas ainda no escritório:
- *Verificação do medidor de nível*: baterias, sinal sonoro e visual etc.;
- *Aferimento do fio do medidor*: com o uso, o fio do medidor de nível

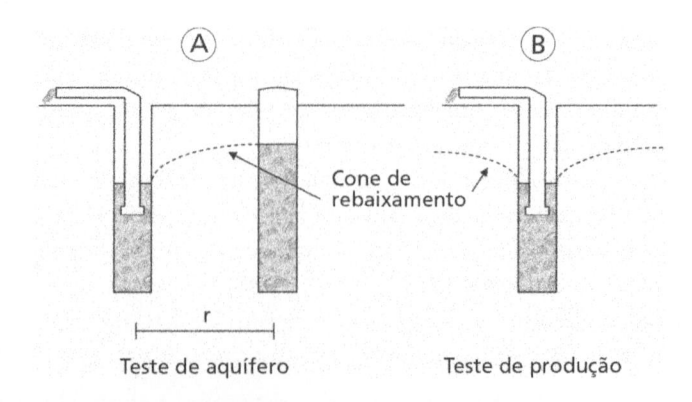

FIG. 3.7 *Teste de aquífero e de produção*

tende a estirar. É uma boa prática também conferir as marcas do fio em medidores novos;
- *Relógios ou cronômetros digitais*: são indicados por facilitar a leitura do tempo;
- *Fichas de campo*: ficha para anotações de todas as informações obtidas no teste;
- *Perfil construtivo e litológico dos poços e geologia da área*: esses dados são fundamentais para o planejamento e interpretação do teste de aquífero;
- Separar lápis, borracha, calculadora, papel monolog, bilog e recipiente para amostras de água.

▷ **Pré-teste:** bombeamento feito há pelo menos 24 horas antes do teste definitivo, com as seguintes finalidades:
- Definir a vazão do teste;
- Previsão de níveis dinâmicos durante o teste;
- *Desenvolvimento do poço*: em alguns casos utiliza-se o pré-teste como uma etapa de desenvolvimento do poço (superbombeamento);
- Verificar as condições locais para a realização do trabalho;
- *Definir o local de descarga da água bombeada durante o teste*: deve-se redobrar a atenção neste item quando se tratar de aquíferos livres, para evitar que a água volte ao aquífero e o bombeamento fique em circuito fechado;
- *Verificar possibilidades de transtornos em razão do bombeamento*: é importante observar durante o pré-teste o destino da água escoada para evitar problemas, principalmente alagamento.

▷ **Estratégia do teste**
- Os poços de observação podem ser perfurados para essa finalidade específica ou já existir na área, e serão paralisados durante o bombeamento. A estratégia será planejada de acordo com o número de poços a serem observados;
- Todos os poços que possam afetar o teste devem ser paralisados. Se não for possível, eles devem ser acompanhados medindo-se as vazões, tempos de funcionamento e níveis dinâmicos.

▷ **A realização do teste**
- *Duração do teste*: não existem regras para definir a duração de um teste de aquífero. Dependerá da precisão das informações que se quer obter, dos recursos disponíveis, das condições locais do

aquífero e de outras variáveis. Geralmente se adota a duração de 24 horas de bombeamento por 12 horas de observação da recuperação;
- *Acompanhamento gráfico do teste*: uma boa prática em testes de aquíferos é colocar cada ponto de rebaixamento x tempo em papel adequado, para que se possa acompanhar graficamente a evolução dos rebaixamentos.

▷ **Tabela de teste de aquífero/produção**

A tabela de teste de aquífero é um quadro apropriado no qual o técnico fará todas as anotações pertinentes. No final do capítulo é apresentada uma sugestão de tabela para teste de 24 horas de duração de bombeamento por 12 horas de recuperação (Anexo 3.1). Em sua parte superior consta um cabeçalho para serem anotadas algumas informações:
- Referência do poço observado;
- Tempo de bombeamento **tb**;
- Nível estático **NE**;
- Nível dinâmico ao final do bombeamento **ND**;
- A vazão de bombeamento **Q**;
- Distância do poço observado ao poço bombeado **r**;
- Data de início e término do bombeamento etc.

Na parte inferior da tabela são feitas as anotações do teste propriamente dito. Na primeira coluna são anotadas as horas em que foram feitas as leituras do nível dinâmico **ND**. Na coluna seguinte, anota-se o tempo transcorrido **t**, em minutos, do início do teste até o instante da observação do **ND**. Esses tempos, normalmente, são preestabelecidos. O valor 1 min significa que o técnico deverá fazer a primeira leitura do **ND** após 1 minuto do início do bombeamento. Na coluna **ND** são anotados os valores do nível dinâmico medido para o tempo correspondente. A coluna s_w é preenchida com os valores de rebaixamentos, ou seja, **ND** - **NE**. Caso o bombeamento seja com vazão constante, não há necessidade de preenchimento da coluna **Q**. Na coluna **Q/s_w** registram-se os valores de vazão específica (vazão/rebaixamento). Na parte referente à recuperação, anotam-se dados de nível dinâmico depois de a bomba ser desligada.

O teste de aquífero é executado em apenas uma etapa de bombeamento, mantendo-se a vazão constante durante todo o período. O teste de produção é realizado com pelo menos três etapas de vazões diferentes, observando-se unicamente o rebaixamento do poço bombeado. A cada etapa de bombeamento a vazão deve aumentar, de modo que $Q_1 < Q_2 < Q_3 < ... < Q_n$, porém dentro de cada etapa a vazão Q deve ser mantida constante.

É recomendado que a vazão aumente em progressão geométrica, devendo-se escalonar as vazões entre um mínimo e um máximo, em função do equipamento de bombeamento. É recomendável que a vazão de explotação cogitada esteja no intervalo $Q_1 - Q_n$. O teste de produção pode ser realizado de dois modos distintos: teste em etapas sucessivas e testes escalonados.

Nos testes de produção, ao término de cada etapa, o equipamento de bombeamento é desligado e aguarda-se a recuperação do nível antes do início da subsequente. Podem ser realizados com ou sem recuperação total do nível inicial (Fig. 3.8A,B).

Os testes escalonados utilizam bombeamento contínuo, passando-se de uma etapa para outra com o aumento rápido de vazão. Podem ser realizados com ou sem estabilização final do nível (Fig. 3.8C,D). Teoricamente, não há diferença entre as duas metodologias, porém os testes escalonados são realizados com mais rapidez, o que minimiza custos de operação.

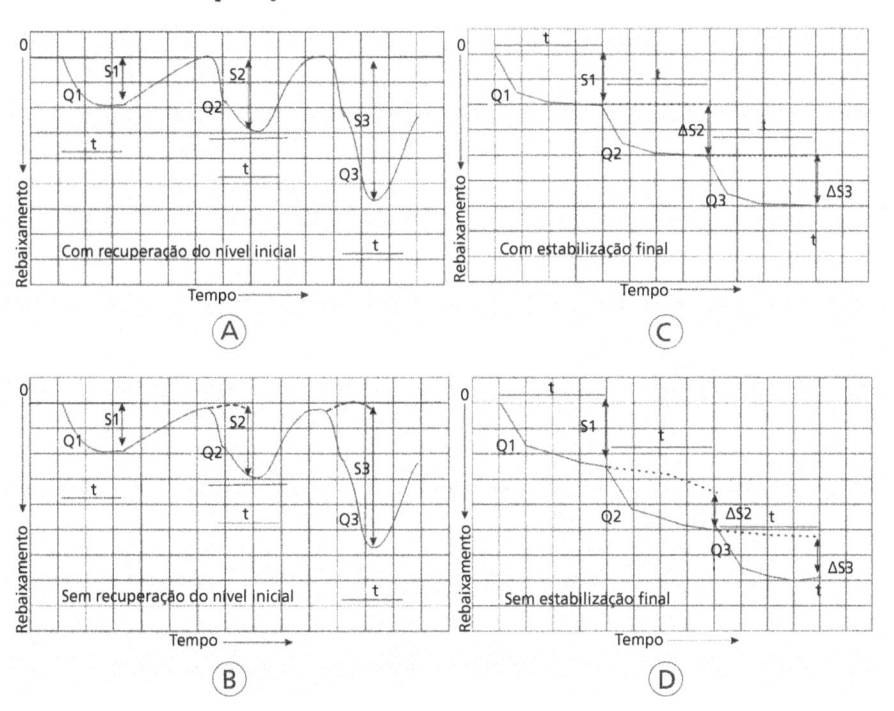

FIG. 3.8 *Testes de produção sucessivos e escalonados*

Nos testes sucessivos e nos escalonados não é necessário que as etapas de bombeamento tenham obrigatoriamente a mesma duração. O importante é que os valores de rebaixamentos a serem utilizados correspondam a um mesmo tempo de bombeamento em cada etapa.

▷ **Equipamentos utilizados**

- *Bombeamento*: podem-se utilizar quase todos os tipos de equipamentos de bombeamento para a execução de um teste de aquífero/produção, entre eles: bomba submersa, eixo prolongado (para grandes vazões), centrífuga, injetora. Não se recomenda o uso de compressores, pois eles bombeiam em forma de jatos descontínuos e não permitem a manutenção da vazão constante.

- *Medição de nível dinâmico/estático*: os medidores utilizados para o acompanhamento da evolução dos níveis dinâmicos podem ser divididos em manuais e automáticos. O mais utilizado é o medidor manual elétrico, que consiste basicamente de um carretel no qual se enrola uma determinada extensão de fio. Uma das extremidades do fio é ligado a um circuito elétrico e a outra, a um eletrodo, que, ao tocar a superfície da água, fecha o circuito, acionando um sistema de alarme, normalmente um sinal sonoro ou luminoso.

- *Medição de vazão*: uma condição fundamental nos testes de aquífero e de produção é que a vazão permaneça constante durante sua execução ou durante uma das etapas. Para a medição de vazão, vários são os equipamentos disponíveis, e os mais comuns são: escoadouro de orifício circular; vertedouros; descarga livre em um tubo horizontal; recipientes aferidos (método volumétrico); hidrômetros. O mais recomendado é o escoadouro de orifício circular (Fig. 3.9), porque apresenta excelente precisão (acima de 98% (Driscoll, 1986)) e possibilidade de assegurar a constância da vazão. Só não é recomendado para medição de vazões pulsantes (compressores). A medida de vazão com o tubo de orifício circular é bastante simples. Com a relação entre o diâmetro do orifício e o diâmetro interno do tubo de descarga, encontra-se o valor da constante **K** (Fig. 3.10). A altura da coluna d'água medida no tubo piezométrico fornece o valor da variável h. Calcula-se a área do orifício de descarga e encontra-se a variável **A**. Substituem-se os valores de **K**, **A** e **h** na equação da Fig. 3.10, e obtém-se o valor da vazão em m^3/s. Por exemplo: qual a descarga em um tubo com 10" de diâmetro e uma placa com um orifício de 7", para uma altura na mangueira piezométrica de 53 cm? A razão entre os diâmetros é igual a 0,7. Pelo gráfico da Fig. 3.5 encontra-se **K** = 0,709; **A** = 0,025 m²; **h** = 0,53 m. Alguns cuidados devem ser observados na utilização do medidor de orifício circular:

\# a relação entre os diâmetros deve ser menor do que 0,8;
\# o bocal usado para a conexão da mangueira do tubo piezométrico não deve ter nenhuma saliência para o interior do tubo de descarga;

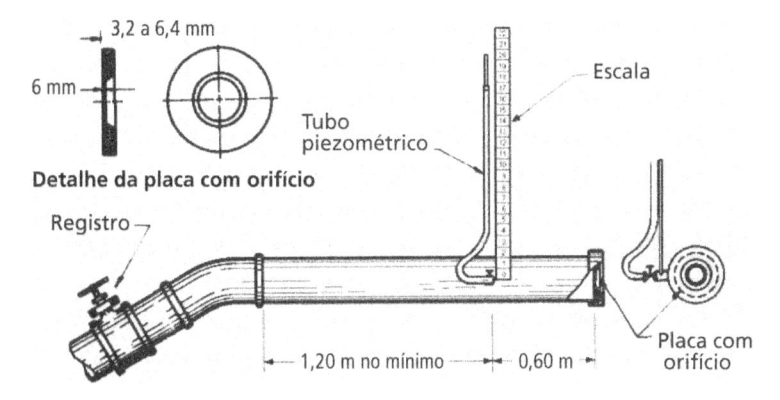

FIG. 3.9 *Escoadouro de orifício circular*
Fonte: adaptado de Driscoll (1986).

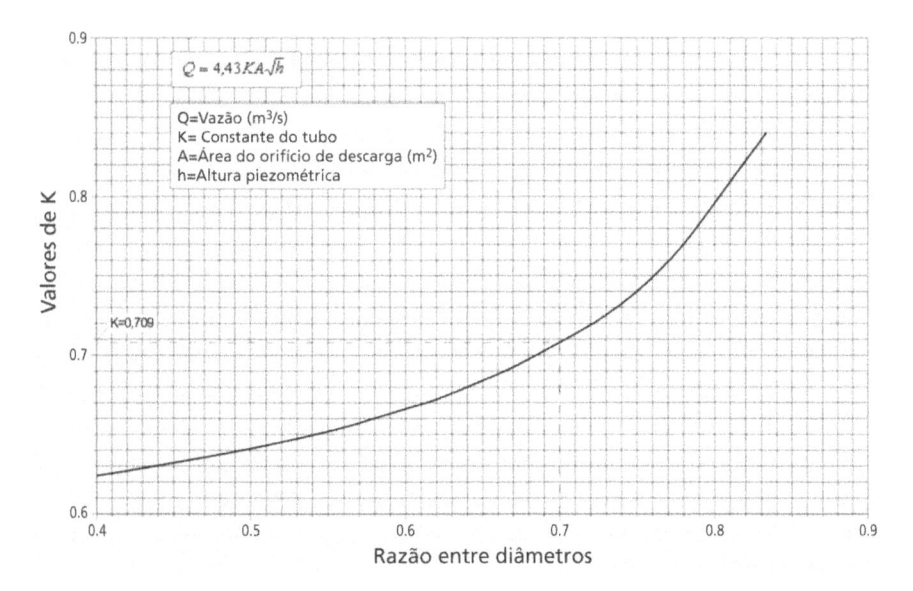

FIG. 3.10 *Gráfico para avaliação da constante* **K**
Fonte: adaptado de Driscoll (1986).

- # o tubo de descarga deve manter a horizontalidade durante todo o teste;
- # não deve conter obstruções ou bolhas de ar no tubo piezométrico quando se procede à leitura da carga hidráulica;
- # antes da primeira utilização do medidor, deve-se aferi-lo por um outro método de comprovada eficiência, para ajuste da constante **K**.

Referências bibliográficas

DARCY, H. Les *Fontaines Publiques de la Ville de Dijon*. Paris: Victor Dalmont, 1856. 647 p.

DOMENICO, P. A.; SCHWARTZ, F. W. *Physical and chemical hydrogeology*. New York: John Wiley & Sons, 1990. 823 p.

DRISCOLL, F. C. *Groundwater and wells*. 2. ed. Minnesota: Johnson Division, 1986.

FETTER, C. W. *Applied hydrogeology*. 2. ed. Toronto: Merrill, 1988. 592 p.

HAZEN, A. Some physical properties of sands and gravels, with special reference to their use in filtration. *24th Annual Report*. Pub. Doc. n. 34. Massachusetts State Board of Health, 1892. p. 539-556.

NORTON, D.; KNAPP, R. Transport phenomena in hydrothermal systems: nature of porosity. *American Journal of Science*, v. 27, p. 913-936, 1977.

Anexo 3.1
Modelo de tabela para testes de aquífero/produção

Poço Bombeado:_____ Prof.: _____(m)   Q: _____(m³/h)
Local:_____ Cota: _____(m)   r: _____(m)
Município:_____ NE: _____(m)   Inicio: _____
Coordenadas   Zona:_____   X:_____   Y:_____
Tipo de Teste: Poço Observado:_____ ND: _____(m)   Término: _____
Obs.:_____

HORA	t (minuto)	ND (m)	s_w (m)	Q (m³/h)	Q/s_w m³/h/m	RECUPERAÇÃO		
						t'	ND	Sw
	1					1		
	2					2		
	3					3		
	4					4		
	5					5		
	6					6		
	8					8		
	10					10		
	12					12		
	15					15		
	20					20		
	25					25		
	30					30		
	40					40		
	50					50		
	60					60		
	70					70		
	80					80		
	100					100		
	120					120		
	150					150		
	180					180		
	240					240		
	300					300		
	360					360		
	420					420		
	480					480		
	540					540		
	600					600		
	660					660		
	720					720		
	780							
	840							
	900							
	960							
	1080							
	1200							
	1320							
	1440							

Qualidade e classificação das águas subterrâneas

Suely Schuartz Pacheco Mestrinho

As águas naturais contêm gases e sólidos como impurezas dissolvidas. A expressão *qualidade da água* se refere à química da água e aos micro-organismos que nela vivem. O desenvolvimento da água para um fim específico é determinado pela sua qualidade, definida pela avaliação das características químicas, físicas e microbiológicas que possibilitam a sua classificação na visão hidroquímica e para o enquadramento. Quando a alteração da qualidade impede o uso, a água é dita poluída ou contaminada.

A prevenção e o controle da poluição dos corpos hídricos estão relacionados aos usos e às classes de qualidade exigidas, como dispõe a Lei nº 9.433 (Lei das Águas; Brasil, 1997). O estabelecimento da classe a ser alcançada ou mantida num segmento de corpo d'água ao longo do tempo é o enquadramento, instrumento de planejamento para controle da poluição por licenciamento e fiscalização.

As mais recentes resoluções nacionais que tratam das águas subterrâneas reforçam as exigências de programas de prevenção proativa e controle da contaminação, embasadas por diretrizes definidas para esse fim. A Resolução Conama nº 396 (Conama, 2008) dispõe sobre a classificação e diretrizes ambientais gerais para o enquadramento das águas subterrâneas.

Será apresentada uma revisão de conceitos e uma atualização dos procedimentos relacionados à qualidade e classificação das águas subterrâneas. O tema será abordado considerando três focos principais:

▷ as reações e processos hidrogeoquímicos no ambiente subterrâneo;
▷ os critérios para a avaliação da qualidade e a classificação hidroquímica;
▷ a classificação para enquadramento da água no manancial, em conformidade com a legislação nacional vigente e pertinente.

4.1 Noções de hidrogeoquímica

A hidrogeoquímica é uma ciência multidisciplinar que estuda a composição química da água com os processos e reações no ambiente de subsuperfície. Ela avalia a origem dos constituintes presentes e sua evolução química nos fluxos subterrâneos. A composição química da água subterrânea depende do *input* atmosférico, das reações hidrobiogeoquímicas durante a infiltração da água meteórica e das interações água-rocha durante sua percolação até maiores profundidades.

A compreensão desses processos, combinados às condições hidrogeológicas e climáticas do meio, permite melhor interpretação da qualidade da água e dos fatores tecnológicos limitantes da sua utilização.

4.1.1 Processos geoquímicos e biogeoquímicos nas águas subterrâneas

A água que circula no ciclo hidrológico é pura somente no estado vapor. Durante a condensação para precipitar em forma de chuva são incorporados aerossóis e gases da atmosfera. Na superfície a água meteórica se enriquece em substâncias dissolvidas e materiais em suspensão, oriundos das rochas e solos. A parcela que se infiltra pode percolar até grandes profundidades, permanecendo por longo tempo de residência, ou emergir na superfície através das fontes, rios ou oceanos. O ciclo se completa com o retorno da água à atmosfera por evaporação e evapotranspiração.

Os processos geoquímicos e biogeoquímicos que ocorrem no ciclo hidrológico e controlam a composição química da água subterrânea definem o ciclo hidrogeoquímico, particular a cada ambiente hidrogeológico (Mestrinho, 2006b).

A compreensão desse ciclo é complexa, envolve interações da água entre sólidos, gases e micro-organismos numa sequência de reações e processos que incluem: reações ácido-base e de oxirredução, dissolução/precipitação de sólidos, processos de sorção e troca iônica etc.

As reações de biotransformação, que envolvem micro-organismos, influenciam na concentração de alguns elementos como carbono, nitrogênio, enxofre e ferro. Alguns processos podem modificar a concentração do constituinte presente, alterar a forma química e promover sua atenuação ou remoção do meio.

Um pré-requisito nos estudos da qualidade das águas subterrâneas é o entendimento desses processos, considerando a geoquímica das águas naturais e os problemas de contaminação.

A seguir são discutidos os principais processos e reações que ocorrem no ciclo hidrogeoquímico (modificado de Mestrinho, 2006a):

▷ **Dissolução dos gases**

Na prática, todos os gases da atmosfera se dissolvem nas águas naturais. Alguns possuem solubilidade baixa, como N_2, O_2 (até 30 m de profundidade), H_2 e He; em outros é mais alta, como acontece com o CO_2, H_2S e NH_3, que também reagem com a água. Nos processos hidrogeoquímicos, os gases oxigênio e gás carbônico são de particular importância. A dissolução do CO_2 influencia na concentração de HCO_3^-, alcalinidade e agressividade da água. Em sistemas de recarga local, a infiltração da água meteórica, rica em oxigênio, gera condições aeróbicas que podem alcançar expressiva profundidade caso a permeabilidade hidráulica permita. Em aquíferos confinados, as condições anaeróbicas são comuns e favorecem a presença de CO_2, Fe^{2+}, sulfetos ou metano na água.

A origem do CO_2 é múltipla, e sua magnitude varia durante o percurso da água até zonas mais profundas. A baixa concentração de CO_2 na atmosfera (350 mg/L) se reflete no CO_2 dissolvido na água da chuva. As fontes mais expressivas de CO_2 nas águas estão relacionadas às reações químicas e biológicas no solo, dissolução dos carbonatos e fenômenos de origem magmática e metamórfica das águas juvenis. No solo, a produção máxima é na parte superior (+ 20 cm), na qual a matéria orgânica e os micro-organismos são abundantes. O equilíbrio químico do CO_2 dissolvido nas águas pode ser representado pelas reações:

$$CO_2 + H_2O \leftrightarrow H_2CO_{3\,(aq)} \tag{4.1}$$

$$H_2CO_3 \leftrightarrow H^+ + HCO_3^- \tag{4.2}$$

$$HCO_3^- \leftrightarrow H^+ + CO_3^- \tag{4.3}$$

O equilíbrio entre as concentrações de dióxido de carbono (CO_2), íons bicarbonato (HCO_3^-) e carbonato (CO_3^{2-}) exerce um efeito tampão sobre o pH das águas, razão pela qual a variação de pH é relativamente pequena (5-9) nos ambientes aquáticos. O bicarbonato (HCO_3^-) predomina nessa faixa, e o CO_2, em águas mais ácidas (águas termais, vulcânicas ou contaminadas). A alcalinidade resulta principalmente da dissociação do H_2CO_3 – a concentração do íon HCO_3^- (em meq/L ou mmol/L) é sinônimo da alcalinidade. Águas ricas em CO_2 facilitam a dissolução dos carbonatos, que têm a reação geral:

$$CaCO_3 + CO_{2\,(aq)} + H_2O \leftrightarrow Ca^{2+} + 2HCO_3^- \tag{4.4}$$

A concentração de CO_2 dissolvido na água que regula o equilíbrio com o $CaCO_3$ é denominada de ácido carbônico ou gás carbônico de equilíbrio. A relação entre o gás carbônico de equilíbrio e o CO_2 ainda livre para continuar reagindo define a agressividade da água, ou seja:

CO_2 (dissolvido) > CO_2 (livre) → água precipita $CaCO_3$ (água incrustante)

(4.5)

CO_2 (dissolvido) < CO_2 (livre) → água ataca o $CaCO_3$ (água corrosiva ou agressiva)

(4.6)

▷ **Reações de ácido-base**

A maioria dos compostos inorgânicos e alguns orgânicos estão presentes na água como ácidos, bases ou sais. As reações ácido-base têm efeito significativo sobre os valores do pH. A água ácida (pH < 5,7) facilita o ataque químico dos minerais e aumenta a mobilidade dos elementos entre as zonas não saturada e saturada. A condição de pH básico (pH > 7) promove a precipitação de hidróxidos, diminuindo a mobilidade dos elementos associados.

De acordo com a conceituação de Brönsted-Lowry, um ácido pode doar prótons e a base é capaz de receber prótons, como o íon H^+. Assim, as reações de ácido-base envolvem a transferência de íons hidrogênio. Quando um ácido forte reage com uma base fraca libera, H^+, diminuindo o pH do meio. A reação da base forte com ácido fraco libera OH^-, aumentando o pH. Como exemplo, tem-se a reação para os carbonatos:

$$CO_3^{2-} + H_2O \leftrightarrow HCO_3^- + OH^- \qquad (4.7)$$
base   ácido   ácido   base

As dissoluções dos carbonatos, silicatos e aluminossilicatos são reações ácido-base, que resultam no aumento da concentração de cátions, alcalinidade e pH das águas subterrâneas. Entretanto, valores altos de pH não são comuns a águas naturais, porque a dissolução do CO_2 produz íons H^+ que favorecem a neutralização. Águas ácidas associadas aos depósitos de sulfetos podem ser neutralizadas em contato com rochas calcárias. A decomposição da matéria orgânica do solo produz ácidos orgânicos, que se dissociam em íons carboxila ($COOH^-$) e H^+, diminuindo o pH das águas de infiltração.

▷ **Solubilidade e precipitação**
São processos que regulam a quantidade de sólidos e espécies dissolvidas nas águas. O grau de solubilidade e a composição do mineral em contato com a água determinam quais íons ficam em solução. Por exemplo, a dissolução do gipso produz Ca^{2+} e SO_4^{2-}:

$$CaSO_4.2H_2O_{(s)} \leftrightarrow Ca^{2+} + SO_4^{2-} + 2H_2O \tag{4.8}$$

A solubilidade das substâncias na água aumenta com a presença de ácidos, temperatura e tempo de residência da água no meio. Quando outros íons estão presentes a solubilidade diminui, pelo efeito do íon comum, ou aumenta, com a força iônica da solução. Durante o processo de dolomitização ocorre saturação de cálcio na água pelo efeito do íon carbonato, comum às duas espécies. O carbonato de cálcio precipita e o íon Mg^{2+} permanece na água, conforme a reação:

$$CaMg(CO_3)_2 + Ca^{2+} \rightarrow 2CaCO_3 + Mg^{2+} \tag{4.9}$$

A *precipitação* ocorre por saturação da solução e/ou mudanças de pH e Eh do meio. Com o aumento do pH muitos metais precipitam nas águas subterrâneas, incorporando outros íons da solução por coprecipitação. Os principais ânions presentes (Cl^-, OH^-, CO_3^{2-} e SO_4^{2-}) podem precipitar, como cloretos, hidróxidos, carbonatos e sulfatos, removendo alguns metais da água. Em climas áridos, a evaporação conduz à precipitação de uma suíte de minerais, entre os quais estão incluídos a calcita, o gipso e sais de cloretos.

▷ **Adsorção e troca iônica**
Minerais e substâncias orgânicas em contato com a água são capazes de atrair moléculas de água ou íons por adsorção, resultantes das forças de Van der Waals em sua superfície. A adsorção química ocorre quando existe reação química entre o íon adsorvido e a superfície sólida adsorvente. Na absorção, uma espécie química se difunde e é sorvida na superfície interior do sólido. Esses processos de sorção são descritos pela reação geral:

$$M^{2+} + XO^- \leftrightarrow XOM^- \tag{4.10}$$

Durante o processo, um íon adsorvido pode trocar de posição com outro dissolvido na água, preservando a estequiometria do mineral. É a *troca de íons*, comum aos cátions e ânions envolvidos, exemplificada pelas seguintes reações de troca de cátions:

$$A^+ + B^+R^- \leftrightarrow A^+R^- + B^+ \qquad (4.11)$$

$$\begin{matrix} Mg^{2+} \\ Ca^{2+} \\ Fe^{2+} \end{matrix} + 2Na\text{-argila} \leftrightarrow 2Na^+ + \begin{matrix} Mg^{2+} \\ Ca^{2+} \\ Fe^{2+} \end{matrix}\text{-argila} \qquad (4.12)$$

Os materiais que se comportam como adsorventes são coloides com carga superficial negativa, capazes de fixar e trocar cátions, como os minerais de argila, oxi-hidróxidos de ferro e alumínio e as substâncias orgânicas (especialmente o húmus). A troca de íons depende do pH. Em águas ácidas, os íons estão na forma mais móvel, o que dificulta a troca. A água com alto teor de sódio circulando num leito argiloso rico em cálcio (argila do tipo montmorillonita) pode perder o sódio e ganhar cálcio. É a troca de íon reversa, comum em intrusões salinas.

▷ **Reações de oxidação-redução**

As reações de oxidação-redução ou de redox acontecem por transferência de elétrons entre as espécies envolvidas. Na sua maioria são catalisadas por micro-organismos. A reação de redox pode ser representada por:

$$Ox_1 + Red_2 \leftrightarrow Red_1 + Ox_2 \qquad (4.13)$$

Em que:

Ox_1 e Red_2 = substâncias oxidante e redutora que sofrem, respectivamente, ganho de elétrons (Red_1) e perda de elétrons (Ox_2).

A oxidação dos sulfetos representa uma reação de oxirredução:

$$4FeS_{2\,(s)} + 15O_2 + 14H_2O \leftrightarrow 4Fe(OH)_{3\,(s)} + 8SO_4^{2-} + 16H^+ \qquad (4.14)$$

A medida do Eh ou potencial de redox define a habilidade do ambiente natural de conduzir um processo de redox. O Eh é relativamente mais positivo em um meio oxidante ou aeróbico e mais negativo em um redutor ou anaeróbico. Formas oxidadas e reduzidas dos elementos carbono,

Quadro 4.1 EXEMPLOS DE FORMAS OXIDADAS E REDUZIDAS DE ELEMENTOS NOS SISTEMAS AQUÁTICOS

Elemento	Formas oxidadas	Formas reduzidas
Carbono	CO_2; HCO_3^-	CH_4
Nitrogênio	NO_3^-	N_2, NH_4^+
Enxofre	SO_4^{2-}	H_2S, S^{2-}
Ferro	Fe^{3+}; $Fe(OH)_3$	Fe^{2+}, FeS
Cromo	Cr^{6+} (CrO_4^{2-}, $Cr_2O_7^{2-}$)	Cr^{3+}; $Cr(OH)_3$
Manganês	Mn^{4+}	Mn^{2+}

Fonte: Mestrinho (2008a).

nitrogênio, oxigênio, enxofre, ferro, cromo e manganês, que ocorrem com frequência nas águas subterrâneas, são citadas no Quadro 4.1.

As reações de redox são especialmente importantes na hidrogeologia. Os diferentes estados de oxidação de um elemento determinam suas características de toxidade, hidrólise e tendência de formar compostos insolúveis. A mudança do Eh e/ou pH da água afeta a solubilidade e mobilidade de muitos metais. Nas águas ricas em ferro com pH entre 5-9 e condições aeróbicas, predomina o hidróxido de ferro, e em águas anaeróbicas, o Fe^{2+} solúvel. Quando a água é bombeada para a superfície e exposta ao oxigênio atmosférico, precipita o $Fe(OH)_3$, que aparece na forma de incrustações vermelhas em bombas de extração e paredes dos poços. Nas águas subterrâneas, o Fe^{3+} está presente em águas naturais muito ácidas com pH < 3, que são raras.

O limite das condições oxidantes no subsolo corresponde à zona de variação do nível d'água subterrânea, e a profundidade dessa zona depende das condições climáticas e geológicas. Na zona de variação do nível freático, condições oxidantes e redutoras podem ser alternadas em função de estações secas e chuvosas. Águas ricas em oxigênio podem penetrar através das fendas e fissuras das rochas e alcançar grandes profundidades. Essas mudanças são relativamente rápidas e se traduzem por variações também abruptas na composição das águas subterrâneas, especialmente na concentração das espécies oxidadas, como os sulfatos e nitratos.

▷ **Processos biogeoquímicos**

Todos os aquíferos contêm micro-organismos autóctones que usam sólidos dissolvidos e suspensos para o metabolismo, processo que retira ou libera espécies químicas na água. Com frequência, os processos biológicos promovem o aumento da concentração dos sais solúveis e de CO_2 no solo.

As reações envolvendo a oxidação de compostos orgânicos produzindo CO_2 e H_2O são referidas como reações de biodegradação ou biotransformação, porque são catalisadas por micro-organismos. As transformações mais efetivas ocorrem em climas quentes úmidos, condições favoráveis à degradação da matéria orgânica. De igual modo, a presença ou ausência de oxigênio para os organismos aeróbicos ou anaeróbicos é fator importante, associado à concentração de nutrientes como os compostos de carbono, nitrogênio (NH_3), fosfatos, nitratos e sulfatos. Outros fatores influentes na atividade microbiana são: profundidade do meio, pH, Eh, conteúdo de sais, temperatura e permeabilidade do aquífero.

As reações de biotransformação são importantes na contaminação por compostos orgânicos. Quando rápidas podem atenuar a concentração do contaminante, preservando a qualidade da água. A compreensão desses processos é a base dos mecanismos de biorremediação nos sistemas de águas subterrâneas.

A abundância relativa do carbono orgânico e de substâncias receptoras de elétrons governa as reações de redox num sistema aquífero, que podem ser ilustradas tomando-se o CH_2O^* como um composto orgânico hipotético, com os principais receptores de elétrons comuns no sistema aquífero. As principais reações de biotransformação dos compostos orgânicos, sob condições aeróbicas e anaeróbicas, são apresentadas em dois grupos (Domenico; Schwartz, 1990):

1. Reação de decomposição dos compostos orgânicos em presença de O_2:

$$1/4 CH_2O^* + 1/4 O_{2(g)} \rightarrow 1/4 CO_{2(g)} + 1/4 H_2O \qquad (4.15)$$

2. Reações na ausência de O_2:
   Os micro-organismos usam as reações de redox como fonte de energia para biotransformação. Podem ser citados os seguintes exemplos:

   Redução de Fe(III)
   $$1/4 CH_2O^* + Fe(OH)_3 + 2H^+ \rightarrow 1/4 CO_{2(g)} + Fe^{2+} + 11/4 H_2O \qquad (4.16)$$

Denitrificação
$$CH_2O^* + 4/5NO_3^- + 4/5H^+ \rightarrow CO_{2\,(g)} + 2/5N_2 + 7/5H_2O \quad (4.17)$$

Redução dos sulfatos
$$CH_2O^* + 1/2SO_4^{2-} + 1/2H^+ \rightarrow 1/2HS^- + H_2O + CO_{2\,(g)} \quad (4.18)$$

Formação do metano
$$CH_2O^* + 1/2\,CO_{2\,(g)} \rightarrow 1/2CH_4 + CO_{2\,(g)} \quad (4.19)$$

4.1.2 Interações água-rocha/intemperismo químico

O intemperismo é um conjunto de transformações que acontece nos minerais das rochas e sedimentos, influenciado por fatores físicos, químicos, geológicos e biológicos. O intemperismo químico envolve interações entre os minerais das rochas e solos e a água, por meio de processos e reações ácido-base, dissolução/precipitação, oxirredução etc. É um dos fenômenos geoquímicos mais importantes, que determina o tipo e a concentração dos constituintes nas águas subterrâneas e superficiais. Como o fluxo subterrâneo é mais lento, o tempo de residência no contato água-rocha é maior e a composição da água, geralmente, é o reflexo da rocha pela qual circula. Os produtos gerados dependem dos minerais envolvidos, condições de temperatura, pH, Eh, atividade biológica, profundidade do nível da água etc.

O intemperismo químico libera constituintes para a água subterrânea e produz minerais secundários e/ou sólidos amorfos. É importante para os silicatos e óxidos minerais em contato com a água, pois envolve liberação da sílica dissolvida (H_4SiO_4) e cátions como cálcio, sódio, magnésio e potássio. Quando alumínio e ferro estão presentes nos minerais primários, formam-se produtos secundários, como minerais argilosos e argilominerais com propriedades eletrostáticas favoráveis às reações de troca iônica que contribuem para a evolução química natural da água.

O intemperismo da biotita e do K-feldspato, com formação, respectivamente, da caulinita e do óxido de ferro amorfo, resulta, no primeiro caso, no aumento da alcalinidade (HCO_3^-), e no segundo, do pH (OH^-), conforme as duas reações a seguir:

$4KMg_2FeAlSi_3O_{10}(OH)_2 + O_2 + 20H_2CO_3 + nH_2O \rightarrow 4KHCO_3 + 8Mg(HCO_3)_2 +$
(biotita)

$$2Fe_2O_3nH_2O + Al_2Si_2O_5(OH)_4 + 4SiO_2 + 10H_2O \qquad (4.20)$$
$$\text{(caulinita)}$$

$$2KAlSi_3O_8 + 3H_2O \rightarrow Al_2Si_2O_5(OH)_4 + 4SiO_2 + 2KOH \qquad (4.21)$$
$$\text{(K-feldspato)} \qquad \text{(caulinita)}$$

Os silicatos, carbonatos, sulfatos e cloretos representam os principais minerais formadores de rochas, e os íons principais mais abundantes nas águas são: Ca^{2+}, Mg^{2+}, Na^+, K^+, SO_4^{2-}, Cl^- e HCO_3^-. As características litológicas do meio aquífero influenciam a qualidade química da água subterrânea. Os silicatos das rochas cristalinas são, relativamente, mais resistentes ao intemperismo químico, ao contrário dos minerais das rochas sedimentares, que exibem maior fragmentação ou superfície de contato rocha-água para o ataque químico. A hidroquímica das águas subterrâneas depende, em especial, da litologia do aquífero. No entanto, águas associadas ao mesmo tipo de rocha podem apresentar características diferentes de uma região para outra, em função do clima e da condição da água de recarga.

4.1.3 Origem dos constituintes e evolução hidroquímica

Os constituintes presentes nas águas subterrâneas têm a origem associada ao meio natural e/ou às atividades de uso e ocupação do solo. O Quadro 4.2 reúne origens atribuídas aos constituintes inorgânicos encontrados nas águas subterrâneas.

A composição da água e sua evolução hidroquímica ao longo dos fluxos subterrâneos estão relacionadas a fatores endógenos (sistema de fluxo, tipo litológico, estrutura das rochas, manto de alteração, grau de agressividade da água) e exógenos (aspectos climáticos e geofisiográficos) influentes no meio.

O manto de intemperismo resultante da alteração das rochas, em termos hidrogeológicos, representa a zona não saturada (ZNS), que pode funcionar como um aquífero superior granular acima de um aquífero inferior fissural, alimentando a água das fraturas. Os aquíferos freáticos pouco profundos e os fissurais com manto de intemperismo pouco espesso são os mais influenciados pelas variações climáticas. No Nordeste do Brasil, a condição de clima semiárido é desfavorável ao intemperismo químico. Geralmente, a ZNS é pouco espessa, a taxa de lixiviação é menor e a evaporação favorece o acúmulo de sais na água, mesmo antes da sua infiltração na ZNS ou nas fraturas das rochas. Na condição de clima tropical, dependendo da litologia e topografia,

Quadro 4.2 ORIGEM DOS CONSTITUINTES PRINCIPAIS ENCONTRADOS NAS ÁGUAS SUBTERRÂNEAS

Constituintes	Fontes prováveis
Sódio	Sal-gema (NaCl); intemperismo de plagioclásios; chuvas; argilas (montmorillonita); água do mar; águas conatas; poluição.
Potássio	Intemperismo de feldspatos alcalinos e biotita; argilas; aerossóis trapeados; degradação da biomassa.
Cálcio	Intemperismo da calcita, plagioclásio, dolomita; argilas (montmorillonita); aerossóis trapeados.
Magnésio	Intemperismo de anfibólio, piroxênio, dolomita, biotita e olivina; $MgCl$ em águas salinas; montmorillonita; água da chuva.
Cloreto	Água do mar trapeada nos sedimentos; águas juvenis ou meteóricas; dissolução de evaporitos; atividades vulcânicas (como HCl); poluição.
Fosfato	Matéria orgânica; fosfatos.
Enxofre ($H_2S/SO_4^{-4}/S^{2-}$)	Sulfetos (pirita); sulfatos (gipso); águas juvenis; combustão de carvão e petróleo; águas geotermais.
Amônia	Matéria orgânica do solo; adubos nitrogenados; efluentes orgânicos/esgotos; hidrólise da ureia.
Carbonatos e bicarbonatos	Águas meteóricas; dissolução do CO_2; calcários; redução dos sulfatos; intemperismo de rochas carbonatadas e de silicatos. Vulcanismo.
Sulfatos/sulfetos	Minas; matéria orgânica; gipso, pirita, calcopirita e compostos de enxofre.
Dióxido de carbono	Águas juvenis (atividades vulcânicas); águas meteóricas; carbonatos; oxidação de piritas; reações bioquímicas. Origem metamórfica e ígnea.
Dióxido de enxofre/Sulfeto de hidrogênio	Atividades vulcânicas; reações bioquímicas.

Fonte: modificado de Mestrinho (2006a).

a taxa de precipitação anual pode levar à formação de mantos espessos com profundidades em torno de 50 metros nas encostas e de 100 metros nas depressões, acumulando contribuições significativas de água.

O relevo, hidrografia e condições climáticas são fatores com influência significativa na química da água. No semiárido, a drenagem superficial pode ser influente na maior parte do ano, favorecendo o fluxo do rio para as encostas marginais e a recarga das fraturas próximas aos rios.

Caso as águas do rio estejam mais salinizadas, existe risco de comprometimento das águas subterrâneas. Quando o clima favorece a drenagem efluente, o escoamento da água subterrânea é das encostas para os rios, o que influencia a sua perenidade na ausência de chuvas. São fatores que mudam as condições físico-químicas no fluxo e, possivelmente, a composição química da água. Águas subterrâneas e superficiais devem ser tratadas de forma sistêmica e integrada.

A química da água é particular a cada sistema aquífero. A origem dos constituintes está associada à qualidade das águas de infiltração, ao tempo de trânsito e aos tipos litológicos atravessados. Sua composição pode evoluir desde a área de recarga até a descarga, em função da dissolução dos minerais, mudanças na mineralogia, condições de redox, infiltração de outras águas, mistura de águas e outros processos ao longo dos fluxos subterrâneos.

A hidrologia isotópica é boa ferramenta nos estudos sobre recarga e dinâmica da água subterrânea entre a zona saturada (ZS) e não saturada (ZNS) e datação e distinção entre águas de diferentes origens, e para auxiliar na interpretação sobre mudanças de composição nas águas subterrâneas. As análises dos isótopos ^{18}O e D são úteis para avaliar contribuições relativas ao escoamento superficial e a origem da água subterrânea em bacias e rios.

4.2 Qualidade das águas subterrâneas

4.2.1 Características físicas, químicas e microbiológicas

Os constituintes na água são referidos como maiores ou principais, menores e traços, conforme sua abundância relativa. Os constituintes maiores estão na concentração > 5 mg/L; são os íons Cl^-, SO_4^{2-}, HCO_3^-, Na^+, Ca^{+2}, Mg^{+2} e, em situações particulares, os íons NO_3^-, CO_3^-, K^+ e Fe.

Substâncias dissolvidas pouco ionizadas, como alguns ácidos, hidróxidos de ferro e a sílica (H_4SiO_4) em estado coloidal, podem estar na água natural, assim como seus íons derivados (Fe^{2+}, Fe^{3+} e $H_3SiO_4^-$).

Os constituintes menores ocorrem na faixa de 0,01-10 mg/L e incluem os íons NO_3^{2-}, CO_3, K^+ e Fe^{3+}, além do NO_2^-, NH_4^+ e Sr^{2+} e outros menos frequentes, como Br^-, S^{2-}, PO_4^{2-}, $H_3BO_3^-$, NO_2^-, OH^-, I^-, Fe^{3+}, Mn^{+2}, H^+, NH_4^+, Al^{3+}.

Entre os traços estão os íons metálicos As^{2+}, Sb^{2+}, Cr^{3+}, Cu^{2+}, Ni^{2+}, Zn^{2+}, Ba^{2+}, Cd^{2+}, Hg^{2+}, que podem apresentar concentrações superiores ao *background* regional em áreas de jazidas naturais ou com contaminação antrópica.

Na avaliação da qualidade da água, as impurezas são retratadas por suas características físicas, químicas e biológicas, traduzidas em termos de parâmetros, que permitem classificar a água por seu conteúdo mineral, caracterizar a sua potabilidade e apontar anomalias de substâncias tóxicas. Elas são discutidas a seguir (adaptado de Mestrinho (2011)):

▷ *Características físicas*: turbidez, cor, sabor e odor, temperatura, condutividade elétrica, sólidos, resíduo seco e salinidade.

a] **Turbidez**: representa a dificuldade da penetração da luz nas águas causada pelas partículas em suspensão (plânctons, bactérias, argilas, siltes e partículas orgânicas e inorgânicas finamente divididas).

b] **Cor**: resulta da presença do material dissolvido e em suspensão. A cor verdadeira decorre do material dissolvido e é obtida após a remoção da turbidez. Pode apresentar uma cor arroxeada quando rica em ferro, negra quando rica em manganês e amarelada por ácidos húmicos.

c] **Sabor e odor:** são características organolépticas, de natureza estética prejudicial ao consumo humano. Reflete a presença de produtos da decomposição da matéria orgânica por micro-organismos (H_2S) ou de resíduos industriais ou municipais decompostos anaerobicamente. Em alguns tipos de águas não existe relação entre o teor de STD e o sabor, pois depende da natureza do sal dissolvido.

d] **Temperatura:** tem influência nos processos bioquímicos e na solubilidade dos gases dissolvidos nas águas. É difícil medir a temperatura real da água de aquíferos, principalmente os mais profundos, em que se depende do grau geotérmico (1 °C/30 m, em média). Os aquíferos freáticos têm influência da atmosfera.

e] **Condutividade elétrica:** é a capacidade de transmitir corrente elétrica por meio das substâncias dissolvidas. Depende do tipo, concentração, valência e mobilidade da espécie iônica e da temperatura. Em águas doces naturais, os valores geralmente encontrados estão entre 5 µS/cm e 50 µS/cm, e na água do mar, entre 50 µS/cm e 50.000 µS/cm. É um importante parâmetro em estudos hidroquímicos, pois está relacionado ao tipo de material em contato com a água. É comum encontrar águas de condutividade mais alta associadas a calcários e basaltos, e mais baixa, a granitos e quartzitos.

f] **Sólidos:** Os sólidos na água são agrupados de acordo com o tamanho:
- *Sólidos em suspensão (partículas > 1,2 µm)*: correspondem à carga sólida em suspensão (silte, argila, matéria orgânica) que pode ser separada por filtração, seca e pesada, expressa em mg/L.
- *Sólidos totais dissolvidos (STD) na forma coloidal e em solução (partículas < 1,2 µm)*: representam o peso total das impurezas presentes na água, por unidade de volume, com exceção dos gases. Conforme quantidade dos sólidos dissolvidos em mg/L, a água classifica-se em doce (STD < 1.000), ligeiramente salobra (1.000 < STD < 3.000), moderadamente salobra (3.000 < STD < 10.000), salgada (10.000 < STD < 100.000) e salmoura (STD > 100.000). Nas águas subterrâneas naturais, a quantidade de STD (mg/L) é proporcional à condutividade em µMhos, que por sua vez representa os cátions dissolvidos. Os parâmetros podem ser correlacionados pelas Eqs. 4.22 e 4.23:

$$\text{STD (mg/L)} = A * \text{condutividade (µMhos)} \qquad (4.22)$$

Em que:

$$A = 0{,}54\text{-}0{,}96$$

$$\text{condutividade (µMhos)} = \text{soma de cátions (meq/L)} * 100 \qquad (4.23)$$

g] **Resíduo seco (RS):** é o resíduo expresso em mg/L que representa a concentração de sais resultante da evaporação de um litro de água filtrada, para remoção do material em suspensão. Quando não há perda de carbonatos, bicarbonatos ou outros voláteis durante a evaporação, o valor é próximo ao STD. Numa amostra de água, a soma dos cátions e ânions, excluindo os sólidos suspensos e os voláteis, deve ser próxima ao valor do RS.

h] **Salinidade:** representa a quantidade total de sais dissolvidos em um determinado volume de água.

▷ *Características químicas*: pH, Eh, acidez, alcalinidade, dureza, oxigênio dissolvido (OD), demanda bioquímica de oxigênio (DBO), demanda química de oxigênio (DQO), carbono orgânico total (COT), conteúdo iônico, metais pesados, compostos de nitrogênio, compostos orgânicos (sintéticos e naturais) etc.

a] **pH:** é o logaritmo negativo da concentração de íons de hidrogênio na água, resultante do equilíbrio químico das reações. Regula a precipitação de muitos metais e a capacidade de ataque químico da água; em valores de pH < 5, grande parte dos metais está presente na forma iônica, e nos mais altos tendem a precipitar. Nas águas, a faixa de pH está entre 5,5 e 8,5.

b] **Eh (potencial de oxirredução):** determina a característica do ambiente, se redutor ou oxidante, controlando inúmeros processos químicos na água.

c] **Acidez:** capacidade quantitativa de reação da água com uma base forte (ou de neutralizar a base) até determinado valor de pH. Está associada à presença de ácidos fortes (ácido nítrico, clorídrico, sulfúrico), ácidos fracos (ácido carbônico e acético) e sais hidrolisáveis (sulfatos de ferro e alumínio).

d] **Alcalinidade:** capacidade da água em neutralizar um ácido. Representa a soma de bases neutralizáveis, presentes como bicarbonato, carbonato, hidroxila e outros compostos (boratos, fosfatos, silicatos).

e] **Dureza:** capacidade da água em consumir sabão e formar incrustações, pela presença de compostos de Ca e Mg sob a forma de carbonatos, sulfatos e cloretos. É expressa como dureza temporária, permanente e total. A dureza temporária resulta da presença de carbonatos e bicarbonatos, eliminados por evaporação. A dureza permanente decorre dos cloretos e sulfatos, que persistem após a ebulição. A soma das durezas temporária e permanente é a dureza total. A dureza (em ppm, $CaCO_3$) classifica as águas em brandas (< 50 ppm), ligeiramente duras (até 100 ppm), moderadamente duras (até 200 ppm) e muito duras (> 200 ppm). Águas superficiais e subterrâneas apresentam dureza entre 10 ppm e 300 ppm, e a água do mar, em torno de 1.500 ppm de $CaCO_3$.

f] **Matéria orgânica (MO):** é a carga orgânica de origem natural ou antrópica. Os principais parâmetros de avaliação são:
- *Oxigênio dissolvido (OD):* é o oxigênio consumido pela matéria orgânica biodegradável. É importante na avaliação do grau de poluição e das condições aeróbicas (oxidantes) para degradar a matéria orgânica;
- *Demanda bioquímica de oxigênio (DBO):* representa o oxigênio dissolvido (OD) em mg de O_2/L consumido pelos organismos aeróbicos na degradação da matéria orgânica. Nas águas subterrâneas, os valores de DBO são < 1 mg/L de O_2, e valores > 10 mg/L podem indicar contaminação;
- *Demanda química de oxigênio (DQO):* representa a quantidade de matéria orgânica biodegradável (oxidável) e de outras substâncias que sofrem reações de biotransformação no meio aquoso (Fe^{2+}, Mn^{2+}, NH_4^+, S^{2-}). Em águas subterrâneas, os valores da DQO estão entre 1 mg/L e 5 mg/L de O_2; valores > 10 mg/L são indicativos de contaminação;
- *Carbono orgânico total (COT):* é o carbono dissolvido não específico, atribuído às substâncias orgânicas presentes.

g] **Conteúdo iônico:** são os cátions e ânions presentes na água. Quando o íon está presente em proporção maior que 50% do conteúdo iônico total, a água é classificada pela espécie predominante, por exemplo, como água sulfatada cálcica, cloretada sódica, bicarbonatada magnesiana etc. Outro íon de menor interesse, quando em concentração alta, também pode entrar na denominação.

h] **Nitrogênio:** ocorre em várias formas e estados de oxidação que resultam dos processos bioquímicos, como: amônia (livre $N-NH_3$ e ionizada $N-NH_4$), nitratos ($N-NO_3^-$), nitritos ($N-NO_2$), nitrogênio molecular (N_2) e nitrogênio orgânico (N-orgânico, dissolvido e em suspensão). A forma do nitrogênio determinada pelo método KJELDAHL inclui a soma do $N-NH_3$ e N-orgânico. O nitrogênio total é a soma das espécies $N-NO_2$ e $N-NO_3^-$. O NO_3^- é um dos contaminantes que apresentam maiores problemas nas águas subterrâneas, por sua mobilidade, estabilidade no meio aeróbico e risco à saúde humana.

i] **Compostos orgânicos sintéticos:** compreende os hidrocarbonetos alifáticos ou aromáticos, pesticidas e fenóis. Na sua maioria, são compostos persistentes e tóxicos. São indicadores de contaminação por atividades antrópicas no entorno do aquífero e classificados como:
- *Mais densos que a água* (dense non-aqueous phase liquids (DNAPL)): os mais comuns são os halogenados (tetracloroetano (PCE), tricloroeteno (TCE), dicloroeteno (DCE), cloreto de vinila, entre outros);
- *Menos densos que a água* (light non-aqueous phase liquids (LNAPL)): os mais comuns são do grupo BTEX (benzeno, tolueno, etilbenzeno e xileno), presentes na gasolina.

▷ *Características microbiológicas:* incluem os micro-organismos (bactérias, vírus e protozoários). A qualidade bacteriológica informa sobre a contaminação por dejetos humanos e outros animais de sangue quente. São avaliadas as bactérias do grupo coliformes, principalmente os coliformes fecais **(CF)** e os estreptococos fecais **(EF)**. Os coliformes fecais não são patogênicos, mas sua presença indica a existência de fezes com bactérias patogênicas. Os coliformes termotolerantes – subgrupo de coliformes que inclui a *Escherichia coli* (*E.coli*) – são considerados como indicadores de contaminação fecal recente e da presença de patógenos. Precárias condições de saneamento comprometem a qualidade das águas e promovem doenças diarreicas de veiculação hídrica (febre tifoide, cólera, salmonelose, hepatite etc.) responsáveis por vários surtos epidêmicos.

Os coliformes totais são apontados como indicadores de eficiência de tratamento da água e da integridade do sistema de distribuição (reservatório e rede).

4.2.2 Parâmetros indicadores de qualidade

A qualidade da água é representada pela qualidade da amostra de água cujos parâmetros (físicos, químicos e microbiológicos) alcançam os requisitos de uso. A escolha dos parâmetros indicadores é função dos objetivos perseguidos, considerando ainda: o significado e abrangência do parâmetro, seu valor de referência, os limites de detecção e de quantificação dos métodos e os padrões de qualidade. A decisão é importante por causa da ampla gama de constituintes e do alto custo analítico.

Para controle da potabilidade, os parâmetros investigados são aqueles definidos pela legislação pertinente, que exige a investigação da maioria deles. Para se fazer prognósticos ou investigar danos, há parâmetros específicos, relacionados às atividades que influenciam no meio. A análise clássica inclui, no mínimo, os parâmetros físico-químicos e os cátions e ânions principais.

A interpretação da qualidade da água e a representatividade do local em estudo podem ser comprometidas pela qualidade dos dados se a coleta, preservação e análise da amostra não forem realizadas de forma adequada.

4.2.3 Métodos de coleta e análise

▷ **Coleta de água:** é um dos passos mais importantes na avaliação da qualidade, porém é difícil obter-se uma amostra com as características preservadas. Os problemas potenciais que podem modificar a amostra original e alterar a representatividade dos dados químicos são: contaminação com materiais do poço (fluidos de perfuração, materiais de cimentação etc.); mudança das condições de temperatura, pressão e concentração de gases na retirada; tempo inadequado entre a coleta e a análise; colonização de bactérias; coleta de águas estagnadas; purga excessiva ou ineficiente; contaminação de equipamentos entre diferentes poços.

Durante a retirada da amostra do poço, a água é exposta ao oxigênio atmosférico, afetando as condições de equilíbrio dos gases dissolvidos na água subterrânea e por sua vez, alterando a química da amostra. Cuidados especiais e procedimentos adequados são obrigatórios para minimizar a exposição das amostras ao ambiente atmosférico e também aos distúrbios na coluna d'água do poço.

Os métodos de coleta durante a descarga do poço em produção, na perfuração e em poços não bombeados têm limitações. A coleta na torneira próxima à boca de um poço tubular exige o uso da bomba ou motor de bombeamento, que promove perda de voláteis por turbulência, mistura de águas e diluição. As técnicas de percussão e rotativas a ar possibilitam a amostragem durante a perfuração do poço avaliando-se as variações verticais na qualidade das águas, mas também promovem entrada de gases.

A amostragem em poços de monitoramento não bombeados utilizando garrafas coletoras (*bailer* ou similar) é um método comum, mas também há incerteza da profundidade da amostra e riscos de alteração dos parâmetros não conservativos. O manuseio de amostradores tipo *bailer* promove bolhas de ar e reversão do fluxo nas ranhuras da seção filtrante e do pré-filtro, aumentando a turbidez.

Para verificar se a água da formação ou próxima da seção filtrante está sendo acessada durante a purga, é necessário aguardar a estabilização do nível d'água dinâmico e dos parâmetros físico-químicos *in situ*, na seguinte ordem de estabilidade: pH, temperatura, condutividade, Eh, OD e turbidez. O tempo ou volume de purga requerido para tal independe da profundidade ou volume do poço. Quando a purga é excessiva, pode aumentar a turbidez e modificar a origem da amostra. O método *low-flow* (micropurga ou baixa vazão, < 1 LPM) vem sendo bastante aplicado nos últimos anos. São usadas bombas pneumáticas dedicadas ou portáteis de baixa vazão que minimizam os distúrbios na coluna d'água do poço, reduzindo e controlando a turbidez. O rebaixamento do nível d'água, de acordo com a NBR 15.847 (ABNT, 2010), não deve exceder mais que 25 cm abaixo do topo do tubo filtro quando ele estiver afogado em relação ao nível estático (NE) do poço. Em situações construtivas nas quais o NE do poço interceptar o tubo filtro, o rebaixamento não deve ser maior que 25 cm em relação ao NE.

As bombas (dedicadas ou portáteis) são posicionadas acima da metade da seção filtrante e a vazão é ajustada de 50 mL/min a 1.000 mL/min, a fim de encontrar a vazão de bombeamento que faça com que o rebaixamento se estabilize conforme os limites já expostos. Os parâmetros pH, CE, T, OD e Eh são monitorados durante a purga. Para melhor entendimento do método, sugere-se ao leitor assistir ao vídeo *Amostragem de águas subterrâneas pelo método low-flow* (2011).

Cada parâmetro a ser analisado exige procedimentos particulares. As principais recomendações para coleta e análise dispostas nos arts. 17 e 18 da Resolução Conama nº 396 (Conama, 2008) são:

- Adequar os frascos e volumes aos parâmetros específicos, respeitando o prazo de análise;

- A preservação e o armazenamento devem ser orientados para retardar a ação biológica e a hidrólise dos compostos, reduzir a perda de voláteis e os efeitos de adsorção dos íons nas paredes do recipiente;
- Para análise bacteriológica, a amostra deve ser armazenada em frasco de vidro ou de plástico autoclavável esterilizado, e preservada sob refrigeração. O prazo de análise: de cinco a oito horas;
- Os métodos devem ser padronizados, os pontos, representativos, e os poços, construídos conforme normas técnicas ABNT;
- As amostras devem ser íntegras, sem filtração ou qualquer alteração, salvo o uso de conservantes conforme normas técnicas.

▷ **Análise dos constituintes:** a escolha do método analítico adequado é função da espécie a analisar, do limite de quantificação praticável e do objetivo da análise. A melhor estratégia na escolha dos parâmetros, métodos e frequência de medidas está em aperfeiçoar métodos e maximizar os recursos orçamentários.

É desejável que as análises químicas sejam feitas no menor prazo possível, evitando modificações na concentração dos constituintes. Parâmetros como temperatura, pH, condutividade elétrica (CE), sólidos totais dissolvidos (STD), turbidez e oxigênio dissolvido devem ser medidos em campo. Sondas multiparamétricas portáteis, com sensores de íons específicos (SIE), são recomendadas para as medidas de parâmetros não conservativos (Cl^-, NO_3^-, SO_4) e outros íons individuais (Cl^- e NH_4). O mercado oferece medidores automáticos de nível estático e CE com *data logger* e baterias, e os dados podem ser transferidos para computador por um técnico ou por telemetria.

O Quadro 4.3 reúne informações sobre os métodos analíticos, a preservação e o tempo máximo entre a coleta e a análise para alguns constituintes determinados na água. Sugestões de leituras complementares são: APHA, AWWA e WPCF (2005), Cetesb (1994) e Vasconcelos, Tundisi e Tundisi (2009).

4.2.4 Qualidade dos dados

A qualidade dos dados está relacionada à qualidade da amostra representativa da água no local de coleta, que alcança os requisitos de reprodutibilidade, exatidão e precisão. A qualidade dos dados pode ser comprometida nas seguintes etapas:

▷ **Campo:** métodos de coleta; entrada e perda de gases; purga inadequada; coleta de fluxo estagnado; dissolução no coletor; medidores descalibrados; erros de identificação etc.;

Quadro 4.3 MÉTODOS RECOMENDADOS PARA ANÁLISES DE ÁGUA

Determinado (unidade de medida)	Método/equipamento	Método de preservação	Tempo de coleta e análise
Temperatura (°C)	Termômetro	-	Imediatamente
pH[(*)], Eh (ev)	Potenciômetros	-	Imediatamente
Condutividade (μS/cm)	Condutivímetro	-	1 a 7 dias
Turbidez (uNT)	Turbidímetro	-	4 a 24 horas
Dureza (mg/L $CaCO_3$)	Titulação com EDTA	-	7 dias
Alcalinidade (meq/L $CaCO_3$)	Titulação com $H2SO4$	Refrigeração a 4 °C	24 horas
Acidez (meq/L)	Titulação com NaOH	Refrigeração a 4 °C	24 horas
Cloretos (mg/L Cl)	Titulação (Mohrs)	-	7 dias
Bicarbonatos (mg/L)	Titulação	Refrigeração a 4 °C	24 horas
Sulfatos (mg/L)	Turbidimetria	-	7 dias
NO_3^-, NO_2^- (mg/L)	Colorimetria; eletrodos de íons seletivos	H_2SO^4 até pH < 2; refrigeração a 4 °C	24 horas
PO_4^{3-} (mg/L)	Cromatografia de íons; eletrodos de íons seletivos; colorimetria	Filtrar no local; refrigeração a 4 °C	24 horas
Metais totais (mg/L)	AA; ICP; AAN	Filtrar no local; 2 mL a 10 mL de HNO_3/L de filtrado	Muitas semanas
Cátions (mg/L)	AA; ICP; AAN	-	7 dias
N_{total} - Kjedahl (mg/L)	Colorimetria (Nessler); titulação	H_2SO_4 até pH < 2; refrigeração a 4 °C	1 a 7 dias
Amônia - NH_3 (mg/L)	Colorimetria (Nessler); titulação	H_2SO_4 até pH < 2; refrigeração a 4 °C	24 horas
P(total)	Colorimetria; cromatografia de íons	Refrigeração a 4 °C	1 a 7 dias
OD (mg/L)	Titulação (Winkler); Oxímetro	-	Imediatamente
Carbono Orgânico Total - COT (mg/L)	Combustão (IV)	1 mL a 2 mL de H_2SO_4/L de amostra	1 a 7 dias
Demanda Bioquímica de Oxigênio - DBO (mg O_2/L)	Cinco dias de incubação e medida do OD remanescente	Refrigeração a 4 °C	6 horas
Sólidos Totais Dissolvidos - STD (mg/L)	Gravimetria	-	7 dias
Cor (uH)	Padrão de Pt-Co; Disco Colorido	Refrigeração a 4 °C	24 horas
Fenóis	Método de 4-aminoantipirina	$CaSO_4.5H_2O$ seguido de H_3PO_4 até pH=4; refrigerar a 4 °C	6 meses

*, unidades de pH; uNT, unidade de turbidez (unidade de Jackson ou nefelométrica); AA, absorção atômica; CP, plasma de acoplamento indutivo; AAN, análise por ativação de nêutrons; uH, unidade da escala de Hazen (de platina/cobalto).

Fonte: modificado de Mestrinho (2006a).

▷ **Laboratório:** inexatidão da análise; erros de identificação;
▷ **Registro dos dados:** erros de digitação; conversão das unidades de concentração (mg/L *versus* μg/L) ou de expressão dos resultados.

Na avaliação dos erros comuns são usadas amostras de controle dos reagentes, campo, transporte, equipamentos etc. A exatidão dos dados frequentemente é avaliada pelo balanço de cátions e ânions. A concentração em meq/L dos cátions principais (Ca^{2+}, Mg^{2+}, Na^+, K^+, Fe) deve ser mais próxima possível da concentração dos ânions (HCO_3^-, SO_4^{2-}, Cl^-, F^-). O desvio percentual da igualdade indica o coeficiente de erro **e** da análise, representado por:

$$e = \frac{r\sum p - r\sum n}{r\sum p + r\sum n} \times 100 \tag{4.24}$$

Em que:
$r\sum p$ = somatório da concentração dos cátions (meq/L);
$r\sum n$ = somatório da concentração dos ânions (meq/L).

Para se considerar uma boa análise, admite-se um erro de no máximo 5%.

Em programas de monitoramento da qualidade da água é mandatória a implantação de um programa de garantia de qualidade (GQ) e/ou controle de qualidade (CQ), de modo a minimizar ou evitar erros sistemáticos durante a coleta (amostragem, armazenamento e transporte) e nas etapas de laboratório. O *controle de qualidade* (CQ) é um conjunto de procedimentos para medir e, quando necessário, corrigir a qualidade dos dados. A *garantia de qualidade* (GQ) é o conjunto de procedimentos seguidos para fornecer a garantia documentária a respeito da aplicação do controle de qualidade e, por consequência, a respeito da qualidade dos dados. Os requisitos para a GQ devem seguir as normas internacionais, com gestão da qualidade em laboratório dentro dos requisitos especificados na NBR ISO/IEC 17.025/2005.

4.2.5 Tratamento e sistematização dos dados

Os dados de qualidade da água são tratados com objetivos diversos, tais como: investigar dados anômalos; compreender o comportamento temporal e o padrão espacial dos parâmetros hidroquímicos; interpretar processos responsáveis pela composição química e informar sobre a composição das águas subterrâneas no aquífero. Em qualquer situação, o alcance das conclusões depende da experiência do profissional envolvido.

Para fins de sistematização, os resultados da análise química da água são representados e tratados nas seguintes formas (Mestrinho, 2011):

▷ **Tabular:** dados dispostos ou descritos em tabelas que podem ser qualitativas (dados numéricos ao lado de conceituações qualitativas), estatísticas (resultados analíticos descritos em termos numéricos) e funcionais (ocorrências anormais não numéricas);

▷ **Gráfica:** aplicação de diagramas que indicam a qualidade para uso, variações e similaridades e sugerem alguns processos químicos. Entre os diagramas propostos são comuns os colunares, radiais e triangulares (Hem, 1985; Hounslow, 1995). Em grande parte deles são usados os constituintes principais que, em geral, perfazem mais de 90% dos sólidos dissolvidos na água subterrânea;

▷ **Analítica:** uso de técnicas estatísticas como média e desvio padrão de um conjunto de dados, descrevendo os padrões de variabilidade. Na validação dos resultados discrepantes são usados gráficos *Box & Wiskers*, nos quais se determina a média dos dados e os percentis 10, 25, 50, 75 e 90. O p-ésimo percentil tem, no mínimo, $p\%$ dos valores abaixo daquele ponto e, no mínimo, $(100 - p)\%$ dos valores acima. Podem ser individualizados associando-se parâmetro-estação, estação--parâmetro, estação-ano – período sazonal ou mês – etc. A determinação das medianas por ponto de amostragem ou da unidade aquífera representa a condição de qualidade da água. O valor de referência de qualidade (VRQ) é o 3º quartil dos resultados.

O tratamento estatístico dos dados é importantíssimo para se estabelecer os valores mais representativos da zona do aquífero em estudo. Na avaliação do estado químico ou qualidade natural (QN) da água, o sistema precisa ter informações (> 5 anos) de poços na mesma formação, e da água acima de alguma fonte que aporta o constituinte avaliado. Isso implica a definição de *programas de monitoramento* (Mestrinho, 2008b, 2011).

Os *mapas temáticos* ilustram a concentração no espaço. As imagens são georreferenciadas e diferentes símbolos ou gráficos são exportados sobre o mapa para o *shape* ESRI. As curvas de isoteores ou isoquocientes são delineadas como mapas hidroquímicos que podem ser associados aos hidrogeológicos ou seções de corte, para ilustrar a variação espacial dos dados químicos ou a separação de águas associadas a diferentes unidades geológicas.

A relação entre os íons principais é usada como passo inicial na interpretação hidrogeoquímica. Além de indicar a possível rocha original, é útil para checar resultados analíticos. Os principais aquíferos com água de boa qualidade são arenitos com cimento carbonático, calcários, dolomitos ou rochas graníticas, e as relações iônicas mais comuns envolvem os minerais associados a essas rochas (Mestrinho, 2008a).

Para a avaliação temporal e espacial da evolução química da água por métodos gráficos, cálculo das relações iônicas, entre outros, estão disponíveis *softwares* específicos como o Aquachem e o Suffer.

A *modelagem hidrogeoquímica* é indicada para se alcançar informações sobre o balanço de massa de minerais dissolvidos ou precipitados, a especiação dos íons, o índice de saturação em relação aos minerais e o estado de redox da água. Os métodos de representação matemática da hidrologia subterrânea utilizam equações de fluxo e de conservação de massa que requerem o uso de programas de computação adequados, como WATEQ4F, MINTEQ e PHREEQC. Este último fornece informações sobre a especiação dos íons, equilíbrio entre minerais e gases, adsorção e troca de cátions e transporte iônico no fluxo.

4.3 Classificação hidroquímica

A base de dados hidroquímicos representa amostras de um único poço ou de diferentes poços num sistema aquífero particular. Conforme a Resolução Conama nº 20 (Conama, 1986), a quantidade de sólidos totais dissolvidos (STD) ou o resíduo seco (RS) classifica as águas em doces e salgadas. Os gases dissolvidos, como oxigênio, gás carbônico e gás sulfídrico, causam agressividade às águas, que pode ser avaliada pelo Índice de Lason (IL) e o Índice de Saturação (IS), conhecido como Índice de Langlier (Langlier, 1936). O conteúdo iônico é a base para a classificação da tipologia química e o estabelecimento de classes de uso ou para o enquadramento, assunto descrito nos próximos itens.

4.3.1 Tipologia química

A tipologia química se refere à concentração dos cátions e ânions principais. É comum sua representação em gráficos específicos, como os clássicos diagramas de *Stiff* e *Piper*, que são bem aplicados às águas "maduras" (fontes termais, mistura com água do mar e águas profundas). A classificação química também pode ser calculada. Os íons principais são expressos em % de meq/L, os parâmetros < 10%, excluídos, e os cátions e ânions mais abundantes, colocados em ordem de grandeza

(Ex.: Ca-Mg-HCO$_3$). O uso de *softwares* com estrutura dinâmica de dados (HidroGeo Analyst ou Aquachem) possibilita o tratamento estatístico, a geração dos gráficos, exportar/importar base de dados hidrogeoquímicos, entre outros.

▷ **Diagrama de Stiff:** No diagrama radial de Stiff (Stiff, 1951) são dispostos quatro eixos horizontais paralelos, estendidos para os dois lados de um eixo vertical zero. As concentrações (meq/L) de quatro cátions e ânions principais numa amostra são lançadas, respectivamente, em cada eixo à esquerda e à direita. Os pontos resultantes são ligados, formando um polígono, como mostra a Fig. 4.1, que compara águas associadas a diferentes tipos litológicos. Os eixos estão na escala logarítmica, adequada a amplos intervalos de composição. Para descrever a variação espacial da água num aquífero, ou entre diferentes unidades geológicas, é necessário gerar grande número de diagramas, que podem ser associados ao mapa hidrogeológico da área.

▷ **Diagrama triangular de Piper (Piper, 1944):** é usado com frequência para ilustrar a tipologia química da água e sua evolução. Várias análises podem ser representadas em um único gráfico. No diagrama da Fig. 4.2 distinguem-se três campos com dados plotados em % meq/L: o triân-

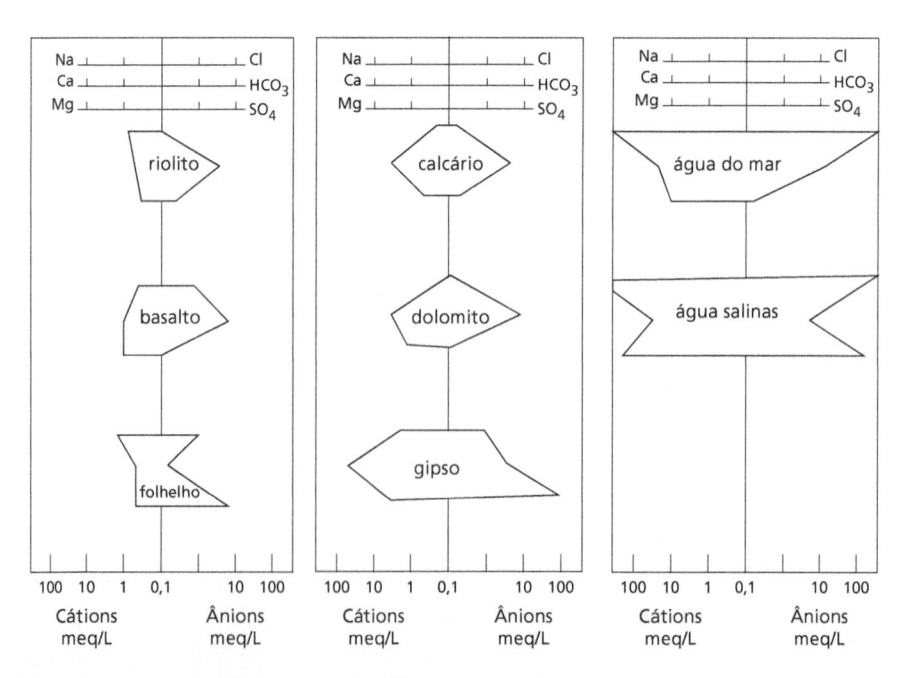

FIG. 4.1 *Diagrama de Stiff para águas de diferentes tipos de rochas*
Fonte: adaptado de Hounslow (1995 apud Mestrinho, 2008a).

gulo dos cátions, correspondente à abundância relativa dos cátions (Na⁺ + K⁺), Ca^{2+} e Mg^{2+}; o triângulo dos ânions Cl^-, SO_4^{2-} e (HCO_3^- + CO_3^{2-}); e o losângulo onde os pontos encontrados nos triângulos anteriores são projetados. O cruzamento do prolongamento dos dois pontos define a posição destes na área do losango. A maior proximidade de um dos quatro vértices classifica a água conforme a abundância de cátions e ânions. Quando dados de várias amostras são representados no diagrama, é possível visualizar as diferenças e similaridades entre diversas amostras e sugerir a ocorrência de processos e reações químicas.

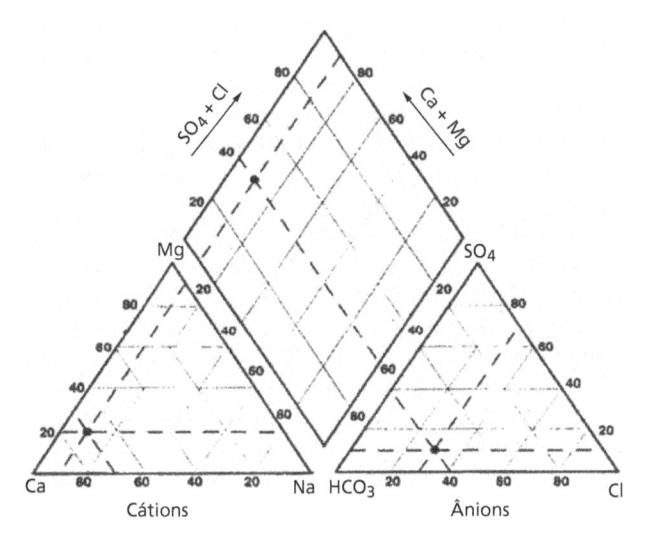

FIG. 4.2 *Diagrama de Piper para águas de diferentes tipos de rochas*
Fonte: adaptado de Hounslow (1995 apud Mestrinho, 2008a).

4.3.2 Padrões de qualidade para usos preponderantes

Na qualificação da água para uso são considerados requisitos e critérios de qualidade, referidos como *padrões de qualidade*, embasados por um suporte legal, que especificam as condições e concentrações-limite de determinados parâmetros. Para águas subterrâneas, os padrões de maior interesse nessa discussão são os que qualificam as águas para uso no consumo humano e na agricultura.

▷ **Água para consumo humano:** a água potável é obtida diretamente de um manancial subterrâneo de elevada qualidade e bem protegido ou de fonte de água não potável, mas submetida a tratamentos apropriados para reduzir as impurezas a níveis aceitáveis. O conceito de potabilidade é utilizado para definir o padrão de qualidade da água para o consumo humano. O padrão de potabilidade fixa quantidades-limite para as características físicas, químicas e organolépticas e os componentes orgânicos e inorgânicos que podem ser tolerados nas águas de abastecimento. É estabelecido por decretos, regulamentos ou especificações.

No Brasil, as normas e padrões são instituídos pelo Ministério da Saúde (MS), tomando por base critérios internacionais, tais como: Organização Mundial da Saúde (OMS), Environmental Protection Agency (EPA), Associação Brasileira de Normas Técnicas (ABNT) e United States Public Health Service (USPHS). As portarias mais recentes são a n° 518/GM (Brasil, 2004) e sua sucessora, a n° 2.914 (Brasil, 2011), que estabelecem procedimentos e responsabilidades relativos ao controle e vigilância da qualidade da água para consumo humano e seu padrão de potabilidade. A Portaria n° 2.914 (Brasil, 2011) se refere à água destinada ao consumo humano como aquela proveniente de sistema e de solução alternativa de abastecimento de água, definidas da seguinte forma: modalidade de abastecimento coletivo ou individual destinada a fornecer água potável, com captação subterrânea ou superficial, com ou sem canalização e sem rede de distribuição. Conforme disposto, o controle regular da qualidade da água para consumo humano é da competência do responsável pelo sistema de abastecimento de água, de forma a assegurar a manutenção da condição de potabilidade.

A utilização da água subterrânea para abastecimento contínuo de água potável tem crescido de forma considerável, exigindo que seja protegida e as fontes, controladas. A delimitação de áreas de proteção no entorno dos poços e a implantação de programa de monitoramento da sua qualidade são práticas necessárias para promover a preservação do uso para consumo humano e a conservação do recurso para tal.

▷ **Água para agricultura:** o uso da água para agricultura inclui a dessedentação de animais e a irrigação. No primeiro caso, a qualidade da água geralmente possui os limites próximos daqueles requeridos para o consumo humano. No segundo, os parâmetros de qualidade mais importantes são a concentração de sais solúveis e do sódio em relação a outros cátions, que devem ser associados a outros fatores, como composição do solo, estrutura e permeabilidade. As principais características consideradas são: pH, condutividade elétrica, grau de acidez e alcalinidade, sólidos dissolvidos, sólidos em suspensão, temperatura, cálcio, magnésio, cloretos, sódio, potássio, nitratos, boro, carbonatos e bicarbonatos e sulfatos.

O sódio desloca o cálcio ou outros íons associados aos materiais adsorventes do solo (minerais de argila, substâncias orgânicas etc.), modificando as características do solo, principalmente a sua permeabilidade. Para avaliar o risco de sodificação do solo, provocado pela água de irrigação, geralmente se determina a *relação de adsorção de sódio* (RAS), que é definida por:

$$RAS = \frac{Na^+}{\sqrt{\dfrac{Ca^{2+} + Mg^{2+}}{2}}} \tag{4.25}$$

Em que:

Na^+, Ca^{2+} e Mg^{2+} representam, respectivamente, a concentração de sódio, cálcio e magnésio na água, em meq/L.

De forma tradicional, a classificação da qualidade da água para agricultura em função do RAS e da condutividade é aquela proposta pelo United States Salinity Laboratory (USSL), na qual são estabelecidas 16 classes de água em função da condutividade elétrica e do RAS da água de irrigação.

O Anexo I da Resolução Conama nº 396 (Conama, 2008) apresenta lista de parâmetros e seus respectivos valores máximos permitidos (VMP) para uso na dessedentação de animais e irrigação, cujos padrões foram estabelecidos com base naqueles recomendados pela Food and Agricultural Organization (FAO). Para a proteção de plantas e outros organismos, os limites máximos dos parâmetros na água de irrigação são fixados considerando os períodos de 100 e de 20 anos de irrigação, e as taxas de irrigação entre 3.500 m³/ha e 12.000 m³/ha. O VMP para o cloreto flutua entre 100 ppm e 700 ppm, dada a sua influência nos valores da salinidade e condutividade.

4.4 Classificação para o enquadramento: Resolução Conama nº 396

Do ponto de vista do controle da poluição das águas, foram criados instrumentos legais de avaliação da evolução da qualidade das águas com relação aos níveis estabelecidos para o seu enquadramento em determinada classe. A classificação para o enquadramento e o monitoramento é um instrumento importante para a avaliação do estado atual da quantidade e qualidade, que auxilia nas decisões de exploração, desenvolvimento e gerenciamento das águas subterrâneas.

No Brasil, a legislação de classificação e enquadramento é a Resolução Conama nº 396 (Conama, 2008), que representa um importante marco para a garantia da sustentabilidade do recurso até as próximas gerações. As classes são definidas em função do conjunto de condições e padrões de qualidade para atender aos usos preponderantes atuais e futuros, que incluem: consumo humano, dessedentação de animais, irrigação e recreação. A seguir, serão destacados os principais artigos que compõem essa resolução. Entretanto, as diretrizes ambientais para prevenção e controle da poluição e para enquadramento não são objetos de abordagem deste texto.

4.4.1 Definições, condições e padrões de qualidade

i **Das definições: Art. 2°, Cap. I**
- **classificação:** qualificação da água subterrânea em função de padrões de qualidade que possibilite o seu enquadramento;
- **classe de qualidade:** conjunto de condições e padrões de qualidade (VRQ e VMP) para atender aos usos preponderantes atuais e futuros;
- **condição de qualidade:** qualidade da água num determinado momento, diante dos requisitos de qualidade dos usos;
- **enquadramento:** estabelecimento da meta ou objetivo de qualidade da água (classe) a ser alcançado ou mantido em um aquífero ou conjunto de aquíferos ou porção desses, de acordo com os usos preponderantes pretendidos ao longo do tempo. O alcance da meta final é a efetivação do enquadramento;
- **padrão de qualidade:** valor limite adotado como requisito normativo de um parâmetro de qualidade, estabelecido com base nos valores de referência de qualidade (VRQ, natural) e nos valores máximos permitidos (VMP) para cada um dos usos preponderantes;
- **valor referência de qualidade (VRQ):** concentração ou valor de um dado parâmetro inorgânico que define a qualidade natural da água subterrânea (determinado por órgãos ambientais estaduais ou outro órgão competente);
- **valor máximo permitido (VMP):** limite máximo permitido de um dado parâmetro (inorgânico ou orgânico), específico para cada uso. O VMP para um uso será válido para todos os usos enquanto o VMP

específico não for estabelecido pelo órgão competente, observando também o LQP no Anexo I;
- VMPr⁺: é o VMP mais restritivo entre os usos preponderantes;
- VMPr⁻: é o VMP menos restritivo;
- **limite de detecção do método (LDM):** menor concentração detectada, não quantificada, pelo método;
- **limite de quantificação praticável (LQP):** menor concentração analisada com precisão e exatidão pelo método.

ii **Sistemas de classes: Art. 3°, Cap. II**
- **Classe especial (sem padrão):** águas subterrâneas destinadas à preservação de ecossistemas em UC de proteção integral e que contribuam para trechos de água superficial enquadrados como classe especial;
- **Classe 1 (VRQ < ou = VMPr⁺):** águas subterrâneas sem alteração de qualidade por atividades antrópicas, e que não exigem tratamento para quaisquer usos preponderantes, pelas características hidrogeoquímicas naturais;
- **Classe 2 (VRQ > VMPr⁺):** águas subterrâneas sem alteração de sua qualidade por atividades antrópicas, e que podem exigir tratamento adequado, dependendo do uso preponderante, pelas características hidrogeoquímicas naturais;
- **Classe 3 (padrão VMPr⁺):** águas subterrâneas com alteração de sua qualidade por atividades antrópicas, para as quais não é necessário o tratamento em função dessas alterações, mas que, dependendo do uso preponderante, podem exigir tratamento adequado; deverão atender ao VMPr+ entre esses usos para cada um dos parâmetros, exceto quando for QN da água;
- **Classe 4 (padrão VMPr⁻):** águas subterrâneas com alteração da qualidade por atividades antrópicas e que só possam ser utilizadas, sem tratamento, para uso preponderante menos restritivo;
- **Classe 5 (sem padrão):** águas subterrâneas que possam estar com alteração de sua qualidade por atividades antrópicas, destinadas a atividades que não têm requisitos de qualidade para uso.

iii **Referências para os padrões de qualidade: Art. 4° ao Art. 11°, Cap. III**
Art. 4° Os VMP para o respectivo uso das águas subterrâneas deverão ser observados quando da sua utilização, com ou sem tratamento, independentemente da classe de enquadramento.

Art. 5º As águas subterrâneas da Classe Especial deverão ter suas condições de qualidade naturais mantidas.

Art. 6º Os padrões das Classes 1 a 4 deverão ser estabelecidos com base nos VRQ, determinados pelos órgãos competentes, e nos VMP para cada uso preponderante, observados os LQP apresentados no Anexo I, que apresenta a lista dos parâmetros frequentes em águas subterrâneas, seus respectivos VMP por uso preponderante e os LQP aceitáveis na aplicação da Resolução.

>**Parágrafo único:** os parâmetros que apresentarem VMP para apenas um uso serão válidos para todos os outros usos enquanto VMP específicos não forem estabelecidos pelo órgão competente.

Art. 7º As água de Classe 1 apresentam, para todos os parâmetros, VRQ abaixo ou igual dos VMPr+ dos usos preponderantes.

Art. 8º As águas de Classe 2 apresentam, em pelo menos um dos parâmetros, VRQ superior ao seu respectivo VMPr+ dos usos preponderantes.

Art. 9º As águas de Classe 3 deverão atender ao VMPr+ entre todos os usos preponderantes, para cada um dos parâmetros, exceto quando for condição natural da água.

Art. 10º As águas de Classe 4 deverão atender aos VMPr- entre todos os usos preponderantes, para cada um dos parâmetros, exceto quando for condição natural da água.

Art. 11º As águas de Classe 5 não terão condições e padrões de qualidade conforme critérios desta Resolução.

iv Seleção dos parâmetros, frequência, coleta e análise: Art. 12º ao Art. 19º, Cap.III

Art. 12º Os parâmetros para subsidiar o enquadramento são escolhidos em função dos usos, características hidrogeológicas e hidrogeoquímicas, fontes de poluição e outros critérios definidos pelo órgão competente (OC) em programas de monitoramento.

>**Parágrafo único:** entre os parâmetros mínimos selecionados, devem ser incluídos STD, nitratos e C. termotolerantes.

Art. 13º Os órgãos competentes deverão monitorar os parâmetros de acompanhamento da condição de qualidade da água com base naqueles selecionados no Art. 12, bem como pH, turbidez, condutividade elétrica e NA.

§1° Frequência inicial de monitoramento: semestral para os mínimos, incluindo pH, turbidez, CE e NA;

§2° Os órgãos competentes, a cada cinco anos, devem avaliar todos os parâmetros do Anexo 1 e outros necessários.

Art. 14° Independentemente do VMP das classes 3 e 4, qualquer anomalia registrada deverá ser monitorada, identificada a origem e implementadas medidas de prevenção e controle pelos órgãos competentes.

Art. 15° e Art. 16° A amostragem, análise e interpretação da condição de qualidades serão realizadas pelo órgão competente, usando métodos padronizados, e em laboratórios ou instituições que possuam critérios de controle de qualidade aceitos pelos órgãos responsáveis pelo monitoramento.

Art. 17° Deverão ser adotados os seguintes procedimentos mínimos:

i Coleta usando métodos padronizados em pontos representativos da área;

ii Usar poços tubulares e PM construídos conforme normas técnicas vigentes;

iii Analisar amostras íntegras, sem filtração; usar preservantes conforme normas técnicas vigentes;

iv As análises em iii, se tecnicamente justificadas, devem incluir a fração dissolvida;

v As análises físico-químicas devem ser feitas por métodos padronizados, em laboratórios que atendam aos LQP listados no Anexo I da Resolução;

vi Para concentrações abaixo dos LQP, será aceito o resultado como ausente;

vii Para LQA > LQP, este também será aceito, desde que tecnicamente justificado;

viii no caso de a substância ser identificada na amostra entre o LDM e o LQA, deverá ser reportado no laudo analítico com a nota de que a concentração não pode ser determinada com confiabilidade, não se configurando, nesse caso, não conformidade em relação aos VMP definidos para cada classe.

Art. 18°

Os resultados devem ser reportados em laudos analíticos contendo:

i   Local, data, horário de coleta e da entrada no laboratório;

ii e iii   Métodos de análise por parâmetro, LQP do laboratório e da amostra/parâmetro analisado;

iv e v   resultados de brancos, exatidão e ensaios de adição e recuperação de analitos na matriz etc.

Art. 19 Os órgãos competentes poderão acrescentar outras condições e padrões de qualidade para as águas dos aquíferos, conjunto de aquíferos ou porção desses ou torná-los mais restritivos, tendo em vista as condições locais, mediante fundamentação técnica, bem como estabelecer restrições e medidas adicionais, de caráter excepcional e temporário.

4.4.2 Exemplo de derivação dos padrões por classe

A classificação da água em conformidade com a Resolução Conama n° 396 (Conama, 2008) exige inicialmente a definição dos valores de referência da qualidade natural pelos órgãos competentes, por meio de adequado tratamento estatístico dos dados do monitoramento.

Os padrões de qualidade por classe são estabelecidos para as classes 1, 2, 3, 4 e 5, definidas conforme o impacto antrópico na qualidade natural. A Tab. 4.1 apresenta alguns parâmetros do Anexo II da referida Resolução,

Tab. 4.1   DERIVAÇÃO DE PADRÕES PARA ALGUNS PARÂMETROS CONFORME ANEXO II

Motivação da inclusão	Parâmetros selecionados passíveis de ser de origem natural	Padrões por classe de concentração (µG.L)		
		Classes 1 e 2 (VRQ)	Classe 3*	Classe 4**
Características hidrogeológicas	Arsênio	Se VRQ < 10, classe 1	10	200
		Se VRQ > 10, classe 2		
	Ferro	Se VRQ < 300, classe 1	300	5.000
		Se VRQ > 300, classe 2		
	Chumbo	Se VRQ < 10, classe 1	10	5.000
		Se VRQ > 10, classe 2		
	Cromo	Se VRQ < 50, classe 1	50	100
		Se VRQ > 50, classe 2		
Parâmetros mínimos obrigatórios	Sólidos totais dissolvidos	Se VRQ < 1.000.000, classe 1	1.000.000	1.000.000
		Se VRQ > 1.000.000, classe 2		
	Coliformes termotolerantes	Ausentes em 100 mL	Ausentes em 100 mL	4.000 em 100 mL
	Nitrato (expresso em N)	Se VRQ < 10.000 classe 1	10.000	90.000
		Se VRQ > 10.000 classe 2		

VRQ - valor de referência de qualidade, definido pelos órgãos competentes de acordo com Art. 6° dessa Resolução; *Para a Classe 3, quando o VRQ for superior ao VMPr+, o primeiro será adotado como padrão da classe; **Para a Classe 4, quando o VRQ for superior ao VMPr, o primeiro será adotado como padrão da classe.

que exemplifica o estabelecimento de padrões por classe para parâmetros selecionados de acordo com o Art. 12, considerando o uso concomitante para consumo humano, dessedentação, irrigação e recreação.

A Fig. 4.3, proposta em Mestrinho (2012), reúne os principais critérios estabelecidos para as classes 1 a 4. Trata-se de um esquema simplificado para entendimento e aplicação do processo de classificação, mas é recomendável a leitura completa da Resolução para sua compreensão efetiva.

No esquema proposto observa-se que o passo inicial é a avaliação do impacto, seguido das condições dos padrões de qualidade e uso(s) destinado(s). Os VMP para os respectivos usos da água são observados quando de sua utilização, com ou sem tratamento, independentemente da classe. A avaliação

Classe 01 — $X > LQP$; Padrão de qualidade $VRQ_{Xn} \leq VMP^+r_{Xn}$
- Atende ao VMPr+ entre os usos para todos os parâmetros
- Não exige tratamento para quaisquer usos, em razão da condição natural

Classe 02 — Padrão de qualidade $VRQ_X \leq VMP^+r_X$
- Pelo menos um dos parâmetros tem $VRQ_x > VMP^+r_x$
- Pode exigir tratamento dependendo do uso, em razão da condição natural

Tem alteração de qualidade por atividades antrópicas? Não / Sim

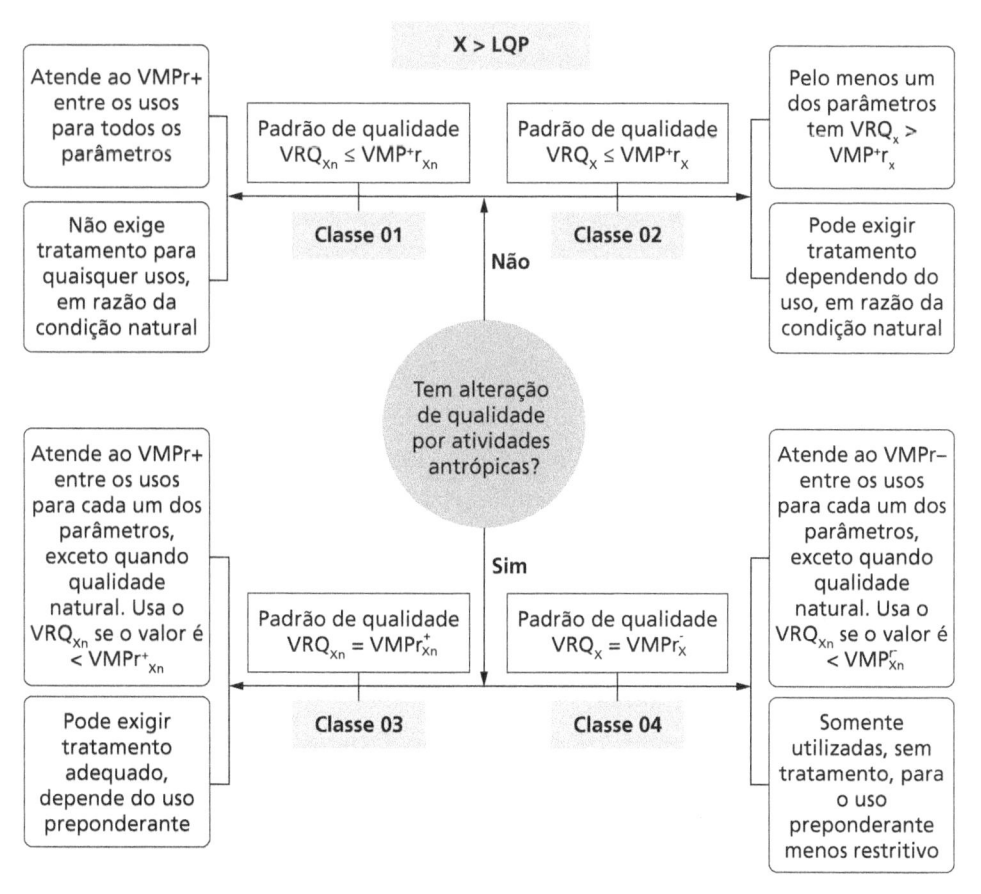

Classe 03 — Padrão de qualidade $VRQ_{Xn} = VMPr^+_{Xn}$
- Atende ao VMPr+ entre os usos para cada um dos parâmetros, exceto quando qualidade natural. Usa o VRQ_{Xn} se o valor é $< VMPr^+_{Xn}$
- Pode exigir tratamento adequado, depende do uso preponderante

Classe 04 — Padrão de qualidade $VRQ_X = VMPr^-_X$
- Atende ao VMPr– entre os usos para cada um dos parâmetros, exceto quando qualidade natural. Usa o VRQ_{Xn} se o valor é $< VMPr^r_{Xn}$
- Somente utilizadas, sem tratamento, para o uso preponderante menos restritivo

Fig. 4.3 *Esquema simplificado de classificação das águas subterrâneas, Resolução Conama nº 396 (Conama, 2008). X representa a concentração de um ou vários (Xn) parâmetros analisados na água, atendendo à condição X > LQP*

Fonte: Mestrinho (2012).

das características hidrogeoquímicas naturais e/ou alteração antrópica é um ponto fundamental para a classificação e orienta a seleção dos parâmetros de controle.

Especialmente para os aquíferos rasos, o monitoramento de alguns parâmetros conservativos nas águas subterrâneas, como cloreto, sólidos totais dissolvidos (STD) e nitrato, associados ao controle do nível da água e das fontes de poluição, é de grande ajuda. Os valores de cloreto e STD quase sempre exibem uma boa correlação positiva e podem estar relacionados à recarga natural (chuva e aerossol marinho nas áreas costeiras). Elevada concentração de nitrato aponta para infiltração direta de esgotos sanitários ou fossas sépticas. Em geral, o nitrato ($N-NO_3^-$) tem a sua origem mais provável e significativa como antrópica, advindo de poluição industrial, atividades agrícolas e esgoto sanitário. Portanto, é um parâmetro de controle obrigatório.

Pode-se ilustrar um ensaio prático com o uso do nitrato: o VMPr+ para o nitrato ($N-NO_3^-$) é de 10.000 μg/L, como consta no Anexo I da Resolução; sendo o VRQ na água inferior a esse valor, e com condição igual para os demais parâmetros, a água fica na classe 1, se igual, na classe 2; se superior, na classe 4. A presença do nitrato acima do seu VMPr+ exclui a água da classe 2. Atenção especial deve ser dada ao limite de quantificação praticável (LQP) de cada parâmetro estabelecido no Anexo I, cujos valores são considerados aceitáveis para aplicação da Resolução.

4.4.3 Considerações

A classificação e o enquadramento dos corpos hídricos representam instrumentos de planejamento baseados nos níveis de qualidade que deveriam possuir ou nos quais deveriam ser mantidos no corpo d'água para atender às funções de uso. São as principais referências para os demais instrumentos de gestão de recursos hídricos (outorga, cobrança) e de gestão ambiental (licenciamento, monitoramento), junto aos planos de bacias hidrográficas.

A Resolução Conama nº 396 (Conama, 2008) é um mecanismo regulatório específico de apoio à gestão do recurso subterrâneo, mas as dificuldades e os desafios são inúmeros para sua aplicação em curto prazo. O conhecimento hidrogeológico e hidrogeoquímico, da cartografia e da vulnerabilidade dos nossos aquíferos ainda precisa avançar muito. As redes regionais e a rede nacional de monitoramento, em conformidade com a Resolução CNRH nº 107 (CNRH, 2010), encontram-se na fase operativa inicial. A prática e adoção do processo de classificação e posterior enquadramento devem, necessariamente, passar por um período de transição, sobretudo para se integrar às águas superficiais e subterrâneas, como dispõe a Resolução CNRH nº 91 (CNRH, 2008).

Diante do grande dinamismo de produção normativa, espera-se maior evolução na execução das políticas de governo e mais iniciativas do setor privado com o objetivo de controle e gestão efetiva das águas subterrâneas. É urgente a conscientização de que ampliar o conhecimento sobre as águas subterrâneas e os aquíferos é o melhor caminho para se definir adequadamente políticas e planos de gerenciamento. A capacitação de técnicos, gestores e da sociedade em geral e a modernização institucional para aplicação dos procedimentos constantes nos novos instrumentos são imperativas.

Referências bibliográficas

ABNT - ASSOCIAÇÃO BRASILEIRA DE NORMAS TÉCNICAS. NBR 15.847: amostragem de água subterrânea em poços de monitoramento - método de purga. Rio de Janeiro, 2010. 15 p.

AMOSTRAGEM de águas subterrâneas pelo método low-flow. Disponível em: <http://www.clean.com.br/site/artigos-tecnicos/low-flow/>. Acesso em: 20 ago. 2011.

APHA - AMERICAN PUBLIC HEALTH ASSOCIATION; AWWA - AMERICAN WATER WORKS ASSOCIATION; WPCF - WATER POLLUTION CONTROL FEDERATION. *Standard methods for the examination of water and wastewater*. 21. ed. Washington, D.C., 2005. 1457 p.

BRASIL. Lei nº 9.433, de 8 de janeiro de 1997. Institui a Política Nacional de Recursos Hídricos, cria o Sistema Nacional de Gerenciamento de Recursos Hídricos, regulamenta o inciso XIX do art. 21 da Constituição Federal, e altera o art. 1º da Lei nº 8.001, de 13 de março de 1990, que modificou a Lei nº 7.990, de 28 de dezembro de 1989. *Legislação*, 1997. Disponível em: <http://www.planalto.gov.br/ccivil_03/LEIS/l9433.htm>. Acesso em: 18 ago. 2011.

BRASIL. Ministério da Saúde. Portaria nº 518/GM, de 25 de março de 2004. Estabelece os procedimentos e responsabilidades relativos ao controle e vigilância da qualidade da água para consumo humano e seu padrão de potabilidade, e dá outras providências. *Legislação*, 2004. Disponível em: <http://portal.saude.gov.br/saude/>. Acesso em: 27 mar. 2004.

BRASIL. Ministério da Saúde. Portaria nº 2.914, de 12 de dezembro de 2011. Dispõe sobre os procedimentos de controle e de vigilância da qualidade da água para consumo humano e seu padrão de potabilidade. *Legislação*, 2011. Disponível em: <http://portal.saude.gov.br/saude/>. Acesso em: 3 mar. 2013.

CETESB - COMPANHIA DE TECNOLOGIA DE SANEAMENTO AMBIENTAL. *Guia de coleta e preservação de amostras de água*. 1. ed. São Paulo, 1994. 150 p.

CNRH - CONSELHO NACIONAL DE RECURSOS HÍDRICOS. Resolução nº 91, de 5 de novembro de 2008. Dispõe sobre procedimentos gerais para o enquadramento dos corpos de água superficiais e subterrâneos. *Resoluções*, 2008. Disponível em: <http://www.cnrh.gov.br/sitio/index.php?option=com_docman&task=doc_download&gid=820>. Acesso em: 18 ago. 2011.

CNRH - CONSELHO NACIONAL DE RECURSOS HÍDRICOS. Resolução nº 107, de 13 de abril de 2010. Estabelece diretrizes e critérios a serem adotados para planejamento, implantação e operação de Rede Nacional de Monitoramento Integrado Qualitativo e Quantitativo de Águas Subterrâneas. *Resoluções*, 2010. Disponível em: <http://www.cnrh.gov.br/sitio/index.php?option=com_docman&task=doc_download&gid=1210>. Acesso em: 18 ago. 2011.

CONAMA - CONSELHO NACIONAL DO MEIO AMBIENTE. Resolução nº 20, de 18 de junho de 1986. Estabelece a classificação das águas doces, salobras e salinas do território nacional. *Resoluções*, 1986. Disponível em: <http://www.ibama.gov.br/index.htm>. Acesso em: 13 mar. 2004.

CONAMA - CONSELHO NACIONAL DO MEIO AMBIENTE. Resolução nº 396, de 3 de abril de 2008. Dispõe sobre a classificação e diretrizes ambientais para o enquadramento das águas subterrâneas e dá outras providências. *Resoluções*, 2008. Disponível em: <http://pnqa.ana.gov.br/Publicao/RESOLU%C3%87%C3%83O%20CONAMA%20n%C2%BA%20396.pdf>. Acesso em: 19 mar. 2013.

DOMENICO, P. A.; SCHWARTZ, F. W. *Physical and chemical hydrogeology*. New York: John Wiley & Sons, 1990. 824 p.

HEM, J. D. Study and interpretation of the chemical characteristics of natural water. *Paper 2254*. United States Geological Survey, Water Supply, 1985. p. 1-263.

HOUNSLOW, A. W. *Water quality data*: analysis and interpretation. New York: Lewis Publishers CRC, 1995. 397 p.

LANGLIER, W. F. The analytical control of anti-corrosion water treatment. *Journal - American Water Works Association*, n. 28, p. 1500-1521, 1936.

MESTRINHO, S. S. P. Qualidade das águas. In: GONÇALES, V. G.; GIAMPÁ, C. E. Q. (Ed.). *Águas subterrâneas e poços tubulares profundos*. 1. ed. São Paulo: Signus, 2006a. v. 1, p. 99-136.

MESTRINHO, S. S. P. Monitoramento das águas subterrâneas em diferentes ambientes hidrogeoquímicos. In: SIMPÓSIO LATINO-AMERICANO DE MONITORAMENTO DAS ÁGUAS SUBTERRÂNEAS, 1., 2006, Belo Horizonte. *Anais*... Belo Horizonte: Abas, 2006b. CD-ROM.

MESTRINHO, S. S. P. Geoquímica das águas subterrâneas. In: FEITOSA, F. A. C.; MANOEL FILHO, J.; FEITOSA, E. C.; DEMETRIO, J. G. (Org.). *Hidrogeologia*: conceitos e aplicações. 3. ed. rev. e ampl. CPRM/LABHID, 2008a. p. 359-379.

MESTRINHO, S. S. P. Monitoramento em águas subterrâneas. In: FEITOSA, F. A. C.; MANOEL FILHO, J.; FEITOSA, E. C.; DEMETRIO, J. G. (Org.). *Hidrogeologia*: conceitos e aplicações. 3. ed. rev. e ampl. CPRM/LABHID, 2008b. p. 673-684.

MESTRINHO, S. S. P. Classificação, enquadramento e monitoramento das águas subterrâneas. Programa de capacitação ANA/Unesco, Projeto 704BRA2041, Edital nº 01/2011. *Apostila de curso*. Brasília, 2011. 91 p.

MESTRINHO, S. S. P. Fundamentos da classificação da qualidade das águas subterrâneas. In: CONGRESSO BRASILEIRO DE ÁGUAS SUBTERRÂNEAS, 17., 2012, Bonito; ENCONTRO NACIONAL DE PERFURADORES DE POÇOS, 18., 2012, Bonito. CD-ROM... Bonito: ABAS, 2012.

PIPER, A. M. A graphic procedure in the geochemical interpretation of water analyses. *Transactions of the American Geophysical Union*, n. 25, p. 914-923, 1944.

STIFF, H. A. The interpretation of chemical water analysis by means of patterns. *Journal of Petroleum Technology*, n. 3, v. 10, p. 15-17, 1951.

VASCONCELOS, F. M.; TUNDISI, J. G.; TUNDISI, T. M. *Avaliação da qualidade da água*: base tecnológica para a gestão ambiental. Belo Horizonte: [s.n.], 2009. 329 p.

Prospecção geofísica 5

Nelson Ellert

Apesar de tratados em outros capítulos, as formas de ocorrência de água subterrânea e os aspectos geográficos que impõem condições peculiares na sua ocorrência serão abordados de forma simples, notadamente nas condições geológicas brasileiras.

A água subterrânea, fazendo parte do ciclo hidrológico, encontra-se instalada em poros, ou seja, vazios das rochas. As rochas, dependendo de sua origem, podem apresentar vazios ligados ao seu processo genético (poros das rochas sedimentares) ou a processos tectônicos (fraturas de rochas cristalinas e metamórficas). Além desses tipos de vazios, há aqueles ligados a processos de dissolução de rochas originalmente compactas, como calcários e dolomitos.

Em condições tropicais, como no Brasil, é comum a existência de rochas porosas originadas de processos de intemperismo, que muitas vezes geram, *in situ*, espessas camadas de rocha alterada que se comportam como camadas de rochas sedimentares.

Considerando a extensão do litoral brasileiro e a existência de numerosos centros urbanos lá instalados que fazem uso de água subterrânea como fonte para o abastecimento, o contexto litorâneo carece de destaque nesta obra, no tocante à prospecção e à exploração de água subterrânea.

Em termos de prospecção geofísica, contextos geológicos formados por *rochas sedimentares* são normalmente representados por camadas dispostas horizontal ou sub-horizontalmente. O contexto das fraturas em *rochas cristalinas* e/ou *metamórficas* é normalmente representado por estruturas dispostas vertical ou subverticalmente.

Vazios em *rochas calcárias*, representados por cavernas (esferas), dolinas (calotas) e rios subterrâneos (cilindros), podem conter ar e água nas mais diferentes proporções. As dolinas normalmente são preenchidas por material formador do solo local (nas dolinas preenchidas) ou por vazio (nas dolinas de abatimento).

O *contexto litorâneo*, principalmente o formado por rochas sedimentares, apresenta uma particularidade: a penetração da cunha de água salina. Os métodos geofísicos devem ser aptos a investigar cada situação, numa investigação em profundidade ou lateral.

5.1 Condições de aplicabilidade dos métodos geofísicos

Com o intuito de eliminar qualquer pretensão de apresentar os métodos geofísicos como uma panaceia capaz de resolver todo e qualquer problema, é necessário enfatizar o que pesquisadores e profissionais de renome classificam como geofísica de exploração ou geofísica aplicada. Heiland (1940) a define: "A geofísica mede, na superfície da Terra, anomalias de forças físicas, as quais devem ser interpretadas em termos de geologia da subsuperfície".

Dobrin (1952) a define assim:

> A prospecção geofísica é a arte de procurar por depósitos ocultos de hidrocarbonetos ou minerais úteis (entre eles, a água), medindo, com instrumentos na superfície, as propriedades físicas dos materiais dentro da Terra.

Backus (1980) é bem mais restritivo, dizendo:

> A geofísica aplicada envolve a aplicação quase impossível da física clássica à Terra heterogênea e indócil, com um propósito prático em mente; o que se quer é o acoplamento entre distribuição geológica, propriedades físicas e observações factíveis, governadas pela física clássica de um modo de complexidade além da sua aplicação normal.

De maneira singela pode-se definir: "A geofísica aplicada é um conjunto de medidas de intensidade de uma ou mais grandezas físicas, efetuadas no espaço (eventualmente, também no tempo), associadas a um campo de força natural ou artificial a cuja distribuição se deve dar uma interpretação geológica". Essas definições põem uma pedra sobre a ideia de que a geofísica é capaz de se transformar no remédio universal.

Considerando-se as limitações da geofísica aplicada, que se resume em um método indireto, há a necessidade de serem utilizados procedimentos de investigação direta para a confirmação das interpretações geológicas feitas. Isso é praticamente impossível, salvo em condições geológicas muito bem conhecidas e homogêneas. Em outras palavras, os métodos geofísicos permitem identificar os melhores locais para a implantação de um poço profundo, porém é temeroso afirmar os volumes de água a serem obtidos nesse contexto.

A geofísica de exploração é aplicável com sucesso quando são satisfeitas duas condições básicas:

1. contraste na intensidade da grandeza física;
2. compromisso de ordem geométrica (dimensões/profundidade).

A primeira condição estabelece que a zona de fraturas dentro de um contexto de rochas cristalinas saturado de água apresenta uma condutividade mais elevada (resistividade mais baixa) que a parte constituída por rochas compactas. No caso de estratos sedimentares, por exemplo, os estratos arenosos saturados apresentam uma condutividade mais baixa (resistividade mais elevada) que estratos argilosos saturados.

A segunda condição estabelece que as relações de dimensão das estruturas (largura de uma faixa fraturada, espessura de uma camada sedimentar) devem ser compatíveis com a profundidade. Isto é, é impossível detectar uma delgada faixa de rocha fraturada situada a uma grande profundidade, bem como identificar a presença e estabelecer a espessura de uma delgada camada situada a uma grande profundidade. As condições geométricas ficam cada vez mais comprometidas à medida que os contrastes de intensidade da grandeza física (condutividade) se tornam menores.

Considerando as atuais condições de degradação do meio ambiente, que se reflete também em processos de poluição das águas subterrâneas, técnicas geofísicas são atualmente empregadas. Não mais somente para determinar os locais mais favoráveis à construção de poços profundos, mas para identificar a presença e definir a extensão de eventual pluma de contaminação que esteja afetando a qualidade das águas subterrâneas. Nesse sentido, várias metodologias geofísicas tradicionais são utilizadas (eletrorresistividade, métodos eletromagnéticos) e novos métodos foram desenvolvidos, como o radar de penetração do solo.

5.2 Principais métodos geofísicos

Entre os métodos geofísicos tradicionalmente utilizados, os elétricos encabeçam a lista. Quer na forma de sondagens elétricas verticais, que permitem investigações no sentido vertical ou em profundidade, quer na forma de caminhamentos elétricos, que permitem investigações no sentido lateral ou horizontal, eles são utilizados na identificação de sítios mais favoráveis para a construção de poços profundos.

5.2.1 Métodos elétricos

Os métodos elétricos baseiam-se no fato de que a intensidade de uma grandeza física – a *condutividade elétrica* ou sua recíproca, a *resistividade elétrica* – inerente aos materiais, notadamente as rochas, varia em decorrência de vários fatores, tais como: composição química ou mineralógica; composição granulométrica; saturação; composição química das soluções saturantes; compactação ou cimentação.

Esses fatores conferem aos diferentes tipos de rochas uma grande gama de variação da intensidade da grandeza física. Essa variação permite que haja contrastes nessas grandezas, facilitando identificar a presença de rochas com diferentes características físicas (indiretamente hidrogeológicas).

Sondagem elétrica vertical (SEV)

Se por meio de dois elétrodos, chamados de elétrodos de corrente A e B, aplicarmos uma corrente elétrica à superfície do solo, haverá um fluxo de corrente entre esses elétrodos, conforme esquematizado na Fig. 5.1A. Em um meio homogêneo e isotrópico, a distribuição das linhas de corrente se fará de forma homogênea e regular, podendo-se calcular a sua distribuição. No campo, porém, não se consegue determinar diretamente o seu comportamento.

Por meio de dois elétrodos, A e B, de potencial M e N, medindo-se a diferença de potencial entre dois diferentes pontos da superfície do solo, é possível determinar-se o comportamento das linhas de corrente em subsuperfície, graças às linhas equipotenciais (que unem pontos de mesmo potencial e são perpendiculares às linhas de corrente).

Considerando-se uma situação, conforme Fig. 5.1B, em que existem duas camadas dispostas horizontalmente, com diferentes resistividades (ou condutividades), a distribuição das linhas de corrente será afetada em sua geometria. Medindo-se, por meio dos dois elétrodos M e N, os valores de diferença de potencial, é possível identificar a existência dessa distribuição anômala de corrente elétrica.

Se por meio dos elétrodos A e B dispostos no terreno, com resistividade r, for aplicada uma corrente I no solo, gerada pela fonte F, o potencial no ponto

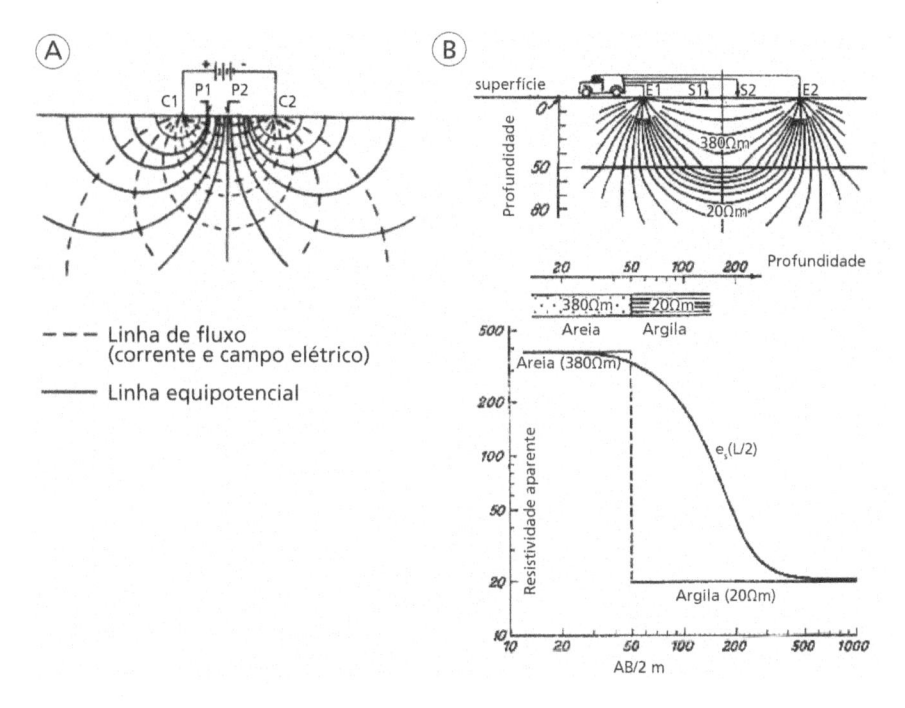

FIG. 5.1 *Distribuição esquemática das linhas de corrente e equipotenciais em: A) meio homogêneo; e B) no caso de duas camadas*

A, que age como uma "fonte pontual", será:

$$E = r.I/2P \tag{5.1}$$

O potencial V1 em M, distante R1 de A, considerando B situado no infinito, será:

$$V1 = E/R1 = r.I/2P.R1 \tag{5.2}$$

Considerando-se agora o eletrodo A no infinito, o potencial V2 em M, em função de B, que dista R2 de M, será:

$$V2 = -E/R1 = -r.I/2P.R2 \text{ (é negativo como o potencial em B)} \tag{5.3}$$

assim, o potencial V1 + V2 em M, em função de A e B, será:

$$VM = V1 + V2 = r.I/2P \, (1/R1 - 1/R2) \tag{5.4}$$

Para a medida de diferença de potencial é necessário um segundo elétrodo N, distante R3 e R4, respectivamente, de A e B (Fig. 5.2). Repetindo-se o raciocínio, verifica-se que o potencial em N, em função dos elétrodos A e B, será:

$$VN = V1 + V2 = r.I/2P (1/R3 - 1/R4) \tag{5.5}$$

A diferença de potencial DV entre M e N será DV = VM - VN, ou seja:

$$DV = r.I/2P (1/R1 - 1/R2 - 1/R3 + 1/R4) \tag{5.6}$$

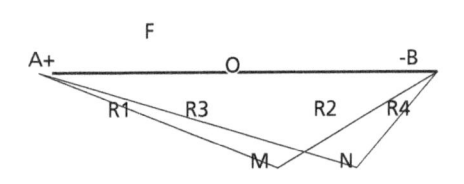

FIG. 5.2 *Disposição no terreno dos elétrodos A e B, de corrente M e N*

Em que:
DV é medido entre os elétrodos M e N por meio de um voltímetro;
I = corrente que circula no solo entre os elétrodos A e B, medido por um amperímetro;
R1 ... R4 são medidos com uma trena;
r = resistividade do meio.

Assim:

$$r = DV/I.2 P/(1/R1 - 1/R2 - 1/R3 + 1/R4) \tag{5.7}$$

em que o primeiro membro da equação representa a resistência do solo e o segundo membro, chamado "fator geométrico", que depende exclusivamente das distâncias entre cada elétrodo, podendo-se assim determinar a resistividade do meio.

Se o espaçamento entre os elétrodos A e B for gradativamente aumentado, as linhas de corrente terão maior penetração no meio, atingindo maiores profundidades e, por conseguinte, obtendo informações das camadas dispostas a maiores profundidades. Esse procedimento de aumentar sucessivamente o espaçamento entre os elétrodos de corrente A e B denomina-se sondagem elétrica vertical.

Os dados de resistividade calculados conforme Eq. 5.7 são normalmente lançados em um gráfico bilogarítmico, estando a distância AB/2 (em metros) em abscissas e os valores de resistividade aparente (em ohm.m), em ordenadas (para DV em milivolts e I em miliampères). Obtém-se, dessa forma, a *curva de sondagem elétrica*.

Esse procedimento geofísico é utilizado para investigar, em profundidade, estratos geoelétricos, dispostos horizontal ou sub-horizontalmente. São chamados de estratos geoelétricos, que não precisam necessariamente ser distintos geologicamente, por apresentarem resistividades distintas (por exemplo: em uma mesma camada geológica, a parte não saturada e a parte saturada comportam-se distintamente sob o ponto de vista de suas condutividades, sendo a saturada mais condutora que a não saturada).

Caminhamento elétrico

Entende-se por caminhamento elétrico o procedimento no qual um conjunto de quatro elétrodos, A, M, N e B, é deslocado lateralmente no terreno, ocupando, sucessivamente, diferentes pontos, nos quais se determina a resistividade (Fig. 5.3).

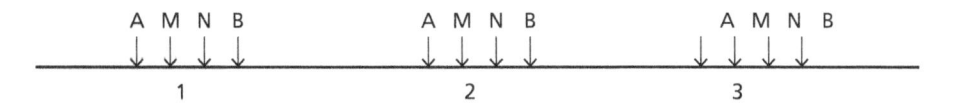

```
    A M N B              A M N B              A M N B
    ↓ ↓ ↓ ↓              ↓ ↓ ↓ ↓              ↓ ↓ ↓ ↓
──────────────────────────────────────────────────────────
       1                    2                    3
```

FIG. 5.3 *Deslocamento do arranjo quadripolo no campo ao longo de um perfil*

Esse procedimento tem por finalidade determinar a variação lateral da resistividade do solo a uma profundidade aproximadamente constante, que vai depender, entre outros fatores, da distância entre os elétrodos.

Normalmente o *acervo instrumental* utilizado para os levantamentos de campo consta basicamente de:

▷ Fonte de corrente (gerador de corrente contínua DC-DC): normalmente limitada a 1.000 V de tensão máxima de saída e 500 mA (500 W), é alimentada por bateria de 12 V, 40 Ah (no Brasil, por exemplo, fabricada pela Tectrol);

▷ Miliamperímetro digital (0,1 mA de sensibilidade): para medida de corrente, acoplado em série no circuito de corrente AB, tipo Fluke, Beckmann ou similar;

▷ Milivoltímetro digital (0,1 mV de sensibilidade): com elevada impedância de entrada, para medida da diferença de potencial entre M e N, tipo Fluke, Beckmann ou similar;

▷ Elétrodos não polarizáveis: para medida da diferença de potencial entre M e N (Fig. 5.4);

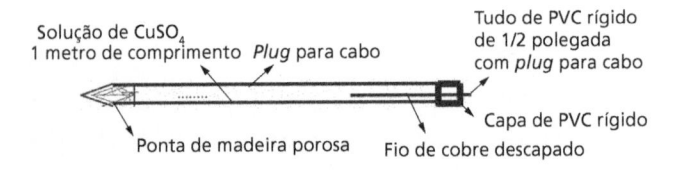

FIG. 5.4 *Esquema de elétrodo não polarizável de alta robustez*

▷ Elétrodos de corrente de aço inox ou latão: normalmente com 100 cm de comprimento e 2,5 cm de diâmetro;
▷ Carretéis isolantes com cabos isolados (o comprimento dos cabos depende da profundidade que se pretende atingir): em geral o comprimento é cerca de duas vezes a profundidade máxima a ser investigada;
▷ Compensador para as correntes telúricas ou de polarização espontânea detectadas pelos elétrodos de potencial.

De certa forma pode-se considerar que Rf, mA e Re têm resistência igual a zero. Rc, a resistência de contato, estabelece a menor ou maior dificuldade de se injetar corrente no solo, pois o solo representa um conjunto de partículas maiores ou menores, dependendo do tipo (arenoso, argiloso etc.) que faz contato com o elétrodo. Considerando-se que o sistema representa resistências em série, essas se somam e a corrente I que circula por mA depende fundamentalmente de Rs e Rc (Fig. 5.5).

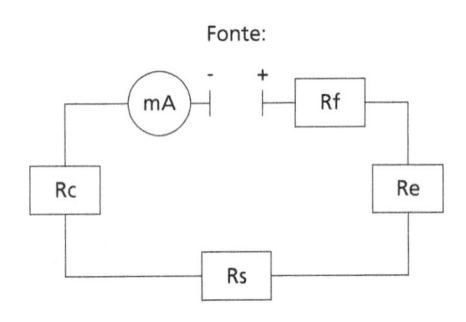

mA - miliamperímetro
Rf - resistência do cabo
Rc - resistência de contato
Rs - resistência do solo
Re - resistência do elétrodo

FIG. 5.5 *Circuito equivalente de resistências numa sondagem elétrica vertical*

Métodos eletromagnéticos

Enquanto os métodos elétricos carecem de um contato físico entre a fonte de corrente e o solo – métodos galvânicos, portanto –, os métodos eletromagnéticos investigam campos criados de forma indutiva, ou seja, a fonte se encontra em correntes elétricas alternadas que circulam em bobinas chamadas de bobinas transmissoras. Essas correntes criam campos primários que, na presença de corpos condutores, induzem neles correntes secundárias.

Essas correntes secundárias criam campos eletromagnéticos alternados secundários. Se uma bobina receptora for colocada nesse contexto, terá, nela induzidas, correntes geradas pelo campo primário somadas às geradas pelo campo secundário, gerando uma corrente resultante. A presença de corpos condutores pode assim ser detectada, uma vez que a corrente resultante difere em amplitude, fase, ângulo etc. daquela induzida na bobina receptora quando da ação exclusiva do campo primário.

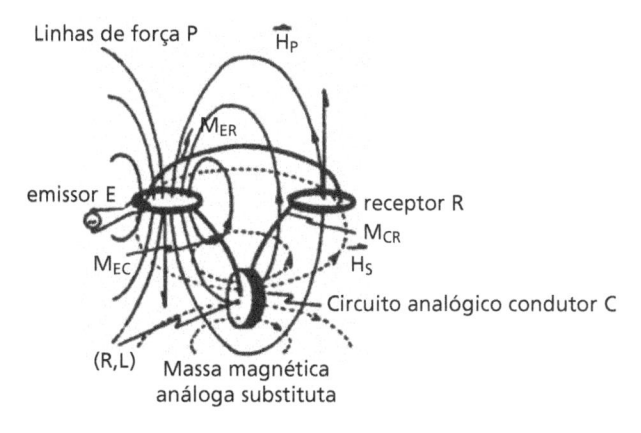

Fig. 5.6 *Representação esquemática de um circuito eletromagnético*
Fonte: Seguin (1971).

Método eletromagnético indutivo
O método eletromagnético indutivo é atualmente muito empregado em estudos relativos à poluição de água subterrânea. Normalmente a presença de produtos contaminantes ou poluentes no solo e na água subterrânea afeta a sua condutividade. Esse método permite efetuar um levantamento medindo-se a condutividade do solo. Assim, é possível mapear-se áreas de contraste de condutividade que refletem a presença de zonas anômalas. Com base nessas informações é possível definir a extensão das plumas contaminantes, orientando na elaboração de um plano de investigação por meio de poços de monitoramento, que seguramente serão construídos em pontos representativos do processo.

Esse método tem a sua aplicação consagrada por causa de dois fatores muito importantes:
1. Rapidez nos levantamentos de campo;
2. Eficiência dos resultados.

Método VLF (very low frequency, *frequência muito baixa*)
Esse procedimento eletromagnético indutivo tem a sua aplicação em

levantamentos de campo realizados em terrenos constituídos de rochas cristalinas ou metamórficas com delgado recobrimento. É baseado na investigação da distribuição do campo gerado por estações de baixa frequência (entre 15 kHz e 30 kHz) e alta potência, estações essas com finalidades militares (transmissão de sinais para submarinos). Tem a sua aplicação na definição da presença de estruturas planares verticais ou subverticais, associadas a fraturas e falhas contendo água subterrânea.

Métodos sísmicos

Os métodos sísmicos (reflexão e refração) fazem uso do fato de que a velocidade de propagação das ondas não é constante para os diferentes tipos de rochas. A velocidade de propagação depende basicamente dos seguintes fatores: densidade e constantes elásticas (módulo de Young e coeficiente de Poisson), em que o módulo de Young E é o fator de proporcionalidade entre uma força compressional ou tensional e a compressão ou alongamento respectivo por unidade de comprimento, e o coeficiente de Poisson s é o coeficiente de proporcionalidade da variação volumétrica e a variação linear diante da ação de uma força compressional ou tensional.

$$E = \frac{F/A}{Dl/l} \quad (5.8)$$

Em que:
F = força de compressão ou tensão;
A = área do corpo;
Dl = variação do comprimento;
l = comprimento total.

$$s = \frac{DV/V}{Dl/l} \quad (5.9)$$

Em que:
DV = variação do volume;
V = volume inicial.

Com a explosão de uma carga ou com o impacto criado pela queda de um peso na superfície do solo, aparece uma série de ondas elásticas que se propagam pelo meio a uma velocidade que depende de suas constantes elásticas e a uma distância dependente da intensidade inicial do sinal. Normalmente aparecem quatro tipos diferentes de ondas, a saber:

▷ Ondas longitudinais (ou compressionais): nelas, as partículas do solo se deslocam na mesma direção que a propagação das ondas (vaivém);
▷ Ondas transversais (ou de cisalhamento): nelas, as partículas se deslocam transversalmente à direção de propagação das ondas (sobe--desce);
▷ Ondas Rayleigh: caminham junto à superfície livre do terreno, e as partículas possuem um movimento, no plano vertical, elíptico e retrógrado com relação à direção de propagação das ondas;
▷ Ondas Love: ocorrem somente quando há uma camada superficial de baixa velocidade e o movimento é transversal ao da propagação das ondas, mas em plano paralelo à superfície.

As duas últimas normalmente possuem baixa velocidade de propagação, mas elevada energia (geram o chamado "rolamento do chão"). As ondas que diretamente interessam ao prospector são as longitudinais, por serem as ondas com mais elevada velocidade de propagação.

A decisão de utilizar os métodos sísmicos repousa na existência de contrastes de velocidades para os diferentes estratos geológicos. Uma camada geológica homogênea não se comportará sismicamente como homogênea, pois se estiverem presentes as partes não saturada e saturada de água, seguramente vão apresentar contrastes na velocidade de propagação das ondas.

Entre os vários fatores e princípios que gerem a propagação de ondas acústicas em um meio, o princípio de Huyghens deve ser mencionado: "Cada ponto de uma frente de ondas origina uma nova pequena onda. A envolvente dessas ondas menores forma uma nova frente de onda cuja forma é igual à da onda inicial e se move na mesma direção" (Martins, 1986).

Assim como as ondas luminosas, as ondas acústicas são regidas pelas leis da reflexão e da refração. A lei fundamental da reflexão estabelece que o ângulo de incidência i do raio incidente é igual ao ângulo r do raio refletido (Fig. 5.7).

Para as ondas refratadas, a lei que estabelece a relação entre os ângulos dos raios incidente e refratado é a de Snellius-Descartes (Fig. 5.8).

A relação entre os ângulos de incidência e o ângulo de refração é dada por:

$$\frac{\operatorname{sen} \hat{\imath}}{\operatorname{sen} r} = \frac{V_1}{V_2} \tag{5.10}$$

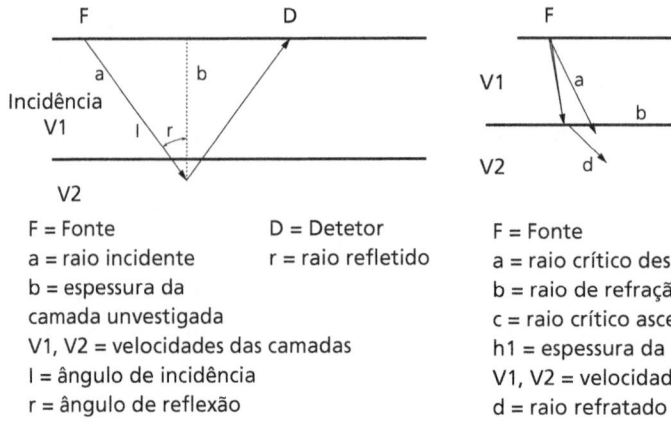

FIG. 5.7 Esquema básico da reflexão sísmica

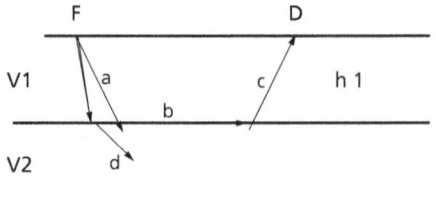

F = Fonte
a = raio incidente
b = espessura da camada unvestigada
V1, V2 = velocidades das camadas
I = ângulo de incidência
r = ângulo de reflexão
D = Detetor
r = raio refletido

FIG. 5.8 Esquema básico da refração sísmica

F = Fonte
a = raio crítico descendente
b = raio de refração máxima
c = raio crítico ascendente
h1 = espessura da primeira camada
V1, V2 = velocidades de propagação
d = raio refratado
D = Detetor

Define-se î o ângulo crítico de incidência, aquele em que a onda refratada segue ao longo da interface que separa os dois estratos com diferentes velocidades de propagação:

$$\text{sen } î = V1/V2 \tag{5.11}$$

Em tempos passados, para fins de prospecção rasa, somente era utilizada a sísmica de refração. A sísmica de reflexão de alta resolução, além da adequação instrumental, desenvolveu fontes de sinal apropriadas, e tem uma vasta gama de aplicação, até para prospectar profundidades de poucas dezenas de metros, investigando ondas com frequências de até 1 kHz.

Os métodos sísmicos são particularmente aplicáveis em estudos de contextos de rochas sedimentares dispostas horizontal ou sub-horizontalmente, bem como na determinação da espessura do manto de intemperismo cobrindo rochas cristalinas.

Uma aplicação de grande interesse é na definição da espessura de aluviões em calhas de rios instalados em terrenos cristalinos. Sua aplicação em investigação de estruturas verticais ou subverticais, como fraturas no cristalino, é muito ou totalmente desaconselhável.

Basicamente, o acervo instrumental para uma investigação sísmica consta de:

▷ **Fonte de ondas**

Como fonte de ondas, tradicionalmente tem sido usada a explosão de cargas de dinamite. Porém, além de requererem autorização específica para a sua aquisição, transporte, estoque e manipulação, elas apresentam algumas desvantagens quanto ao seu rendimento. Muitas vezes o ruído da explosão e o lançamento de detritos para o ar revelam grande perda de energia. Atualmente se emprega um sistema chamado *Bufalo Gun*, desenvolvido por J. Hunter, do Serviço Geológico do Canadá (Taioli, 1992). Trata-se de um sistema que utiliza a detonação de cartuchos de caça 12. Esse tipo de fonte revelou-se de grande rendimento e, sobretudo, com comportamento semelhante a cargas moldadas, nas quais a energia é dirigida totalmente para dentro do solo. Como há muitos equipamentos disponíveis no mercado que permitem a somação de sinais (*stacking*), pode-se repetir o sinal (tiro) caso ele tenha sido de pequena intensidade.

▷ **Detetores**

A detecção do sinal da onda direta, refletida ou refratada na superfície, é feita por meio de geofones. Eles normalmente operam em frequências de poucas dezenas de Hz. Constam basicamente de uma bobina móvel, suspensa por uma mola, dentro de um campo magnético (gerado por um imã) preso à massa deles.

Qualquer vibração que o atinja provoca um movimento relativo entre a bobina e a massa do geofone, induzindo correntes cuja frequência e amplitudes são proporcionais à vibração do solo.

Recentemente foram usados sistemas de detecção de sinais sísmicos que utilizam um acelerômetro, no qual o elemento sensível é representado por uma pastilha piezelétrica, com a vantagem de operar linearmente para detectar sinais com frequências de até 1 kHz.

▷ **Amplificadores**

Representam o sistema cuja finalidade é filtrar os sinais, amplificá-los e, se necessário for, realizar a somação de sinais repetidos.

▷ **Registradores**

Têm por finalidade materializar de alguma forma o sinal recebido. Essa materialização pode ser por meio de um filme, tela de osciloscópio ou simplesmente indicando, com um sinal luminoso, o tempo transcorrido entre a geração do sinal e sua chegada ao detetor.

Com o advento da eletrônica de alta qualidade, em termos de resolução, amplificação etc., nos sistemas de microcomputadores, e por seu baixo custo, houve uma incorporação dessa eletrônica nos sistemas sísmicos. Há a necessidade de utilizar uma placa de conversão do sinal analógico em digital (placa A/D) e desenvolver um programa adequado para transferência dos dados, que são armazenados diretamente na memória do computador para posterior manipulação, tratamento e registro com uma simples impressora. Taioli (1992) desenvolveu um sistema semelhante com elevada resolução e relativo baixo custo.

▷ **Cabos**
Têm por finalidade transmitir os sinais detectados para os amplificadores; cabos complementares são usados para transmitir o instante de tiro.

Representação dos dados

Em sísmica, tanto de reflexão como refração, os parâmetros fundamentais são a distância entre os detetores, a fonte do sinal e o tempo necessário para a onda percorrer o espaço entre o ponto de origem e o ponto do detetor. Dessa maneira, é possível determinar-se a velocidade de deslocamento da onda. Com esses parâmetros constrói-se o gráfico T x D (Fig. 5.9).

Para a situação representada a seguir, de somente duas camadas, empregando-se correlações trigonométricas é possível chegar a fórmulas que permitam a interpretação da sísmica de refração:

$$d1 = x12 / 2\sqrt{(V2 - V1)/(V2 + V1)} \qquad (5.12)$$
$$d1 = T2/2 \cdot V1/co1 \cdot 12 \qquad (5.13)$$
$$d1 = D/2 \cdot tg12 \qquad (5.14)$$

Para o caso de três camadas, em que a terceira apresenta espessura infinita, empregando a meia distância do ponto de quebra das velocidades teremos a Eq. 5.13.

$$d1 = x23 / 2\sqrt{(V3 - V2)/(V3 + V2) - d1(\cos 13 - \cos 12 / \sin 12 \cdot \cos 23)} \qquad (5.15)$$

Em trabalhos rotineiros de campo, utilizam-se equipamentos com 12 ou no máximo 24 canais. Os geofones no campo normalmente são dispostos ao longo de linhas, onde o espaçamento entre eles varia em média entre 5 m e 10 m, cobrindo, assim, seções de 60 m a 240 m. O comprimento total dos perfis depende da profundidade a ser investigada e, principalmente, da relação entre as velocidades das diferentes camadas. Assim, fazendo uso da Eq. 5.10, estimando a profundidade a ser investigada e as velocidades das camadas, é possível calcular a

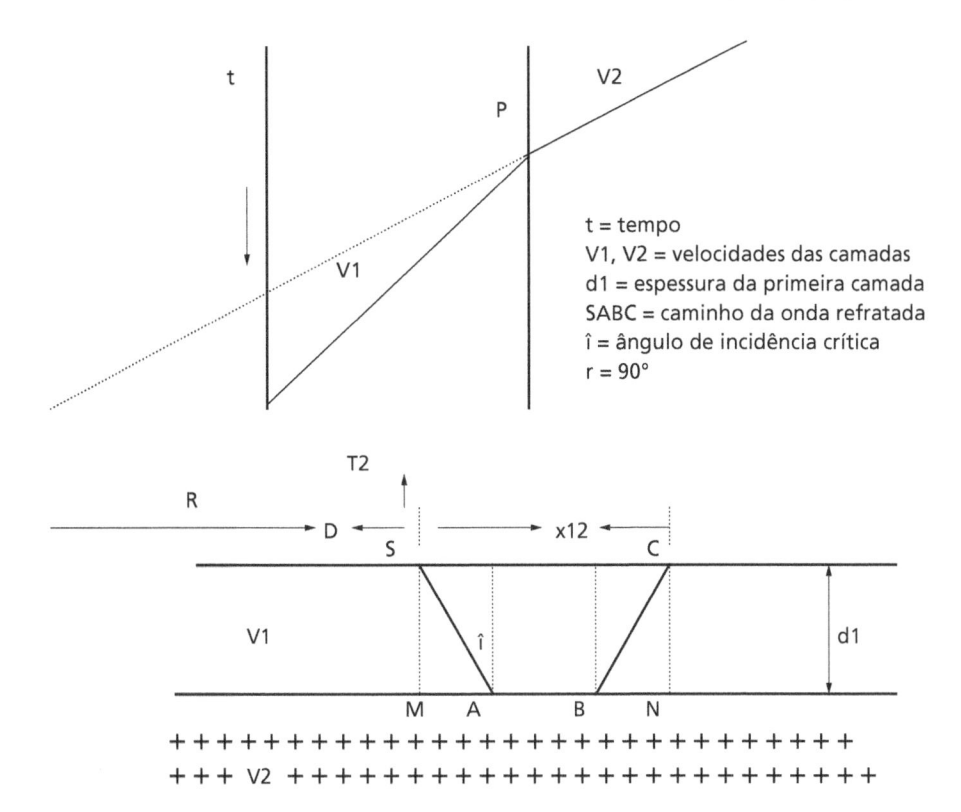

FIG. 5.9 *Gráfico T x D de uma onda refratada*

que distância ocorrerá o ponto de quebra correspondente à distância x12. Considerando que há a necessidade de pelo menos dois pontos para se definir uma reta (que corresponderá à velocidade da última camada), é necessário abrir um perfil de uma distância no mínimo igual à existente entre três geofones.

Radar de penetração do solo
O método do radar de penetração do solo (*ground penetrating radar*) é um método geofísico, cujo princípio se assemelha com a sísmica de reflexão (Fig. 5.10). A fonte de sinal, porém, são as ondas eletromagnéticas, e os parâmetros físicos que regem a sua distribuição são as constantes dielétricas do solo.

O sinal é gerado por uma antena transmissora que se desloca junto à superfície do solo e a detecção do sinal é feita por uma antena receptora. Normalmente empregam-se sinais que possuem frequências muito elevadas, da ordem de MHz. Considerando as elevadas frequências e o efeito pelicular

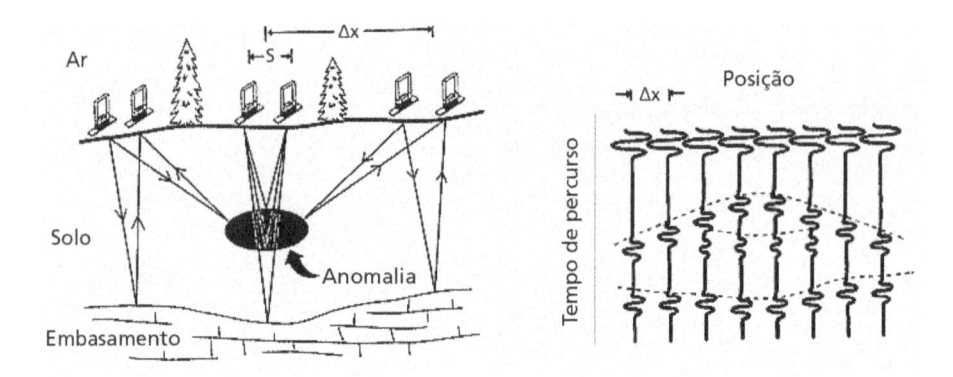

FIG. 5.10 *Esquema de funcionamento do radar de penetração do solo (ground penetrating radar)*
Fonte: Annan (1992).

(*skin effect* = que limita a profundidade de penetração de ondas de elevada frequência em locais com baixa resistividade), a profundidade de penetração desse método atinge, em condições ideais, 30 m de profundidade. Em geral a profundidade está limitada a 10 m.

Considerando-se que a constante dielétrica é fortemente dependente da condutividade elétrica, o método tem a sua maior aplicação em estudos de diagnóstico ambiental. Como normalmente possuem um elevado conteúdo de íons, soluções contaminantes, se presentes no solo, alteram as suas condições de condutividade, sendo assim passíveis de serem identificadas e mapeadas.

Considerando a pequena profundidade de penetração, o método é aplicável em estudos de diagnóstico ambiental e, mais remotamente, na detecção de fraturas verticais em terrenos cristalinos com pequena cobertura.

No Brasil, os dois principais fatores limitantes à popularização do método são: primeiro, o preço de aquisição do equipamento; segundo, a necessidade de treino e experiência relativamente grande para interpretar os dados.

5.3 Técnicas de sondagem e caminhamento elétrico

Os métodos elétricos encabeçam os métodos geofísicos na prospecção de águas subterrâneas.

5.3.1 Sondagem elétrica vertical (SEV)

Para a realização de uma sondagem elétrica vertical (SEV), é possível utilizar diferentes arranjos. A SEV faz uso de um arranjo composto por quatro elétrodos, cujo espaçamento vai gradativamente aumentando para que maiores profundidades sejam alcançadas e investigadas.

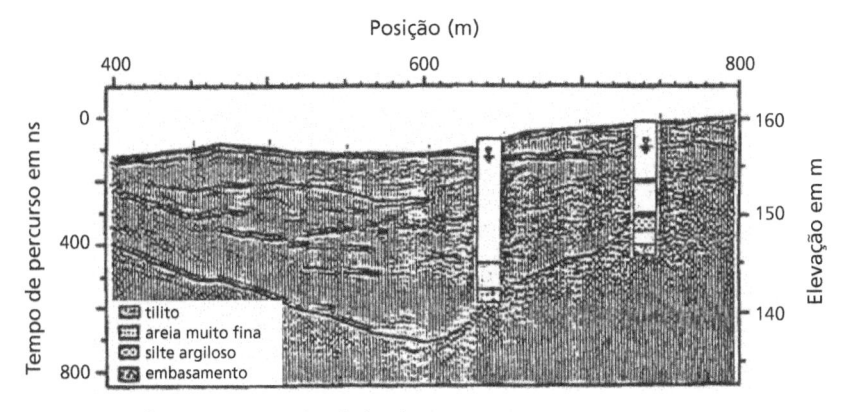

FIG. 5.11 *Forma de representação dos dados de campo*
Fonte: Annan (1992).

Normalmente, no campo são utilizados os arranjos Schlumberger e Wenner (Figs. 5.12 e 5.13, respectivamente). O primeiro, segundo a escola europeia, caracteriza-se pelo pequeno espaçamento entre os elétrodos de potencial MN (praticamente mantidos fixos) enquanto os elétrodos de corrente A e B vão sendo afastados. O arranjo Wenner, segundo a escola americana, estabelece que os elétrodos são mantidos equidistantes, com um intervalo a. Assim, quando os elétrodos A e B são deslocados lateralmente de n, M e N são deslocados de $n/2$.

A_5 A_4 A_3 A_2 A_1 M O N B_1 B_2 B_3 B_4 B_5

FIG. 5.12 *Arranjo Schlumberger*

Conforme esquema acima, os elétrodos A e B vão ocupando pontos gradativamente mais distanciados do centro O, que corresponde ao ponto de medida, enquanto os elétrodos de potencial M e N permanecem fixos. De acordo com o estabelecido no arranjo, o espaçamento MN deve guardar a relação MN < AB/5.

Como a representação dos dados se faz sob a forma logarítmica, o espaçamento entre os elétrodos A e B deve igualmente ser aumentado segundo uma escala logarítmica, de modo que os pontos dentro de uma década gráfica fiquem aproximadamente espaçados de modo igual. É claro que cada técnico tem o hábito de utilizar uma certa sequência de espaçamentos, mas, à guisa de

A_1 M_1 N_1 B_1
A_2 M_2 N_2 B_2

FIG. 5.13 *Arranjo Wenner*

sugestão, apresentamos um desses espaçamentos AB/2 empregados: 1,5; 2; 2,5; 3; 4; 5; 6; 8; 10; 12,5; 16; 20; 25; 30; 40; 50; 60; 80; 100; 125; 150; 200; 300; 400; 500; 600; 800; 1.000 etc.

Dependendo das condições locais de resistividade, de resistência de contato, de potência do equipamento etc., à medida que o espaçamento aumenta há uma diminuição nos valores de DV a serem medidos entre M e N. Quando eles se tornam muito pequenos é necessário que o espaçamento entre os elétrodos de potencial MN seja aumentado. Os espaçamentos utilizados, em geral, são: 1 m; 4 m; 10 m; 20 m; 40 m; 80 m; 100 m.

Considerando a necessidade de se fazer uma boa embreagem (aumento do espaçamento entre os elétrodos M e N para um mesmo espaçamento AB/2), é importante fazer duas ou três medidas de AB/2 sucessivas com dois espaçamentos MN distintos, salvo se a diferença da resistividade aparente obtida para os dois diferentes espaçamentos MN for menor que 5%.

A resistência de contato Rc representa muitas vezes um fator limitante nos trabalhos de campo. Para que seu valor seja reduzido, existem alguns artifícios práticos:

> ▷ aumentar o número de elétrodos de corrente (resistências em paralelo são incorporadas ao circuito, reduzindo o seu valor total. Três elétrodos de corrente reduzem para cerca de 50% o valor de Rc);
> ▷ molhar com água salgada as vizinhanças imediatas do ponto de cravação do elétrodo de corrente, bem como o orifício no qual ele será introduzido;
> ▷ enterrar bem os elétrodos de corrente (de 30 cm, pelo menos, a 50 cm).

Considerando-se que, no campo, se mede a diferença de potencial entre os elétrodos M e N quando a corrente I é injetada nos elétrodos A e B, espera-se que o ponto de injeção seja realmente A e B. Muitas vezes aparecem rupturas no isolamento dos cabos (ação de pedras, espinhos, arame farpado, animais mordendo os cabos etc.), e, caso se encontrem pontos mais úmidos na superfície do terreno (grama molhada, poças d'água, riachos etc.), eles corresponderão a pontos de fuga, permitindo que a corrente flua do cabo para o solo afetando a distribuição das linhas de corrente e introduzindo erros não passíveis de correção.

Para verificar a integridade da capa de isolamento dos cabos procede-se da seguinte maneira (Fig. 5.14):

Um cabo curto, *a*, é ligado a uma fonte com sua extremidade desencapada e imerso em um recipiente contendo água salgada. Outro cabo, *b*, a ser testado, com a sua extremidade mantida no ar, é continuamente desenrolado dentro do recipiente. Mantendo-se a fonte ligada, no instante em que uma parte desencapada do cabo em teste atingir a água salgada haverá uma passagem de corrente, que será mostrada no miliamperímetro da fonte e por uma pequena queima do isolamento no ponto de ruptura. Nesse instante, desliga-se a fonte, seca-se o ponto defeituoso e procede-se à recuperação do isolamento com a aplicação de uma fita isolante. Ao fim de uma campanha de campo ou de um dia de trabalho, se forem obtidas curvas com comportamentos anômalos, deve-se fazer esse teste.

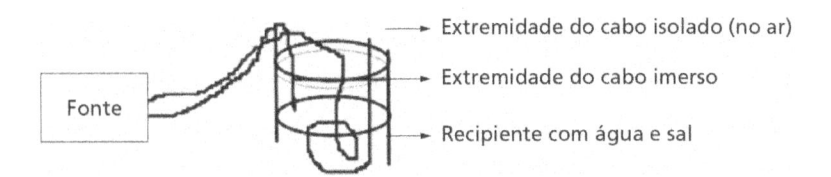

FIG. 5.14 *Esquema de um sistema para teste de isolamento dos cabos*

5.3.2 Caminhamento elétrico

A identificação da presença de fraturas em rochas do embasamento cristalino também é feita empregando-se o caminhamento elétrico. Para o emprego eficiente do caminhamento elétrico, deve-se preceder a sua aplicação com a realização de algumas sondagens elétricas verticais, para definir o espaçamento entre os elétrodos a ser utilizado. A presença de camadas mais superficiais com elevada resistividade intercaladas entre camadas mais condutoras dificulta a penetração das correntes elétricas, obrigando uma abertura dos elétrodos muito além da prevista (Fig. 5.15). A presença de uma camada arenosa resistiva de 30 m requer uma abertura dos elétrodos pelo menos duas vezes maior àquela necessária para o caso de duas camadas.

De acordo com Kunetz (1966), é necessário que o espaçamento entre os elétrodos AB supere em pelo menos cinco vezes a profundidade a ser investigada para revelar a presença de estruturas em profundidade.

Em situações geológicas constituídas por rochas bandeadas (por exemplo, rochas metamórficas com atitudes subverticais, folhelhos, filitos etc.), os perfis de caminhamento devem ser orientados de forma a serem medidos paralelamente à xistosidade das camadas.

Uma orientação transversal permite que apareçam anomalias decorrentes da variação facial das rochas que, erroneamente, seriam interpretadas

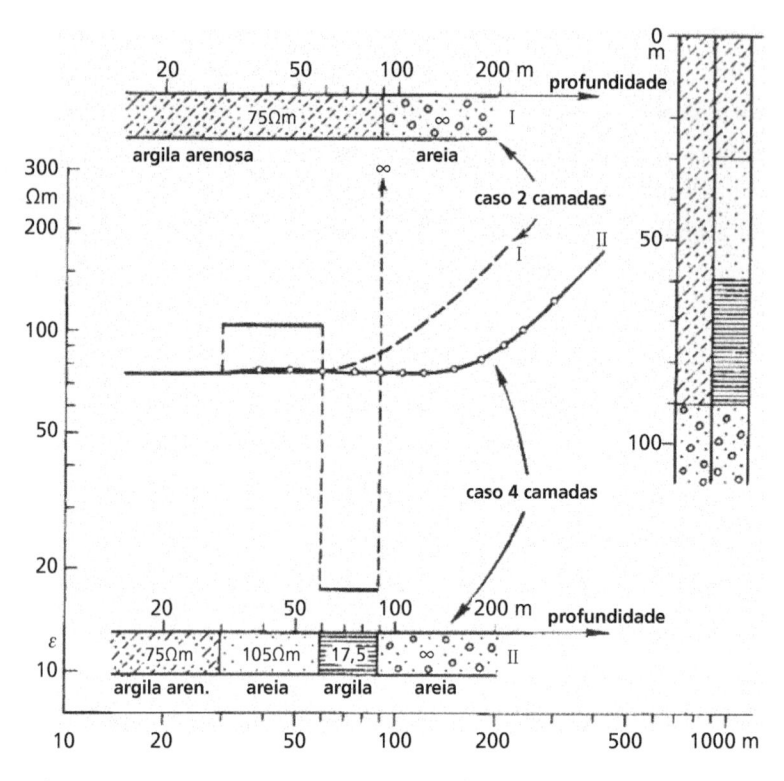

FIG. 5.15 *Efeito da presença de camadas resistivas na profundidade de investigação*
Fonte: Bentz (1961).

como estruturas. Os perfis medidos paralelamente à xistosidade tendem a contextos em que a litologia é mais homogênea. A presença de valores anômalos de resistividade pode ser interpretada mais seguramente como decorrente de fraturas contendo água subterrânea.

Normalmente, no campo, utiliza-se um arranjo AMNB, em que o espaçamento MN empregado corresponde à distância entre os pontos a serem investigados (AB = 100 m, MN = 10 m, por exemplo), e o arranjo é deslocado progressivamente 10 m ao longo do perfil. É frequente que o terreno em que são feitos os levantamentos tenha dimensões pequenas que não permitam a utilização do arranjo anteriormente exemplificado. Nesse caso, é comum utilizar o arranjo chamado polo-dipolo (Fig. 5.16), ou seja, o elétrodo B é mantido a grande distância, por exemplo, 20 vezes AM, e os elétrodos A, M e N são progressivamente deslocados lateralmente do espaçamento MN. A profundidade de investigação é definida pela distância entre A e o centro de MN.

Um procedimento pouco utilizado em caminhamentos elétricos, porém de grande sensibilidade, é uma variação do arranjo anteriormente esquema-

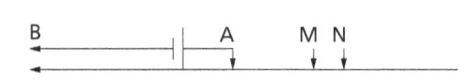

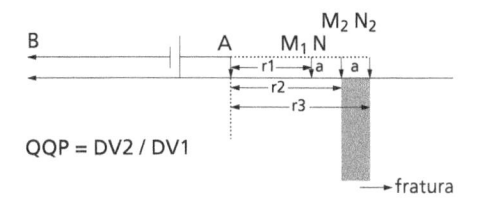

FIG. 5.16 *Esquema de arranjo polo-dipolo para caminhamento elétrico*

FIG. 5.17 *Arranjo de campo do sistema QQP*

tizado, chamado de quociente de queda de potencial (QQP) (Fig. 5.17), em que, para uma mesma posição do elétrodo A, são feitas duas medidas de diferença de potencial, fazendo-se as medidas de diferença de potencial em duas posições de M e N (1 e 2), gerando DV1 e DV2.

Se o material for completamente homogêneo, esses dois valores (quando corrigidos) serão iguais, proporcionando um quociente = 1. Se, como no caso esquematizado, houver uma zona heterogênea representada por uma fratura, o valor de DV2 será seguramente menor que o de DV1, gerando um quociente menor que 1. Com o prosseguimento das medidas, o perfil terá a representação dos dados de QQP conforme a Fig. 5.18.

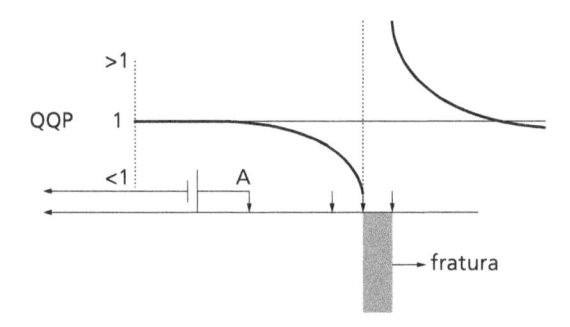

FIG. 5.18 *Curva do QQP passando sobre uma fratura condutora*

Conforme Fig. 5.1 e Eqs. 5.2 a 5.4, verifica-se que o potencial de um ponto qualquer, além de outros fatores, depende do inverso da distância que o separa do elétrodo de corrente. Dessa maneira, como os elétrodos M1, N1 e N2 ocupam pontos em diferentes distâncias de A, haverá um quociente de queda de potencial natural, mesmo em condições de terreno perfeitamente homogêneo.

$$DV2a/DV1a = (1/r2 - 1/r3)/(r1 - r2) = (r1/r3) * (r3 - r2)/(1/r2 - 1/r1) \qquad (5.16)$$

Para o caso em que os elétrodos M1, N1 e N2 estão equidistantes (o que normalmente é a técnica usual de campo) e, assim, (r2 - r1) = (r3 - r2) = a, a Eq. 5.16 se torna:

$$DV2a/DV1a = (r2 - a)/(r2 + a) \qquad (5.17)$$

Nesse caso, deve-se proceder a uma correção, dividindo-se o quociente obtido no campo pelo quociente teórico:

$$QQP = (DV2/DV1)/(DV2a/DV1a) \qquad (5.18)$$

Em que:
(DV2/DV1) = quociente de queda de potencial medido;
(DV2a/DV1a) = quociente de queda de potencial teórico.

5.4 Exemplos de aplicação

5.4.1 Contexto litorâneo

No contexto litorâneo sedimentar, estudos hidrogeológicos e geofísicos são feitos para responder, entre outras, às seguintes perguntas:

a) A que profundidade se encontra a cunha salina?
Resposta: executar sondagens elétricas verticais a diferentes distâncias da linha da praia para determinar a profundidade em que se encontram camadas basais com baixa resistividade (inferior a 5 ohm.m).

b) Como a interface água doce x água salgada se comporta com a variação do nível do mar em função das marés?
Resposta: executar sondagens elétricas verticais no ponto em que foi detectada a presença da cunha salina, em condições de maré baixa e maré alta (de preferência nas marés de lua nova ou cheia = marés máximas).

c) Qual é a espessura dos estratos sedimentares costeiros?
Resposta: executar sondagens elétricas verticais e perfis de sísmica de refração e/ou reflexão.

5.4.2 Contexto sedimentar continental

No contexto sedimentar continental, levantamentos geofísicos são realizados para:

a) Determinar a espessura e profundidade de determinada formação aquífera.

Resposta: executar sondagens elétricas verticais complementadas eventualmente por sísmica de refração e/ou reflexão. Correlacionar os dados geofísicos com dados de poços perfurados nas proximidades, para correlacionar resistividade de uma camada com a respectiva litologia.

b] Avaliar as características hidrodinâmicas de um aquífero.

Resposta: com base na resistividade das camadas, obtida pela interpretação de curvas de sondagem elétrica vertical (medidas junto a poços testados), e dos dados hidrodinâmicos de aquíferos (obtidos com base nos testes dos poços), estabelecer a correlação entre resistividade da camada e vazão.

5.4.3 Contexto cristalino

Considerando as formas de ocorrência de água subterrânea em contexto cristalino, os métodos geofísicos são aplicados para responder às seguintes perguntas:

a] Qual é a espessura do manto de intemperismo?

Resposta: executar sondagens elétricas verticais e completar, se necessário, com refração e/ou reflexão sísmica.

b] Como localizar fraturas dentro do maciço cristalino (metamórfico ou ígneo)?

Resposta: executar caminhamentos elétricos (quadrípolo ou polo-dipolo ou dipolo-dipolo) empregando o quociente de queda de potencial. Executar caminhamentos eletromagnéticos empregando o VLF em locais com delgada cobertura (sedimentar ou delgado manto de intemperismo). As dimensões dos arranjos de caminhamento devem ser previamente definidas com dados de sondagem elétrica vertical. Em locais com delgado manto de intemperismo e camadas superficiais resistivas, pode-se empregar o radar de penetração do solo.

5.4.4 Locação de vazios em rochas carbonáticas

As questões referentes à locação de cavernas, dolinas enterradas e canais subterrâneos podem ser respondidas com o emprego de procedimentos geofísicos:

a] Como identificar a presença de cavernas ou canais subterrâneos em rochas calcárias?

Resposta: executar sondagens elétricas radiais (em um mesmo ponto) em que as linhas ocupadas pelos elétrodos de corrente e potencial ocupem, pelo menos, seis diferentes azimutes (por exemplo, N - S, N30W - S30E, N60W - S60E, E - W, N30E - S30W, N60E - S60W). As resistividades aparentes encontradas para um mesmo espaçamento AB/2 (por exemplo, 50 m, 70 m, 100 m, 150 m etc.) são maiores quando as linhas de corrente cortam as cavernas ou trechos com maior heterogeneidade.

b] Como identificar a presença de dolinas soterradas?

Resposta: por meio de levantamentos sísmicos de refração em leque. Nos locais em que existem dolinas soterradas, os tempos de chegada das ondas diretas, para uma mesma distância entre ponto de tiro e geofone, são maiores do que nos locais sem dolinas. O material de preenchimento das dolinas possui velocidade de propagação menor que o calcário são. Caminhamentos elétricos permitem identificar a presença de locais mais condutores, correspondentes às dolinas soterradas. A utilização de radar de penetração do solo é de grande utilidade se a espessura da cobertura for homogênea e pequena.

Referências bibliográficas

ANNAN, A. P. Ground penetrating radar. *Workshop notes*. Canada: Sensors & Software, 1992. p. 70.

BACKUS, M. Education in exploration geophysics. *Geophysics SEG*, v. 45, n. 9, p. 1349, 1980.

BENTZ, A. *Lehrbuch der Angewandten Geologie*. Stuttgart: Ferdinand Enke Verlag, 1961. 1071 p.

DOBRIN, M. *Introduction to geophysical prospecting*. New York: McGraw-Hill, 1952. 435 p.

HEILAND, C. A. *Geophysical prospecting*. New York: Prentice Hall, 1940.

KUNETZ, G. *Principles of direct current resistivity prospecting*. Berlin: Gebrüder Borntraeger Verlag, 1966. 99 p.

MARTINS, R. Tratado sobre a luz, de Christiaan Huygens. *Cadernos de História e Filosofia da Ciência* (suplemento 4), 1986.

SEGUIN, M. K. *La géophysique et les propriétés physiques des roches*. Quebec: Presses de l´Université Laval, 1971. 562 p.

TAIOLI, F. *Desenvolvimento e testes de sistema sismográfico de alta resolução*. 119 f. Tese (Doutorado) – Instituto de Geociências, Universidade de São Paulo, São Paulo, 1992.

Locação de poços 6

Waldir Duarte Costa

A locação de um poço consiste em determinar o melhor local para a sua perfuração, para se obter água em quantidade e qualidade satisfatórias com o menor custo possível.

Essa ação implica a viabilização técnica e econômica da perfuração do poço, pois deverá prever a melhor situação para a exploração do manancial hídrico subterrâneo, levando em conta aspectos técnicos – aquíferos de maior potencialidade, com água de melhor qualidade – e econômicos, tais como: profundidade ideal para atendimento da demanda; posicionamento de níveis d'água que impliquem menor consumo energético; maior aproximação da fonte de uso, entre outros.

A complexidade que envolve a locação de um poço dificilmente poderá ser traduzida num simples capítulo; é tarefa que somente a prática intensiva pode elucidar, para capacitar o técnico a um bom desempenho.

Esse tema é bastante vasto, pois apresenta uma série de variáveis, em função, sobretudo, do tipo de rocha em que a água se acha armazenada, ou seja, do domínio hidrogeológico. Três são os domínios hidrogeológicos existentes na natureza, para os quais se emprega, em geral, metodologia e sistemática distinta na locação de um poço: *sedimentar, cristalino* e *cárstico*.

Nesses domínios as rochas que possuem capacidade de armazenar e liberar água são denominadas aquíferos, que podem ser do tipo poroso ou intersticial, fissural e cárstico-fissural, correspondendo respectivamente aos domínios supracitados.

Os fatores naturais que atuam na superfície e subsuperfície da Terra e influem na locação de um poço vão agir diferentemente em cada um desses domínios, não apenas em amplitude, mas em intensidade.

Em geral, a locação de um poço em aquífero poroso é bem mais simples do que nos outros domínios. Costuma-se dizer que, em áreas sedimentares, "joga-se o chapéu para o alto e, onde ele cair, perfura-se o poço"; apesar do exagero dessa assertiva, ocorrem em aquíferos porosos (ou intersticiais) de grande extensão lateral e considerável espessura, em condições de um meio "quase homogêneo e isotrópico", sensíveis variações de um ponto a outro, na escala de dezenas e até centenas de metros. O resultado do poço depende mais da qualidade tecnológica da construção.

O aquífero fissural é representado por um meio heterogêneo, anisotrópico e descontínuo, em que um afastamento de poucos metros pode fazer uma grande diferença entre alcançar uma fratura a determinada profundidade, com uma vazão elevada, ou o poço ser seco. A correta locação do poço é, portanto, uma medida de fundamental importância para se obter um bom resultado.

Os aquíferos cárstico-fissurais são representados por rochas duras, porém de relativamente fácil dissolução, como os calcários, acarretando um meio muito heterogêneo, anisotrópico e descontínuo, com zonas de elevada capacidade de acumulação de água, representadas por cavernas, sumidouros e outras de reduzida capacidade. Locação, construção do poço e operação equilibrada, em termos de balanço hidrológico, são etapas muito importantes na utilização desse tipo de aquífero.

6.1 Fatores atuantes nas águas subterrâneas

6.1.1 Identificação dos fatores

Os fatores que atuam nas águas subterrâneas, influenciando na locação de um poço, podem ser classificados em exógenos e endógenos. Os exógenos são de origem externa, enquanto os endógenos se referem às características interiores da superfície da Terra. Entre os fatores externos, podem ser citados o *clima*, a *vegetação*, o *relevo* e a *hidrografia*, ou seja, o conjunto que caracteriza a fisiografia de uma região; *estruturas geológicas* e a *constituição litológica* representam os principais fatores internos.

Esses fatores possuem distintas amplitudes espaciais de atuação e diferentes graus de intensidade, em função do domínio hidrogeológico em que atuam. Por outro lado, alguns desses fatores possuem atuação regional, não exercendo papel importante para a locação propriamente dita de um poço: clima e vegetação são os principais fatores de atuação regional e, na maioria das vezes, não são levados em consideração ao se locar um poço.

6.1.2 Atuação dos fatores

O *clima* exerce grande importância no condicionamento dos reservatórios de água subterrânea, no que se refere à quantidade e à qualidade da água armazenada. E, apesar disso, não pode ser levado em consideração quando se procede à locação de um poço, pois sua atuação é regional, não permitindo escolher apenas áreas submetidas a climas chuvosos para a perfuração de poços. No Cap. 2 foi feita uma análise sobre a importância do clima nos processos de formação de solos e acondicionamento de água nos mantos de intemperismo, em regiões de climas úmidos e chuvosos.

A *vegetação* é outro fator de grande importância regional, pois a sua presença em abundância provoca elevada evapotranspiração, que irá contribuir para a formação de nuvens e posterior precipitação, proporcionando condições de clima chuvoso favoráveis às águas subterrâneas. Ela pode ser utilizada como "elemento indicador" da presença de água, em razão da existência de árvores copadas em zonas de vegetação rasteira; denominada freatófita, essa vegetação é utilizada na locação de poços, sobretudo no domínio cristalino, pois, ao longo das fraturas portadoras de água, cria-se uma zona de maior umidade, aproveitada pelas raízes dessas plantas, que alcançam razoáveis profundidades.

O *relevo* da região exerce uma atuação mais localizada, sobretudo em aquíferos livres, em qualquer que seja o sistema hidrogeológico. Com efeito, o relevo constitui um dos elementos que dão direção ao fluxo da água subterrânea, pois nos aquíferos livres a superfície hidrostática acompanha ligeiramente a superfície topográfica, tornando-se mais elevada nos altos topográficos e mais deprimida nas baixadas do relevo.

Estudos realizados sobretudo nos aquíferos localizados em sistemas fraturados por dissolução têm demonstrado que poços perfurados nos talvegues dos vales apresentam as melhores vazões, seguidos pelos localizados nas planícies, nas vertentes e, por fim, nos topos das elevações.

No que se refere à influência na qualidade da água, não existem dados estatísticos completos, mas a prática demonstra que, na região semiárida (em que ocorrem problemas de qualidade), poços localizados em vales dos rios principais possuem mais salinidade que os dos riachos tributários. Poços perfurados nos flancos das elevações, nas porções topográficas menos elevadas, apresentam salinização mais reduzida, fato associado ao tempo de residência e circulação da água.

Verifica-se, portanto, que o relevo se constitui num elemento a ser considerado na locação de um poço, pois a sua variação pode ser constatada, na maioria dos casos, localmente, quando da escolha da situação ideal para a sua perfuração.

A *hidrografia* destaca-se para os aquíferos, pois atua como recarga e descarga. Nos aquíferos porosos, a drenagem superficial pode atuar como fonte de recarga – drenagem influente – ou como fonte de descarga – drenagem efluente – em relação ao aquífero adjacente, e é muito importante na relação água superficial/água subterrânea no balanço hídrico.

Nas regiões tropicais, de elevada precipitação, todo excesso de água infiltrada na bacia hidrográfica faz com que o nível freático das águas subterrâneas seja elevado e restituído à superfície das calhas fluviais, perenizando o fluxo de base das águas subterrâneas responsáveis pela manutenção dos cursos d'água dos rios durante todo o ano, nos períodos não chuvosos.

No aquífero fissural, sobretudo em regiões desprovidas de manto de cobertura, a recarga das fraturas ocorre essencialmente com os cursos d'água superficiais, controlados pela estrutura geológica, o que implica elevada influência da rede hidrográfica para a locação de um poço, tanto para a quantidade como para a qualidade da água que se espera obter.

A existência de *regolito* ou manto de intemperismo exerce uma grande influência. Assim, por exemplo, em climas chuvosos onde se desenvolve uma vegetação exuberante, o intemperismo químico proporciona espessos mantos de alteração da rocha, intensamente lixiviados, que passam a atuar como receptador da precipitação, constituindo uma extensa zona de recarga ao aquífero fissural.

Esse fenômeno justifica a grande diferença que existe entre o aquífero fissural (cristalino) das regiões Sul e Sudeste e da Região Nordeste do Brasil. No primeiro caso, em que o clima favorece a formação de mantos de alteração com dezenas de metros de espessura, que atuam como aquífero de transferência às fraturas da rocha subjacente, os poços captam água em abundância – vazões de até 80 m^3/h – e de excelente qualidade química. Na Região Nordeste semiárida, o clima seco acarreta o intemperismo físico, provocando solos muito rasos, a chuva é escassa (em algumas regiões não passa de 300 mm/ano), a evaporação é elevada (em média de 2.000 mm/ano) e os poços perfurados possuem baixas vazões (cerca de 20% são secos) e elevada salinidade (média de 2.500 mg/L).

Quanto aos fatores internos, a *estrutura geológica*, associada à mecânica das rochas, atua com mais intensidade que a *litologia* nos aquíferos fissurais e cárstico-fissurais, e no poroso (ou intersticial) ocorre o inverso.

Nos domínios com espesso manto de alteração, a influência da litologia é marcante, porque as rochas granulares ácidas, como o granito, por exemplo, dão origem a mantos de alteração arenosos, e as rochas básicas, carbonatadas ou xistosas proporcionam mantos de composição argilosa.

As *estruturas* mais relevantes nas rochas cristalinas são as secundárias – falhas, fraturas e fissuras –, que podem ou não estar associadas às deformações plásticas (dobras); as estruturas primárias – estratificação, xistosidade e clivagem – desempenham um papel secundário, tanto para a recarga (infiltração) como para a circulação e armazenamento da água no meio rochoso cristalino.

O estado de tensões atuantes no maciço rochoso, que irá acarretar distintos tipos de esforços e provocar diferenciada deformação, é muito importante no estudo das estruturas rupturais. Os esforços compressivos proporcionam reduzidas aberturas ao longo das superfícies de falha ou fratura deles decorrentes, e os esforços distensivos (tracionais) acarretam maiores aberturas na rocha, permitindo a circulação e o armazenamento da água em volumes aceitáveis para exploração.

A *litologia* desempenha importante papel no ambiente sedimentar, pois, em função da granulometria do sedimento, a porosidade e a permeabilidade serão fundamentalmente distintas, proporcionando a existência de camadas aquíferas, aquicludes e aquitardos, dentro de uma bacia sedimentar. Quanto à qualidade da água, a litologia pode ser importante nos depósitos sedimentares, porque alguns tipos líticos, como o calcário, a gipsita e outros, são facilmente solúveis, proporcionando teores de salinidade elevados às águas neles armazenadas. No domínio cristalino, a litologia atua na qualidade de maneira incipiente, porque rochas mais resistentes possuem fraturas mais abertas, aumentando a circulação de água e minimizando os efeitos da concentração de sais.

6.1.3 Participação dos fatores nos critérios de locação

A participação de cada fator atuante nas águas subterrâneas nos distintos domínios hidrogeológicos pode ser avaliada em termos relativos – elevada, moderada e baixa –, conforme se acha representado no Quadro 6.1.

Domínio sedimentar
No *domínio sedimentar*, os fatores externos desempenham uma importância baixa a moderada, pois os espessos depósitos de bacias sedimentares dependem muito pouco da recarga anual, podendo resistir sem nenhum problema a crises de estiagem prolongada, como ocorre frequentemente nos aquíferos freáticos.

Quadro 6.1 ATUAÇÃO DOS FATORES NOS DIVERSOS DOMÍNIOS HIDROGEOLÓGICOS

Fatores	Aquífero poroso		Aquífero fissural		Aquífero cárstico-fissural	
	Quant.	Qualid.	Quant.	Qualid.	Quant.	Qualid.
Clima	++	++	+++	++	++	++
Vegetação	+	+	++	+	++	+
Relevo	+	+	++	+	++	+
Hidrografia	++	+	+++	++	++	++
Regolito	+	+	++	+	+	+
Estruturas	++	+	+++	++	+++	++
Litologia	+++	++	+	+	++	++

[+++ Elevada; ++ Moderada; + Baixa]

Apenas o caso particular do aquífero aluvial apresenta forte dependência do clima (intensidade e distribuição da precipitação) e da hidrografia, sobretudo nos cursos de bacias semiperenes ou intermitentes, em que o leito fica seco durante vários meses por ano. A locação de poços nesse tipo de aquífero deve ser sempre precedida de minucioso estudo das recargas anuais, das reservas armazenadas e da vazão de escoamento natural do depósito aluvial.

Quanto aos fatores endógenos, as estruturas pouco influem, a não ser quando associadas à própria litologia, como é o caso de uma sequência homoclinal com camadas permeáveis e impermeáveis. Nesse caso, o fluxo tenderá a se dirigir da parte mais elevada no sentido de mergulho da camada em homoclinal. Isso ocorre na Chapada do Araripe, que divide os estados de Pernambuco e Ceará: as camadas, dispostas em homoclinal, com mergulho de sul para norte, fazem as águas que se infiltram no topo da chapada, na Formação Exu (arenitos), ao encontrarem a Formação Santana (calcário, gipsita e folhelhos), impermeável, escoarem segundo o mergulho estrutural, saindo em forma de fontes no Estado do Ceará (Vale do Cariri), enquanto o lado oposto da chapada, no Estado de Pernambuco, permanece totalmente seco.

A litologia, por sua vez, é fundamental para o domínio sedimentar, pois camadas pelíticas (silte + argila) possuem baixíssima permeabilidade, não permitindo a circulação da água – são os *aquicludes* –; camadas arenoargilosas já possuem uma certa permeabilidade, que permite uma circulação muito lenta – são os *aquitardes* –; e camadas arenosas, com boa permeabilidade, permitem boa circulação, constituindo-se em *aquíferos*, que podem ser livres, confinados ou semiconfinados.

Domínio cristalino

No *domínio cristalino* todos os fatores exógenos desempenham papel importante, sobretudo o clima e a hidrografia, mas o clima, todavia, não é utilizado como critério de locação de poço.

A hidrografia deve ser utilizada, associada ao critério estrutural (fator endógeno), principalmente em regiões desprovidas de manto de alteração. A adoção de riacho-fenda, consagrado na nomenclatura do aquífero fissural por Siqueira (1963), diz muito bem dessa relação entre os dois fatores, como é mostrado na Fig. 6.1. Os poços mais favoráveis para obtenção de uma boa vazão são o 2 e o 5, por estarem captando, provavelmente, as águas infiltradas no sistema de falha F_1 e no sistema de fratura F_2; em seguida, em ordem decrescente de aptidão, viriam os poços 1 e 6, os dois com capacidade de captar águas infiltradas nas falhas F_1; o poço 3, se viesse a captar água, seria a grande profundidade, mas assim mesmo dependendo do mergulho das falhas e da fratura; finalmente, o poço de número 4, apesar da vizinhança da drenagem superficial e da situação entre a falha e a fratura, não teria chance de captar água, porque os mergulhos das referidas estruturas rupturais se verificam no sentido oposto.

O relevo apresenta nesse domínio uma atuação regular, pois, de acordo com estudos de Costa (1986) efetuados em 254 poços na Região Nordeste, o resultado das vazões específicas médias nas distintas situações mostradas na Fig. 6.2 foi o seguinte:

+ poços em talvegue – Q/s = 460 L/h.m
+ poços em vertentes – Q/s = 350 L/h.m
+ poços em elevações – Q/s = 160 L/h.m

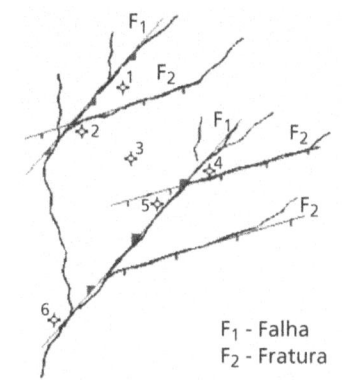

F_1 - Falha
F_2 - Fratura

FIG. 6.1 *Esquema de um riacho-fenda*

Quanto à qualidade, o resultado foi muito variado, inclusive ocorrendo inversões frequentes e compreensíveis. Nos talvegues, a salinização apresentava-se mais acentuada do que nas vertentes e nas elevações. Isso se deve à presença de águas salinizadas

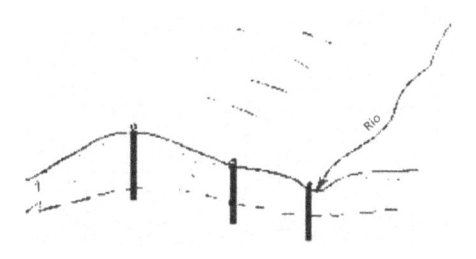

FIG. 6.2 *Relação relevo/poço*

em rios de maior extensão, carreando sais de pontos distintos no seu trajeto; à medida que se afastava da zona de influência dessas águas superficiais salinizadas, diminuía o teor de sais nas águas subterrâneas.

Ainda no que se refere ao condicionamento estrutural, devem ser consideradas as situações de maior relevância, nas rochas cristalinas, que condicionam o melhor aproveitamento do aquífero fissural. Na Fig. 6.3 é mostrado um bloco que sofreu dobramento com grande raio de curvatura e fraturamento em função de esforços atuantes segundo as direções e sentidos assinalados por setas.

A fratura mais central – que coincide com o plano axial e contém a crista da dobra –, **bc** de Sander (Larsson, 1977), é uma fratura de tração; as demais desse tipo (paralelas a **bc**) apresentam ligeiro mergulho para o centro da dobra; a fratura **ac** é de tração e transversal à estrutura dobrada, e se desenvolve paralelamente ao esforço principal atuante σ_1; as fraturas **hk0** são de cisalha-

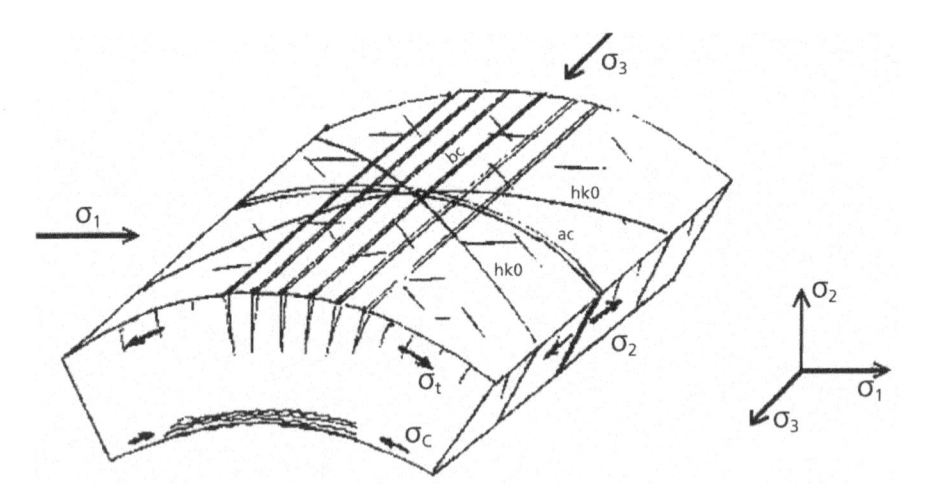

FIG. 6.3 *Modelo de fraturas tracionais e de cisalhamento*

mento, angulares com relação ao esforço principal e às estruturas.

Muita atenção deve ser dispensada pelo geólogo na locação de um poço, para distinguir as fraturas tracionais, geralmente com boa abertura, das fraturas de cisalhamento, que, na maioria dos casos (quando não ocorre superposição de eventos tectônicos), se apresentam fechadas.

Além da abertura, também deve ser verificado o mergulho do plano da fratura, pois quanto menor o ângulo de inclinação, maior o número de fraturas que um poço poderá interceptar (Fig. 6.4). Os blocos **A**, **B** e **C** dessa figura mostram três sistemas de fraturas com a mesma frequência (afastamento de 1 m entre cada fratura do sistema): no bloco **A**, com mergulho de 20° nos planos de fratura, o poço interceptou seis fraturas até a profundidade de 70 m; em **B**, com ângulo de 45°, o poço interceptou apenas duas fraturas; e em **C**, com ângulo de 70°, o poço praticamente não atingiu nenhuma fratura (poderia, no máximo, atingir uma, dependendo da posição que ela ocupasse na superfície). Nos casos **B** e **C**, seria recomendada a perfuração de um poço direcional, técnica inusitada para a captação de água subterrânea no Brasil.

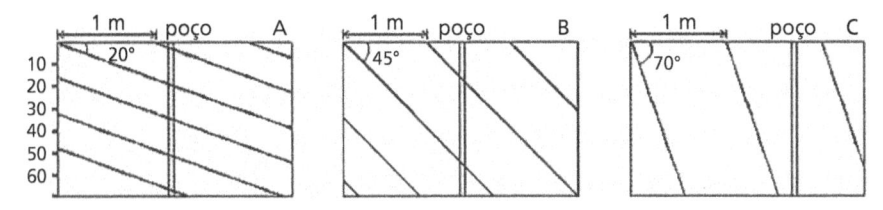

FIG. 6.4 *Relação entre o poço e o ângulo do plano da fratura*

Como exemplo da importância da estrutura para obter melhores vazões em poços do cristalino, a Tab. 6.1 apresenta o resultado encontrado por Costa (1965) numa análise sobre os fatores que influem na hidrogeologia do cristalino, tendo sido estudados 246 poços nos estados da Paraíba e Rio Grande do Norte para o caso específico de fraturas.

Tab. 6.1 TIPO DE FRATURA X VAZÃO ESPECÍFICA

Tipo de fratura	Vazão específica média (em L/h.m)
Transversal tracional	1.076
Longitudinal tracional	484
Longitudinal de cisalhamento	106
Longitudinal não definida	231
Angular de cisalhamento	114
Fratura não caracterizada	351
Sem qualquer tipo de fratura	70

Na classificação adotada, o primeiro termo corresponde a uma classificação geométrica, e o segundo, a uma classificação genética. Quanto à qualidade da água, o tipo de fratura exerce influência, pois, em fraturas tracionais, mais abertas, a circulação e renovação da água são mais eficazes, diminuindo a salinidade. O trabalho de Costa (1985) mostra essa relação em 50 poços estudados no vale do Paraíba, no Estado da Paraíba (Tab 6.2).

Outros aspectos estruturais devem ser considerados complementares para a locação do poço, tais como o ângulo de inclinação dos flancos de dobras (ângulos superiores a 60° são desfavoráveis), a intercepção de planos de fratura

Tab. 6.2 Tipo de fratura x Vazão x Resíduo seco

Tipo de fratura	Vazão (L/h)	Resíduo seco (mg/L)
Transversal tracional	5.140	2.090
Longitudinal tracional	4.400	1.210
Angular de cisalhamento	220	3.970

com superfícies de descontinuidade original das rochas metamórficas, como a xistosidade dos micaxistos e a clivagem das ardósias, as juntas de descompressão ou alívio (sheet joints) que se devem a processos exógenos, entre outras situações que podem contribuir para o aumento da circulação e o armazenamento da água na rocha.

A litologia, como já explicado, pouco influi nesse domínio hidrogeológico; apesar disso, os estudos desenvolvidos por Costa (1965), Sever (1964) e Legrand (1959) mostraram que, em função das propriedades físicas dos minerais, do tamanho dos cristais, do estado de tensões atuantes no interior da crosta e outros fatores, as rochas apresentam-se numa escala decrescente de aptidão para acumulação e liberação de água:

1º rochas vulcânicas (derrames) tipo basalto;
2º rochas metamórficas tipo gnaisse e migmatito (orientado) e pegmatitos;
3º rochas metamórficas tipo micaxisto e quartzito (micáceo);
4º rochas magmáticas (não vulcânicas) e migmatíticas (não orientadas);
5º rochas metamórficas de baixo grau, como filitos, ardóseas etc.

As variações apresentadas por esses tipos líticos são muito pequenas e, em algumas regiões, mudam até a sua posição relativa na escala acima, em função da influência de outros fatores analisados.

As rochas vulcânicas extrusivas merecem uma análise à parte, pois apresentam certas características que não ocorrem nos demais tipos de rochas cristalinas, a ponto de Larsson (1977), em seu trabalho sobre rochas duras fraturadas, excluir as vulcânicas e as carbonatadas.

Essas rochas, que ocorrem em larga escala na bacia do Paraná, onde alcançam espessuras da ordem de 1.000 m, apresentam fraturas como as demais rochas do domínio cristalino, porém possuem outros elementos condicionantes que lhes proporcionam maior potencialidade hídrica:

▷ os derrames são descontínuos e, entre eles, é comum ocorrerem depósitos arenosos, às vezes totalmente silicificados; outras vezes, apresentam relativa porosidade, que intervém na acumulação de água;
▷ desenvolvem-se juntas horizontais interderrames, que apresentam regular permeabilidade;

▷ além das juntas horizontais, ocorrem fraturas subverticais que, ao interceptarem as juntas, proporcionam a formação de uma malha quebrada com uma transmissividade próxima à das rochas sedimentares;
▷ durante a consolidação das lavas vulcânicas, formam-se vesículas de ar no seu interior, principalmente próximo do topo e da base de cada derrame; essas estruturas vesiculares, quando interceptadas por falhas, fraturas ou fissuras, representam considerável aumento da porosidade do meio.

A Tab. 6.3 apresenta vários dados sobre a vazão específica (Q/s) em poços perfurados em basaltos na bacia do Paraná.

Tab. 6.3 VAZÕES ESPECÍFICAS X NÚMERO DE POÇOS

Local	Valores de Q/s (L/h.m)			N° de poços	Autor citado
	Mínimo	Máximo	Médio		
Rio Grande do Sul	4	37.700	2.470	90	Hausmman
Santa Catarina e Paraná	3,5	4.000		163	Maack
São Paulo	1.000	150.000	1.200	200	
Total da bacia			700	473	

Fonte: Rebouças (1978).

Deve-se considerar também a grande influência exercida pelo clima nas regiões Sul e Sudeste do Brasil, pela precipitação pluviométrica mais elevada e pela formação de mantos de alteração, que proporcionam maior recarga ao aquífero fissural. Dessa maneira, a grande diferença existente entre a potencialidade hídrica dos basaltos e dos demais tipos líticos do domínio cristalino, ou aquífero fissural, tende, nessas regiões, a ficar menos acentuada. No trabalho de Souza (1995) em Minas Gerais são apresentados os seguintes valores para esses aquíferos fissurais (entre parênteses, o número de amostras considerado) (Tab. 6.4).

Tab. 6.4 AQUÍFEROS FISSURAIS – RESULTADOS DE POÇOS

Tipo de rocha	Profund. N. E. (m)	Vazão espec. (L/h.m)	Vazão máx. (L/h)	Profundidade limite inf. entr. d'água (m)	Sol. tot. dissolv. (mg/L)
Basalto	20,50	1.730	27.000	46,40	149,86
	(82)	(81)	(78)	(73)	(18)
Quartzito	10,80	1.260	25.920	42,80	284,97
	(39)	(39)	(35)	(27)	(14)
Xistos	7,70	940	24.480	39,60	349,53
	(185)	(184)	(163)	(219)	(58)
Gnaisse granítico	5,40	760	29.160	38,50	210,60
	(803)	(796)	(747)	(994)	(826)

Fonte: Souza (1995).

Destaca-se, ainda, a associação entre metamorfitos de baixo grau, como filitos, e metacalcários, em que condutos de dissolução cárstica proporcionam maior permeabilidade ao meio. Menegasse e Duarte (1994), estudando os resultados de poços locados e perfurados em clima tropical úmido, na Região Metropolitana de São Paulo, concluíram que as melhores situações para locação de poços no aquífero fissural eram as seguintes:

▷ descontinuidades litológicas (contatos litológicos) e estruturais (lineamentos fotointerpretados);
▷ litologias mais promissoras em função das características da rocha (condutos de dissolução cárstica);
▷ condições de recarga relacionadas à espessura do manto de intemperismo e à ocupação do solo.

Alguns poços citados pelos referidos autores apresentaram as características listadas na Tab. 6.5.

Tab. 6.5 Resultados de poços × Critérios de locação

Profundidade (m)	Vazão (m³/h)	Vaz. específ. (m³/h.m)	Tipo lítico	Critério de locação
153	40	2,60	Filitos	Interseção entre dois lineamentos estruturais e contato de filitos com metacalcários
42	100	8,4	Filito, quartzo e metacalcário	Presença de lineamento estrutural e contato litológico entre filitos/ metacalcários
81,5	120	20	Filitos e metacalcários	Os mesmos do poço anterior, inclusive no mesmo lineamento
98	142	10	Anfibol., xisto cálc. silicática	Interseção de dois lineamentos
130	120	2,91	Micaxistos	Borda cristalina de uma bacia superficial c/ comunicação hidráulica por fraturas
167	72	1,65	Gnaisses e micaxistos	Lineamento estrutural e contato entre gnaisse e micaxisto

Fonte: Menegasse e Duarte (1994).

Domínio cárstico

No *domínio cárstico*, os fatores exógenos desempenham um papel apenas moderado. Para clima, vegetação e hidrografia, valem as considerações apresentadas para o domínio sedimentar. Quanto ao relevo, apresenta uma relação maior com o domínio cristalino. Com efeito, uma pesquisa realizada por Siddiqui e Parizek (1971) em 80 poços localizados na Pensilvânia, EUA, mostrou os seguintes valores de produtividade de poço (Tab. 6.6).

Tab. 6.6 Situação topográfica x Produtividade de poço

Situação topográfica	Produtividade de poço (em L/h.m)
Fundo do vale (talvegue)	176,88
Parede do vale (vertentes)	113,15
Topo da elevação (divisor)	19,96

Fonte: Siddiqui e Parizek (1971).

Quanto aos fatores endógenos, a estrutura apresenta maior importância, apresentando a produtividade do poço dependência com o tipo de deformação ruptural resultante do ângulo de inclinação das camadas, da forma de dobramento etc. Os aspectos analisados para o domínio cristalino são, na maior parte, aplicáveis a esse domínio.

A litologia também exerce influência, pois os calcários dolomíticos possuem, em geral, melhor qualidade de água, por serem menos solúveis, podendo apresentar ou não melhores vazões, dependendo do grau de dolinitização existente.

Esse domínio apresenta, todavia, características de elevada heterogeneidade e anisotropia, em níveis bem maiores do que o domínio cristalino; com efeito, as dissoluções cársticas que afetam zonas preferenciais como fraturas e planos de estratificação produzem as formas de sumidouros e cavernas que proporcionam até fluxo turbilhonar, como verdadeiros rios subterrâneos, conhecidos tecnicamente pela designação de *drenagem criptorreica*.

Em função desses aspectos diferenciados de erosão subsuperficial, é comum obter-se vazão de um poço da ordem de 100 m³/h nas proximidades (da ordem de centenas de metros) de um poço seco.

Em geral, a produtividade hídrica desse domínio é maior que a do domínio cristalino, como bem demonstra o trabalho de Souza (1995) no Estado de Minas Gerais, sintetizado nos valores médios listados na Tab. 6.7 (incluindo dados do aquífero fissural, para comparação).

Tab. 6.7 Produtividades de poços x Domínios litológicos

Tipo de rocha	Profund. N. E. (m)	Vazão espec. (L/h.m)	Vazão máx. (L/h)	Profund. limite Inf. entr. d'água (m)	Sol. tot. dissolv. (mg/L)
Carbonática	18,50 (369)	19.550 (364)	374.400 (346)	43,00 (286)	300,29 (80)
Pelítico-carbonática	19,60 (62)	5.980 (61)	18.800 (59)	40,50 (29)	328,64 (18)
Basalto	20,50 (82)	1.730 (81)	27.000 (78)	46,40 (73)	149,86 (18)
Gnaisse granítico	5,40 (803)	760 (796)	29.160 (747)	38,50 (994)	210,60 (826)

Fonte: Souza (1995).

A locação de poços, assim como o dimensionamento da vazão explotável, principalmente nesse domínio, deve ser cuidadosamente executada, a fim de se obter a melhor produtividade possível dentro de margens de segurança que permitam a continuidade da explotação futura.

6.2 Metodologia de locação

6.2.1 O método convencional

O que se denomina de método convencional é a metodologia tradicionalmente adotada no Brasil para a locação de poço, na qual são considerados os fatores atuantes nas águas subterrâneas e a sistemática adotada, que consiste de:

▷ Utilização de banco de dados;
▷ Utilização de mapas topográficos, geológicos e hidrogeológicos;
▷ Uso de aerofotos, imagens de radar e satélite;
▷ Realização de estudos de campo.

6.3 Sistemática do método convencional

6.3.1 Utilização de banco de dados

Um banco de dados hidrogeológicos corresponde a um cadastro sistematizado e operacional de poços existentes numa determinada região, para que se possa localizar o poço em mapa com precisão, além das principais informações técnicas do próprio poço: profundidade, diâmetro, níveis estático e dinâmico da água, vazão, extensão do revestimento e filtros e qualidade da água. Deve possuir, ainda, o perfil geológico e outros perfis (geofísico, térmico etc.) que eventualmente tenham sido executados, dados do ensaio de bombeamento e, por fim, informações sobre a instalação do poço, tais como o tipo de equipamento de bombeamento instalado, a existência e dimensionamento de reservatórios e o uso a que se destina a água.

Esses dados são imprescindíveis para a locação de poço no domínio sedimentar, pois, com os perfis geológicos de vários poços, pode-se efetuar seções geológicas em que novos poços a locar poderão ser interpolados, conseguindo-se valiosas informações e a redução de custos. Nos domínios cristalino e cárstico, diante da heterogeneidade do meio, essas seções não seriam válidas. Mesmo assim, informações pontuais das cercanias do local em que se deseje efetuar uma nova perfuração são sempre de grande valia, como auxiliares no processo de locação.

6.3.2 Utilização de mapas topográficos, geológicos e hidrogeológicos

Uma base topográfica na escala 1:100.000, ou maior, permite uma pré-análise de vários aspectos importantes que devem ser considerados na locação de um poço:

▷ a malha viária e localização dos centros urbanos e rurais já fornecem indícios acerca das áreas de maior demanda e das condições de acesso;
▷ a configuração das curvas de nível indica as formas de relevo, as regiões de altos e baixos e a disposição dos vales fluviais;
▷ a rede de drenagem superficial pode fornecer indícios sobre a litologia e as estruturas geológicas; uma rede do tipo dendrítica, por exemplo, indica rochas mais impermeáveis quando em domínio sedimentar e mais xistosas quando em domínio cristalino; trechos muito retilíneos de drenagem indicam controle estrutural, e muitas vezes a disposição angular ou paralela dos tributários dá uma boa indicação do padrão de fraturas;
▷ o alinhamento de dolinas numa região cárstica fornece boas informações sobre drenagem criptorreica, principal fonte de recarga do aquífero cárstico-fissural.

Assim, antes mesmo de se proceder ao estudo de aerofotos, é possível ter indícios hidrogeológicos com a análise da base planialtimétrica da região.

A base geológica constitui-se em ferramenta essencial para a concepção regional, para qualquer domínio hidrogeológico em que se deseje locar o poço. Aspectos faciológicos, sobretudo relacionados à presença de camadas porosas e permeáveis, podem ser suficientemente esclarecidos quando se tratar do domínio sedimentar, podendo, no mapa geológico, efetuar-se uma prévia indicação da melhor situação, a ser confirmada na etapa de estudos de campo.

No domínio cristalino devem ser observadas as unidades líticas que apresentem melhor vocação hidrogeológica, entre outros aspectos, tais como a existência e o tipo de manto de alteração.

Quanto aos aspectos estruturais em regiões cristalinas e cársticas, as macrofeições regionais serão importantes na análise estrutural a ser procedida na fotointerpretação e nos estudos de campo.

Finalmente, quando se dispõe de mapas temáticos de hidrogeologia, a situação fica ainda mais facilitada. Um mapa potenciométrico em bacias sedimentares é de grande valia para a escolha do melhor local do poço e para se evitar fontes de poluição quando se trata de aquífero livre de pouca profundidade; um mapa de profundidade do nível das águas também se constitui numa valiosa informação, assim como um mapa hidroquímico.

Esses mapas são menos importantes em regiões de domínio cristalino ou cárstico, pela elevada heterogeneidade e anisotropia desses meios. Mapas de zoneamento de vazão específica e de resíduo seco (ou STD) dão bons indícios para uma pré-seleção de pontos antes do trabalho de campo.

6.3.3 Uso de aerofotos e imagens

Aerofotos com escalas superiores a 1:70.000 e de no mínimo 1:2.000 representam uma ferramenta de trabalho imprescindível para uma locação de poço segura, sobretudo nos domínios cristalino e cárstico.

A utilização de pares estereoscópicos de aerofotos permite analisar com razoável precisão as feições litoestruturais, chegando-se, em algumas situações, à avaliação da intensidade de mergulho, com auxílio de barra de paralaxe.

Na maioria das vezes, todavia, apenas se consegue identificar o traço da fratura, o que já é uma preciosa informação para que se possa classificá-la em função da análise estrutural mais completa da área em questão. Realizada a análise estrutural, procura-se estabelecer, na fotografia, o relacionamento entre essas fraturas e os trechos de drenagem superficial com elas coincidentes, isto é, identificar os riachos-fendas, que nada mais são que trechos de drenagem controlados pela estrutura geológica.

Assinalam-se, na aerofoto, os pontos de alternativa para locação de poços em que os cursos d'água estão coincidindo com lineamentos estruturais mais importantes e em que perdurem dúvidas a respeito do sentido de mergulho das fraturas; esses pontos alternativos serão definitivamente escolhidos na etapa de trabalhos de campo.

A aerofoto também serve para identificar o tipo lítico que ocorre na área, sendo uma situação favorável para locação de poço um contato entre duas unidades líticas distintas. Poderá ser escolhido um tipo lítico particularmente mais favorável dentro de uma área, como, por exemplo, um corpo pegmatítico que, por ser mais quebradiço (em razão dos seus cristais bem desenvolvidos), possui, em geral, fraturas mais abertas.

Em situações em que a presença de um manto de alteração relativamente espesso encubra os afloramentos rochosos, dificultando a sua identificação e a observação das estruturas mais favoráveis, a fotointerpretação geológica constitui-se em valiosa ferramenta, pois as zonas mais fraturadas são refletidas no próprio desenvolvimento do manto e no relevo/hidrografia da região.

Fotografias de escala menor, como imagens de radar ou satélite, servem para se ter uma ideia das megaestruturas regionais que podem ajudar na análise estrutural a ser procedida localmente e, ainda, em zonas de recarga mais distanciadas da área de estudo. Outra importante aplicação da imagem de satélite é na identificação de zonas de maior umidade, que podem estar associadas à presença de águas subterrâneas a pouca profundidade.

No domínio sedimentar, fotografias de menor escala são muito boas para mostrar megaestruturas regionais como *cuestas*, homoclinais, dobras de amplitude regional, falhas etc. Elas trazem boas indicações sobre a constituição litológica, pois o padrão textural e a drenagem são nitidamente diferentes para os diversos tipos litológicos. Em outra etapa, pode-se utilizar pares estereoscópicos para se obter detalhes da litologia e das estruturas locais.

6.3.4 Realização de estudos de campo

Mesmo com todos os elementos descritos anteriormente, não se deve prescindir dos estudos de campo, até porque, numa análise cartográfica e fotográfica, deverão ser pré-escolhidas várias alternativas para definir a melhor, e somente *in situ* elas poderão ser obtidas. O que se pode analisar na escala de afloramento de rocha no campo são os seguintes elementos:
- número de famílias ou sistemas de fraturas; para cada um, anotar o número e a frequência de fraturas por unidade de área;
- em cada família, medir a direção, o sentido e a intensidade do mergulho e a abertura das fraturas;
- com auxílio da aerofoto, analisar a amplitude (extensão) dessas fraturas.

Com esses elementos, deve-se efetuar uma análise estrutural para classificar geométrica e geneticamente os vários tipos de fratura encontrados e, em combinação com as observações oriundas dos mapas e aerofotos, escolher a melhor alternativa para a locação do(s) poço(s) pretendido(s). Essa sistemática é válida para os domínios cristalinos e cárstico, e, neste último, deverão ser observadas as feições cársticas, como presença de dolinas, sumidouros etc.

Para o domínio sedimentar, as informações a serem obtidas no campo são mais de caráter complementar do que hidrogeológico. Assim, deve ser observado:
- a distância para a rede hidrográfica existente em aquíferos livres, para optar ou não pela recarga induzida, conforme cada caso específico;
- evitar eventuais fontes de poluição existentes no local;

▷ evitar a proximidade com outras obras de captação preexistentes, para não ocorrerem interferências múltiplas que provoquem mais rebaixamento dos níveis d'água nos poços;
▷ analisar as variações de cotas do relevo, para evitar perfurar o poço em elevações que impliquem aprofundamento desnecessário da obra.

6.4 Métodos geofísicos

Conforme foi apresentado no Cap. 5, a Geofísica é uma ferramenta complementar importante na locação de um poço, devendo-se conhecer, todavia, as limitações de cada método para os distintos domínios hidrogeológicos.

O método de *eletrorresistividade* é muito valioso para o estudo hidrogeológico de uma bacia sedimentar na qual são desconhecidas a geometria das camadas, a continuidade lateral desses depósitos, a sequência litoestratigráfica, a composição granulométrica, a existência de água e seu grau de salinização, entre outras características.

Nesse caso, em vez de se perfurar uma bateria de poços para se verificar essas características ao longo de uma extensa área, perfuram-se apenas dois ou três poços pioneiros, que servirão como *sondagens de aferição* e para a realização de testes de aquíferos; no restante da bacia executa-se uma campanha de eletrorresistividade, cujas curvas são aferidas pelas sondagens representadas pelos poços pioneiros perfurados.

Após a correta interpretação desse estudo geofísico, poderão ser executados mapas temáticos sobre isópacas de determinado aquífero, zoneamento de água de boa e má qualidade e profundidade de níveis d'água e de topo e base de cada formação aquífera, dispondo-se, assim, dos elementos necessários para futuras locações de poços dentro de adequadas margens de segurança.

Para o domínio cristalino, embora o método de eletrorresistividade seja empregado na identificação de zonas fraturadas em locações de poços realizadas na Região Nordeste, ainda não se obteve segurança na interpretação das curvas obtidas. Como não é possível fazer uma sondagem de aferição para cada poço locado e o meio é totalmente anisotrópico e heterogêneo, além de possuir água salinizada, as respostas ao método vêm resultando em frequentes erros de interpretação.

Nesse domínio, parece ser mais eficaz o método *eletromagnético* ou VLF, com ondas de baixa frequência; sua maior restrição é a profundidade de investigação, em torno dos 50 m, além de ser muito sutil a interpretação das anomalias que podem representar, simultaneamente, fraturas abertas ou fechadas, diques de litologia diferente, determinada concentração mineral (sobretudo metálico), água salinizada etc.

É necessária muita experiência no uso desse equipamento para não interpretar erroneamente as anomalias detectadas. Nas regiões Sul e Sudeste, onde os mantos de alteração atingem geralmente mais de 50 m de espessura, o método VLF não tem proporcionado bons resultados.

No domínio cárstico, no qual as fraturas aliadas a ações de dissolução atingem maiores profundidades, o VLF não é o ideal, sendo mais recomendável o método de eletrorresistividade ou o método sísmico e/ou gravimétrico, que também podem ser utilizados no domínio sedimentar, embora não seja usual.

Métodos geofísicos devem ser utilizados como uma ferramenta complementar, nunca exclusiva, na locação de poços, pois nada substitui um bom controle estrutural nos domínios cristalino e cárstico e a análise faciológica/estratigráfica no domínio sedimentar.

6.5 Métodos sensitivos

O método conhecido como *radiestesia* ou *rabdomancia* consiste em utilizar determinados apetrechos, como varinhas, pêndulos, arames dobrados em L ou similares, para aumentar a sensibilidade que determinadas pessoas possuem de captar energia telecinética, representada, no caso específico, pela presença da água no subsolo.

Apesar de contestado e ridicularizado por grande parte do meio técnico-científico, ele é explicável no campo da paranormalidade como uma propriedade sensitiva inerente apenas a algumas pessoas, que a desenvolvem e a aperfeiçoam para atingir determinados objetivos, no caso específico, a locação da melhor situação para perfuração de um poço.

Na Europa, em vários países, sobretudo Itália, França e Alemanha, existem sociedades de radiestesistas que levam muito a sério a sua "especialidade" e trabalham profissionalmente não apenas para a hidrogeologia, mas também em outros campos, como a mineralogia, a arqueologia e até na descoberta de "tesouros enterrados".

Embora especialistas nessa "ciência oculta" assegurem ser possível a avaliação da vazão a ser obtida no poço, da profundidade em que a água se encontra e até mesmo da qualidade da água, nenhum dos vários casos que se conhecem no Brasil confirmou, após a perfuração do poço, as características prognosticadas por esse método.

Referências bibliográficas

COSTA, W. D. Análise dos fatores que influenciam na hidrogeologia do cristalino. *Revista Água Subterrânea*, Recife, v. 1, n. 4, p. 14-47, 1965.

COSTA, W. D. Avaliação dos critérios de locação de poços em rochas cristalinas. In: SIMPÓSIO NACIONAL DE ÁGUA SUBTERRÂNEA EM ROCHAS FRATURADAS, 1., Belo Horizonte. Anais da ABAS-MG, p. 133-143, 1985.

COSTA, W. D. *Análise dos fatores que atuam no aqüífero fissural*. Tese (Doutorado) – Instituto de Geociências, Universidade de São Paulo, São Paulo, 1986. Trabalho com mesmo título apresentado no 4º Congresso Brasileiro de Águas Subterrâneas, Brasília, 1986. p. 289-301.

LARSSON, I. Ground water in hard rocks. In: INTERNATIONAL SEMINAR, Stockholm, 1977.

LEGRAND, H. Yeld of wells. *Bull nº 75*. USA: Div. Mineral Resources, 1959.

MENEGASSE, L. N.; DUARTE, U. Vazões excepcionais em aqüíferos cristalinos da Região Metropolitana da Grande São Paulo, Brasil. In: CONGRESSO LATINO-AMERICANO DE HIDROLOGIA SUBTERRÂNEA, 2., Santiago. Anais da ALHSUD, v. 2, p. 461-469, 1994.

REBOUÇAS, A. C. Potencialidade hidrogeológica dos basaltos da bacia sedimentar do Paraná, no Brasil. In: CONGRESSO BRASILEIRO DE GEOLOGIA, 30., Recife. Anais da SBG, v. 6, p. 2963-2976, 1978.

SEVER, C. W. Geology and ground-water resources of crystalline rocks - Dawson County, Georgia. *Information circular*, 30. Atlanta: Geological Survey, 1964.

SIDDIQUI, S. H.; PARIZEK, R. R. Hydrogeological factors influencing well yields in folded and faulted carbonate rocks in Central Pennsylvania. *Water Res. Rec.*, v. 7, n. 5, 1971.

SIQUEIRA, L. *Contribuição da geologia à pesquisa de água subterrânea*. Recife: Sudene, 1963.

SOUZA, S. M. T. *Disponibilidades hídricas subterrâneas no Estado de Minas Gerais*. Belo Horizonte: Hidrossistemas/Copasa, 1995. 525 p.

Projetos de poços 7

Ivanir Borella Mariano

Não se pretende estabelecer um projeto padrão, mas sim diretrizes e critérios básicos que podem minimizar riscos de investimentos e fazer com que se obtenha o máximo das potencialidades dos aquíferos.

Define-se como poço tubular profundo aquele que é construído para captar água subterrânea com o auxílio de equipamentos mecânicos. As profundidades vão de algumas dezenas de metros a centenas de metros, ao passo que os diâmetros variam normalmente de 4" a 30" (10 cm a 75 cm, aproximadamente).

Ao elaborar o projeto do poço tubular profundo, é preciso ter em mente que ele deverá obter o maior volume de água com a maior eficiência e o menor custo possível. Caso o aquífero tenha produtividade superior ao volume desejado, deverá restringir-se às necessidades do usuário, mantendo as premissas sobre eficiência e custo.

A eficiência é um dos fatores mais importantes, pois influenciará diretamente nos custos de produção durante toda a vida útil do poço. Definir os materiais de aplicação será função das características hidroquímicas da água e da profundidade do poço.

Para não ter surpresas desagradáveis e dispendiosas, os projetos de poços tubulares profundos devem ser baseados em informações fornecidas por estudo hidrogeológico preliminar, que indicará, no mínimo, os dados relativos a estratigrafia, nível estático, vazão específica e qualidade de água.

Em projetos mais específicos, principalmente de poços localizados próximo a outros, ou quando se inserem em um sistema de bombeamento, deve-se dispor também de valores de transmissividade e coeficiente de armazenamento, para permitir o cálculo dos rebaixamentos por possíveis interferências.

Entre os aspectos a serem observados e adotados na prática do projeto e da construção do poço, encontram-se:

▷ **Relação entre diâmetro de perfuração e da coluna de tubos:** o diâmetro de perfuração para a instalação do tubo de proteção sanitária, da câmara de bombeamento e da coluna de adução é 4 a 6 polegadas de diâmetro maior que os diâmetros dos respectivos tubos que ali deverão ser inseridos. A relação poderá ser um pouco maior, dependendo dos diâmetros nominais de broca. Os anelares citados possibilitam a descida da coluna e, se for o caso, a cimentação adequada do espaço anelar;

▷ **Partes principais de um poço:** um poço pode ser subdividido em quatro partes, listadas em ordem sequencial: tubo de boca para proteção sanitária, câmara de bombeamento, coluna de adução e coluna da zona produtora. Em poços de vazões e profundidades pequenas, a câmara de bombeamento e a coluna de adução da zona produtora têm um único diâmetro;

▷ **Aplicação da coluna de revestimento x aquífero:** os poços terão fundamentos diferenciados de acordo com o tipo de rocha e aquífero. Os poços em rochas ígneas e metamórficas, na maioria dos casos, somente são revestidos na parte correspondente à zona alterada. Já no aquífero sedimentar os poços são revestidos por tubos lisos e filtros, o que não ocorre naqueles penetrantes no aquífero fraturado. Em condições excepcionais pode haver a inversão dos fatos, ou seja, não ser necessário revestir o sedimento, quando ele se encontra consolidado, ou ser necessário revestir a rocha, quando ela se encontra desmoronante;

▷ **Diâmetros de revestimento x vazão requerida (projetada):** dependendo da vazão a ser obtida, o poço pode conter uma coluna própria de maior diâmetro, denominada câmara de bombeamento, para alojar o equipamento de bombeamento;

▷ Resumidamente, um projeto deve ter definições claras quanto à litologia a ser perfurada; à metodologia de perfuração; à perfuração para instalação de tubo para proteção sanitária; ao método de cimentação desse tubo; aos diâmetros de perfuração do poço propriamente dito; à profundidade; aos diâmetros de revestimento da tubulação lisa; às especificações de materiais; aos diâmetros e especificação de materiais dos filtros; ao tipo de fluido de perfuração; ao pré-filtro; à forma de injeção do pré-filtro; à perfilagem; ao desenvolvimento e aos testes.

Embora possa parecer que as metodologias de perfuração são imutáveis, nos últimos vinte anos elas sofreram profundas modificações, tornando a influência do sistema de perfuração menos danosa ao aquífero. Pode-se aplicar e especificar diferentes metodologias de perfuração, de acordo com o tipo de aquífero a ser explorado.

Entre as metodologias de perfuração atualmente aplicadas no aquífero fraturado estão a percussão a cabo, a percussão a alta frequência, a rotativa com circulação direta e a rotativa com circulação reversa.

7.1 Componentes básicos de projeto

7.1.1 Tubo de boca para proteção sanitária

Em princípio, todo poço tubular profundo deveria começar com a perfuração para instalação de tubo de boca, também chamado tubo para proteção sanitária. O anelar entre a perfuração e o tubo é cimentado para garantir o isolamento de águas indesejáveis. O seu comprimento em poços em aquífero sedimentar deve ser correlacionado a problemas locais de suscetibilidade de contaminação do aquífero, estando geralmente entre 10 m e 20 m.

Em aquífero fraturado, está mais correlacionado ao isolamento da porção alterada, introduzindo-se alguns metros na rocha sã, tendo todo o anelar cimentado. Em poços muito profundos, nos quais a tubulação da câmara de bombeamento será cimentada, também é instalado um tubo de boca, para impedir desmoronamentos superficiais.

7.1.2 Câmara de bombeamento

O diâmetro da câmara de bombeamento é uma função dos diâmetros dos equipamentos de bombeamento projetados para explorar as vazões desejadas. Na Tab. 7.1 apresentam-se, como sugestão, diâmetros da coluna em função da vazão.

O comprimento da câmara de bombeamento deverá ser calculado levando-se em consideração todos os parâmetros que possam provocar um acréscimo no rebaixamento dos níveis estático e dinâmico do poço.

Tab. 7.1 DIÂMETRO DE REVESTIMENTO X VAZÃO

Vazão (m³/h)	Diâmetro (")
0-40	6
40-80	8
80-150	10
150-300	12
300-500	16

Esses parâmetros corresponderiam ao rebaixamento propriamente dito para a vazão a ser explorada ou projetada, com um coeficiente de risco decorrente da previsão de um acréscimo de rebaixamento em uma exploração com duração superior a 24 horas. Deve-se considerar a variação sazonal do aquífero, os efeitos de interferência atuais ou futuros, o espaço para instalação do equipamento de bombeamento e o intervalo necessário entre o nível dinâmico e o crivo da bomba.

Os materiais que irão compor a câmara e o restante da coluna de revestimento deverão ser especificados para resistir às pressões em função da profundidade de instalação.

7.1.3 Coluna de produção e zona filtrante

Os diâmetros da coluna de produção e da zona filtrante deverão ser compatíveis com as perdas de carga decorrentes do fluxo axial. As perdas de carga dependerão da vazão e do comprimento da coluna e seu reflexo se dará em um maior rebaixamento do nível, que irá onerar os custos de exploração.

A Tab. 7.2. apresenta sugestões de diâmetros da coluna filtrante em função da vazão.

Tab. 7.2 DIÂMETRO DA ZONA FILTRANTE X VAZÃO

Vazão (m^3/h)	Diâmetro (")
0-200	6
200-400	8
400-600	10
600-800	12

Definidos os diâmetros, outros fatores importantes são a quantidade e a localização das seções filtrantes nas quais serão instaladas. Isso é uma função do tipo de aquífero.

Na literatura encontram-se recomendações como:
- ▷ Em um aquífero livre homogêneo, a zona filtrante deve ter comprimento de 1/3 da espessura saturada do aquífero, com a instalação no terço inferior da perfuração;
- ▷ Já no aquífero livre heterogêneo, os filtros devem ser instalados preferencialmente nas camadas permeáveis de maior transmissividade;
- ▷ Em aquíferos confinados homogêneos, os filtros devem corresponder de 70% a 80% do comprimento da formação aquífera;
- ▷ Nos aquíferos confinados heterogêneos vale a mesma recomendação dada para o aquífero livre heterogêneo.

O aproveitamento parcial dos aquíferos, com quantidade de filtros inferior ao seu comprimento, torna-os parcialmente penetrantes, acarretando uma diminuição dos parâmetros hidrodinâmicos.

Entretanto, na natureza dificilmente se encontram formas aquíferas homogêneas e com espessuras constantes. Em razão disso, recomenda-se que a determinação do local de instalação deve ser precedida de perfilagem elétrica confrontada com as amostras de perfuração, criteriosamente coletadas.

Praticamente não existe aquífero homogêneo e isotrópico, pois sempre ocorre uma camada mais ou menos argilosa que, por mais fina que seja, provoca um retardamento no fluxo vertical. Assim, com a instalação de filtros somente no terço inferior, como é naturalmente recomendado, pode-se deixar de captar importantes contribuições de água ao poço caso as camadas argilosas se situem acima desse terço inferior.

Na literatura também se encontra a recomendação de que os rebaixamentos não devem adentrar na zona filtrante.

Em trabalhos realizados no Departamento de Águas e Energia Elétrica (DAEE) da Secretaria de Recursos Hídricos, Saneamento e Obras, observou-se que, em aquíferos multicamadas, cada camada se comporta como se fosse uma camada aquífera independente, com níveis d'água e produção diferenciados. O nível estático de um poço representaria, assim, a integração de todos os níveis das diferentes camadas.

Foi verificado que, se uma camada não receber um filtro frontal, ela praticamente não produzirá água e não influenciará no nível estático. Ao se levar o rebaixamento abaixo de seções filtrantes, passa-se a explorar a camada inferior e aumentar a produção. A experiência mostra que, nesses casos, não há problemas com a integridade do poço, que necessita, apenas, de mais atenção em seu monitoramento e manutenção.

Como exemplo, podem ser citados dois casos. O primeiro deles refere-se aos poços Daee-22-XC-IV-4-68 e Daee -22-XC-IV-4-69, construídos em 1981 na cidade de Tupã, distantes cerca de 500 m um do outro. Iniciou-se o desenvolvimento do primeiro e a perfuração do segundo ao mesmo tempo. Os testes de bombeamento indicavam uma vazão de produção de 55 m^3/h, aquém das perspectivas projetadas, de 100 m^3/h.

Quando o segundo poço foi concluído, dedicou-se atenção a uma camada arenosa que possivelmente não havia sido desenvolvida adequadamente no primeiro poço. Os testes indicaram uma vazão de exploração de 120 m^3/h.

Com esse resultado, e como a perfilagem elétrica demonstrou que a litologia dos dois poços era muito semelhante, optou-se por retomar os trabalhos de desenvolvimento no primeiro poço, especialmente para a citada camada arenosa. Como consequência, a vazão subiu de 55 m³/h para 90 m³/h.

O segundo caso aconteceu em Araraquara. Em 1990, construiu-se um poço ao lado de outro, perfurado em 1978. No mais antigo, a câmara de bombeamento adentrava na formação aquífera, fechando-a parcialmente. No poço mais recente, foram inseridos filtros na câmara de bombeamento, que também adentrava no aquífero.

A comparação dos resultados mostrou que, para uma vazão de 86 m³/h e um rebaixamento de 81,4 m no poço mais antigo, foram obtidos, no poço novo, uma taxa de bombeamento de 210 m³/h para um rebaixamento de 49 m.

Os perfis construtivos desses poços são mostrados na Fig. 7.1.

7.1.4 Tipos de filtros

Ao apresentar os tipos de filtros industrializados, não se pode esquecer de citar os construídos artesanalmente. Perfuradores fazem uso deles excepcionalmente e por motivos econômicos, com a utilização de corte com maçarico ou por serra. Os inconvenientes são: a porcentagem de área aberta, da ordem de 2%; as irregularidades das aberturas; e o maior risco a processos de oxirredução.

Os filtros industrializados podem ser subdivididos, de acordo com o material, em filtros de PVC e de aço:

▷ **Filtros de PVC**

São construídos segundo as normas DIN 4925 (DIN, 1999) e DIN 8061 (DIN, 2009). Suas aberturas vão de 0,75 mm a 1,5 mm para todos os diâmetros, e o de diâmetro 300-S pode ser encontrado também em 2 mm. A área aberta para a abertura de 0,75 mm é de 8%. Essas linhas de fabricação, segundo o fabricante, indicam as profundidades totais de instalação, apresentadas na Tab. 7.3. A resistência ao colapso é indicada pelos valores da Tab. 7.4.

Tab. 7.3 PROFUNDIDADES TOTAIS DE INSTALAÇÃO

Modelo	Prof. total de aplicação (m)
Linha leve	50
Linha *standard*	150
Linha reforçada	300

Tab. 7.4 RESISTÊNCIA AO COLAPSO

Diâmetro nominal	Resistência ao colapso (kfc/cm²)
100-S	6
154-L	2
154-S	7
150-R	15
206-S	6
200-R	15
250-S	6
300-S	6

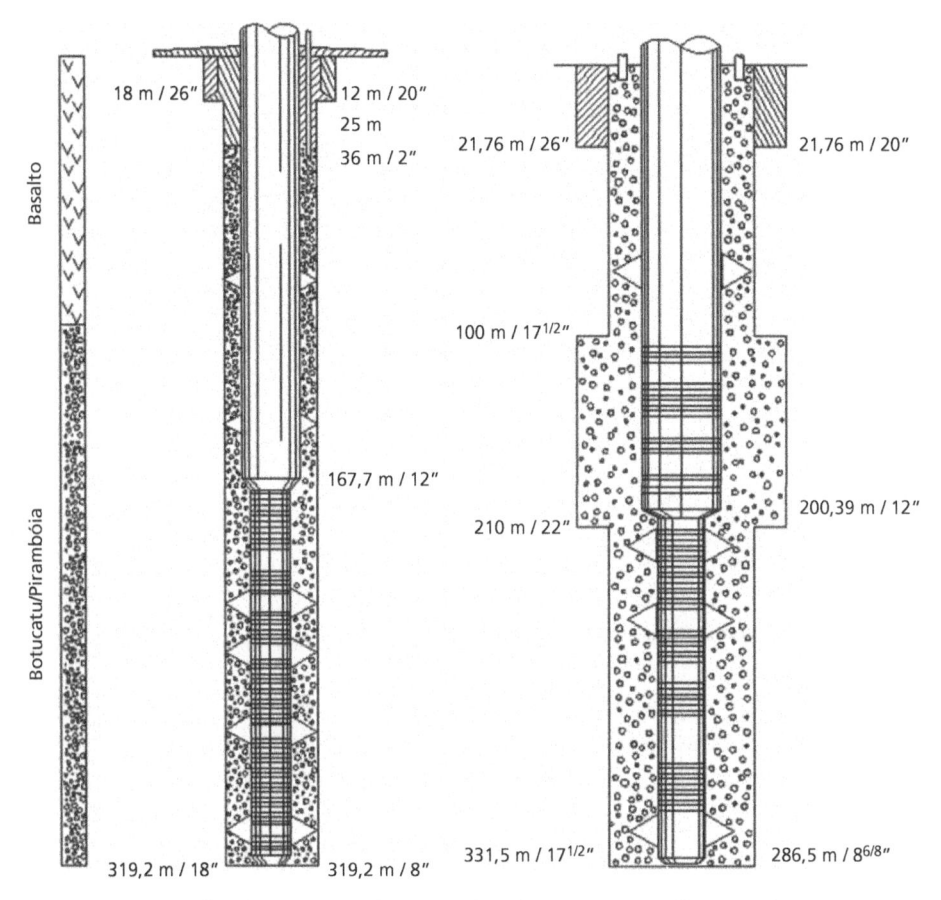

FIG. 7.1 *Poços perfurados no mesmo local com desenhos e produções diferentes*

▷ **Filtros de aço**

Os filtros de aço podem ser encontrados segundo dois tipos distintos:
- *Filtro de frestas ou tipo* nold: é construído em chapa de aço estampada, com as frestas dispostas longitudinalmente ou ortogonalmente ao comprimento do tubo. A área aberta, considerando-se um filtro com diâmetro de 6" e abertura de 1 mm, é da ordem de 6%. O tamanho da abertura é determinado por um moldador, mediante esforços produzidos de dentro para fora. A aparência externa das ranhuras dos filtros é semelhante à da veneziana, fazendo com que o fluxo de dentro para fora do tubo seja tangencial. Além da baixa área aberta, o fluxo tangencial representa um grande inconveniente, pois dificulta os trabalhos de limpeza e desenvolvimento. Os filtros podem ser construídos em aço carbono preto, aço carbono galvanizado, aço inoxidável e outros aços especiais.

- *Filtro de ranhuras contínuas:* é oriundo do enrolamento de arame estirado a frio, de seção transversal aproximadamente triangular. O enrolamento é helicoidal, ao redor de feixe circular de hastes longitudinais (denominado pé direito). Em cada ponto que o arame toca a haste, eles se unem por fusão. O aspecto final da seção transversal é trapezoidal. Os filtros são apresentados segundo as linhas *standard*, reforçado, super-reforçado, hiper-reforçado e *superweld*, que definem as profundidades recomendadas para instalação, conforme Tab. 7.5. Esse tipo de filtro de ranhuras contínuas tem várias vantagens sobre os demais:
  # Entrada e saída de água ortogonais à parede do poço;
  # Forma trapezoidal, com menor abertura no lado externo, diminuindo a perda de áreas abertas por obliteração pelo pré-filtro;
  # Área aberta significativamente maior que as demais (um filtro com diâmetro de 6" e abertura de 1 mm tem uma área aberta da ordem de 31,0%);
  # Ranhuras com aberturas de 0,15 mm (6 milésimos de polegada);
  # Há possibilidade de se construir filtros de grande resistência para instalação a grandes profundidades.

Na fabricação dos filtros são utilizados os mais diversos tipos de metais. Os mais comuns são o aço carbono com galvanização dupla, vindo a seguir os de aço inoxidável, AISI 304 ou AISI 316 da NBR 5601 (ABNT, 2011), e os de aços especiais.

Tab. 7.5 Classificação dos filtros de ranhuras contínuas segundo a profundidade de instalação

Tipo	Prof. de instalação recomendada pelo fabricante (m)	Características
Standard	150	Trapezoidal, como todos os demais
Reforçado	400	Porcentagem de área aberta 20% menor que o *standard*
Super-reforçado	900	Porcentagem de área aberta 40% menor que o *standard*
Hiper-reforçado, jaquetado ou *superweld*	>900	Construída utilizando-se o tubo de revestimento como base da estrutura

Ver Tab. 7.6 para características de abertura e porcentagem de área aberta.

A Tab. 7.6 apresenta a passagem de água por metro linear em função do diâmetro e da ranhura.

Tab. 7.6 DIMENSÕES, CAPACIDADES DE PRODUÇÃO DE ÁGUA E ÁREAS ABERTAS

Diâmetros		Passagem de água por metro linear, à velocidade de 3 cm/s								
		Ranh. 0,25 mm		Ranh. 0,50 mm		Ranh. 0,75 mm		Ranh. 1,0 mm		Ranh. 1,50 mm	
Util. Inter.	Ext.	L/h	% área aberta	L/h	% área aberta	L/h	% área aberta	L/h	% área aberta	L/h	% área aberta
1 1/4"	1 3/4"	2.300		3.900		4.400		4.700		6.200	
1 3/4"	2 3/8"	3.100		5.300		5.900		6.300		8.400	
1 3/4"	2 3/8"	3.100		5.300		5.900		6.300		8.400	
2"	2 5/8"	3.200		5.600		6.300		6.700		8.900	
2 1/2"	3 1/8"	4.000	15%	7.000	26%	7.800	29%	8.300	31%	11.000	41%
3"	3 5/8"	4.500		7.900		8.800		9.400		12.400	
4"	4 5/8"	5.800		10.100		11.300		12.100		15.900	
5"	5 5/8"	7.100		12.400		13.800		14.700		19.500	
6"	6 5/8"	5.600		10.100		14.000		17.400		23.000	
8"	8 5/8"	7.300	10%	13.200	18%	18.300	25%	22.700		30.100	
10"	10 3/4"	9.300		16.700		23.200		28.700		32.400	35%
12"	12 3/4"	8.800	8%	17.500	15%	22.000	20%	28.600	26%	38.500	

Fonte: Cetesb (1978).

7.1.5 Pré-filtro

Em princípio, todos os poços perfurados em sedimentos inconsolidados são revestidos com tubos e filtros e necessitam da aplicação de um material filtrante entre a parede do poço e o revestimento. O objetivo é reter partículas mais finas do aquífero. Esse pré-filtro é injetado no poço de tal maneira que venha a atingir todo o espaço anelar existente entre a coluna de revestimento centralizada e a parede do poço.

Observa-se que até poços em sedimentos relativamente consolidados, que aparentemente não desmoronam nem produzem areia, e não tiveram aplicação da coluna de revestimento (e, em consequência, do pré-filtro), têm apresentado, após alguns anos de uso, um acúmulo de material no fundo, o que provocará redução da vazão por diminuição da espessura saturada. A presença de areia na água bombeada provoca abrasão dos rotores da bomba, danificando-a.

A literatura recomenda elaborar a curva granulométrica das areias da formação sempre que ocorrer mudanças em suas características. Com essa curva se dimensionam o pré-filtro e a abertura das ranhuras dos filtros para cada tipo granulométrico. Dessa forma, o poço teria uma coluna de filtros subdividida em partes de aberturas diferentes, para receber pré-filtro de curvas granulométricas diferentes.

Na prática, entretanto, é necessário adotar outros procedimentos, que não demandem análise granulométrica prévia para determinar as características do pré-filtro. O procedimento teórico – perfurar, amostrar, efetuar a curva granulométrica do aquífero e definir o tipo e abertura de filtro – inviabiliza esse processo. As consequências da adoção de um programa como esse seriam:

> ▷ Danos à formação, em decorrência do tempo maior de permanência do fluido em contato com a área de produção;
> ▷ Não viabilidade de se utilizar mais de um tipo de pré-filtro, de acordo com as porções do aquífero que pudessem demandar granulometrias diferenciadas.

O pré-filtro sempre sofre pequena acomodação durante o desenvolvimento, que, por menor que seja, pode colocar granulometrias menores em zona de maior abertura e situar granulometrias maiores em zonas de menor abertura. Para se evitar qualquer tipo de problema, convém, antes de especificá-lo, realizar uma pesquisa para determinar as granulometrias do aquífero. Isso é viável, já que se conhecem relativamente bem as características granulométricas dos principais aquíferos, e permite definir com boa precisão a escolha do pré-filtro.

O pré-filtro deve ser calculado com a finalidade de reter 70% da formação fina, para garantir a produção do poço sem produção de areia. Perdas de carga que, com o pré-filtro assim dimensionado, poderá sofrer serão desprezíveis, pois ele ainda constituirá uma zona de maior permeabilidade que a do aquífero frontal.

Os cuidados para minimizar as perdas de carga, tais como método de perfuração, tipo de fluido, tempo de perfuração, tempo de completação e tipo de desenvolvimento, deverão se constituir em uma preocupação permanente do projetista e do executor do poço.

> ▷ **Dimensionamento do pré-filtro**
>
> Ressalvada a colocação feita no item anterior, que diz respeito à prática para determinação da dimensão do pré-filtro, deve-se informar qual o procedimento básico adequado para sua determinação.
>
> Para determinar a granulometria do pré-filtro, um dos fatores mais importantes é a representatividade das amostras a serem analisadas, pois os demais serão serviços rotineiros. O procedimento básico adotado é o seguinte:
>
> - Toma-se uma amostra que possa ser representativa do aquífero amostrado. Seu peso, em múltiplos de 100 g, poderá variar de 0,2 kg a alguns kg, dependendo do tamanho das partículas que compõem a amostra;

- A amostra sempre passará por um processo de mistura e quarteamento;
- O peneiramento deve ser efetuado por grupos de peneiras;
- A Tab. 7.7 apresenta, como sugestão, os grupos de peneiras para a definição granulométrica das amostras;

Tab. 7.7 SUGESTÃO DE GRUPOS DE PENEIRAS PARA A CLASSIFICAÇÃO GRANULOMÉTRICA DE AMOSTRAS DO AQUÍFERO

Areia e cascalho		Areia grossa		Areia fina	
Diâmetro (mm)	Malha/pol.	Diâmetro (mm)	Malha/pol.	Diâmetro (mm)	Malha/pol.
3,33	6	1,17	14	0,58	28
2,36	8	0,84	20	0,41	35
1,65	10	0,58	28	0,30	48
1,17	14	0,41	35	0,20	65
0,84	20	0,30	48	0,15	100
0,58	28	0,20	65	Base	Base
0,41	35	Base	Base		
0,012	48				
Base	Base				

- A peneira de maior dimensão deve ser colocada na parte superior, e as demais, decrescendo progressivamente;
- A porção de areia seca, pesada e com o peso anotado é colocada na parte superior da peneira, cujo conjunto deve ser agitado em movimento circular e vertical;
- A quantidade retida em cada peneira é pesada e os valores, anotados. Juntam-se todas as amostras e efetua-se a repesagem. O resultado obtido não deve ter diferença superior a 3 g;
- Com os resultados, elabora-se um gráfico da porcentagem de areia retida em função do diâmetro dos grãos para todas as análises granulométricas efetuadas representativas do aquífero.

O procedimento seguinte é determinar a granulometria mais fina para 70% de areia retida. Esse valor é multiplicado por um fator variável de 4 a 6. Usa-se o fator 4 para a formação fina e uniforme e o 6 para grossa e não uniforme. O valor obtido pelo produto anterior corresponde a 70% da nova envoltória, que passa por esse ponto e tem um coeficiente de uniformidade igual a 2,5.

Preparam-se as especificações do pré-filtro, com a seleção de quatro a cinco tamanhos que atendam ao padrão de todas as curvas, estabelecendo-se limites admissíveis para as porcentagens retidas em cada uma das peneiras escolhidas. Esses limites podem ser de 8% abaixo ou acima da porcentagem de retenção para qualquer ponto da curva. Estabelecida a curva do envoltório do pré-filtro, calcula-se o valor da abertura da ranhura do filtro. Esse valor deve ser igual ao correspondente a 90% de retenção do pré-filtro.

▷ **Formação de pré-filtro natural**

Teoricamente, calcula-se a abertura do filtro em condições de reter de 70% a 80% da formação. O desenvolvimento do poço faz com que as partículas finas venham a ser removidas, e as mais grossas passem a ter outro arranjo e formem um envoltório de pré-filtro natural. Essa condição é, no entanto, discutível e deve ser adotada com cautela, porque precedentes mostraram a possibilidade de não formação do maciço filtrante natural.

Verificou-se na bacia do Açu (RN), em poços construídos há mais de 30 anos, uma situação inadequada de exploração. Não ocorreu a formação do pré-filtro natural, como seria desejável, e, em consequência, a cada etapa de início de bombeamento ocorreu um grande carreamento de areia, ocasionando danos ao equipamento e a outros setores da rede.

Para evitar danos ao equipamento de bombeamento, não se paralisam os poços e, com isso, causam-se outros danos, como o rebaixamento acentuado do próprio poço e o aumento do raio de influência, com o consequente incremento de rebaixamento por interferência na bateria de poços.

É importante que o projetista considere aspectos operacionais quando do direcionamento para se formar um pré-filtro natural. Recomenda-se projetar a construção do poço instalando-se pré-filtro.

▷ **Colocação de pré-filtro**

Cabe ao projetista definir a metodologia de instalação do pré-filtro, e sua opção deve se dar em função das características básicas do poço que se pretende construir. Sua profundidade, seus diâmetros, profundidade da zona de produção, piezometria do aquífero etc.

O sucesso da injeção de pré-filtro se inicia com a instalação adequada de centralizadores, com relação a tipo e posicionamento. Para centralizar os tubos na perfuração, são soldadas longitudinalmente chapas de aço, uma de cada vez, na mesma altura ou deslocadas em disposição helicoidal. Uma forma mais segura é a instalação de centralizadores tipo cesto, com cinco ou seis chapas.

Os centralizadores devem ser instalados a distâncias não superiores a 20 m entre si, com posicionamento preferencial junto ao topo e à base da seção filtrante. A distância entre a alça do cesto (centralizador) e a parede do furo não deve exceder 1".

A injeção de pré-filtro pode ser realizada de várias formas e apresentar pequenas mudanças, que não são limitações para um ou outro dos métodos que podem ser adotados.

Independentemente do método de colocação de pré-filtro a ser escolhido, vários fatores influenciam diretamente no sucesso da retenção das areias da formação. Entre eles, citam-se:

- Dimensionamento correto do filtro e do pré-filtro;
- Controle adequado do reboco do fluido de perfuração;
- Espessura mínima do envoltório de 3", podendo chegar a 5";
- Redução da viscosidade do fluido de perfuração para 30 s a 40 s no funil Mash;
- Controle do peso do fluido, principalmente no caso de poços surgentes;
- Lançamento do pré-filtro de forma constante, de 60 L/min a 90 L/min;
- Troca do fluido por água e início do desenvolvimento logo após o término da injeção.

Os métodos de injeção mais comuns são: o de lançamento em gravidade sem bombeamento; o de lançamento por gravidade em contrafluxo; e o de lançamento em circulação reversa. São utilizados em poços sem distinção de profundidade.

- *Gravidade sem bombeamento*

    Nesse método, o pré-filtro é simplesmente lançado entre o tubo de boca e a coluna de revestimento, sem o bombeamento de fluido. A fim de melhorar a injeção, instalam-se 6 m de tubo de PVC de 2", com um funil na extremidade superior. Esse método tem o inconveniente da não circulação do fluido, ocorrendo apenas o seu deslocamento pelo pré-filtro. Dessa forma, não se retiram as partículas finas ou argilas que desagregam do reboco, o que provoca o aumento do peso e da viscosidade. É um procedimento que pode provocar a formação de "ponte".

- *Contrafluxo*
    Nesse método, é introduzida uma tubulação de 2" (ou a própria haste de perfuração) no interior da coluna de revestimento, até próximo à base do revestimento. A extremidade superior da coluna de revestimento é obliterada de tal forma que, ao injetar-se fluido, ele circula do interior para o exterior da coluna de revestimento, através dos filtros. O pré-filtro é lançado, com o auxílio de funil, à semelhança do método anterior, mas com circulação do fluido.
    Sua grande qualidade é a de ir substituindo o fluido progressivamente, pois a porção que sai é descartada. No fim do processo, o fluido praticamente está convertido em água pura. O bombeamento é regulado de tal forma que só permite a saída de finos indesejáveis comumente encontrados no pré-filtro. Além disso, podem-se adicionar, aos poucos, soluções dispersantes de argila, iniciando-se o desenvolvimento já durante o cascalhamento. Conforme vai se aproximando da vedação do último filtro da parte superior, há um incremento da pressão interna e o volume de retorno vai progressivamente diminuindo.
    É recomendável que se utilize bomba centrífuga no bombeamento do fluido, pois as pressões de trabalho são relativamente pequenas. O contrafluxo com bomba a pistão poderá favorecer o fraturamento da formação e até possibilitar a injeção de partículas finas na própria formação, aumentando as perdas de carga e reduzindo a permeabilidade no entorno do poço.
- *Circulação reversa com poço fechado*
    Uma das alternativas para um poço de grande profundidade com redução de custo seria aplicar a coluna de revestimento somente na parte produtora, mas isso dificulta a aplicação do pré-filtro. Essa tecnologia foi desenvolvida pelo DAEE no fim da década de 1970.
    Entre os métodos alternativos para a injeção do pré-filtro encontra-se o apresentado pela Dow-Schlumberger, que prestava serviços à Petrobras. O método consistia em:
    # Quando da instalação da coluna de revestimento, utiliza-se a própria coluna de hasteamento, dotada de uma peça denominada *rosca esquerda*. Ao ser conectada entre a coluna de hastes e a do revestimento, a rosca esquerda permite posteriormente que se desconecte uma da outra, liberando a coluna do revestimento no interior do poço.

- Nesse procedimento, a questão é instalar o pré-filtro e permitir um controle adequado do volume, para que se preencham todos os vazios existentes até uma posição tal que não cause o travamento da rosca esquerda, que irá permitir a desconexão das partes.
- A extremidade superior dessas hastes é aberta, servindo de descarga para retorno de fluido ao tanque.
- O projeto do poço nessa condição deve considerar, em algumas situações, a instalação de um segmento de filtro denominado *filtro índice*. A coluna acima do topo da formação aquífera deve ser longa o suficiente para permitir a instalação do filtro índice e permitir que se mantenha inalterada a câmara de bombeamento. É comum prever a instalação dessa extensão a até 150 m, estando o filtro índice 60 m abaixo da rosca esquerda.
- Na extremidade superior, o anelar entre as hastes e a coluna de revestimento era fechado, tendo, no entanto, um segmento de tubo por onde se dava a passagem do fluido com pré-filtro, injetado por bombeamento.
- Os equipamentos utilizados na operação constavam de bomba elevatória de pré-filtro para o silo (depósito do pré-filtro), silo, bomba misturadora e bomba pistão tríplex, de alta pressão, e no mínimo dois manômetros instalados na linha de adução, para detectar o incremento de pressão no decorrer do tamponamento do filtro índice.
- A injeção se dá com a concentração de pré-filtro à velocidade de ½ lb/gal/min. Nessas condições, ao se detectar o aumento da pressão de injeção, que sobe rapidamente, desliga-se o sistema de bombeamento. O volume do pré-filtro no fluido será o suficiente para preencher o restante do anelar, até a rosca esquerda. Depois do tempo necessário para decantação, a rosca esquerda é retirada, liberando a coluna de revestimento no poço.

Esse método requer conhecimento do volume de pré-filtro a ser injetado, que o reboco nas paredes da perfuração seja o menor possível e que a porcentagem de pré-filtro na mistura seja constante. A fim de minimizar custos, técnicos da Cia. de Pesquisa de Recursos Minerais (CPRM) construíram um equipamento compacto, que consistia na elevação de pré-filtro por meio de rosca sem fim a um tanque misturador, no qual pás giratórias homogeneizavam a mistura, que era injetada no poço por uma bomba centrífuga.

A utilização desse equipamento tem a vantagem, além da econômica, de não utilizar grandes pressões durante a injeção. Porém, em poços jorrantes, há o inconveniente de que, quando se efetuam paradas, retomar o bombeamento torna-se difícil enquanto todo o material em suspensão não for decantado. A paralisação pode desequilibrar o fluido e fazer o poço jorrar sem que se tenha completado a operação. Para eliminar esse problema, é necessário que se instale uma derivação com bomba pistão, que entra em operação para vencer as perdas de carga.

- *Circulação reversa com poço aberto*

  Uma variável do método acima consiste em se instalar hastes de perfuração até próximo à base do revestimento e fechar o anelar entre o tubo de revestimento e as hastes. O anelar entre o tubo de boca e a coluna de revestimento permanece aberto. Após reduzir a viscosidade do fluido de perfuração, lança-se o pré-filtro com água. O peso do pré-filtro induz a saída de fluido do poço pelas hastes e, na sequência, é descartado. Deve-se sempre manter o nível no poço a poucos metros da superfície.

  A vantagem desse método é a de substituir integralmente o fluido por água e possibilitar que, no decurso da injeção, se agreguem polifosfatos e cloro para desinfecção do poço e pré-filtro. Há relatos exemplares a respeito da injeção de pré-filtro, entre eles, o seguinte:

  # Na injeção de pré-filtro do poço de Pereira Barreto (Cesp, 1991), o bombeamento foi paralisado por problemas na bomba centrífuga. Sanado o problema, não mais se conseguiu estabelecer a circulação necessária para injeção do pré-filtro, tendo-se o risco imediato de que a pressão do poço lançasse todo o pré-filtro de volta. O projetista determinou a transformação da circulação reversa em contrafluxo, passando, assim, a efetuar a injeção pela primeira vez em poços de grande profundidade.

  Após esse primeiro caso, foram efetuadas injeções por contrafluxo em vários poços com profundidades superiores a 1.000 m, como em Guararapes e Marília.

7.2 Principais tipos de desenhos de poços tubulares

Há diferentes projetos e desenhos de poços tubulares relativos aos principais e mais comuns tipos de situações geológicas. A Fig. 7.2 representa um poço feito para explorar aquífero fraturado. Nesse caso, a própria perfuração na rocha representa a câmara de bombeamento, coluna de adução e zona de produção. A Fig. 7.3 é o esquema de um poço tubular perfurado em aquífero multicamada, com tubulação com mesmo diâmetro.

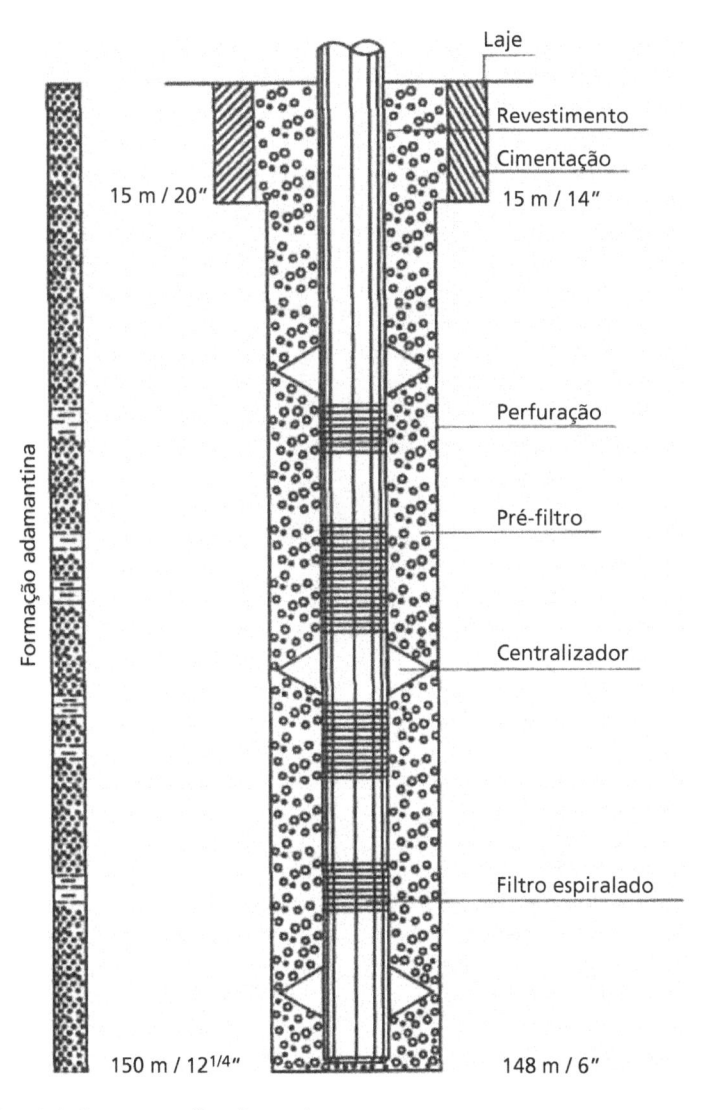

FIG. 7.2 *Poço tubular para aquífero fissurado*

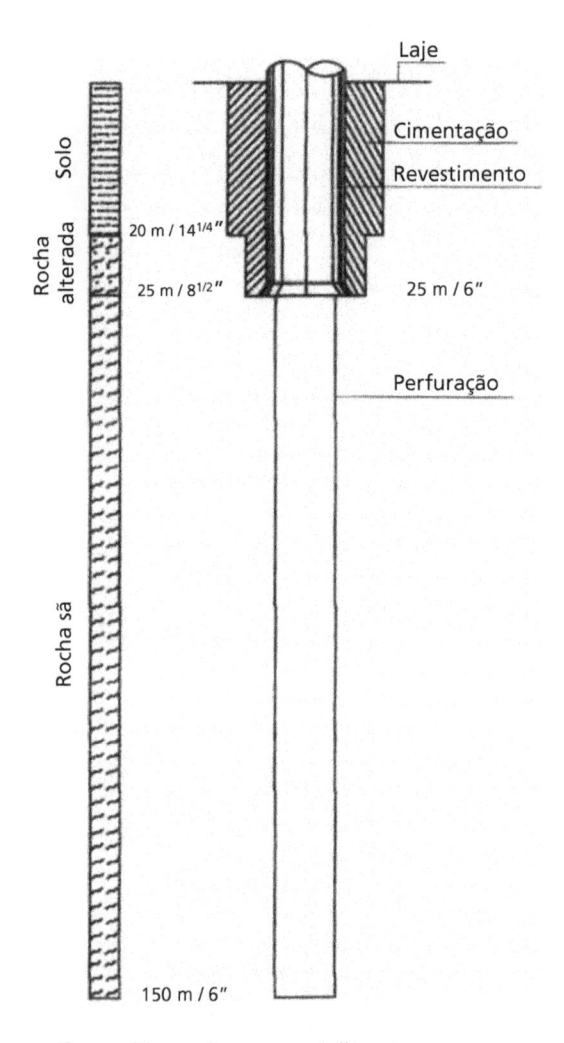

FIG. 7.3 *Poço em aquífero multicamada com um só diâmetro*

A Fig. 7.4 representa um poço tubular com câmara de bombeamento em aquífero multicamada.

Os poços projetados para a exploração de aquíferos com profundidades entre 300 m e 600 m podem ser subdivididos em dois tipos básicos:

▷ O primeiro é um poço tubular em aquífero confinado em que a câmara de bombeamento situa-se acima da porção aquífera (Fig. 7.5);

▷ O outro, um poço em aquífero confinado (Fig. 7.6) em que a câmara de bombeamento insere-se também no aquífero. Quando a característica granulométrica do aquífero for fina, a zona aquífera pode ser alargada por meio de brocas especiais para diâmetro maior que o trecho corres-

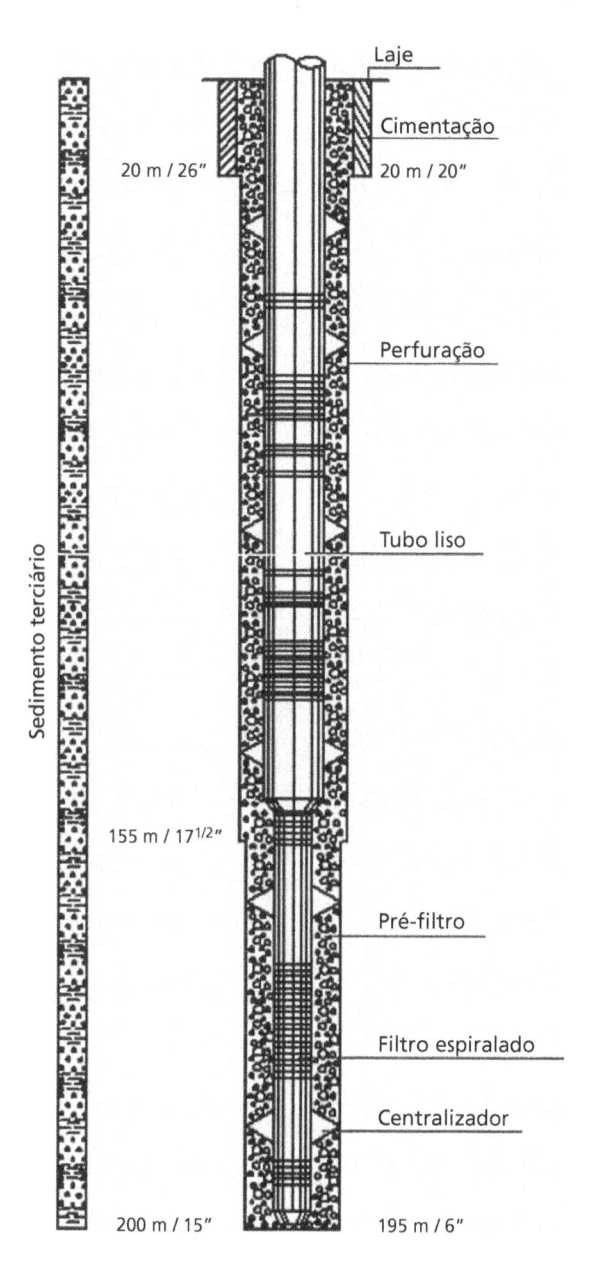

FIG. 7.4 *Poço tubular com câmara de bombeamento em aquífero multicamada*

pondente à região do tubo adutor. Esse tipo de alargamento tem custo inferior ao da perfuração de todo o poço com diâmetro da zona produtora.

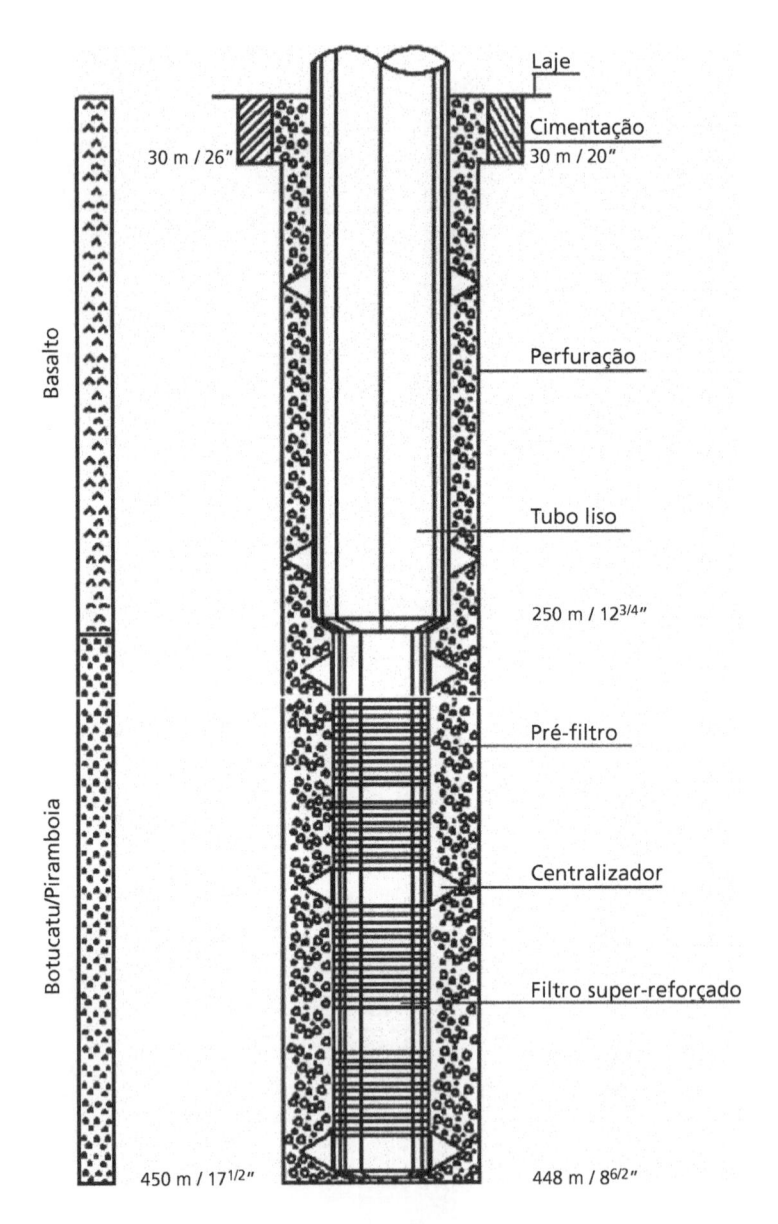

FIG. 7.5 *Poço em aquífero confinado com câmara de bombeamento acima da porção aquífera*

7.3 Projetos especiais

Em todos os projetos, os revestimentos normalmente formam uma coluna única. Em poços com profundidades superiores a 600 m (Fig. 7.7), em geral o projeto é subdividido em etapas. A primeira é a perfuração, descida de tubos e cimentação para proteção sanitária. A segunda refere-se à

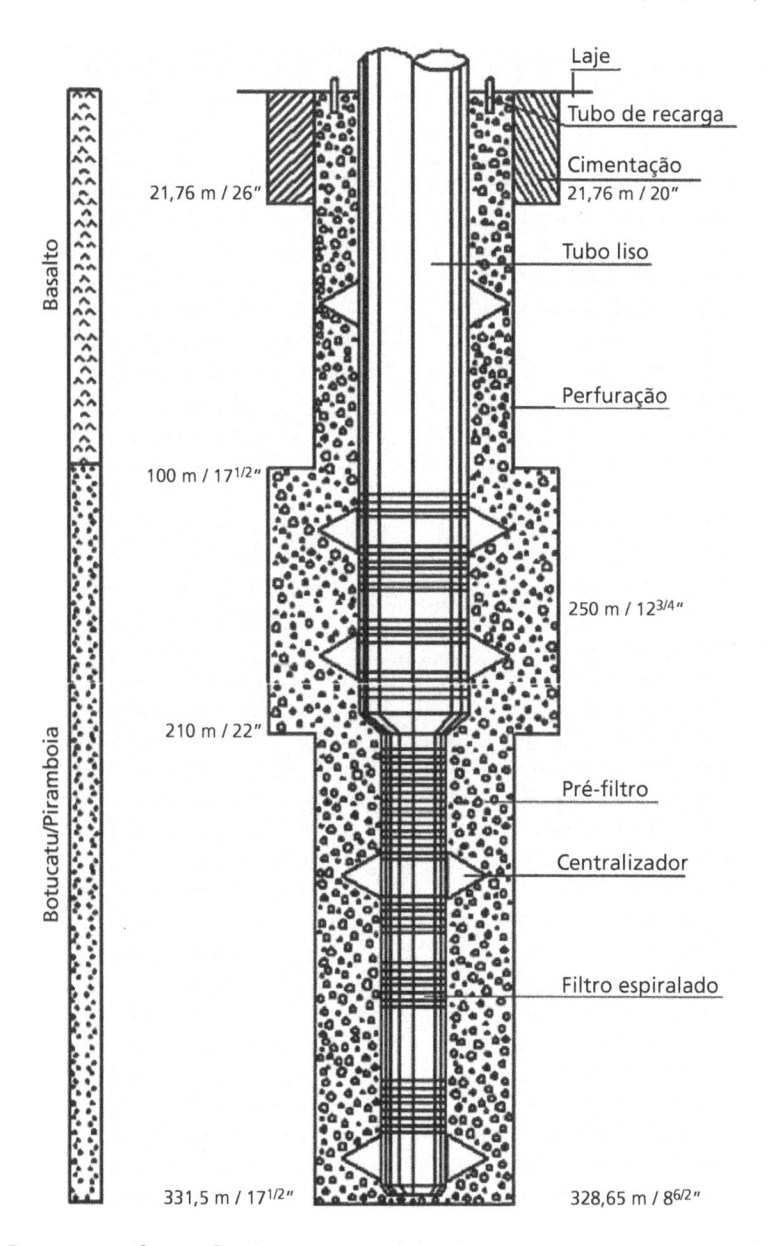

FIG. 7.6 *Poços em aquífero confinado com câmara de bombeamento dentro da porção aquífera*

câmara de bombeamento. Perfura-se a metragem especificada, introduz--se a coluna de revestimento e efetua-se a cimentação do anelar via injeção, provocando deslocamento do fluido. A terceira etapa refere-se ao trecho correspondente à zona de adução, na qual, após a perfuração, são descidos a coluna de revestimento e o espaço anelar cimentado. A quarta refere-se à perfuração da zona produtora do aquífero. Após a perfilagem, a zona produtora é alargada com broca especial (*under reamer*) e é descida a coluna de revestimento composta por tubos lisos e filtros.

Na sequência, os procedimentos são os sugeridos no item sobre os métodos de instalação do pré-filtro, em especial no de circulação reversa, que descreve essa situação.

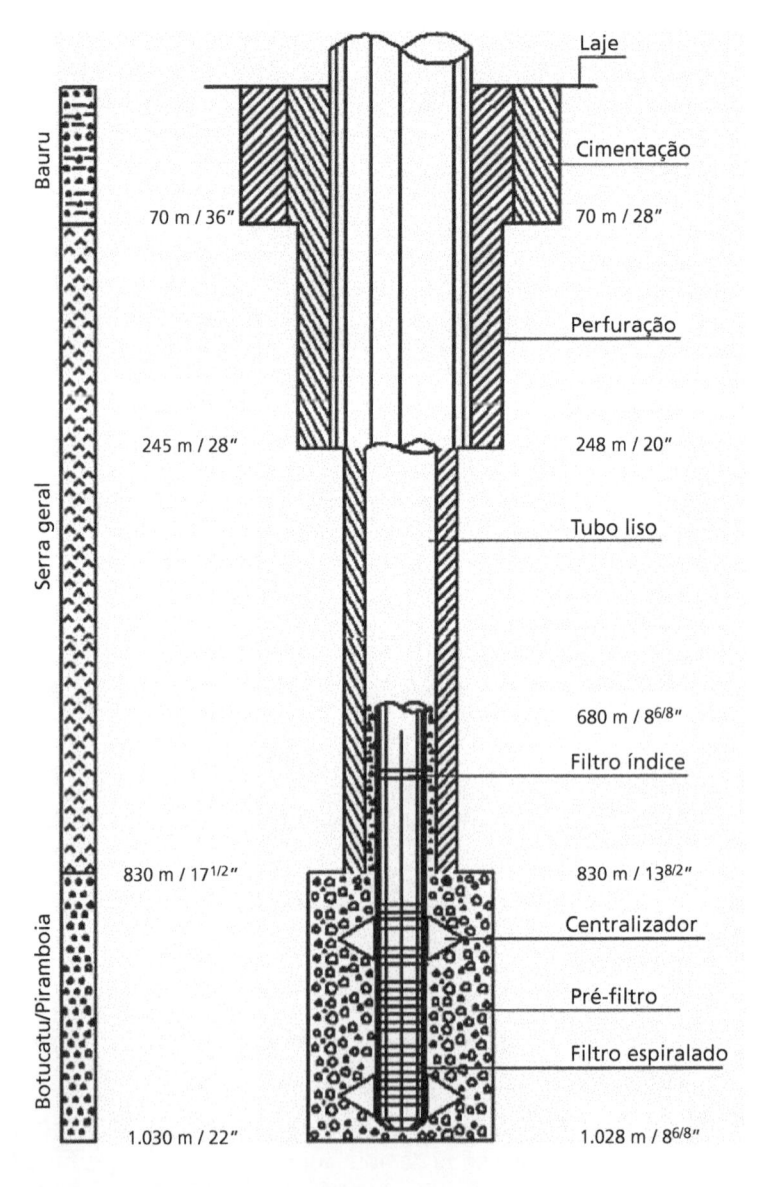

FIG. 7.7 *Poço com profundidade superior a 600 m, subdividido em etapas*

Referências bibliográficas

ABNT – ASSOCIAÇÃO BRASILEIRA DE NORMAS TÉCNICAS. NBR 5601: aços inoxidáveis – classificação por composição química. Rio de Janeiro, 2011.

CESP – COMPANHIA ENERGÉTICA DE SÃO PAULO. Relatório final de poço – Pereira Barreto, São Paulo. Araraquara: Empresa Contep, 1991.

CETESB – COMPANHIA AMBIENTAL DO ESTADO DE SÃO PAULO. Água subterrânea e poços tubulares. 3. ed. São Paulo, 1978. 482 p.

DIN – DEUTSCHES INSTITUT FÜR NORMUNG. 4925-1: threaded unplasticized polyvinyl chloride (PVC-U) water well filter pipes and casings – DN 35 to DN 100 pipes with Whitworth pipe thread. Alemanha, 1999.

DIN - DEUTSCHES INSTITUT FÜR NORMUNG. 8061: Beiblatt 1. Rohre aus weichmacherfreiem Polyvinylchlorid; Chemische Widerstandsfähigkeit von Rohren und Rohrleitungsteilen aus PVC-U. Alemanha, 1984.

Métodos de perfuração, completação e desenvolvimento de poços tubulares

Carlos Eduardo Quaglia Giampá
Valter Galdiano Gonçales

8.1 Seleção do sistema/método de perfuração

Diferentemente dos poços rasos (cacimbas, cisternas), a perfuração de poços tubulares profundos requer técnicas e tecnologias apropriadas, pessoal habilitado e equipamentos adequados. Por isso, os investimentos e riscos operacionais e financeiros são maiores. Na perfuração desses poços, o êxito do trabalho depende de uma série de fatores de ordem técnica e geológica, começando pela escolha e seleção do método de perfuração a ser adotado.

Admitindo-se o princípio de que "um poço é uma obra de engenharia e de hidrogeologia, e não um buraco pelo qual se captam águas subterrâneas" e que o custo de bombeamento é alto, todas as precauções devem ser tomadas para que o poço seja técnica e ambientalmente bem construído, tornando-se uma obra economicamente viável e rentável.

Entre outros requisitos, destacam-se: a locação, o projeto e a seleção do método de perfuração. O projetista deve estar atento e utilizar todos os dados disponíveis para definir o roteiro com toda a segurança possível. Definidos o local e o projeto do poço, ele deverá indicar o método de perfuração a ser adotado. A escolha do método envolve fatores de ordem técnica e econômica e também depende do tipo de poço que se vai perfurar.

8.1.1 Métodos de perfuração

São conhecidos e empregados vários sistemas de perfuração de solo e rochas (Fig. 8.1), conforme os objetivos a que se destinam:

▷ **Sistemas mecânicos:**
- Percussão a cabo;
- Testemunhagem contínua;
- Balde de testemunhagem.

▷ **Sistemas com circulação direta do fluido:**
- Rotativo com circulação direta;

- Rotativo com emprego de martelo ou *down-the-hole*;
- Hidráulico.

▷ **Sistemas com circulação reversa do fluido:**
- Rotativo com circulação reversa;
- Rotativo com circulação reversa com haste dupla;
- Rotativo com circulação reversa com haste dupla e martelo.

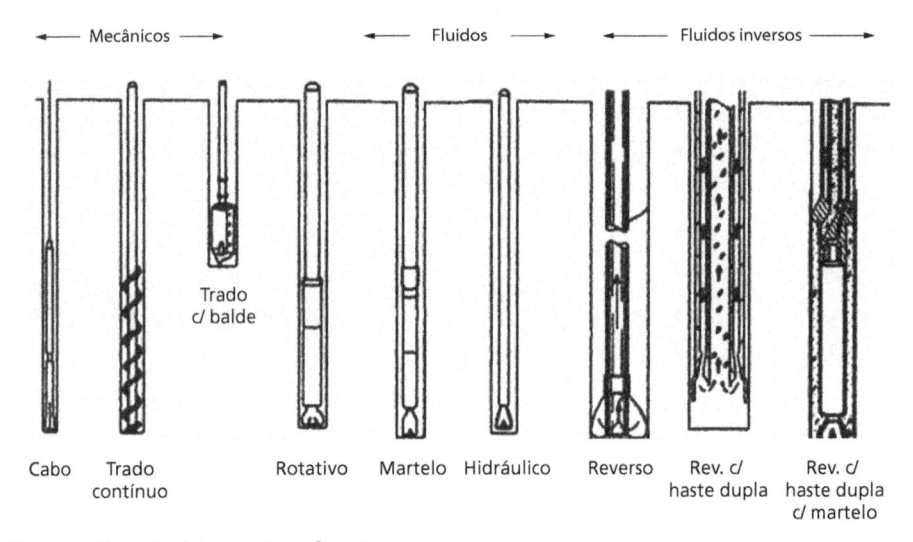

FIG. 8.1 *Tipos de sistemas de perfuração*

8.1.2 Classificação dos métodos por aplicação

A classificação usual é feita com base nos tipos das formações geológicas, adequando características litológicas a determinado processo de perfuração (Tab. 8.1).

8.2 Sistema de perfuração com percussão a cabo

8.2.1 Processo de perfuração

O princípio do método consiste em deixar cair, em queda livre, um conjunto de ferramentas – porta-cabo, percussor, haste e trépano – com peso entre 800 kg e 1 t, suspenso por um cabo e montado num carretel ou tambor. O cabo é acionado por meio de um balancim de curso regulável.

Ao cair em queda livre, o trépano rompe o material rochoso, triturando-o ao mesmo tempo que gira sobre seu próprio eixo, proporcionando um furo de formato circular. O material perfurado, conhecido como fragmento de perfuração, é retirado do furo por meio de uma caçamba. Quando a perfuração

Tab. 8.1 MÉTODOS DE PERFURAÇÃO X TIPOS DE TOCHAS

Formações sedimentares inconsolidadas (aluviões e sedimentos pouco ou não consolidados)		
Método	Vantagens/desvantagens	Risco
Percussão a cabo	Boa amostragem; boa informação de variação do nível d'água; processo lento de perfuração (de 1 m/h a 2 m/h)	Alto/prisão do ferramental
Rotativo, c/circulação direta	Amostragem de padrão médio, rápida penetração (de 5 m/h a 20 m/h); necessário bom controle do fluido de perfuração	Baixo
Rotativo, com injeção de ar	Inadequado	Alto
Rotativo, c/circulação reversa	Boa amostragem e rápida penetração (5 m/h a 20 m/h), mantendo as condições das paredes do poço; fluido à base de água	Baixo

Formações sedimentares consolidadas (calcários, siltitos e calcarenitos)	
Método	Vantagens/desvantagens
Percussão a cabo	Bom rendimento; bom controle de amostragem e de nível d'água; avanço na ordem de 2 m/h a 3 m/h
Rotativo com ar, água ou circulação de fluido	Bom rendimento; boa penetração (6 m/h a 10 m/h), necessitando controle do fluido de perfuração
Martelo/DTH	Rápida penetração (12 m/h a 20 m/h); produz pedaços de detritos; permite amostragem da água

Formações cristalinas (rochas ígneas e metamórficas)	
Método	Vantagens/desvantagens
Cabo	Baixo rendimento (0,4 m/h a 0,7m/h); boa amostragem e variação do nível e de entradas de água
Rotativo com ar, água ou circulação de fluido	Inadequados, pelo alto custo; justifica-se apenas para grandes profundidades e diâmetros, com uso de brocas de dentes de tungstênio e relação peso/área adequada
Martelo	Rápida penetração (6 m/h a 12 m/h); bom controle de amostras e de entradas e volume de água potencial

ocorre em rocha não saturada e não forma uma pasta, torna-se necessária a adição de água para possibilitar a remoção dos detritos.

A altura de caída da ferramenta dentro do poço em queda livre é dada pelo curso do balancim da perfuratriz, que apresenta três ou quatro pontos de regulagem. A operação de subida e descida, ritmicamente, da composição de ferramentas determina a frequência da máquina, que, em geral, pode atingir até 60 vezes por minuto.

8.2.2 Seleção da perfuratriz

Catálogos de fabricantes apresentam, em geral, as características construtivas e técnicas de suas perfuratrizes, indicando suas capacidades para alcançar profundidades variáveis a diferentes diâmetros e em correspondência ao peso da composição das ferramentas de perfuração a serem utilizadas.

O peso da composição das ferramentas de perfuração, por medida de segurança, é estabelecido como pouco menos da metade do peso que o guincho da perfuratriz pode levantar. O fator segurança existe porque muitas vezes, numa operação de pescaria, é necessária a conexão de outra composição de ferramentas para se sacar a primeira, que caiu ou ficou presa dentro do furo.

8.2.3 Sonda perfuratriz

O conjunto básico consiste de:

▷ Guincho com 3 tambores (carretéis: principal, de revestimento e da caçamba);
▷ Torre telescópica (mastro);
▷ Unidade motriz;
▷ Balancim;
▷ Cabos de aço;
▷ Polia de percussão (com amortecedores).

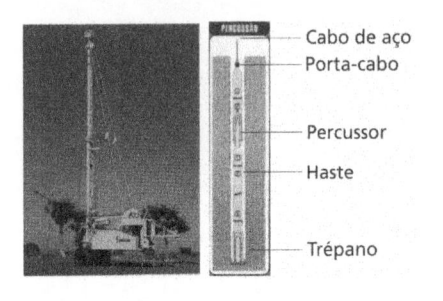

FIG. 8.2 *Sonda percussora: sistema de percussão a cabo*
Fonte: catálogo da Prominas.

8.2.4 Equipamento de perfuração: coluna de perfuração

Basicamente, o conjunto principal de perfuração de uma máquina perfuratriz com percussão a cabo compõe-se de:

a] Cabo de perfuração

É o elemento de sustentação do conjunto de ferramentas, transmitindo os movimentos de subida e descida gerados pelo balancim da perfuração. Para suportar os esforços, os cabos devem possuir flexibilidade e resistência à tração, são fabricados em aço doce (cujo teor de carbono não ultrapassa 0,25%), sem galvanização, com alma de cânhamo ou polivinil. A torção do cabo de aço deve estar à esquerda para que, ao ser tracionado, produza um giro da esquerda para a direita, para apertar as roscas das ferramentas que compõem o conjunto de perfuração. Em perfurações com diâmetros de 6" e 8" e profundidades de até 400 m, geralmente se utilizam cabos de 3/4" e 3/8" de diâmetro, respectivamente, para os conjuntos de perfuração e limpeza.

b] Porta-cabo giratório

É uma pequena barra de aço com uma rosca fêmea na extremidade superior, por onde passa o cabo de perfuração. O cabo, após atravessar o furo superior, é preso ao mandril, que se encaixa dentro do porta-cabo. Seu movimento giratório permite que o trépano não percuta sempre no mesmo ponto, mantendo o furo circular (Fig. 8.3).

FIG. 8.3 *Porta-cabo giratório e mandril*

c] Haste

Consiste numa barra de ferro redondo de diâmetro variável, com duas extremidades rosqueadas nas extremidades – macho e fêmea – para dar peso à coluna de perfuração e manter o cabo estirado, melhorando o alinhamento e verticalidade do poço (Fig. 8.4).

FIG. 8.4 *Haste de perfuração a percussão*

d] Percussor

Ferramenta construída em aço de maior resistência e dureza, composta por dois elos dotados de roscas nas extremidades – macho e fêmea – atuando como elemento de segurança durante a perfuração, prevenindo eventuais "prisões" do trépano. Permite o movimento de batida nos sentidos ascendente e descendente (Fig. 8.5).

FIG. 8.5 *Percussor*

e] Trépano

Ferramenta que se encontra na extremidade da composição de perfuração e executa o trabalho de corte e, por isso, requer atenção especial. Exerce quatro importantes funções: tritura, esmaga, mistura e alarga. Sua forma é bastante variável e, dependendo da formação a ser perfurada, utilizam-se os seguintes tipos:

1. **Trépano regular:** ângulo de penetração obtuso, para rochas duras, e mais agudo, para rochas moles (Fig. 8.6);
2. **Trépano chato:** possui superfície de desgaste pequena, para rochas moles, e grande, para duras;
3. **Trépano estrela:** ângulo de descarga grande, para rochas moles, e pequeno, para duras. É utilizado em zonas fendilhadas, para reduzir desvios no furo.

FIG. 8.6 *Trépano regular*

f] **Pescadores**

São peças empregadas na "pescaria" ou recuperação de outras ferramentas que "caem" ou ficam presas dentro do furo. As principais ferramentas de pescaria são conhecidas como:

1. **Manga cônica ou manga de pescaria:** utilizadas para a recuperação de hastes, percussores e trépanos (Fig. 8.7);

FIG. 8.7 *Pescador de manga cônica*

2. **Arpões:** podem ser do tipo *simples*, empregados na recuperação de cabos de aço, e *duplos*, empregados na recuperação das caçambas de limpeza (Fig. 8.8);

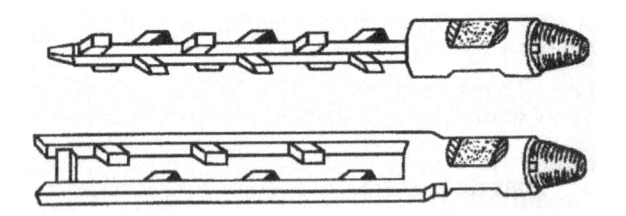

FIG. 8.8 *Pescador de arpão simples e duplo*

3. **Destravadores:** ferramentas empregadas no destravamento do percussor, principalmente nas operações de pescaria (Fig. 8.9);

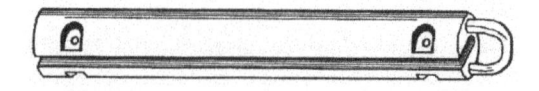

FIG. 8.9 *Destravador de percussor*

4. **Mordentes deslizante e combinado:** instrumentos sofisticados, empregados para capturar as ferramentas no seu corpo e na conexão

rosqueável. São pouco utilizados, pelo alto risco de não se conseguir sacar a composição capturada de dentro do furo (Fig. 8.10).

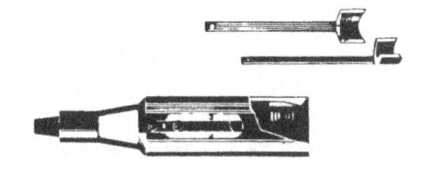

g) **Caçambas de limpeza**

Ferramentas empregadas para remover, de dentro do furo, material perfurado pelos trépanos. Movimentam-se dentro do poço por meio de cabo de aço de 3/8" conectado ao carretel (guincho) de limpeza (Fig. 8.11).

FIG. 8.10 *Pescador de mordente deslizante*

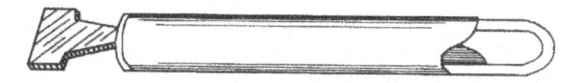

FIG. 8.11 *Caçamba de limpeza*

h) **Equipamentos e ferramentas acessórias**

Além do conjunto básico, são necessários outros equipamentos – ventoinha, elevadores, marreta, chaves etc. – para completar o conjunto para a operação com o sistema de percussão.

8.2.5 Problemas de perfuração a serem considerados

a) **Presença de fraturas**

Os indícios da presença de fraturas são:
- Variações do nível d'água no furo;
- Impossibilidade de recolhimento dos fragmentos quando utiliza-se a caçamba;
- Pequenas e seguidas prisões, trancos no cabo de perfuração.

É importante destacar que a presença de fraturas, fendas e acamamentos nas rochas pode provocar prisões de ferramentas e desvio na verticalidade e alinhamento do furo.

b) **"Pega" de ferramentas e/ou estrangulamento do furo**

Problemas muito comuns quando se perfura em argila, siltes argilosos e folhelhos. Essas rochas formam, no fundo, uma massa pegajosa, impedindo o giro da ferramenta, prendendo o trépano. Outras vezes, estando secas ou quase secas, em contato com a água do furo, essas rochas "incham", em decorrência da hidratação das argilas, provocando redução do diâmetro do furo logo acima do corpo do trépano, o que provoca a prisão do conjunto de ferramentas. A utilização de determinados tipos de argila durante a perfuração também pode contribuir para essa situação. São as chamadas argilas do tipo montmorillonita – que, ao serem hidratadas, têm a propriedade de se expandir rapidamente.

c] **Formações arenosas**

Nessas formações, o principal problema é o desmoronamento das paredes do furo. Para evitá-lo, antigamente eram colocados tubos de cravação à medida que se perfurava. Agora, a simples adição de lama à base de bentonita consegue superar esse inconveniente, apesar de causar outro: a colmatação da Formação Aquífera e, em decorrência, a capacidade de produção do poço (aumento significativo de perdas de carga construtivas). Esse problema atualmente também é solucionável.

d] **Indícios de desvios e "calos" no furo**

Problema muito comum na perfuração a percussão, principalmente quando se perfura em rochas duras. Em perfurações normais, o cabo de aço se manterá no centro do furo e trabalhará sempre bem esticado e tracionado, com uma velocidade adequada de perfuração. Em situações de anormalidade, observam-se rápido desgaste do cabo de aço (por atrito), com risco de rompimento, e desgaste diferenciado do material de perfuração – notadamente da haste e do percussor – e na roldana do balancim.

8.2.6 Amostragem

A grande vantagem da sondagem a percussão é que se pode amostrar corretamente o material que está sendo perfurado. Para tanto, após cada operação de perfuração, é instalada, no fundo, a caçamba de limpeza, que recolherá o material triturado existente. A amostragem deve ser feita a cada 2 m. As amostras devem ser estudadas pelo geólogo ainda no campo, analisadas granulometricamente e acondicionadas em caixas e/ou sacos plásticos para cada intervalo coletado.

8.2.7 Controle do nível e das entradas d'água

Durante a perfuração de um poço para prospecção de água, uma das observações mais importantes é a medição periódica e sistemática do nível d'água. O nível estático (**NE**) de um poço representa o equilíbrio das pressões dos diversos aquíferos (multicamadas ou não) perfurados. Geralmente, uma nova entrada de água provoca modificações no **NE** original. É padrão medir-se o **NE** no início e no fim de cada período de perfuração.

8.2.8 Recomendações operacionais

Algumas recomendações básicas permitirão a execução da perfuração com segurança:

▷ **Aperto do ferramental:** aumentar o comprimento da alavanca junto à corrente (um tubo, por exemplo) facilita a operação;

▷ **Nivelamento da perfuratriz:** durante os trabalhos de perfuração é importante monitorar seu nivelamento, para evitar perder o alinhamento do furo.

▷ Considerar utilizar a lama bentonítica como fluido de perfuração – para manutenção das paredes do furo com maior segurança – e avanço inferior – pela possibilidade do trépano ficar "encerado" pela argila.

8.3 Sistema de perfuração rotativa

Como os sistemas de perfuração a percussão – a cabo e rotativo com ar comprimido – têm limitações para a perfuração de poços com profundidade superior a 400 m em rochas cristalinas e sedimentares muito consolidadas, compete aos sistemas rotativos atuarem nessa faixa.

Sistemas rotativos, com ou sem circulação direta do fluido de perfuração, são os mais adequados para a perfuração em rochas inconsolidadas ou pouco consolidadas, em quaisquer diâmetros e profundidades.

A tecnologia de perfuração rotativa alcançou, num passado recente, progressos consideráveis, graças principalmente ao seu desenvolvimento na indústria do petróleo.

Fabricantes aperfeiçoaram equipamentos com rendimento e desempenho muito eficazes, apoiados por novos produtos e técnicas de preparação de fluidos.

8.3.1 Definição do sistema

O sistema rotativo de perfuração combina o efeito provocado por um peso sobre uma broca que gira, cortando e desagregando a rocha, com o movimento de um fluido em circulação contínua, que remove os detritos cortados, levando-os até a superfície. Existem dois tipos principais de sistemas de perfuração rotativa:

▷ **Circulação direta:** o fluido de perfuração preparado num tanque de lama é injetado no poço através das hastes de perfuração, na sua parte

interna da coluna de perfuração, saindo pelos orifícios localizados na parte inferior da broca. Pela ação da bomba de lama, o material cortado é trazido à superfície, onde é peneirado, e a parte fluida, isenta de sólidos em suspensão, retorna ao poço passando pelo tanque;
▷ **Circulação reversa**: em sentido inverso, os detritos cortados são retirados do furo, succionados através dos orifícios da broca, por ação de bomba de lama ou compressores.

8.3.2 Sistema de perfuração rotativo com circulação direta

Princípio do método

O sistema convencional consiste de:
▷ **Mastro ou torre**, que, com o apoio de um guincho, sustenta a coluna de perfuração;
▷ **Motor**, que transmite energia para a mesa rotativa, com o objetivo de girar e conferir torque à coluna de perfuração;
▷ **Coluna de perfuração**, sustentada pela catarina (roldana) presa à torre, tendo na sua extremidade um conjunto de peças, denominadas *swivel* e *kelly* (haste quadrada), para manutenção da estrutura de perfuração, injeção do fluido de perfuração e obtenção do torque desejado à rotação do conjunto.

As Figs. 8.12 e 8.13 mostram exemplos de sondas rotativas convecionais.

Os detritos produzidos no furo, pela ação da broca, simultaneamente são removidos para a superfície pelo fluido, que, bombeado, circula pelo interior da coluna e sai pelos orifícios inferiores da broca. Esse conjunto é montado sobre um chassi aplicado em carreta, caminhão ou *skid* para facilitar a locomoção.

Componentes do sistema

O conjunto básico é formado pelo chassi, torre ou mastro, guincho e motor. A coluna de perfuração, a mesa rotativa, a bomba de lama e os materiais acessórios completam o sistema:

a] **Coluna de perfuração**

A coluna de perfuração completa (Fig. 8.14) deve ser constituída pelos seguintes componentes:
 • **Swivel ou cabeça giratória:** situado no topo do conjunto, é suspenso por um conjunto de polias da catarina (polia móvel) (Fig. 8.15). No *swivel* é feito o acoplamento com o *kelly*, na parte inferior, e com a bomba de lama, na parte superior (pelas mangueiras e mangotes).

FIG. 8.12 *Sonda rotativa marca Failing (EUA)*
Fonte: Catálogo da Failing

FIG. 8.13 *Sonda rotativa marca Cobrasper (Brasil)*
Fonte: Catálogo da Cobrasper

- **Kelly ou haste quadrada ou sextavada:** barra de aço quadrada ou sextavada, oca, conectada na sua parte inferior à primeira haste de perfuração e na superior ao *swivel*. O *kelly*, passando pelo centro da mesa rotativa, é acionado por ela, rotacionando e permitindo o avanço de todo o conjunto de perfuração (Fig. 8.16).

Esses dois componentes operam acima da boca do poço. Na sequência constam:

- **Hastes ou tubos de perfuração:** tubos de aço resistentes conectados por um sistema de roscas macho/fêmea (*tool joints*), que são utilizados entre os comandos e o *kelly* e permitem a circulação do fluido de perfuração e a sustentação e prolongamento contínuo da coluna (Fig. 8.17).
- **Comandos de perfuração:** tubos de aço com diâmetro externo maior que as hastes, posicionados entre elas e a broca para dar mais peso e equilíbrio à coluna de perfuração e prevenir desvios nos furos (Fig. 8.18).

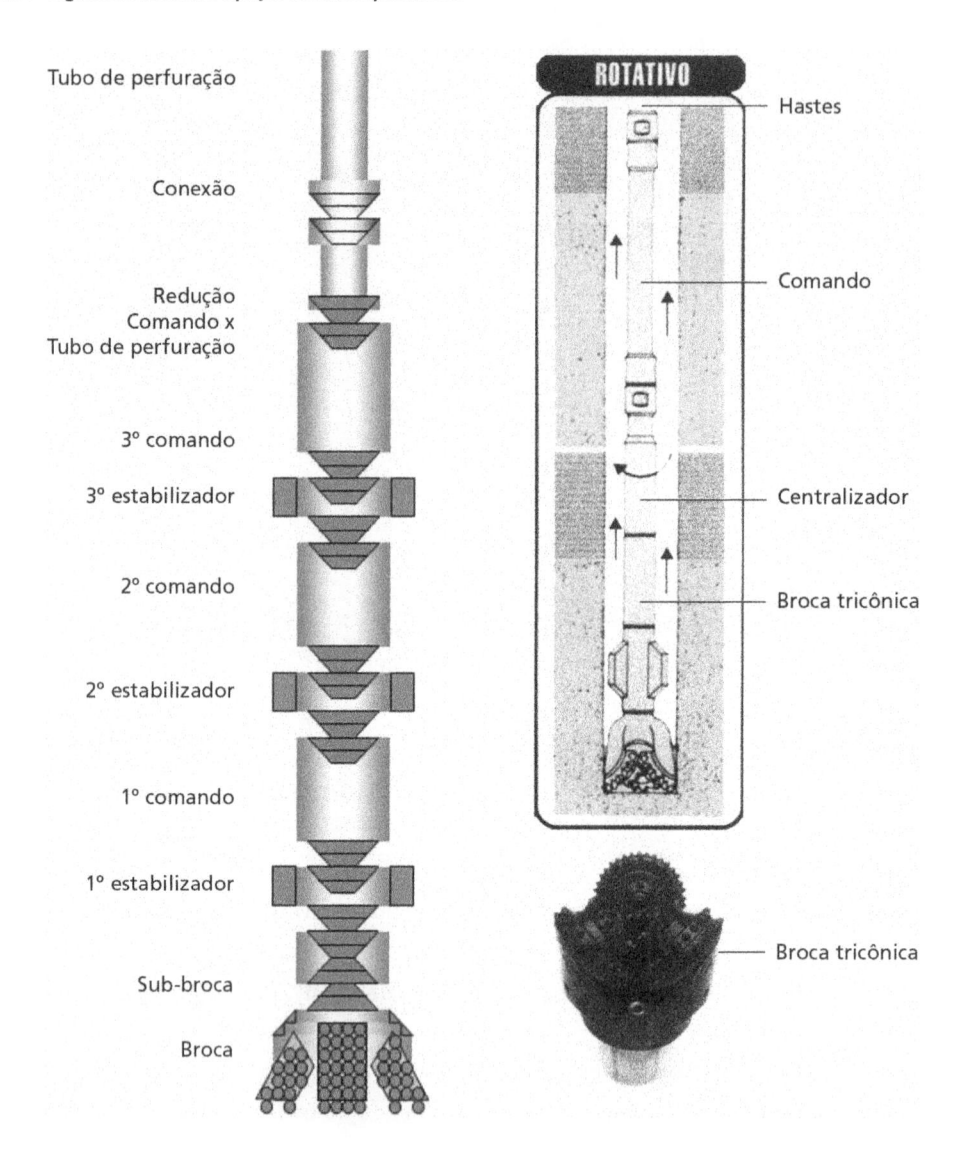

FIG. 8.14 *Coluna de perfuração completa dentro do furo*

- **Broca:** ferramenta de corte posicionada na extremidade inferior da coluna de perfuração, conectada diretamente por *subs* (reduções especiais para adaptação de peças com roscas diferentes) ao primeiro comando. Na perfuração rotativa são usados, em geral, dois tipos de brocas:
    # Rabo de peixe
    # Tricones (Tricônicas)

As brocas rabo de peixe e suas variações são as mais recomendadas quando da perfuração de materiais moles, como argila, siltitos, arenitos argilosos ou não consolidados. São formadas por uma só peça de aço forjado com o corpo oco e contam, na extremidade, com lâminas de arestas cortantes.

As brocas tipo tricones são as mais apropriadas para a perfuração nos demais tipos de formações, desde as duras muito abrasivas, como quartzitos, arenitos consolidados, calcários e basaltos, até arenitos inconsolidados e areias. Os tipos mais utilizados são com dentes fresados e insertos de tungstênio (Figs. 8.19 e 8.20, respectivamente).

FIG. 8.15 *Detalhes da catarina sustentando o swivel*

FIG. 8.16 *Detalhes do* kelly *e da mesa rotativa*

FIG. 8.17 Hastes ou tubos de perfuração

FIG. 8.18 Comandos de perfuração

FIG. 8.19 Dentes fresados

FIG. 8.20 Insertos de tungstênio

Para a utilização das brocas adequadas para cada tipo de formação geológica, tendo em vista sua dureza, é recomendável consultar a classificação das brocas de perfuração, conforme os critérios da International Association of Drilling Contractors (IADC).

Classificação das brocas de perfuração
O International Association of Drilling Contractors (IADC) é um sistema de classificação de brocas em que os primeiros três dígitos as classificam de acordo com a formação para a qual elas foram projetadas e com o sistema de rolamento/selo/refrigeração usado.

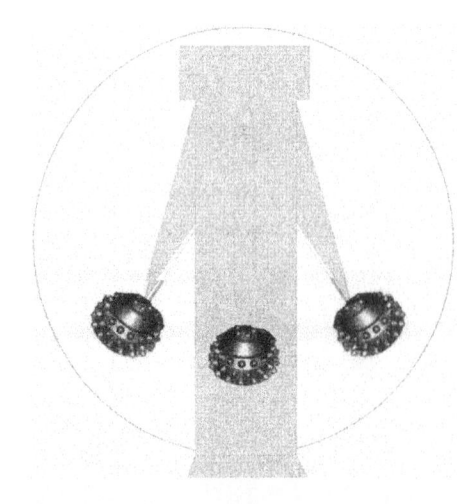

FIG. 8.21 Under reamer

▷ Primeiro algarismo: 1, 2 e 3 indicam brocas de dentes de aço, sendo 1 para formação mole, 2 para formação média e 3 para formação dura. 4, 5, 6, 7 e 8 indicam brocas de insertos de tungstênio para formações, com resistência variando de 4, para formações mais suaves, até 8, para formações mais duras.
▷ Segundo algarismo: 1, 2, 3 e 4 são uma subdivisão da categoria anterior e indicam graus de resistência da formação, sendo 1 para o mais mole e 4 para o mais duro.
▷ Terceiro algarismo: varia de 1 a 7, classificando a broca de acordo com o rolamento/selo e com o tipo de proteção de calibre, como indicado a seguir:
  1. Rolamento convencional;
  2. Rolamento convencional somente refrigerado a ar;
  3. Rolamento convencional com proteção de calibre de insertos de tungstênio;
  4. Rolamento selado;
  5. Rolamento selado com proteção no calibre;
  6. Rolamento Journal;
  7. Rolamento Journal com proteção no calibre.
▷ Quarto algarismo: os seguintes códigos de letras são utilizados, na quarta posição, para indicar algum atributo adicional do projeto da broca:
  - A: Para perfuração a ar;
  - B: Rolamento com selo especial;
  - C: Jato central;
  - D: Para melhor controle direcional;
  - E: Jato com extensão;
  - G: Proteção extra no corpo para calibre;
  - H: Para poço horizontal;
  - J: Jatos estendidos para poço direcional;
  - L: Jatos chatos;
  - M: Para uso de motor de fundo;
  - R: Corpo com soldas reforçadas;
  - S: Broca de dentes de aço normal;
  - T: Broca de dois cones;
  - W: Insertos reforçados;
  - X: Inserto com cinzel;

- Y: Inserto tipo cônico;
- Z: Outros tipos de inserto.

Existem basicamente quatro tipos de brocas tricônicas de perfuração:
- **Brocas com rolamento convencional**: nessas brocas, os cones giram livremente.
- **Brocas com rolamento convencional para perfuração a ar**: os cones são similares aos anteriores, porém possuem injeção de ar direta para refrigerar os rolamentos (não usada para perfuração com fluidos).
- **Brocas com rolamentos selados**: possuem um anel de selo (o-ring) com um reservatório de graxa para a refrigeração dos rolamentos.
- **Brocas com rolamento Journal**: possuem rolamentos cônicos e são refrigeradas somente por graxa/óleo, têm anel de selo (o-ring) e são projetadas para alta performance e rotação.
- *Under reamer*: broca tipo excêntrica para a perfuração de rochas com diâmetros superiores aos diâmetros dos extratos superiores.

b] **Bombas de lama:** conjuntos empregados para a circulação da lama no poço e a consequente remoção do material perfurado. As mais empregadas são as do tipo pistão (duplex) e centrífuga (Figs. 8.22 e 8.23, respectivamente). Suas características devem ser compatíveis com os diâmetros e as profundidades de perfuração, produzindo vazões e pressões requeridas para a limpeza do furo e o avanço da perfuração.

FIG. 8.22 *Bomba de lama duplex completa*

FIG. 8.23 *Bomba de lama centrífuga*

As mais comumente empregadas são:
- Pistão duplex: dimensões tipo = 5" x 6" e 7½" x 12"
    # Bomba de lama: pistão duplex;
    # Tanques de lama: mostrando o circuito em que se processa a remoção de partículas, com a utilização de peneira vibratória, ciclone (desareiador) e tanques de sedimentação até o último tanque, no qual o fluido se encontra em condições adequadas para retorno ao poço (controle de viscosidade, densidade e com conteúdo de sólidos inferior a 3%);
    # Funil para bateador e pistola: para adicionar produtos ao fluido (bentonita, polímeros ou outros).
- **Centrífuga:** dimensões tipo = 3" x 4"; 4" x 5"e 5" x 6";

c] **Mesa rotativa:** trata-se do "coração do sistema rotativo". Constitui-se de um conjunto que recebe energia transmitida por uma unidade matriz, permitindo a rotação da coluna de perfuração pelo *kelly* (Fig. 8.24).

d] **Materiais acessórios:** os principais componentes acessórios de um conjunto rotativo convencional são: cabo de aço; ferramentas de aperto – chaves tipo tong (pinça), de corrente e grifo –; bombas de água; abraçadeiras e cunhas; conectores de roscas; mangueiras e mangotes de alta pressão.

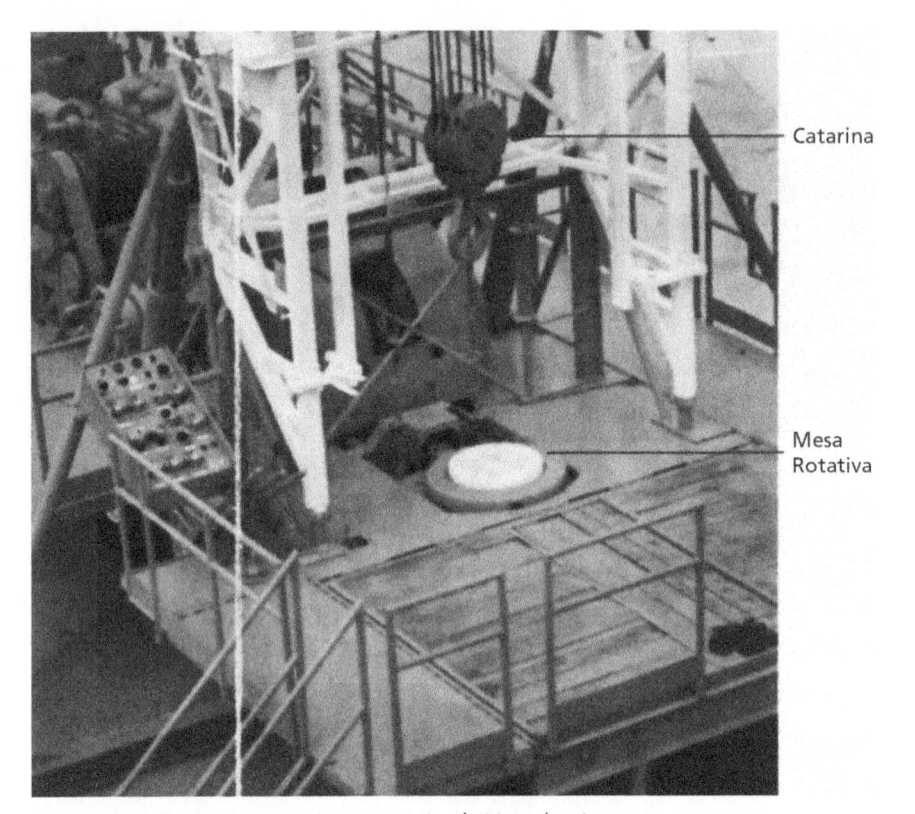

FIG. 8.24 *Detalhe da mesa rotativa e a catarina (roldanas), acima*

8.3.3 Fluido de perfuração

O fluido de perfuração utilizado no sistema rotativo é conhecido como "lama de perfuração", podendo ser classificado em três tipos, de acordo com seu constituinte principal:

a) **Lama à base de bentonita:** utilizada exclusivamente na seção que não tenha potencial de produção de água. Por ex.: na perfuração de rochas basálticas;

b) **Lama à base de polímeros orgânicos, carboximetilcelulose (CMC) ou inorgânicos:** utilizada predominante na porção do poço em que está situado o aquífero a ser explorado e não deve ser contaminada por materiais/lamas que possam reduzir sua permeabilidade natural;

Preparação, acondicionamento e distribuição do fluido de perfuração

Na montagem de canteiro de obra para a perfuração de poço tubular profundo, deve-se projetar e executar um conjunto de tanques e canaletas (valas), conhecido como "chicanas", de preferência revestidos, para o manuseio do fluido de perfuração a ser empregado. Sugere-se a construção de um tanque de decantação pelo qual os detritos retirados do fundo do furo chegam à superfície e são lavados. Recomenda-se que seu volume tenha cerca de duas vezes o volume previsto do poço a ser construído e local adequado para armazenamento do material cortado durante a perfuração. Pelas chicanas, e eventualmente equipamentos específicos – peneiras vibratórias e desarenadores com hidrociclones –, aceleram-se a decantação dos sólidos, facilitando a separação da fração fluida. A lama chega ao tanque de armazenamento de onde retorna ao poço, mediante sua reinjeção no furo, fechando-se, então, o circuito (Fig. 8.25).

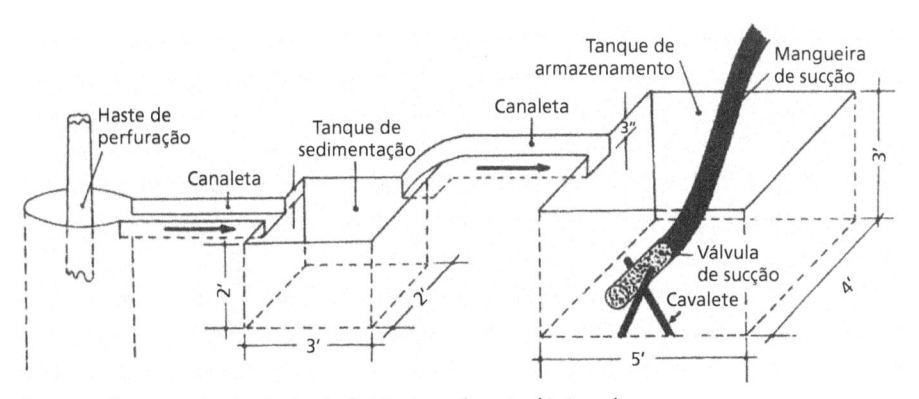

FIG. 8.25 *Esquema da circulação do fluido de perfuração (de lama)*

Funções da lama de perfuração

Para que a lama de perfuração desempenhe sua função, deve satisfazer às seguintes condições:
- Aliviar a pressão vertical na formação imediatamente abaixo da broca;
- Separar, na superfície, os detritos de perfuração;
- Lubrificar a broca e as hastes de perfuração;
- Estabilizar as paredes do furo, exercendo uma pressão superior à da formação a vencer a pressão hidrostática em aquíferos confinados;
- Formar um filme (reboco) nas paredes do furo, para protegê-las da erosão do fluido circulante e selar a formação para evitar perdas de circulação;
- Manter em suspensão os detritos quando parar a circulação do fluido.

Característica da lama de perfuração

Durante os trabalhos de perfuração, é necessário que se faça um controle contínuo da lama, medindo-se e adequando suas principais características:

- **Densidade:** é o peso da lama por unidade de volume. Nos instrumentos comumente utilizados, a densidade é dada em libras por galão. Aumenta-se a densidade de uma lama para assegurar suficiente carga hidrostática e prevenir influxos dos fluidos da formação geológica ou desmoronamento das paredes do furo, valores mais usuais em perfurações convencionais ficam entre 1,25 lb/gal e 1,30 lb/gal.
- **Viscosidade:** é a propriedade dos fluidos de oferecer resistência ao escoamento. Para medir a viscosidade existem diversos aparelhos, porém o mais usual é o funil *marsh*. Os valores recomendáveis nas operações ficam entre 35 s e 45 s.

Observação: na zona em que o aquífero é surgente, o fluido deverá ser à base de polímeros compatíveis com os sólidos dissolvidos na água, seja sal (cloreto de sódio), seja baritina, que vai conferir peso adequado ao fluido. A densidade do fluido (**df**) em **lb/gal** é necessária para manter um poço jorrante sob controle. Considerando que a profundidade do aquífero responsável pelo jorro do poço seja **h**, medida em metros, e que a pressão na cabeça do poço seja p, em **kg/cm²**, a **df** é a seguinte:

$$df = ((118{,}43p + 11{,}84h)/(1{,}42h)) + 1 \qquad (8.1)$$

Em casos extremos de alta pressão na cabeça do poço, o fluido de perfuração poderá ser misto com adição de baritina ou sal de cozinha para atingir o peso necessário para manter contida a jorrância.

c] **Layout de um canteiro completo de perfuração:**

A Fig. 8.26 mostra uma sugestão de um modelo completo de canteiro de perfuração, com ênfase no circuito de fluido de perfuração (lama).

8.3.4 Fatores que afetam a perfuração

Perdas de circulação

As perdas de circulação compreendem a perda parcial ou total da lama de perfuração através dos vazios das rochas (fraturas ou cavernas de disso-

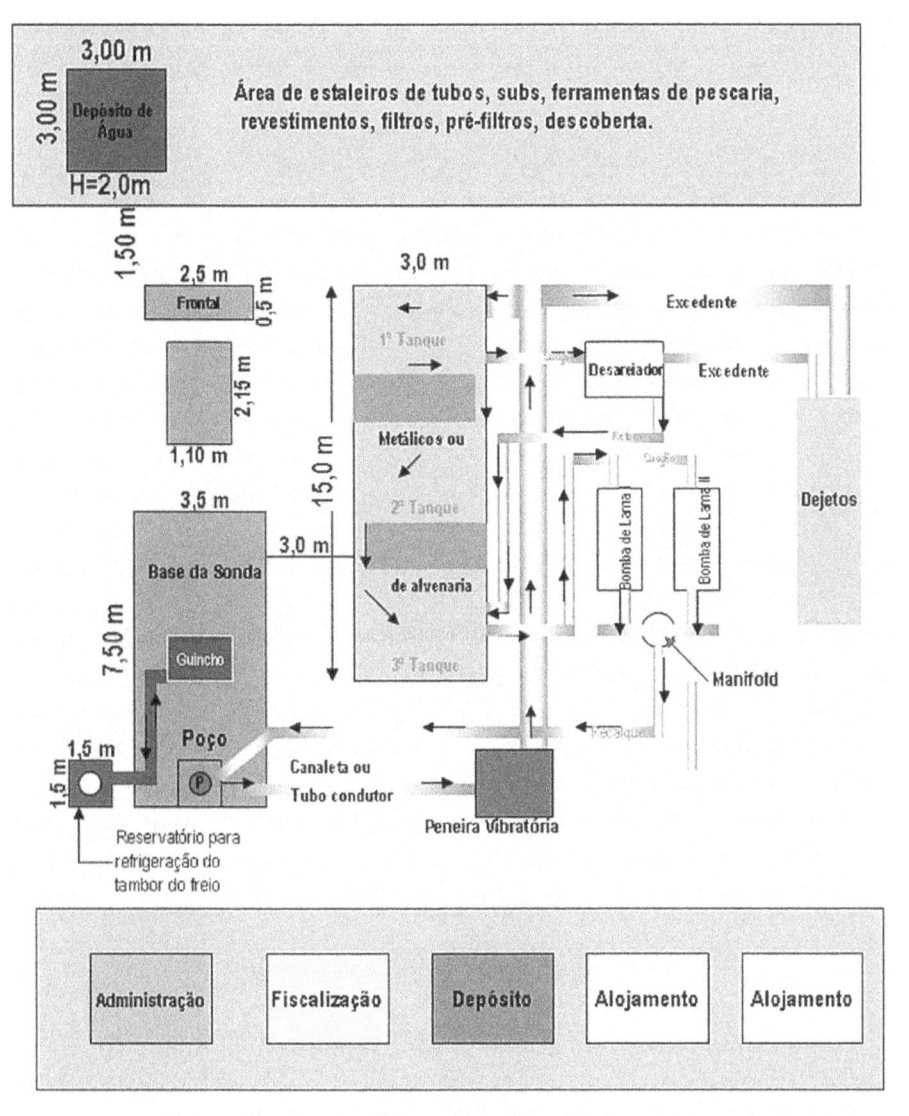

FIG. 8.26 *Layout de um canteiro de perfuração*

lução). Elas ocorrem quando se perfura material muito poroso, permeável e/ou fraturado. Para evitá-las, é necessário cimentar esses intervalos ou, se possível, utilizar lama que colmate a parede do furo.

Fatores mecânicos

A eficiência da perfuração está condicionada a três fatores de origem mecânica, cujas relações, caso não estejam adequadas, retardarão muito os avanços. São eles: o peso sobre a broca, a velocidade de rotação da mesa rotativa e o tipo de broca para a formação a ser perfurada.

Limpeza do furo
Caso a lama tenha baixa viscosidade e densidade, ela poderá não carrear convenientemente os detritos para fora do furo, tendendo a depositá-los em suas paredes e no seu fundo, acarretando a "prisão" das hastes de perfuração e/ou da broca. Nesses casos, a pressão e a vazão das bombas de lama também são componentes limitantes ao desempenho desejado.

Prisão do ferramental de perfuração
Em situações em que as formações aquíferas possuam intervalos argilosos, pode ocorrer a hidratação das argilas, com redução do diâmetro de perfuração (numa cota superior a em que se está trabalhando e cortando a rocha) e consequente aprisionamento do ferramental de perfuração (hastes, comandos e brocas). Como as condições e situações são específicas, não há solução predeterminada, mas uma das medidas mais corriqueiras é a adição, na lama, de produtos dispersantes de argilas (polifosfatos).

Pressão hidrostática
Em poços rasos, a pressão nos poços da formação é aproximadamente igual ao gradinte do nível freático. Quando o nível freático está próximo à superfície, temos a seguinte relação:

$$Pp = 0{,}0052 DW\ (8.33\ lb/gal) \tag{8.2}$$

Porém, quando o nível freático é profundo, temos:

$$Pp = 0{,}052\ (Dw - Dt)\ .\ (8{,}33\ lbs/gal) \tag{8.2}$$

Em que:
Pp = pressão da formação (psi);
Dt = profundidade do nível freático (pés);
Dw = profundidade do poço (pés);

A pressão hidrostática da coluna de lama é dada por (Eq. 8.3):

$$Pm = 0.052 DW.YM \qquad (8.3)$$

Em que:
Pm = Pressão hidrostática da coluna de lama (psi);
DW = Profundidade do poço (pés);
YM = Densidade de lama (lb/gal).

A pressão diferencial, isto é, **Pm - Pp**, afeta a velocidade de perfuração e pode causar consideráveis perdas de lama, através de formações mais permeáveis.

8.3.5 Amostragem

Na perfuração rotativa de poços para água, as amostras, quando convenientemente coletadas, ajudam na identificação das formações aquíferas. As amostras devem, preferencialmente, ser coletadas a cada 2 m, aumentando a frequência quando a ocasião justificar.

É preciso considerar que a amostra coletada não representa a profundidade perfurada, pois se deve descontar o chamado "tempo de retorno" do material na lama, do fundo do furo à superfície. Ao chegar à superfície, a lama é peneirada conforme escoa na calha em que são coletadas as amostras. São as chamadas "amostras de calha", lavadas e acondicionadas em sacos plásticos ou em caixas de madeira com divisórias, para serem descritas e analisadas. É importante evitar a perda das partículas muito finas no momento da lavagem, porque são importantes na identificação dos aquíferos.

8.3.6 Controle dos parâmetros de perfuração

Durante a realização dos trabalhos de perfuração propriamente dita, quando dados são coletados, utilizados, medidos ou verificados, sugere-se anotar essas informações em tabelas para controle e posterior verificação, além de suas várias utilizações. Essas tabelas podem conter:

▷ Tempo de avanço ou penetração da perfuração – para a montagem da coluna de perfuração ou controle do desgaste das brocas ou dos *bits*.

▷ Parâmetros do fluido de perfuração – para controle e utilização adequada nos trabalhos de perfuração.

▷ Consumo de combustíveis – mensuração e controle da eficiência dos motores.

Sugerimos a utilização do termo BDP – *Boletim Diário de Perfuração*, conforme os modelos apresentados nas Figs. 8.27 e 8.28.

BOLETIM DIÁRIO DE PERFURAÇÃO

OBRA: _____ N. _____

LOCAL: _____

DATA DE INÍCIO: _____

Data	Intervalo		Tempo		Penetr. (min/2m)	Broca (diâm. pol)	Peso s/ broca	Fluido de Perfuração			Observação
	de	a	início (hs)	término (hs)				viscosidade	peso específico (lb/gal)	ph	

FIG 8.27 *Boletim diário de perfuração* (1)

8.4 Sistema de perfuração rotativa com ar comprimido: martelo ou *down-the-hole*

O emprego de equipamento de perfuração rotativa utilizando-se ar comprimido como fluido de perfuração em substituição à lama é um grande avanço na tecnologia de captação de águas subterrâneas em rochas duras. O sistema decorre da atuação do ar comprimido, produzido em altas pressões e grandes volumes, que, uma vez lançado pela coluna de perfuração, constituída pelas hastes, permite o acionamento de um martelo pneumático e de uma ferramenta de corte da rocha (*botton bit*).

O ar comprimido, passando por um equipamento especial, denominado martelo, dotado de um sistema de pistões, provocará percussões que acionarão o *botton bit* localizado logo abaixo, que irá perfurar a rocha, cortando-a em fragmentos.

8 | Métodos de perfuração, completação e desenvolvimento de poços tubulares

BOLETIM DIÁRIO DE PERFURAÇÃO (2)

Registro do Controle de Materiais de Corte, do Fluido e de Combustível
Obra: Data início:
Local: Semana:

BROCA		PERFUNDANDO			METROS	TEMPO	FLUIDO DE PERFURAÇÃO				COMBUSTÍVEL		
n°	diâmetro	De	m	A m		(h)	dia	espécie	quantidade Kg	Viscosidade inicial após	dia	quantidade	metros perfurados

RESUMO   OBSERVAÇÕES

Broca   número
Acumulado   metros perfurados   m
            horas de perfuração hs

FIG 8.28 *Boletim diário de perfuração (2)*

A rotação contínua da coluna de perfuração, acionada pelo cabeçote hidráulico rotativo ou similarmente pelo *kelly* e mesa rotativa, manterá a circularidade do furo e comandará o avanço da perfuração (*pull down*). O volume de ar, passando pelo martelo, sairá pelos orifícios centrados na base do *bit*, retornará à superfície, removendo os detritos retirados, pelo espaço anular entre a parede do poço e a coluna de perfuração, limpando o fundo do furo e permitindo o avanço da perfuração.

8.4.1 Características operacionais do sistema

Esse sistema requer equipamentos similares ao sistema rotativo convencional, substituindo-se o fluido de perfuração à base de lama por ar comprimido. Com emprego de um martelo pneumático para percutir uma broca especial (*bit*) em sua extremidade inferior, a coluna de perfuração é acionada por um cabeçote hidráulico rotativo móvel em vez do conjunto *kelly* e mesa rotativa, do sistema convencional.

O cabeçote é conhecido como *top drive*, sendo acionado pela energia transmitida pelo motor, ao conjunto, o que permite sua rotação e translação ao longo do mastro, quando impulsiona a coluna de perfuração para baixo (*pull down*), promovendo o avanço da perfuração. A rotação do cabeçote deve oscilar entre 10 rpm e 30 rpm, e as velocidades menores são adequadas para trechos de rochas mais duras e abrasivas. Simultaneamente, compressores deverão produzir ar comprimido com pressão suficiente para acionar o martelo pneumático. Recomenda-se o emprego de equipamentos que produzam 250 psi a 350 psi – 17 kg/cm² e 24 kg/cm².

Para a remoção eficaz dos fragmentos cortados pelo bit, é recomendável que a velocidade de ascensão dele atinja, no mínimo, 900 m/min a 1.000 m/min. O volume de ar requerido é função direta da profundidade, do diâmetro do espaço anelar (espaço entre o diâmetro da perfuração – dado pelo *botton bit* e a coluna de perfuração, as hastes) e do volume de água contido.

O martelo é o equipamento que, acionado pelo ar comprimido, imprime ao bit um mínimo de 1,3 mil a 1,5 mil percussões por minuto (**ppm**), propiciando a perfuração propriamente dita. As características construtivas determinam seu rendimento e durabilidade. A broca conhecida como broca de botão ou *botton bit* é uma ferramenta cortante, construída em aço, com insertos de tungstênio.

Esse método permite ao operador, quando estiver perfurando rochas consolidadas ou compactas, detectar zonas fissuradas, potencialmente produtoras de água e, nesse caso, estimar o volume de água produzido. Além de

FIG. 8.29 *Sonda rotopneumática R 4 H*
Fonte: catálogo Prominas.

possibilitar a constatação da presença de água durante a perfuração, pode, em função do volume de água, diâmetros e profundidade da perfuração, limitar seu avanço, ocasionando até a sua conclusão em virtude da capacidade dos compressores em perfurar e bombear.

No item 8.4.3 encontram-se descritos tipos e especificações de ferramentas empregadas nesse sistema e tabelas para cálculos do emprego adequado desse método.

8.4.2 Principais componentes do sistema

Componentes que operam acima da boca do poço (Fig. 8.30):

▷ Cabeçote hidráulico rotativo ou *top drive*;
▷ Mastro simples ou duplo, no qual desliza no sentido vertical, ou *top drive*;

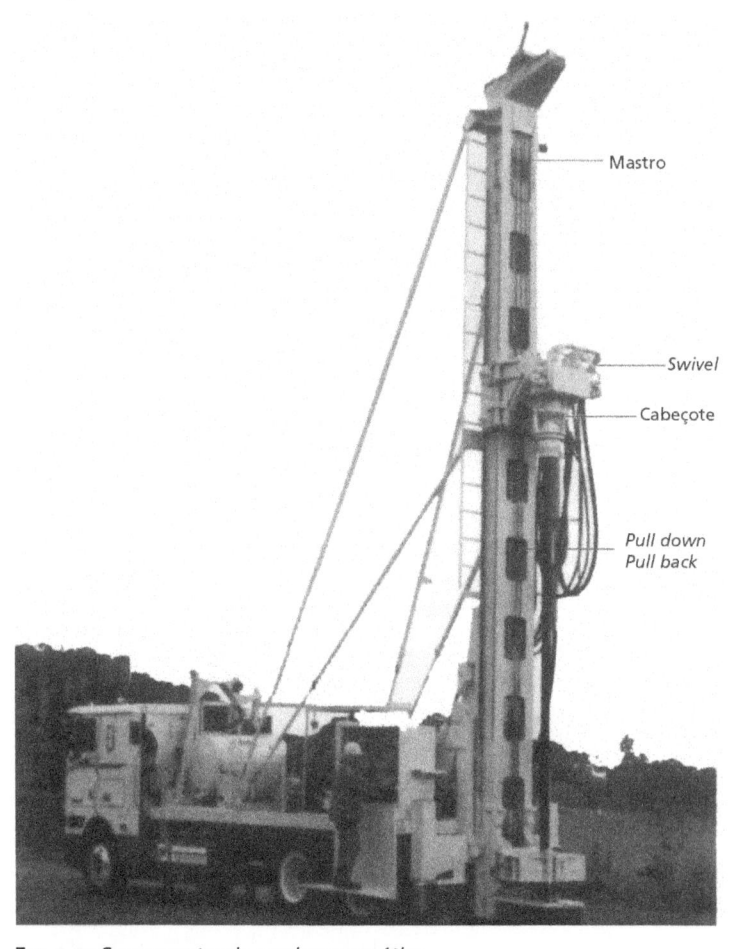

FIG. 8.30 *Componentes da sonda pneumática*

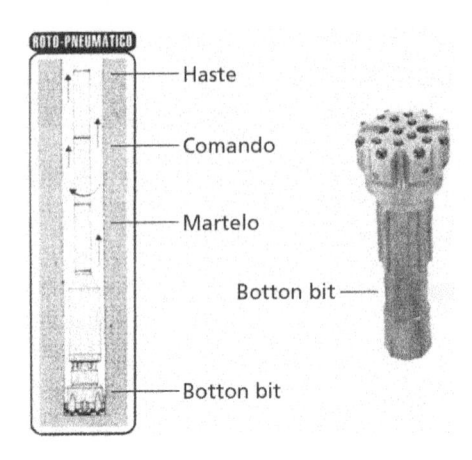

FIG. 8.31 *Coluna de perfuração rotopneumática*
Fonte: catálogo Prominas.

FIG. 8.32 *Martelo pneumático*
Fonte: catálogo Prominas.

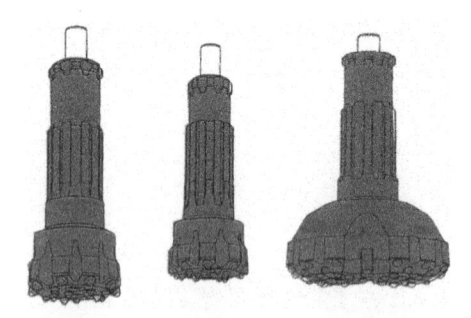

FIG. 8.33 Button bits
Fonte: catálogo Prominas.

▷ Sistema de *pull down* e *pull back*, mecânico ou hidráulico afixado no mastro;
▷ *Swivel* ou cabeça de injeção;
▷ Coluna de perfuração rotopneumática (Fig. 8.31)

Composta por:
- Hastes e comandos de perfuração;
- Martelo pneumático Hammer (Fig. 8.32);
- Broca de tungstênio *botton bit* (Fig. 8.33);

Materiais acessórios

Os principais componentes acessórios desse conjunto são: cabo de aço, bombas de água com pressão, mangueiras e mangotes de alta pressão;
▷ Compressores de alta vazão e pressão (Fig. 8.34).

8.4.3 Usos e vantagens do sistema

Rochas duras

O uso desse sistema – principalmente em rochas como granitos, gnaisses e quartzitos – permite alta velocidade de penetração (mais de 6 m/h), possibilitando a perfuração em grandes diâmetros. A profundidade de perfuração é limitada pela presença de fraturas ou fendas com água.

FIG. 8.34 *Compressores de alta vazão e pressão*
Fonte: catálogo Ingersol Rand.

Rochas medianamente duras

Utilizando-se o sistema *down-the-hole* em rochas – basaltos, calcários, filitos e arenitos consolidados –, pode-se obter avanços significativos na perfuração, resultando em rendimento elevado (mais de 15 m/h). Essas rochas, por serem menos abrasivas, provocam menor desgaste no ferramental (martelo e *bit*).

Condições de operação do sistema

Os equipamentos que operam esse sistema são constituídos por componentes que facilitam, de forma singela e completa, os controles necessários para se obter bons resultados, com segurança e custo adequado. É possível determinar o torque a ser aplicado sobre o bit (*pull down*) e no sentido inverso, de baixo para cima (*pull back*), além de promover, com rapidez e segurança, a conexão das hastes de perfuração, o que, em termos de custo, é muito expressivo.

8.5 Sistema de perfuração rotativa com circulação reversa

8.5.1. Características operacionais do sistema

As operações desse sistema são basicamente iguais às da perfuração rotativa com circulação direta, com a diferença que o fluido da perfuração com o material cortante sai pelo ferramental, passando sucessivamente pela broca, os comandos, as hastes e o *swivel*, entrando na bomba pela parte da sucção. A descarga se dirige a um grande tanque, no qual os materiais são depositados e decantados. Do tanque, o fluido passa por gravidade ao poço, entrando pelo anel formado pelas paredes e o ferramental, mantendo o nível igual.

A coluna do fluido atua de modo similar ao ser usada na circulação direta, ainda que a composição seja diferente e possa ser descrita como água com lama. As argilas e siltes em suspensão nesse fluido são, em sua maioria, materiais incorporados à água durante a perfuração e que devem ser removidos com a utilização de desarenadores e dessiltadores. Praticamente não se utilizam fluidos à base de bentonita e outros aditivos, com o objetivo de conferir viscosidade ao fluido.

Ao utilizar água como fluido, mantêm-se inalteradas as paredes do poço e evita-se a colmatação do aquífero. A prevenção do colapso das paredes é obtida mantendo-se o nível (cota) do poço igual ao do tanque. A pressão hidrostática do fluido, aliada à inércia ao descer, em baixa velocidade, pelo anel entre o poço e o ferramental, mantém as paredes estáveis e não causa erosão. Parte da água se perde nas formações permeáveis e é necessário repor, em quantidade suficiente, especialmente na perfuração de formações muito permeáveis.

Podem haver problemas nas paredes do poço, quando se perfuram argilas ou folhelhos que, hidratados, podem alterar as condições do poço (diâmetro, principalmente). Resolve-se isso com a adição de soda cáustica para elevar o pH do fluido para de 8 a 9,5, caso os materiais estejam saturados. Argilas secas e porosas não se estabilizam com incrementos do pH, e, nesse caso, usa-se silicato de sódio em proporções de 4% a 10%. Se ainda assim o problema persistir, usa-se uma bentonita de alta viscosidade, baixa densidade e pouca perda de água.

O tanque de decantação deve ter um volume pelo menos três vezes superior ao do material que será removido durante a perfuração. A circulação do fluido deve ser realizada com vazões superiores a 80 m^3/h, empregando-se bombas de grande capacidade, com passagens largas para suportar o bombeamento dos materiais.

As hastes de perfuração devem ter 6" de diâmetro, para que passem por elas pedaços de material cortado de até 4"ou 5". Pode-se utilizar ainda hastes com diâmetro de 4,5" com parede dupla ou com condutor lateral para o ar. Recomenda-se o emprego de baixa velocidade de descida do fluido (18 m/min ou menor) e que as velocidades de rotação variem de 10 rpm a 40 rpm. As brocas devem ser adequadas para formações moles (as brocas são dotadas de furos maiores que as do sistema convencional, porque devem permitir a entrada – via sucção – de partículas de grande tamanho).

8.5.2 Vantagens e desvantagens do sistema

As condições que limitam o uso desse sistema são:
▷ Grande quantidade de água necessária para manter o fluxo do fluido;
▷ Nível estático muito alto;
▷ Presença de seixos grandes.

A maior parte dos problemas são solucionados com uma eficiente alimentação de água, revestindo e cimentando a parte superior do poço. Em seixos, é necessário usar outro método de perfuração para atravessar essas formações. A perfuração com circulação reversa é a forma mais eficiente de perfuração de poços de grande diâmetro em formações pouco consolidadas.

Um equipamento normal pode perfurar até 140 m ao nível do mar, por causa da limitação da sucção da bomba, porém, com a introdução do bombeamento com ar comprimido, podem ser atingidas profundidades maiores. Esse sistema não utiliza lama de perfuração, o que é vantajoso, pois permite um desenvolvimento simples e efetivo do poço, com muitos poucos danos nas formações aquíferas.

8.6 Completação de poços tubulares

8.6.1 Instalação da coluna de revestimento

Na sequência da perfuração e após a realização da perfilagens programadas, faz-se a checagem de todas as informações até então obtidas: perfil estratigráfico encontrado, análises litológicas, características das rochas perfuradas, análise do perfil de avanço e dos perfis geofísicos executados e, com base nos elementos disponíveis, determina-se, na coluna de revestimento a ser instalada, a posição de filtros, intervalos, posição de centralizadores, câmaras de bombeamento, posição de pré-filtro e eventuais selos que possam vir a ser necessários.

Essa coluna de produção é composta de tubos lisos, filtros e centralizadores. Sua instalação pode se dar de forma solidária, telescópica ou não, soldada ou rosqueada, e ainda segmentada.

Tubos lisos

Na situação anterior obtivemos a definição da posição dos tubos, da câmara de bombeamento (função do nível piezométrico, do volume de bombeamento esperado e da vazão específica provável) e dos demais elementos, principalmente da coluna de filtros. Essa coluna, que pode ser única ou segmentada, dependendo de seu peso, deve considerar os aspectos de segurança e do monitoramento da instalação do pré-filtro no poço.

Em alguns casos específicos (caso do sistema aquífero Guarani e de formações semelhantes), é possível usar uma coluna parcial, ou seja, de revestimento somente da zona produtora. O revestimento parcial, denominado líner, poderá ter filtros indicadores (filtros índices) que auxiliarão no momento da instalação do pré-filtro. Será utilizada uma peça com rosca esquerda, possibilitando que a coluna seja deixada no local definido. Toda a coluna deve ter centralizadores. Devem ficar equidistantes de 12 m a 18 m, na zona produtora, e podem ser simples (em poços de até 300 m) ou do tipo cesto de molas.

Filtros

A coluna de filtros é instalada de acordo com dados obtidos na amostragem e nas perfilagens (de avanço e geofísicas), e deverá estar diretamente nas zonas potencialmente produtoras do aquífero. Em princípio recomenda-se sua instalação para que pelo menos 70% de toda a zona de produção seja aproveitada.

Em aquíferos multicamadas, comuns em determinadas formações, e quando são de baixa transmissividade, recomenda-se o máximo de aproveitamento. Para não provocar perdas de cargas com filtros com abertura diminuta, utiliza-se filtros com abertura mínima de 0,75 mm a 1 mm, obtendo-se, com o maciço filtrante (pré-filtro) adequado, uma retenção hidráulica boa e confiável para que o poço não seja comprometido produzindo finos.

Em poços mais profundos, para se obter maior resistência à tração dos filtros, pode-se utilizar filtros de aço inoxidável com abertura de 0,5 mm. Em casos extremos, recomenda-se a aplicação de filtros jaquetados (revestidos internamente com tubo liso perfurado), dando resistência à coluna ao colapso.

Na sequência (Fig. 8.35), são apresentadas ilustrações de perfis de filtros comerciais, espiralados, de chapa perfurada ou estampados e de PVC. Tomando-se uma abertura padrão para as ranhuras equivalente a 1 mm, é informado o percentual médio de área aberta de cada filtro e apresentadas as condições normais de fluxo de água.

Espiralado — 31% área aberta

Estampado — 12% área aberta

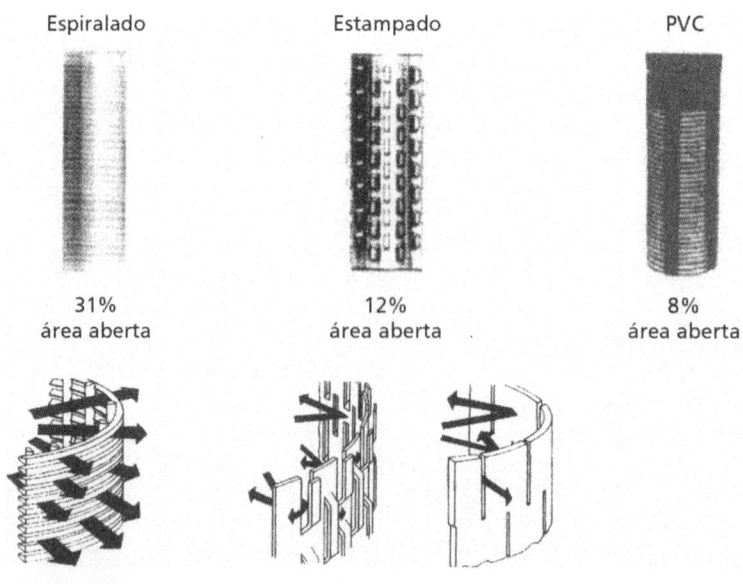

PVC — 8% área aberta

FIG. 8.35 *Tipos de filtros*

Observações

a] Instalação de coluna de revestimento em poços não surgentes

A instalação da coluna de tubos lisos e filtros deve ser precedida de um recondicionamento do fluido de perfuração para garantir as propriedades reológicas, podendo, nessa etapa, manter viscosidade de 40" no funil *marsh*. Essa condição é fundamental para assegurar uma adequada instalação do pré-filtro e reduzir a espessura do reboco e das perdas de cargas de construção do poço.

b] Instalação de coluna de revestimento em poços surgentes

A instalação da coluna de tubos lisos e filtros deve ser precedida de um ajuste do fluido de perfuração para garantir que, durante a instalação, o poço não entre em operação, porque ocorreria a perda de materiais e do próprio poço.

É fundamental o monitoramento do fluido, para que se possa manter condições de peso e viscosidade que evitem que o poço tenha surgência antes e durante a sua completação com pré-filtro. Devem ser mantidas as condições de viscosidade até acima de 40/45 e de peso específico elevado, utilizando-se sais específicos, conforme mencionado no item 8.3.3, observações e até mesmo um fluido que contenha mais do que 3% de sólidos em suspensão.

8.6.2 Seleção e instalação de pré-filtro

Seleção

O diâmetro médio (D 40) do pré-filtro é função direta da abertura do filtro, já definida. A granulometria do pré-filtro, conforme a granulometria do aquífero, deve possibilitar a utilização de um filtro com boa abertura e passagem de água por metro linear, para reter hidraulicamente as partículas finas da formação, impedindo a produção de areia durante a exploração do poço.

O pré-filtro deve ser bem selecionado, quartzoso, arredondado e não estar contaminado com poluentes físicos ou químicos em sua fonte, transporte e armazenamento. É recomendável aplicar hipoclorito de sódio durante a injeção de pré-filtro, promovendo uma primeira desinfecção.

Injeção de pré-filtro

A injeção de pré-filtro em zona não surgente deve ser precedida de recondicionamento do fluido de perfuração e redução da viscosidade do fluido para cerca de 30 s a 35 s no funil *marsh*. Em poços jorrantes, o peso do fluido deve ser mantido. A injeção deve ser realizada a uma taxa constante, para preencher o espaço anelar de forma contínua.

Contrafluxo

Deve-se descer a coluna de hastes até cerca de 5 m acima do fundo do revestimento. No topo do revestimento, o espaço anelar entre a haste e o tubo é fechado com chapa de aço revestida, na área de contato, com borracha ou similar, para forçar o fluxo de retorno pelas aberturas dos filtros e do espaço anelar.

Entre o tubo de boca e o tubo de revestimento instalam-se, no mínimo, 12 m de tubo de 2" de diâmetro, conectado na parte superior com um funil ou um dispositivo qualquer para receber o pré-filtro e aduzi-lo ao poço. É inserido uma mangueira com água corrente para auxiliar a descida do pré-filtro.

Após o recondicionamento e a redução de viscosidade, passa-se a injetar fluido por circulação direta pelas hastes, com vazão adequada para não provocar retorno do pré-filtro. Usualmente, lança-se de 60 L/min a 90 L/min de fluido com pré-filtro através do funil.

O volume injetado deve ser sempre calculado e comparado com o projetado. Quando o último filtro for preenchido, haverá perda de circulação do fluido, indicando que se deve paralisar o bombeamento, completando o restante por gravidade.

Quando o revestimento é descido com rosca à esquerda, o processo é semelhante. Ao chegar próximo ao volume teórico, paralisa-se o processo por cerca de duas ou três horas. Caso o filtro índice não seja preenchido, lança-se o volume de pré-filtro correspondente entre o filtro índice e a rosca esquerda. Repete-se a operação até se preencher o filtro índice. Após o preenchimento, saca-se o pino da rosca esquerda.

Injeção com circulação reversa com poço aberto

O esquema de montagem é igual ao anterior. O pré-filtro é lançado com água ao poço. O volume de injeção é de 60 L/min a 90 L/min. Observe que a coluna de perfuração (hastes) está no fundo do poço. A sucção se dá por ar comprimido ou bomba centrífuga, provocando o retorno do fluido por dentro da coluna de hastes. Deve-se adicionar hipoclorito de sódio durante a injeção do pré-filtro. Quando o último filtro ou filtro índice for preenchido, a circulação será paralisada. O poço fica totalmente limpo ao término da operação. Uma variação desse método é injetar o pré-filtro com um fluido viscoso ou mais pesado, conectando-se uma bomba centrífuga nas hastes para auxiliar o retorno.

8.6.3 Cimentação

Uma cimentação primária consiste no deslocamento da pasta de cimento pura (cimento e água) pelo revestimento, e a colocação dessa pasta no espaço anular entre a perfuração do poço e o revestimento. Para cimentação de revestimento de superfície, denominado tubo de boca ou tubo de proteção sanitária, pode-se utilizar, na massa, uma mistura que inclua areia fina, prescindindo-se do uso de bombas.

Ao se efetuar cimentações em profundidade, deve-se avaliar a necessidade ou não do uso de sapatas de cimentação e o emprego de bombas adequadas para o processo de injeção do cimento, porque ele deverá ser bombeado a uma velocidade que permita o seu deslocamento constante antes de entrar em pega.

Limpeza do reboco
Precedendo a cimentação, é necessário bombear água para se efetuar a remoção do reboco.

Deslocamento
A instalação da pasta de cimento até o ponto desejado deve ser feita com emprego de uma bomba de lama, por dentro da coluna de revestimento ou por dentro da coluna de perfuração, até a sapata de cimentação. A sapata é para reter o refluxo de cimento para dentro da coluna de revestimento, evitando que atinja locais em que não se deseja a presença do cimento.

Deslocamento em coluna segmentada
Quando o revestimento for segmentado ou identificar-se a presença de agentes agressivos que provoquem um processo intensivo de corrosão, o espaço anular entre a perfuração e o revestimento deverá ser totalmente cimentado. É preciso efetuar a cimentação por estágios, denominados colares de estágio. As operações são feitas separadamente.

Pasta de cimento
A pasta resulta da mistura de cimento à água, em determinadas proporções. Recomenda-se a utilização de uma pasta com peso da ordem de 14,5 lb/gal. Pode ser necessário utilizar produtos como retardador de

pega, principalmente quando o volume a ser injetado é grande e supera 400 sacos de cimento. Um retardador de pega poderá ser a bentonita e/ou o cloreto de cálcio.

8.7 Desenvolvimento de poços tubulares

A etapa de desenvolvimento de um poço tubular profundo deve ter um planejamento adequado e criterioso, com uma sequência operacional que permita, de fato, a exploração econômica e racional do aquífero. O planejamento das ações de desenvolvimento começa com os serviços de completação do poço, quando se discutem detalhes da aplicação da coluna de revestimento. A posição e o tipo de filtro a ser utilizado, as características litológicas das rochas perfuradas e o tipo de fluido que foi utilizado durante a perfuração do poço tubular profundo devem ser considerados.

Uma definição simples do desenvolvimento de poços é a de que é um conjunto de operações que objetiva remover toda partícula que dificulte o livre fluxo de água do aquífero para o poço, ou vice-versa. É uma associação de métodos e processos hidráulicos, mecânicos e químicos para se obter a melhor eficiência hidráulica do sistema de captação das águas subterrâneas.

Qualquer que seja o tipo ou método de perfuração, sempre será uma intervenção no meio físico, provocando a perda de cargas construtivas. Um desenvolvimento satisfatório resultará na redução da velocidade de entrada

FIG. 8.36 *Arranjo do pré-filtro e da formação em torno da seção filtrante após processo de desenvolvimento*
Fonte: Driscoll (1986).

da água no poço, evitando o carreamento de partículas finas, como areias ou siltes, minimizando processos de incrustação e/ou de corrosão e aumentando a vida útil do poço e do equipamento de bombeamento, propiciando um custo menor (por metro cúbico de água).

O desenvolvimento consiste na remoção dos materiais finos e coloidais, seja da formação ou introduzidos durante a invasão do filtrado da perfuração ou do envoltório de pré-filtro. Quando feito adequadamente, aumenta a porosidade e a permeabilidade desse envoltório e das proximidades da formação, permitindo que o fluxo do aquífero para o poço seja o mais laminar possível, a produção fique isenta de areia e materiais coloidais e com uma eficiência hidráulica chegando a 100%.

8.7.1 Procedimentos básicos

Um planejamento adequado das operações deve considerar:

Tipos de aquíferos a serem explorados
a] Aquífero por porosidade primária;
b] Aquífero por fraturamento/fissuramento;
c] Aquífero por dissolução (cárstico).

Método de perfuração utilizado
a] Sistema rotativo com circulação direta ou reversa;
b] Sistema com percussão de alta frequência – *down-the-hole*;
c] Sistema com percussão de baixa frequência – cabo;

Fluido de perfuração
a] Polímeros;
b] Bentonita;
c] Misto.

Característica dos filtros utilizados
a] Tipo;
b] Quantidade.

Característica do pré-filtro
a] Tipo;
b] Granulometria;
c] Método de injeção.

A análise dessas variáveis define quais equipamentos e tipos de recurso serão utilizados nos trabalhos de desenvolvimento, ou seja, se será necessário aplicar produtos químicos, utilizar processos mecânicos e hidráulicos ou combinar vários métodos.

Em qualquer circunstância, deve-se intervir com rapidez na fase de completação do poço, procurando-se recondicionar as propriedades radiológicas do fluido de perfuração antes da instalação da coluna de perfuração.

O poço deve ser lavado com o objetivo de atingir os parâmetros de viscosidade e peso próximos da água limpa (viscosidade de 26 s no funil *marsh* e densidade próxima de 1 g/mL) para, então, efetuar-se a colocação do pré-filtro. Desse modo, os resultados serão melhores e os prazos e custos operacionais de desenvolvimento, menores.

A conclusão que decorre dessa observação é que, para dar início aos processos de completação de um poço tubular profundo, é imprescindível contar com todos os recursos materiais e técnicos ao lado da obra, para sua realização de forma imediata.

8.7.2 Métodos de desenvolvimento de poços

Métodos hidráulicos

▷ **Superbombeamento**

É o método mais simples de desenvolvimento, aconselhável, sobretudo, para aquíferos com porosidade primária, em que a quantidade de argila e/ou silte seja desprezível. Há uma tendência generalizada a seu emprego, e os resultados nem sempre podem ser considerados conclusivos e eficientes. Sua utilização em condições inadequadas pode provocar danos consideráveis à estrutura física do poço, principalmente quando a coluna de revestimento utilizada for de baixa resistência à tração e à pressão de colapso ou quando se tratar de poço completado com coluna de revestimento de PVC.

Esse método bombeia o poço com uma vazão maior que a que se vai extrair, implicando dizer que o rebaixamento provocado é maior do que o de trabalho quando o poço estiver em operação normal. Esse fato introduz riscos ao processo caso o poço seja bombeado com um rebaixamento bem maior do que sua capacidade de descompressão, podendo entrar em pressão de colapso e provocar ruptura ou ovalização da coluna de revestimento, fato observado em revestimentos de PVC.

Outro ponto a ser considerado é que, durante o desenvolvimento por superbombeamento, os grãos de areia podem formar pontes, pelo fato de o fluxo ocorrer em apenas uma direção e decorrer de uma injeção sem grau de acomodação do envoltório (Fig. 8.37).

FIG. 8.37 *Durante um superbombeamento, grãos de areia podem criar pontes, porque a passagem da água ocorre somente em uma direção. Quando o poço for colocado em funcionamento, a agitação causada pelo ciclo normal pode quebrar as pontes, causando bombeamento dos grãos de areia*
Fonte: Driscoll (1986).

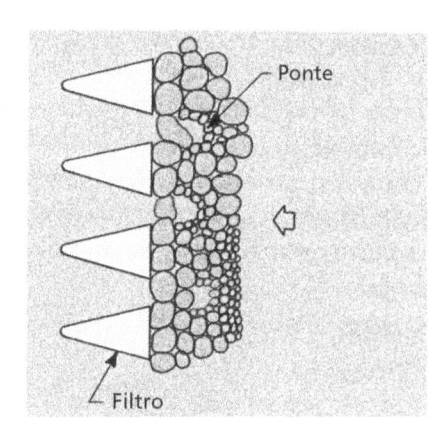

A formação de pontes durante esse processo ocasionará uma situação de risco para o bombeamento, podendo fraturar a formação, que entrará em contato direto com a seção filtrante, e o fluxo variará de laminar a turbulento.

Esse procedimento poderá ser efetuado apenas com operação de liga--desliga (por várias vezes), buscando reduzir os efeitos da produção de material fino. Essa operação poderá, em certas ocasiões, provocar danos consideráveis ao equipamento de bombeamento, devendo ser considerado como auxiliar, ou seja, uma etapa das operações de desenvolvimento, e não como conclusivo.

▷ **Lavagem e retrolavagem**

O sistema deve utilizar, preferencialmente, bombas de eixo prolongado ou submersíveis sem válvula de retenção, para permitir o retorno da água contida na coluna, aumentando gradativamente a vazão até atingir um valor superior ao projetado.

Entre uma etapa e outra, o conjunto motobomba é desligado, para permitir uma acomodação do envoltório filtrante e afastar a possibilidade de formação de pontes. Essa paralisação provoca uma variação do fluxo, dessa vez do poço para o aquífero, decorrente da água adicional liberada pelo crivo da bomba. A operação, em cada etapa, é repetida sempre que se observa a presença de areia ou material coloidal em concentrações relativamente altas. É conveniente entender as limitações dos métodos de superbombeamento e dar o tratamento adequado às informações obtidas. A interpretação correta permitirá avaliar, com maior segurança, os procedimentos complementares. As vazões sempre devem ser crescentes para não ocorrerem os problemas já mencionados no processo de superbombeamento.

▷ **Jateamento**

Método bem simples, objetiva introduzir a água, a uma velocidade controlada, diretamente sobre a superfície dos filtros. Usa ferramentas singelas e permite a utilização de pequenas quantidades de água e de produtos químicos para tratar frontalmente a porção filtrante e/ou somente as áreas filtrantes que apresentem algum tipo de problema (Fig. 8.38). É um processo eficiente para recuperar poços que apresentam problemas de incrustação e exigem a aplicação de ácidos ou outras soluções, ou problemas decorrentes de um maciço filtrante que não se encontra adequado à estrutura do poço.

- Apesar de eficiente, o método requer condições preestabelecidas para ser utilizado:

a] É condicionado que o equipamento usado para executar o jateamento vença as perdas de carga, junto ao bico de injeção, e as condições favoráveis dos poços, tais como diâmetro, nível estático, tipo de material de completação e tipo de filtro utilizado;

b] Não é recomendada sua utilização em poços completados em PVC, porque a aplicação do método, nesse tipo de material, requer pessoal altamente capacitado, pois existe risco de rompimento da coluna. Deve-se utilizar orifícios com maiores diâmetros, junto aos bicos de injeção, para evitar a abrasão do jato d'água junto às ranhuras e a redução da pressão de jateamento. Essa redução de pressão torna o método menos eficiente, em função da taxa de penetração do jato (Tab. 8.2);

c] Em poços completados com filtros do tipo Nold, não é satisfatório, porque o fluxo junto ao bico de injeção é tangencial, fato que diminui significativamente sua eficiência, ficando o desenvolvimento limitado às cercanias do poço, não conseguindo chegar até a formação aquífera;

d] A vantagem do método é a de que ele não requer grande volume de água e de produtos químicos, apenas

FIG. 8.38 *Ferramenta simples (jateador)*

Tab. 8.2 DIÂMETRO DO BICO X VAZÃO E VELOCIDADE

Diâmetro do bico polegadas	Pressão 100 lb/pol²		Pressão 150 lb/pol²		Pressão 200 lb/pol²	
	Veloc. saída m/s	Vazão m³/h	Veloc. saída m/s	Vazão m³/h	Veloc. saída m/s	Vazão m³/h
3/16	36,6	2,04	45,7	2,72	52,4	2,95
1/4	36,6	4,08	45,7	4,77	52,4	5,22
3/8	36,6	8,17	45,7	10,45	52,4	12,03
1/4	36,6	15,00	45,7	18,62	52,4	21,12

pequenas bombas para atingir grandes profundidades. As bombas centrífugas ou de pistão são dimensionadas em função da profundidade a ser executado o jateamento e do nível estático do poço.

Procedimentos básicos para o uso

a) Utilização de ferramenta básica acoplada a uma tubulação com diâmetro de 1½" ou maior com acoplamento na saída a uma bomba que permita obter velocidades superiores a 36 m/s nos bicos;

b) Instalação da ferramenta na porção mais alta de cada seção filtrante, e nessa posição, com a bomba em funcionamento, recomenda-se a calibração inicial, mantendo-se um registro da linha ligeiramente aberto, para evitar subpressão;

c) Utilização do ferramental em baixa rotação, com duração nunca inferior a dois minutos em função da geratriz, para garantir que toda a área seja devidamente jateada. Avanço do desenvolvimento em pequenos deslocamentos, da ordem de 50% do diâmetro da seção trabalhada;

d) Para garantir o alinhamento do ferramental, recomenda-se a utilização de estabilizadores com roletes acoplados à coluna para evitar a flambagem, porque o sistema está em baixa rotação.

Mensuração e controle da evolução da quantidade de partículas

Quando viável, pode-se efetuar o bombeamento do poço simultaneamente ao jateamento, podendo-se, dessa forma, controlar as partículas finas removidas. Na prática, o processo de bombeamento se dá com ar comprimido, observando-se os cuidados requeridos para se trabalhar com mais de uma coluna dentro do poço, e uma delas deverá sofrer pequenos movimentos giratórios e descendentes.

▷ **Bombeamento com ar comprimido**

A utilização do ar comprimido em volume e pressão adequados permite uma série de operações no poço (Fig. 8.39). É um método relativamente eficiente e que exige um bom conhecimento por parte do operador, mas principalmente por parte de quem define as operações a serem realizadas. O método permite, ainda, a operação com outros métodos de desenvolvimento associados e a utilização de produtos químicos, independentemente da sua natureza, sejam substâncias ácidas ou alcalinas. As principais operações com o desenvolvimento com ar comprimido são:

- Bombeamento propriamente dito;
- Surgimento, agitação do poço ou fervura do poço.

A utilização desses métodos implica contar-se com recursos materiais significativos, principalmente compressores com capacidade ade-

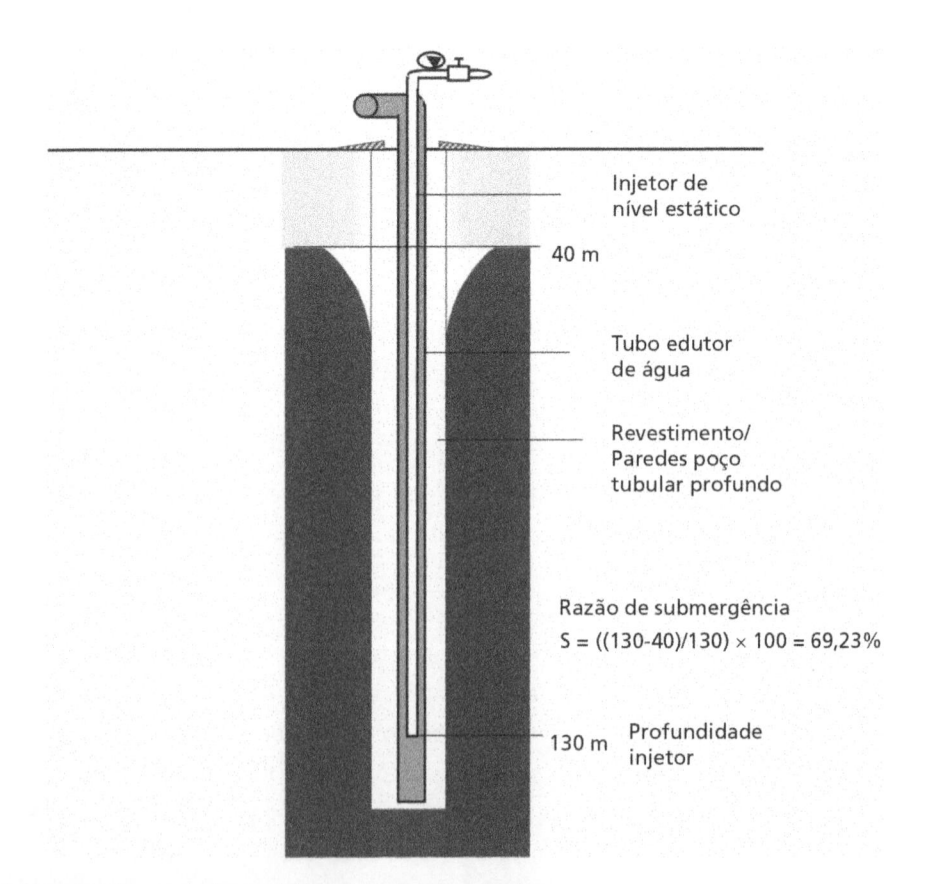

FIG. 8.39 *Sistema de desenvolvimento com ar comprimido*

quada à operação, em volume de ar e de pressão disponível, cujo dimensionamento requer conhecimento específico, e que se podem restringir a dois grandes grupos: compressores de baixa pressão, entre 120 psi a 150 psi, e compressores de alta pressão, entre 200 psi a 350 psi.

Na avaliação do equipamento requerido, de baixa ou alta pressão, os seguintes fatores devem ser considerados:

- Profundidade do nível estático;
- Profundidade de instalação do injetor (câmara de mistura de ar e água);
- Submergência requerida que caracteriza a quantidade (%) de coluna de água acima do injetor;
- Características hidrodinâmicas regionais que possibilitam avaliar o rebaixamento específico provável e, em consequência, níveis de bombeamento para uma determinada vazão.

Seja qual for o caso, com a utilização de compressores de baixa ou alta pressão, recomenda-se que a capacidade mínima de produção de ar seja de 150 cfm, podendo atingir volume de até 900 pcm. O dimensionamento adequado do sistema possibilitará maior eficiência da operação.

Para utilizar o método de desenvolvimento com ar comprimido, são necessários os seguintes materiais e dispositivos:

- Quantidade de tubos para utilização como injetores de ar e tubos edutores em diversos diâmetros;
- Comandos especiais, canhão de emulsificação, injetores, registros de alta e baixa pressão, mangueiras, braçadeiras, engates rápidos em quantidades e características adequadas ao serviço a ser realizado;
- A estrutura montada no canteiro de obras a fim de permitir as operações de bombeamento e desenvolvimento simples ou combinado deve observar uma adequada razão de submergência para uma operação conveniente e eficaz.

Razão de submergência

É a relação entre a altura da coluna de água dentro do poço – acima da extremidade inferior da posição do injetor, na qual ocorre a mistura ar/água – e o comprimento total do poço multiplicado por 100.

Assim, num poço com um nível estático de 40 m e profundidade do injetor de 130 m (independentemente de o ponto de sucção estar em profundidade superior à do injetor), tem-se uma razão de submergência definida por:

$$S\ (\%) = \{((130-40)/130) \times 100\} = 69{,}23\% \qquad (8.4)$$

Essa razão de submergência é que vai estabelecer qual é o tipo de compressor que deverá ser alocado para efetuar o desenvolvimento. Uma relação de submergência adequada deve ser superior a 60%, possibilitando um bombeamento contínuo. Se a submergência for inferior a 35%, independentemente do volume de ar do compressor, a eficiência do sistema e do método estará comprometida.

O desenvolvimento usando o bombeamento com submergência com valores acima de 75% significa que o rebaixamento a ser produzido dentro do poço será relativamente pequeno, não ocorrendo os problemas mencionados nos métodos anteriores, no caso típico de poço completado com PVC ou em aço carbono com espessura de parede muito pequena. Com valores altos de submergência, o método não traz danos ao poço, porque o rebaixamento é pequeno e não provoca grandes variações da coluna hidrostática dentro do poço e, assim, evita o colapso, podendo ser utilizado sem restrição, desde que os valores de submergência sejam dimensionados com tendência à eficiência máxima.

Tomando-se o exemplo básico, podem-se obter os seguintes indicadores:

▷ Pressão de arranque (inicial): 9,0 kg/cm² ou aproximadamente 135 psi, equivalente à pressão necessária para se iniciar o bombeamento, ou seja, vencer a coluna hidrostática dentro do poço, conhecida como submergência estática;

▷ A pressão de trabalho será inversamente proporcional ao rebaixamento obtido, ou seja, quanto maior o rebaixamento dentro do poço, menor será a pressão de trabalho. No caso de a pressão de arranque ser igual à pressão de trabalho, o rebaixamento dentro do poço é nulo ou desprezível. O controle da deflexão da pressão manométrica é um indicativo da análise do método utilizado;

▷ O diâmetro das tubulações de ar e água será função, respectivamente, dos volumes de ar requeridos e do volume de água dimensionado para o bombeamento, lembrando que, quando existe alguma incompatibilidade, o sistema instalado é de baixa eficiência hidráulica. Não adianta, no canteiro de obras, haver um compressor de alta pressão e grande volume de ar se as tubulações de ar e água não tiverem compatibilidade com o projetado. As perdas de cargas são altas e as vazões de bombeamento são baixas, e, nessas condições, um compressor de menor potência poderá tirar volume igual de água, porque as perdas de cargas por fricção, do ar ou da água, serão menores;

▷ Uma instalação adequada, objetivando tanto uma situação de desenvolvimento como de bombeamento, pode ser observada na Fig. 8.40.

FIG. 8.40 *Durante o desenvolvimento com ar comprimido, um curto e poderoso jato de água é emitido (teste do serviço de perfuração)*
Fonte: Driscoll (1986).

A respeito da instalação sugerida, deve-se observar a possibilidade da adoção de alternativas que busquem superar dificuldades locais e de mercado. Pode-se, por exemplo, trabalhar com dois injetores, e a instalação do segundo injetor será compatível com o rebaixamento atingido, em profundidade, quando da operação do primeiro injetor. Essa manobra permite a utilização de equipamento de menor porte.

Operações combinadas de bombeamento e pistoneamento

Trata-se de uma maneira simples e eficiente de desenvolvimento para poços perfurados em formações heterogêneas que contenham argila e/ou silte. Seu princípio é combinar operações de bombeamento com surgimento (ferver o poço).

A reversão do fluxo de água dentro do poço, provocada por súbitas descargas de ar seguidas por bombeamento, promove uma vigorosa agitação do poço e a remoção de partículas finas do aquífero. Essa agitação é tão mais intensa e eficiente quanto maior a capacidade do compressor utilizado e quanto melhor for a relação entre os diâmetros das tubulações de ar e água utilizadas.

O procedimento usual para se obter um desempenho adequado do desenvolvimento pode ser observado nas instruções:

▷ Definir a profundidade tanto de instalação do injetor como a profundidade de sucção (entrada de água) e realizar a montagem dessa estrutura;
▷ Efetuar operações de bombeamento até constatar que a água esteja saindo limpa.

Nessa etapa, pode-se até interromper o processo de bombeamento e, pelos tubos de ar, aplicar soluções contendo os produtos químicos mais adequados à situação. Essa operação pode ser repetida sempre que necessário. Atualmente, há duas alternativas:

▷ Fechando-se a válvula de saída de ar do compressor para o poço – o que só é viável quando se trabalha com reservatórios metálicos de ar. Nesse caso, aguarda-se que o manômetro indique o momento em que se atinge o máximo de pressão e, em sequência, abre-se a válvula de ar, permitindo, então, um fluxo súbito e violento para dentro no poço. Ocorrerão jatos fortes de água, com grande velocidade, e o deslocamento brusco da coluna de água fará com que o máximo de diferença de gradiente seja estabelecido. Haverá um fluxo forte do aquífero para o poço, com velocidade alta o suficiente para arrastar partículas finas da formação ou do pré-filtro. A repetição da operação, alternando-a com períodos de bombeamento, provocará a limpeza e o desenvolvimento do poço;

▷ Não se dispondo de reservatórios metálicos compatíveis e utilizando o poço como se fosse ele próprio o reservatório de ar, procede-se da seguinte maneira: fecha-se o registro de saída de água, continuando a injetar ar no poço até que se observe, no manômetro, condição de pressão compatível com o compressor utilizado. Nesse momento, em que estará ocorrendo um "fervilhamento" intenso do poço, abre-se o registro de água e se permite a saída de água carreando partículas de areia fina, siltes e argilas. Nesse caso, a repetição do processo de bombeamento-fervilhamento vai acelerar o desenvolvimento do poço.

Essas operações são muito eficientes quando não houve um controle adequado do fluido de perfuração, favorecendo a formação de um reboco espesso que provoca quase uma impermeabilização da formação produtora.

Na operação de desenvolvimento, pode haver movimentação da coluna de tubos de ar-água, o que possibilitará melhores condições de trabalho e a busca de melhor vazão de submergência, em função das alterações das condições iniciais do desenvolvimento, e, consequentemente, uma melhor adequação do método.

Observa-se finalmente que, havendo disponibilidade de recursos materiais e de diâmetro do poço, pode-se, em algumas situações, trabalhar com mais de um injetor. Obtêm-se melhores condições de trabalho, tornando, na maioria das vezes, o desenvolvimento com compressor um método eficiente pela flexibilidade das operações, ou seja, que propicia várias formas de alterações simples para suprir algumas deficiências correlacionadas com o tipo de compressor e de diâmetros, da coluna de ar ou de recalque, e também a possibilidade de realização de processos associados, mecânicos e/ou químicos.

Métodos mecânicos

▷ **Pistoneamento**

É um dos métodos de desenvolvimento mais utilizados. Combina rapidez e eficiência com simplicidade de operação e baixo custo operacional. Não requer equipamento sofisticado, bastando o emprego de uma sonda a percussão (ou um sistema que possua a função de um balancim) para se obter o movimento de subida e descida de um pistão dentro do poço, provocando, assim, fluxo e refluxo da água em direção ao aquífero, favorecendo um arranjo adequado do envoltório em torno do filtro e melhorando sua condutividade hidráulica. São utilizados dois tipos de pistão: o sólido e o semissólido (válvula), que é o mais utilizado (Fig. 8.41).

O pistão contém aberturas ou válvulas que se abrem na descida e se fecham quando sobe no interior do poço. Como opera em movimentos descendentes e ascendentes, ele força a água a entrar e sair através do filtro. A força de entrada da água para dentro do poço (quando o pistão

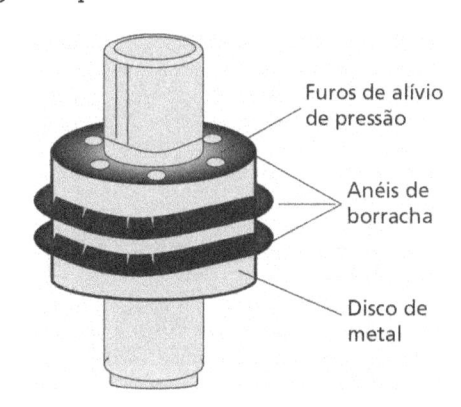

FIG. 8.41 *Ferramenta usada para pistoneamento, que consiste de anéis de borracha e metal*

sobe) é maior do que a de saída (quando o pistão desce), isto é, o fluxo no sentido aquífero-poço é mais forte do que no sentido contrário. A vantagem desse tipo de *plunge* é que, dependendo da profundidade em que ele é operado, executam-se, simultaneamente, o desenvolvimento e o bombeamento do poço.

Como operar um pistão de válvula?

O pistão pode ter a rosca macho igual à da ferramenta de perfuração, sendo, nesse caso, rosqueado na extremidade inferior da haste de perfuração a percussão. Quando o pistão é construído com utilização de tubos, numa operação que possibilita o bombeamento simultâneo ao pistoneamento, será rosqueado à própria coluna de bombeamento.

Etapas da operação do pistão:

▷ Limpar bem o poço com a caçamba ou por meio de bombeamento; nesse caso, utilize frequentemente uma coluna de ar móvel interna à coluna de tubos de água;
▷ Anotar as profundidades das seções filtrantes e, com precisão, a profundidade livre do poço;
▷ Verificar se o *plunge* está na posição correta, entre 1 m e 1,5 m acima do topo da seção filtrante a ser trabalhada, porque a operação é feita seção a seção, e a operação, obrigatoriamente, inicia-se pela seção mais alta (mais próxima à superfície);
▷ Verificar e regular o balancim da perfuratriz para o curso médio e adequado ao percurso que se pretende dar ao pistão (Fig. 8.42);
▷ Acionar a perfuratriz iniciando lentamente os movimentos ascendentes e descendentes do *plunge*. A frequência desejável do balancim é da ordem de 10 a, no máximo, 15 movimentos por minuto. No início da operação, fazer a limpeza do poço com a caçamba a cada cinco

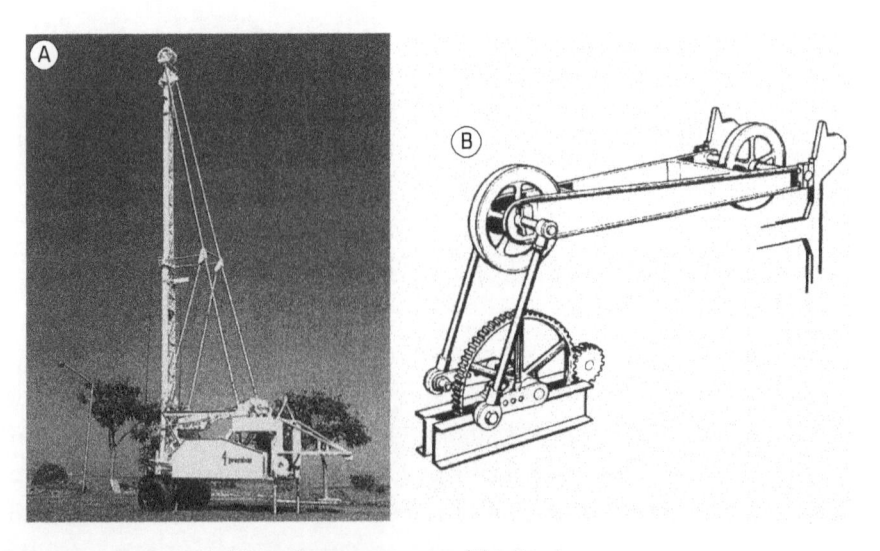

FIG. 8.42 *Esquema de (A) sonda percussora com (B) balancim*

minutos, tempo que poderá ser aumentado desde que se verifique que está entrando pouca areia no poço;

▷ Conforme se executa o desenvolvimento, observando sempre as recomendações acima, verificar se a quantidade de areia diminuiu; em caso afirmativo, aumentar gradativamente a frequência da sonda para até 30 ou 35 pancadas por minuto.

Recomenda-se sempre iniciar a limpeza dos filtros de cima para baixo. Quando completada a operação (condições satisfatórias de limpeza atingidas e não se espera mais a entrada de volumes significativos de partículas finas no poço), efetua-se a operação de baixo para cima. Esse é um procedimento eficiente para quebrar possíveis pontes que se tenham formado por ocasião da instalação do pré-filtro, evitando um eventual aprisionamento da ferramenta por acúmulo de partículas que possam decantar sobre o pistão.

▷ **Pistoneamento associado com ar comprimido**

A utilização de um pistão rosqueável a uma coluna de tubos permite a condição de associar, simultaneamente, operações de pistoneamento e bombeamento. Nesse caso, todas as partículas carreadas para dentro do poço são de imediato trazidas para a superfície, em decorrência do bombeamento do poço. É uma operação eficiente, traz respostas rápidas e boas, principalmente quando se trabalha em poços com profundidade de até 200 m, perfurados em aquíferos multicamadas, nos quais se conta com uma estrutura de compressores, pistão, tubos, válvulas, registros etc. A movimentação da coluna é feita de maneira lenta e pode, em profundidades de até 120 m, ter a velocidade aumentada para até dez pancadas por minuto.

Para atingir maiores profundidades, utiliza-se uma coluna móvel para injetar o ar, instalada dentro da coluna de água que sustenta o pistão. Recomenda-se que o pistão atue sempre acima da primeira seção filtrante.

Não é recomendável utilizar pistoneamento simples ou associado a ar comprimido em poços revestidos com tubos de PVC, porque a ação deles pode provocar deformação (e dano considerável) à própria coluna. Observar, sempre, a recomendação específica do fabricante da coluna de PVC.

Outros métodos

▷ **Fraturamento hidráulico**

Método simples, porém, sem nenhuma experiência prática no Brasil que, efetivamente, possa servir de base para transferência de tecnologia. Como é aplicada no exterior, é interessante e oportuna a descrição de seu funcionamento.

O objetivo do fraturamento hidráulico é o de possibilitar uma lavagem das fraturas, removendo partículas finas que estejam preenchendo espaços vazios. É aplicado em rochas sedimentares consolidadas e principalmente em rochas cristalinas. Para sua execução, utiliza-se bombas de pistão de alta pressão, que injetarão água a uma pressão variável entre 7.000 kPa e 21.000 kPa. Selecionada a zona que deve sofrer o processo de fraturamento hidráulico, ela é isolada com o uso de obturadores simples ou duplos, dependendo da extensão e da profundidade em que o processo será aplicado. Fragmentos de rocha e partículas finas são deslocados para dentro do poço quando cessa a aplicação da força, obtendo-se uma condição mais favorável à percolação da água na área fissurada, com menor perda de carga.

▷ **Gelo seco – CO_2 líquido**

O processo pode ser utilizado na fase de desenvolvimento e, principalmente, na fase de recuperação-reativação do poço. Não há restrições de uso em poços perfurados e revestidos em rochas sedimentares ou outros tipos de poços. O processo permite a remoção das partículas finas (areias finas, siltes e argilas) e, em decorrência da formação de ácido carbônico, possibilita a dissolução e remoção de incrustações à base de carbonatos ou de bactérias de ferro.

O emprego de CO_2 líquido, mais eficiente do que o gelo seco, em contrapartida, exige, além do deslocamento de grandes volumes do produto para o poço, que seja aplicado sob rígidas condições de segurança. Deve-se contar com o apoio de um técnico do fabricante do produto durante toda a operação. O trabalho ocorrerá sob condições de pressão variando de 200 kPa a 3.500 kPa, podendo ser executado em uma porção determinada do poço. Nesse caso, serão utilizados obturadores previamente posicionados no poço.

▷ **Explosivos**

Devem ser utilizados em rochas fraturadas, cristalinas ou calcárias – nesse caso, há a possibilidade de alargarem, substancialmente, os vazios decorrentes de fraturas em cavernas preexistentes. Experiências realizadas no Brasil indicam que áreas de rochas basálticas, principalmente nas zonas entre derrames, podem apresentar resultados positivos quando submetidas a esse tratamento.

Pela dificuldade de realização, pela necessidade de regras rígidas de segurança e pela falta de recursos humanos treinados nessa operação, o desenvolvimento com uso de explosivos, praticamente, não é viabilizado. Reconhecidamente, em condições específicas, pode ser um auxiliar do processo. Não será feita qualquer consideração sobre tipo e procedimento de uso, porque a tecnologia e a segurança exigidas para a utilização de explosivos são muito específicas e, em nenhuma hipótese, deve-se recorrer a eles sem o auxílio de especialistas da área. O dimensionamento das cargas explosivas, o tipo de explosivo a ser utilizado, seu condicionamento, sua instalação no poço e o tipo de detonante devem ser rigorosamente analisados, checados e objetos de um minucioso planejamento.

É necessário que se tenha conhecimento detalhado das características litológicas da seção perfurada e dados de formações geológicas locais. Deve-se fazer um perfil de temperatura, que indicará com maior precisão as áreas de fraturamento.

Produtos químicos

Utilizados antes ou durante qualquer uma das operações citadas, especificamente, sobre determinadas características do poço, do aquífero, ou do fluido de perfuração-reboco que estejam dificultando ou retardando o processo, os produtos químicos apresentam-se como:

▷ Polifosfatos: hexametafosfato de sódio $(NaPO_2)_6$ ou outros compostos;
▷ Compostos de cloro: hipoclorito de sódio ou cálcio;
▷ Ácidos: muriático, clorídico;
▷ Outros (No Rust/Ferbax, Mol, Easy Clean, Hexa T. etc.).

8.7.3 Controle do desenvolvimento

Depois de realizar os serviços de desenvolvimento do poço e com as informações preliminares de testes de bombeamento, deve-se fazer uma avaliação dos resultados, para quantificar sua eficiência. Eventualmente, podem-se buscar outras combinações que mostrem resultados adequados e compatíveis aos dados esperados e regionais.

Procedimentos usuais não serão descritos, entretanto, um bom ensaio de vazão deve permitir a obtenção de parâmetros hidráulicos com a equação do rebaixamento de Jacob descrita como:

$$s = B.Q + C.Q^2 \tag{8.5}$$

Em que:
s = rebaixamento no poço;
B = perda de carga no aquífero;
C = perda de carga construtiva;
Q = vazão;
n = usualmente é o coeficiente 2.

Essa equação, caracterizada por uma reta quando **n = 2**, permitirá (ainda no campo) uma avaliação dos coeficientes de perda de carga do aquífero e do poço, e, em consequência, verificará se as características do poço estão dentro dos parâmetros esperados. Outras curvas (curva característica - vazão/rebaixamento) e a eficiência do poço permitirão uma avaliação de sua situação e do desenvolvimento efetuado.

A finalização dos serviços de desenvolvimento se efetiva quando, por comparação, atingem-se valores próximos dos já conhecidos para a região ou aquífero. Caso não se chegue a esses valores, mesmo após repeti-los (ou por outros métodos), não conseguindo uma boa eficiência, é necessário fazer uma avaliação de outros fatores que possam ter interferido nos resultados: dados incorretos de projeto, inadequadas especificações técnicas de materiais (principalmente filtros) ou anomalias geológicas regionais não identificadas.

8.7.4 Desinfecção de poços tubulares

Por mais que se tome cuidado durante a fase de perfuração, é inevitável que se provoque a introdução de materiais e/ou ferramentas contaminadas, que poderão causar, numa fase posterior, o desenvolvimento de colônias de bactérias. Na fase de conclusão, durante os ensaios de produção do poço, ou mesmo na fase de instalação do equipamento definitivo de exploração, podem ocorrer contaminações por germes e bactérias, que devem ser eliminadas.

Ao término da construção e instalação de um poço, efetuam-se análises físico-químicas e bacteriológicas para garantir a qualidade da água. Para eliminar coliformes fecais (e outros tipos de bactérias patogênicas), utilizam-se produtos químicos desinfetantes ou esterilizantes. Em estações de tratamento de água e reservatórios e em redes de distribuição etc., os mais usados são os compostos à base de cloro, tais como hipoclorito de sódio, hipoclorito de cálcio, cloro gás etc.

Para ter certeza de que o processo foi eficaz e não necessitará de novas aplicações, é necessário que os procedimentos a serem adotados na desinfecção do conjunto poço-aquífero-equipamento de bombeamento sejam cuidadosamente observados. Adota-se o seguinte roteiro de procedimentos:

▷ Cálculo do volume de água contida no poço e no envoltório de pré-filtro;
▷ Escolha do produto químico a ser utilizado, caracterizando com precisão o volume de cloro disponível e a função da concentração de cloro no produto;
▷ Cálculo da quantidade do produto a ser aplicado, de tal maneira que se obtenha um volume de solução contendo, no mínimo, 50 ppm de cloro livre após a sua introdução no poço;
▷ É desejável uma quantidade de solução equivalente a três vezes o volume de água calculado, ou seja, três vezes o volume da perfuração propriamente dito, e que a solução introduzida no poço seja acrescida de uma porção (já contida no poço) isenta de cloro livre. Nesse caso, deve-se considerar o efeito dessa diminuição de concentração, buscando-se adequar a solução a ser introduzida a um patamar maior para se atingir o mínimo desejável de 50 ppm;
▷ Tendo em vista que o limite máximo de cloro livre na solução pode atingir até 200 ppm, fica relativamente fácil trabalhar com uma concentração de 120 ppm a 150 ppm na solução a ser introduzida no poço, desde que se tenha um volume da ordem de três vezes o contido no poço. Não havendo disponibilidade de um volume equivalente, deve-se adequar à concentração da solução;
▷ A indicação do equivalente a três vezes o volume que se deve colocar no poço é a certeza de que se pode atingir toda sua extensão, o envoltório de pré-filtro e, ainda, uma extensão do aquífero, uma porção que sofre os efeitos de possível contaminação. De outra maneira, ao se reduzir o volume, não se tem assegurado que a solução altamente concentrada atingirá toda a extensão do poço e seus arredores.

O procedimento ideal de colocação da solução no poço requer a instalação de uma coluna de tubos e/ou hastes, com a qual se fará essa introdução. Quando se coloca a solução, simultaneamente remove-se a coluna. Efetivamente, é uma operação cara e, num poço muito profundo, demorada. As alternativas ao processo são:

▷ Colocação do produto químico sólido dentro de um tubo perfurado e a sua movimentação ao longo da extensão do poço;

▷ Introdução de um volume numa única porção do poço e, em sequência, o bombeamento, forçando um fluxo da solução para a bomba e revertendo o fluxo para dentro do próprio poço. Assim, as paredes serão lavadas da superfície até a altura do nível da água, provocando a homogeneização da solução;

▷ É importante, após a homogeneização da solução, que ela seja mantida em repouso por um período não inferior a quatro horas, tempo após o qual se deve bombear o poço até que não seja mais observada a presença de cloro livre. Simples indicações de campo indicam a presença ou não de cloro livre na água. A análise de uma amostra confirmará se o resultado foi atingido;

▷ Quando se fizer a manutenção do poço ou do equipamento de bombeamento, deve-se realizar essa operação novamente, porque nesse meio-tempo pode ter havido contaminação do poço.

Uma análise físico-química e bacteriológica anual revelará a necessidade de outras medidas corretivas no poço. Os principais produtos químicos disponíveis no mercado e suas concentrações em cloro livre são:

▷ Hipoclorito de sódio: NaClO, 10% a 12%;

▷ Hipoclorito de cálcio (HTH): tabletes de $Ca(ClO)_2$ = 70% a 75%;

▷ Soluções alvejantes (água sanitária/cândida) = 3% a 4%.

Em serviços públicos de abastecimento, é observada, na própria rede e na saída do poço, a aplicação de solução de cloro imediatamente após o bombeamento da água. Sistemas simples de dosadores (de nível constante ou eletromecânico) podem ser instalados na linha, permitindo aferir e controlar a aplicação de soluções de cloro, assim como mecanismos que permitem distribuir na água o excedente de cloro livre, garantindo a manutenção da qualidade da água na rede de distribuição e nos reservatórios públicos e domiciliares. Esse sistema permite, ainda, o controle da presença de ferro na água, e, nesse caso, é aconselhável um projeto específico.

Amostragem da água

Ao final do teste de bombeamento, deve-se coletar amostras de água dentro das normas específicas para análises físico-químicas e bacteriológicas. Em decorrência da maior ou menor vulnerabilidade, recomendam-se procedimentos e análises diferenciadas, conforme o local da perfuração.

8.7.5 Coleta e análise das águas

Em zonas de afloramento de aquíferos ou onde eles apresentem condições de vulneabilidade a contaminantes

Em zonas de afloramentos onde o aquífero tem comportamento hidrodinâmico de livre a semiconfinado, nas análises físico-químicas e bacteriológicas, deverão ser analisados os seguintes parâmetros:

▷ Físicos;
▷ Inorgânicos;
▷ Agrotóxicos;
▷ Orgânicos;
▷ Desinfetantes e produtos secundários à desinfecção.

A Tab. 8.3 mostra sugestão de itens a serem analisados conforme padrão de potabilidade para substâncias químicas que representam riscos à saúde:

Tab. 8.3 PORTARIA MS 2914/12

Parâmetro	Unidade	VMP[(1)]
Inorgânicas		
Antimônio	mg/L	0,005
Arsênio	mg/L	0,01
Bário	mg/L	0,7
Cádmio	mg/L	0,005
Cianeto	mg/L	0,07
Chumbo	mg/L	0,01
Cobre	mg/L	2
Cromo	mg/L	0,05
Fluoreto[(2)]	mg/L	1,5
Mercúrio	mg/L	0,001
Nitrato (como N)	mg/L	10
Nitrito (como N)	mg/L	1
Selênio	mg/L	0,01
Orgânicas		
Acrilamida	µg/L	0,5
Benzeno	µg/L	5
Benzo[a]pireno	µg/L	0,7
Cloreto de vinila	µg/L	5
1,2 Dicloroetano	µg/L	10
1,1 Dicloroateno	µg/L	30
Diclorometano	µg/L	20
Estireno	µg/L	20
Tetracloreto de carbono	µg/L	2

Tab. 8.3 PORTARIA MS 2914/12 (Cont.)

Parâmetro	Unidade	VMP[1]
Agrotóxicos		
Tetracloroeteno	µg/L	40
Triclorobenzenos	µg/L	20
Tricloroeteno	µg/L	70
Alaclor	µg/L	20
Aldrin e Dieldrin	µg/L	0,03
Atrazina	µg/L	2
Bentazona	µg/L	300
Clordano (isômeros)	µg/L	0,2
2,4 D	µg/L	30
DDT (isômeros)	µg/L	2
Endosulfan	µg/L	20
Endrin	µg/L	0,6
Glifosata	µg/L	500
Heptacloro	µg/L	0,03
Hexaclorobenzeno	µg/L	1
Lindano (γ-BHC)	µg/L	2
Metolacloro	µg/L	10
Metoxicloro	µg/L	20
Molinato	µg/L	6
Pendimetalina	µg/L	20
Pentaclorofenol	µg/L	9
Permetrina	µg/L	20
Propanil	µg/L	20
Simazina	µg/L	2
Trifluralina	µg/L	20
Cianotoxinas		
Microcistinas[3]	µg/L	1
Desinfetantes e produtos secundários da desinfecção		
Bromato	mg/L	0,025
Clorito	mg/L	0,2
Cloro livre[4]	mg/L	5
Monocloramina	mg/L	3
2,4,6 Triclorofenol	mg/L	0,2
Trihalometanos total	mg/L	0,1

Notas: [1]valor máximo permitido; [2]valores recomendados para a concentração de íon fluoreto devem observar legislação específica vigente relativa à fluoretação da água em qualquer caso, devendo ser respeitado o VMP da Tab. 8.3; [3]é aceitável a concentração de até 10 µg/L de microcistinas em até 3 amostras, consecutivas ou não, nas análises realizadas nos últimos 12 meses; [4]análise exigida de acordo com o desinfetante utilizado.

§ 1° Recomenda-se que as análises para cianotoxinas incluam a determinação de cilindrospermopsina e saxitoxinas; **M**, observando, respectivamente, os valores limites de 15 µg/L e 3 µg/L de equivalentes STX/L.

§ 2° Para avaliar a presença dos inseticidas organofosforados e carbamatos na água, recomenda-se a determinação da atividade da enzima acetilcolinesterase, observando os limites máximos de 15% ou 20% de inibição enzimática, quando a enzima utilizada for proveniente de insetos ou mamíferos, respectivamente.

§ 3° Recomenda-se que, no sistema de distribuição, o pH da água seja mantido na faixa de 6,0 a 9,5.

§ 4° Recomenda-se que o teor máximo de cloro residual livre, em qualquer ponto do sistema de abastecimento, seja de 2 mg/L.

Em zonas de confinamento (situação do aquífero Guarani e ou outros)
Nas zonas em que o aquífero se encontra em condições de confinamento, minimizando a sua poluição, pelo seu baixo grau de vulnerabilidade, recomenda-se que sejam feitos alguns parâmetros, que possibilitam sua classificação pela concentração de sais.

A Tab. 8.4 mostra sugestões de itens a serem analisados conforme padrão de potabilidade para substâncias químicas que representam risco à saúde:

Tab. 8.4 PORTARIA NTA60

Parâmetros	Unidade	VMP[1]
Aspecto		Límpido
Odor		Não objetável
pH	----	Entre 6 e 9,5
Turbidez	em NTU	Até 5,0
Sólidos totais dissolvidos	mg/L	Até 1.000
Cor	em UH	Até 15,0
Alcalinidade de hidróxidos	mg CaCO$_3$/L	0,0
Alcalinidade de carbonatos	mg CaCO$_3$/L	Até 125
Alcalinidade de bicarbonatos	mg CaCO$_3$/L	Até 250
Dureza de carbonatos	mg CaCO$_3$/L	----
Dureza de não carbonatos	mg CaCO$_3$/L	----
Dureza total	mg CaCO$_3$/L	Até 500
Oxigênio consumido	mg O$_2$/L	Até 3,5
Cloretos	mg Cl/L	Até 250
Nitrogênio amoniacal	mg N/L	Até 1,5
Ferro	mg Fe/L	Até 0,30

Tab. 8.4   PORTARIA NTA60 (Cont.)

Parâmetros	Unidade	VMP[1]
Nitrato	mg N/L	Até 10
Nitrito	mg N/L	Até 1
Sulfato	mg SO$_4$/L	Até 250
Condutividade	µS/cm a 25°C	----
Sílica	mg SiO$_2$/L	----
Gás carbônico	mg CO$_2$/L	----
Manganês	mg SiO$_2$/L	Até 1
Cobre	mg Cu/L	Até 2
Zinco	mg Zn/L	Até 5
Flúor	mg F/L	Até 1,5
I. Langelier	----	----

Nota: [1] valor máximo permitido.

Referências bibliográficas

BRASIL. Ministério da Saúde. Portaria n° 2914, de 12 de dezembro de 2011. Dispõe sobre os procedimentos de controle e de vigilância da qualidade da água para consumo humano e seu padrão de potabilidade. *Legislação*, 2011.

COBRASPER. *Catálogo*. [s.n.t.].

DRISCOLL, F. G. *Groundwater and wells*. 2. ed. Minnesota: Johnson Division, 1986.

FAILING. *Catálogo*. [s.n.t.].

INGERSOLL RAND. *Catálogo*. [s.n.t.].

PROMINAS BRASIL. *Catálogo*. [s.n.t.].

Perfilagem geofísica 9

Geraldo Girão Nery
Jean-Pierre Di Schino

O tempo de perfuração e as amostras de calha colhidas desde o primeiro metro perfurado ainda são, em muitos casos, as únicas informações usadas pela indústria da água subterrânea para a reconstituição da coluna litológica e dos locais de assentamento dos filtros. Os resultados desses métodos empíricos, sujeitos a inúmeros erros de avaliação, não são sempre satisfatórios e devem ser apoiados, com maior frequência, pelo método de *perfilagem geofísica*, mais confiável.

O termo perfilagem geofísica refere-se a um processo de aquisição e representação analógica ou digital das diversas propriedades petrogeofísicas – de natureza elétrica, acústica, radioativa, mecânica, térmica etc. – das rochas atravessadas por um furo tubular. O produto final desse processo de propriedades variadas é um registro delas em relação às profundidades atravessadas pelos furos, denominado de *perfil geofísico*, em substituição à antiga terminologia, que o denominava simplesmente de *perfil elétrico*.

Uma operação de perfilagem é realizada imediatamente após uma interrupção programada da perfuração de um furo por meio da descida de um cabo com propriedades eletromecânicas precisas, em cuja extremidade se acopla um mandril protetor contendo circuitos de telemetria e um ou mais sensores específicos para cada tipo de característica a registrar. Ao conjunto telemetria-sensor(es) dá-se o nome genérico de ferramenta ou sonda de perfilagem (Fig. 9.1).

Os sensores dentro da sonda de perfilagem captam as informações oriundas das rochas e as entregam à telemetria para enviá-las, por meio de cabo, à superfície, quando são recolhidas, separadas, processadas e registradas no caminhão ou unidade de perfilagem.

Existem atualmente cinquenta ou mais tipos diferentes de perfis, cada um deles fornecendo informações específicas e úteis para distintos tipos de usuários:

▷ O geólogo exploracionista usa-os para confeccionar mapas e seções;
▷ O petrofísico, para avaliar potenciais produtivos;

- ▷ O geofísico, como fonte complementar e de calibração de seus levantamentos de superfície;
- ▷ O geólogo projetista, para obter parâmetros para seus modelamentos;
- ▷ O ambientalista, para detectar plumas contaminantes;
- ▷ O geotécnico, para obter as constantes elásticas das rochas;
- ▷ O geólogo de petróleo, para quantificar o teor de hidrocarbonetos presentes nas camadas permoporosas;
- ▷ O hidrogeólogo, para melhor posicionar filtros, avaliar o potencial produtivo do furo e determinar a qualidade das águas dos aquíferos em termos de quantidade de sais totais dissolvidos (STD).

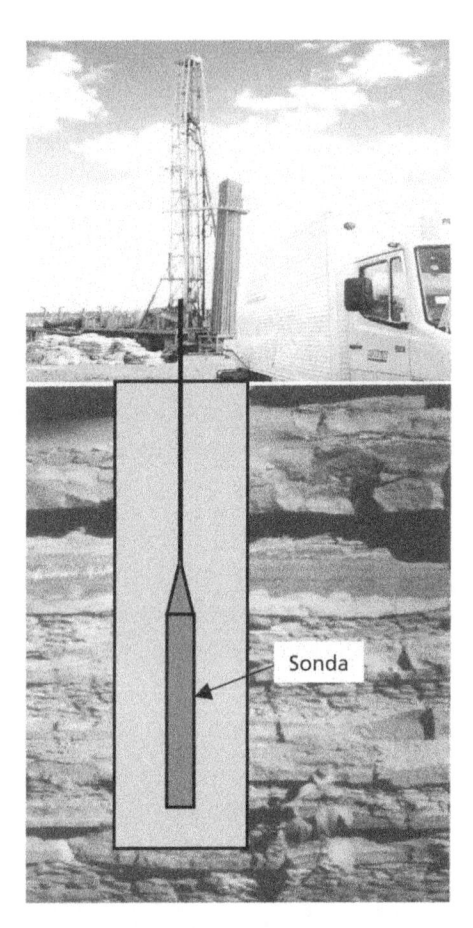

FIG. 9.1 *A operação de perfilagem é constituída por uma unidade na superfície, com equipamentos de registro e processamento, e uma na subsuperfície. Os sensores responsáveis pela aquisição das propriedades das rochas ficam ligados por um cabo elétrico*

Existem basicamente duas famílias de ferramentas de perfilagem para a indústria da água: as que foram desenhadas para mineração e as para petróleo. As mais adequadas aos furos de água são do tipo de tecnologia mais avançada, com maior diâmetro e sensores mais sensíveis e menos afetados pelo furo em si (diâmetro, tipo do fluido de perfuração etc.). Além disso, os perfis tipo petróleo obedecem a padrões internacionais do American Petroleum Institute (API) e são calibrados para fornecerem resultados qualitativos e quantitativos para uma real interpretação computadorizada dos aquíferos presentes no furo.

9.1 Tipos de perfis geofísicos

Os perfis geofísicos de uso frequente na hidrogeologia são os de princípios físicos de natureza: elétrica ou indutiva (ou de resistividade); acústica (ou de porosidade); radioativa (ou de argilosidade); e mecânica (cáliper ou calibre do furo).

9.1.1 Perfis de resistividade

Apesar de a resistividade elétrica da matriz (grãos) de uma rocha sedimentar ser praticamente infinita, a medida de sua resistividade total é relativamente baixa, pelo fato de essa rocha conter água ionizada em seu espaço vazio, o que a torna condutiva.

A água pura (água destilada) não conduz corrente elétrica, de modo que, quanto mais salgada é a água interporosa, mais condutiva (ou menos resistiva) ela se torna. A relação entre a salinidade das águas das formações S_w, a temperatura da solução FT e a resistividade R_w pode ser observada em gráfico específico fornecido pelas companhias de serviços ou na Eq. 9.1 (Bateman; Konen, 1977):

$$S_w = 10^{\left(\frac{3{,}562 - \mathrm{Log}\,(R_w@25\,°C - 0{,}0123)}{0{,}955}\right)} \tag{9.1}$$

Em que:
$R_w@25\,°C$ = a resistividade da água da formação à temperatura de 25 °C;

A salinidade S_w é expressa em **ppm** equivalente a uma solução de igual concentração em **NaCl**. Para se determinar a resistividade de uma solução a diferentes temperaturas, usa-se:

$$R_{w1} = R_{w1}\left(\frac{FTw_1 + 21{,}5}{FTw_2 + 21{,}5}\right) \tag{9.2}$$

Em que:
R_{w1} = a resistividade da solução à temperatura FTw_1;
R_{w2} = a resistividade da solução à temperatura FTw_2.
As duas temperaturas são expressas em °C. Para cálculos em graus Fahrenheit, a constante é igual a 6,77.

Como a medida da resistividade de uma solução corresponde à participação de todos os íons dissolvidos (inclusive os elementos traços), e considerando-se que a composição química da água de um dado aquífero seja uniforme, pode-se estabelecer relações empíricas hiperbólicas entre R_w e a quantidade de sais totais dissolvidos (**STD**) para os mais diversos tipos de águas nas mais variadas formações, áreas, ambientes deposicionais etc. (Nery, 1996).

Pode-se dizer, então, que um perfil de resistividade resulta da medida da quantidade de sais dissolvidos na água contida nos poros da rocha (salinidade), porque a maioria de seus grãos, cimento ou matriz, são isolantes (sílica, carbonato etc.), exceto os metálicos.

Portanto, a resistividade de uma rocha é uma propriedade intrínseca diretamente proporcional à resistividade de sua água interporosa e inversamente proporcional à sua quantidade (porosidade). Pelo fato de não serem porosas, as rochas cristalinas apresentam as mais altas resistividades observadas na crosta.

9.1.2 Perfis de porosidade

Constata-se que um mesmo valor de resistividade de rocha poderá corresponder a uma rocha pouco porosa contendo água bastante salgada e a uma rocha muito porosa, porém com água bem mais doce. Para resolver essa indefinição é necessário saber qual é o volume de água contido na rocha, ou seja, a sua porosidade.

Esse problema pode ser entendido com o uso da Fig. 9.2: o cubo da esquerda (arenito **A**) tem uma porosidade de 10% e está preenchido por uma água contendo 800 ppm de NaCl. O cubo da direita (arenito **B**) tem 20% de porosidade e uma água de apenas 200 ppm. Medindo-se as resistividades nos dois cubos obtém-se um valor igual de 600 Ωm.

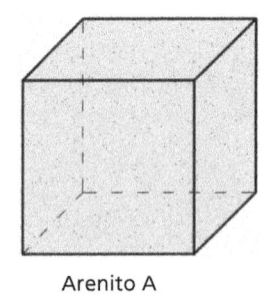

Arenito A
Porosidade = 10%
Salinidade da água = 800 ppm
Resistividade = 600 Ωm

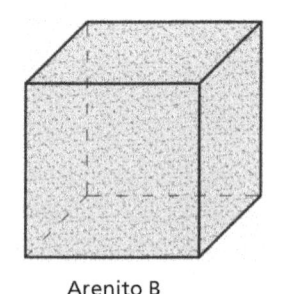

Arenito B
Porosidade = 20%
Salinidade da água = 200 ppm
Resistividade = 600 Ωm

FIG. 9.2 *Os cubos apresentam resistividades iguais, mas qualidade de água e porosidade diferentes*

Essa é uma das principais ambiguidades que se podem observar quando se interpretam perfis usando-se somente uma curva. Nesse caso, a resistividade, por si só, não seria diagnóstica. É necessário apurar no mínimo dois perfis, de resistividade e de porosidade, para determinar a quantidade de água contida nos poros das rochas e sua respectiva qualidade (salinidade).

9.1.3 Perfis litológicos

São os que mostram boa correlação com a litologia atravessada pelos furos. São de natureza radioativa ou mecânica.

Perfil de raios gama

Existe em quase todas as rochas sedimentares um fator complicador, tanto para a perfuração do furo em si como para a perfilagem: a argilosidade. No caso da perfilagem, as argilas falsificam as leituras dos perfis de resistividade e de porosidade, tornando necessária a medição do volume de argila presente nas rochas para poder compensar seus efeitos negativos. O perfil de raios gama permite efetuar essa correção.

Perfil de potencial espontâneo

Uma corrente eletroquímica é gerada diante das camadas permoporosas quando elas entram em contato com o fluido usado na perfuração e o fluido interporoso, desde que os dois possuam diferentes salinidades. Ocorre também uma continuidade elétrica nas situações entre contatos de alta permeabilidade dos arenitos (ou carbonatos) e os de baixíssima permeabilidade dos folhelhos. A soma dos potenciais gerados entre os fluidos perfuração/formação e entre o contato camada permeável/folhelho origina uma curva denominada de *spontaneous potential* (**SP**), que é bastante útil para quantificar a salinidade da água contida nos poros das rochas.

Perfil do cáliper

Registra, elétrica ou mecanicamente, o diâmetro do furo, de modo a permitir a correção dos perfis pelo chamado efeito do poço, além de calcular os volumes de pré-filtro ou do cimento, dados importantes para a completação dos furos.

Outros perfis

Existem vários outros perfis e serviços que podem ser úteis à hidrogeologia, tais como:

▷ **Perfil de temperatura:** registra em forma contínua a temperatura da lama dentro do furo;

▷ **Perfil de pega da cimentação:** avalia acusticamente a qualidade da cimentação;

▷ **Perfil de inclinação do furo:** mostra o afastamento da verticalidade dos furos;

▷ **Indicador de ponto livre:** determina a profundidade em que uma coluna de perfuração está presa diferencialmente;

▷ **Perfil de fluxo:** mede o movimento vertical do fluido dentro do furo. Útil em furos que atravessam vários aquíferos, para determinar a produção seletiva de cada zona ou fluxos entre eles;

▷ **Perfil de imageamento acústico:** usa transdutores acústicos rotativos para mapear o tempo de ida e volta à parede do furo, bem como a amplitude na chegada desse pulso, para gerar dois tipos de imagens coloridas em toda a circunferência do poço: uma usa o tempo de ida e volta para registro do calibre do furo (ou do revestimento); a outra usa a intensidade da amplitude da onda refletida para mapear as características das paredes, principalmente as rugosidades, descontinuidades, contrastes litológicos e fraturas. É uma ferramenta muito útil para o caso de aquíferos fissurados.

9.1.4 Usos dos perfis

O Quadro 9.1 resume as principais informações, de natureza qualitativa e quantitativa, que podem ser obtidas com os perfis geofísicos mais usados na indústria.

Quadro 9.1 USO DOS PRINCIPAIS PERFIS GEOFÍSICOS NA HIDROGEOLOGIA

Propriedade	Potencial espontâneo	Resistividade profunda	Raios gama	Sônico	Cáliper	Imageamento acústico
Litologia	x	x	x	x	x	
Espessura das camadas	x	x	x	x		x
Argilosidade	x	x	x			
Porosidade				x		
Propriedades químicas	x	x		x		
Cimentação				x		
Construção do furo					x	x
Fraturas/Acamamentos						x

9.2 Ambiente de uma perfilagem

Um furo altera as rochas. Antes dele, havia um equilíbrio natural entre as rochas e seus fluidos. Depois dele, vários fenômenos hidro e eletroquímicos aparecem, pela presença do fluido de perfuração. O fluido de perfuração tem dois componentes: um líquido (filtrado), que geralmente é a água usada na sua confecção, e um sólido, constituído por argilas e produtos químicos diversos para aumentar sua tixotropia e peso.

Sob a ação da broca e do diferencial da pressão hidrostática exercido pelo fluido de perfuração, as rochas passam a se comportar de acordo com suas propriedades físicas e/ou mecânicas, ora aumentando (desmoronamentos), ora diminuindo (estrangulamentos) as seções transversais dos furos. Nos calcários e nas rochas cristalinas, duras e compactadas, as paredes dos furos tendem a manter o mesmo diâmetro nominal da broca. Os folhelhos tornam-se físseis e quebradiços, desmoronando e/ou incorporando-se ao próprio fluido de perfuração, tornando-o mais viscoso.

Nos arenitos permoporosos, o peso do fluido de perfuração força o filtrado a penetrar radialmente nas camadas, enquanto nas suas paredes ocorre uma deposição do material sólido, rebocando-as e reduzindo o diâmetro nominal do furo. A tendência desse reboco é de parar de espessar-se com o tempo e impermeabilizar a parede. Entretanto, o processo de invasão é tanto estático como dinâmico, sendo contínuo durante toda a perfuração, pelo desgaste natural do reboco e pelo atrito resultante da movimentação dos tubos e da broca contra a parede do furo.

Os dados registrados pelos sensores dependem tanto do espaçamento ou separação entre eles como dos parâmetros petrofísicos, tais como: espessura da camada, composição química, textura, estrutura sedimentar, porosidade, qualidade e quantidade do fluido intersticial. São os *efeitos das camadas* em si (Fig. 9.3). O diâmetro do furo e as características do fluido de perfuração influenciam as respostas dos sensores, porque eles funcionam mergulhados no fluido: são os *efeitos do furo/fluido*.

Quando se injeta uma corrente elétrica em um furo, caso o fluido de perfuração seja do tipo condutivo há a possibilidade de as linhas de corrente se espalharem dentro do próprio furo, deixando de penetrar nas camadas. Se o fluido de perfuração for resistivo ou isolante, as linhas de corrente não atravessarão o fluido de perfuração, deixando de atingir as camadas.

Nesses dois casos, a leitura da resistividade verdadeira das camadas (R_0) é inviabilizada, comprovando que os fluidos de perfuração devem ser estudados e preparados em relação à sua capacidade de facilitar a passagem da corrente elétrica para as camadas.

As ferramentas indutivas foram desenhadas especialmente para minimizar esses efeitos negativos e dar as respostas mais próximas possíveis

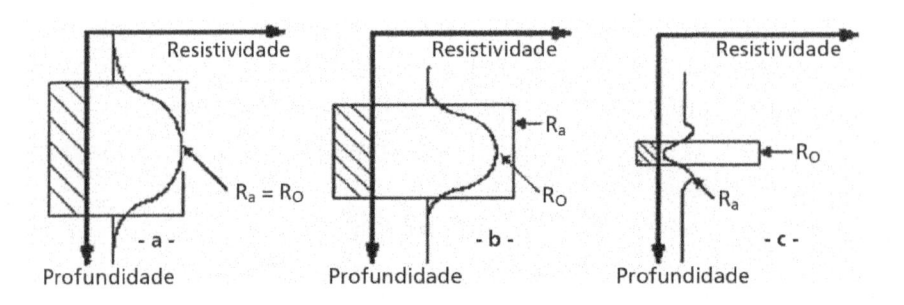

Fig. 9.3 *Relação entre a resistividade real da camada (linha tracejada – R_o) e o espaçamento entre os sensores (considerando-se resistividade de camada igual): à esquerda, na qual a espessura da camada é superior ao espaçamento entre os sensores, a resistividade aparente lida (R_a) pelo perfil é aproximadamente igual à resistividade real da rocha (R_o); no centro, a espessura é igual ao espaçamento, $R_a < R_o$; e, à direita, a espessura é menor do que o espaçamento, $R_a < R_o$*
Fonte: modificado de Moss Jr. e Moss (1990).

dos valores reais das formações virgens (sem muito efeito da espessura da camada ou do furo).

A infiltração (invasão) do filtrado – componente sólido do fluido de perfuração – nas zonas permoporosas provoca uma distribuição radial dos fluidos em relação ao eixo do furo. O filtrado invade uma zona nas proximidades das paredes do furo (zona lavada), expulsando o fluido original da camada (água intersticial), que se desloca para as partes mais internas da rocha (zona virgem). Na realidade, não existe um plano separando o filtrado invasor da água intersticial virgem, mas sim uma zona de difusão intermediária, de largura variável e temporal, de acordo com a capilaridade de cada meio invadido.

As salinidades diferentes do filtrado e da água de formação ocasionam uma distribuição radial de resistividades ao redor do furo (Fig. 9.4).

9.3 Formato e apresentação dos perfis

Os perfis modernos devem obedecer à norma de apresentação estabelecida pelo American Petroleum Institute (API) (Fig. 9.5).

▷ A parte superior do perfil é o *cabeçalho*, no qual são registrados todos os dados do fluido de perfuração, da perfuração em si, da localização do furo, assim como observações pertinentes sobre o desenvolvimento da operação de perfilagem;

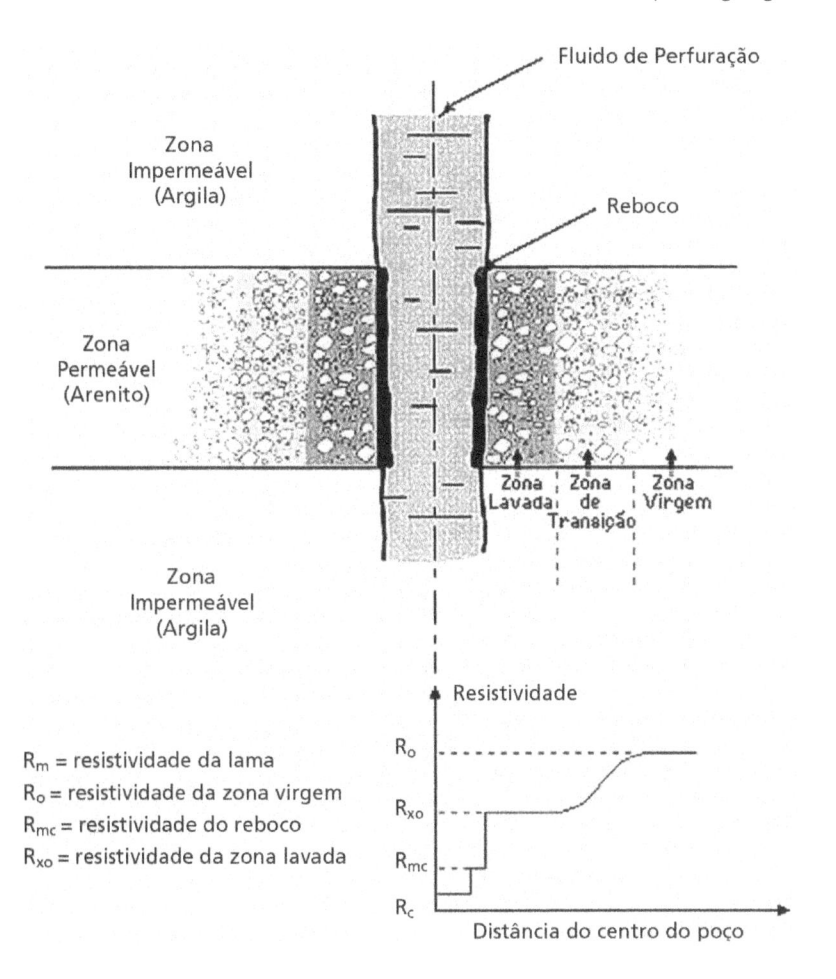

FIG. 9.4 *Distribuição radial de resistividade pelo efeito de invasão. A parte inferior mostra o comportamento das resistividades em camada em que o filtrado é mais doce que a água da camada*
Fonte: modificado de Moss Jr. e Moss (1990).

R_m = resistividade da lama
R_o = resistividade da zona virgem
R_{mc} = resistividade do reboco
R_{xo} = resistividade da zona lavada

▷ Abaixo do cabeçalho deve ser acrescentada uma ficha demonstrativa da calibração realizada com todo o equipamento, quais foram elas, seus valores e tolerâncias;
▷ Coloca-se o perfil principal (Fig. 9.6), no qual as curvas são inseridas nas suas três faixas. A da esquerda, sempre em escala linear, está dividida verticalmente em dez pequenas divisões equidistantes. Separando a primeira faixa das demais, existe uma estreita faixa em que estão registradas as profundidades. As faixas 2 e 3 são contíguas e podem ser apresentadas, independentes uma da outra, com escalas logarítmicas

Cabeçalho
(dados geográficos/poço/fluido)
Calibração
(Correspondências físicas entre os valores medidos e os parâmetros que se desejam medir)
Perfil propriamente dito
(o que o cliente deseja e paga por ele)
Seção repetida
(estimativa da precisão e das tolerâncias da física da medição)

FIG. 9.5 *As quatro partes de uma apresentação padrão de um perfil geofísico, segundo a API Recommended Practice 31A (1997)*

ou lineares. Linhas horizontais equidistantes representam as profundidades. A escala de profundidade mais usada para a quantificação petrofísica é a de 1/200 (1 m de perfil representa 200 m de furo). Para obter uma visão mais global do furo nas interpretações qualitativas, uma escala menor de 1/500 é recomendada;

▷ Abaixo do perfil principal, vem uma seção repetida de mais ou menos 30 m, em que o perfil é efetuado novamente para ser comparado com o perfil principal e controle de qualidade.

Qualquer curva de perfil pode ser registrada em uma mesma descida no furo, separada ou em conjunto com outras. Mesmo quando são registradas separadamente, elas podem ser apresentadas juntas, e em mesma profundidade, em perfil denominado composto, pelo processo computadorizado *merge*.

9.4 Princípios teóricos dos perfis geofísicos

Serão descritos a seguir os aspectos mais relevantes de cada um dos perfis mais usados na quantificação hidrogeológica.

9.4.1 Perfil de raios gama

Raios gama naturais originam-se de três fontes principais: de elementos filhos provenientes da desintegração sucessiva do urânio (U^{235} – físsil); do tório (Th^{232}) e do potássio (K^{40}). Cada elemento filho emite raios gama distintos, em número e níveis energéticos, caracterizando-os qualitativamente. O potássio K^{40} não forma uma família, mas sim coexiste com seus isótopos K^{39} e K^{41}. O K^{40} emite raios gama monoenergéticos da ordem de 1,46 MeV, enquanto os filhos do tório e do urânio emitem vários níveis de energia a um só tempo.

A razão principal de esses elementos serem predominantes nas radioatividades naturais das rochas está na ordem de grandeza da meia-vida deles (aproximadamente a idade da Terra: $4,5 \times 10^9$ anos). Além disso, o K^{40} é volume-

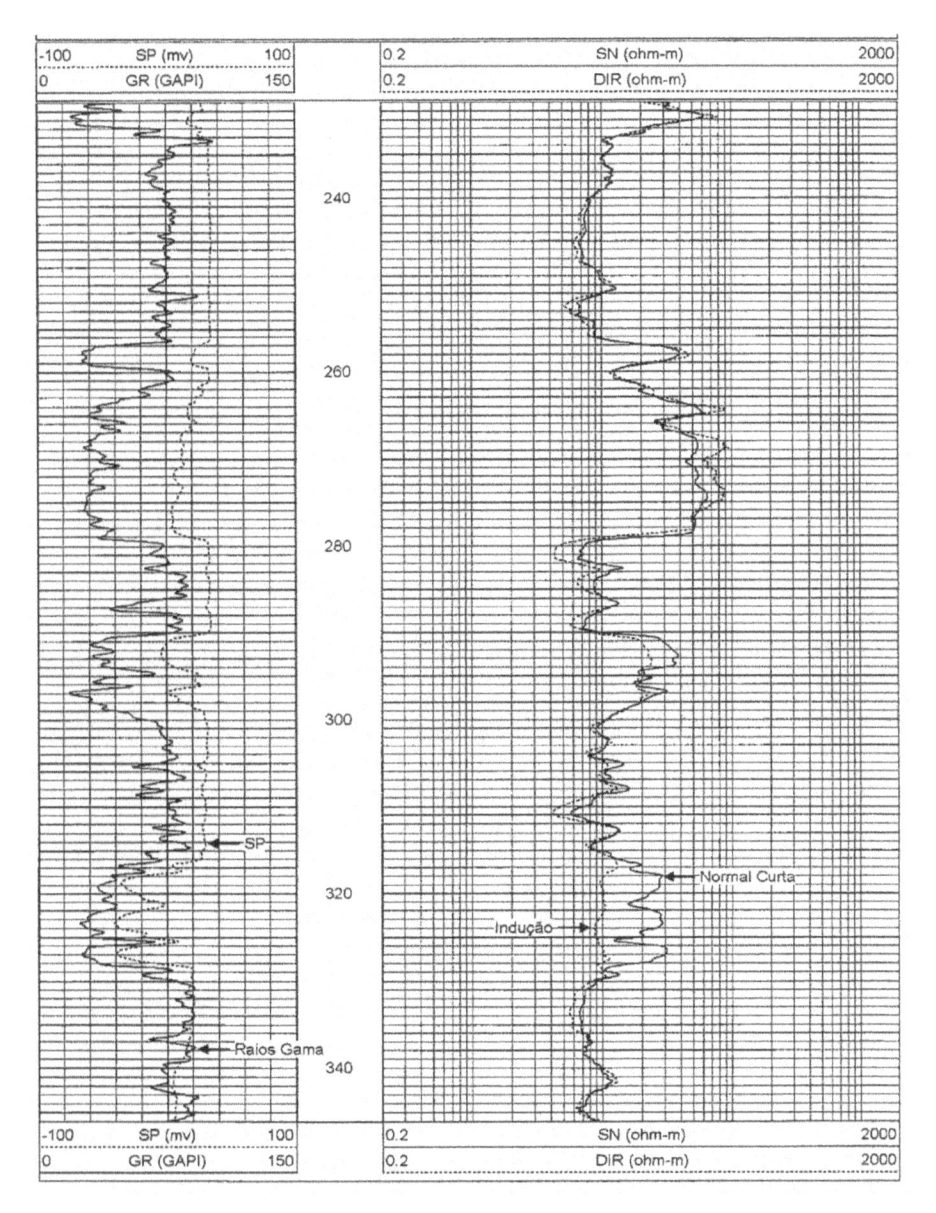

FIG. 9.6 *Apresentação padrão de um perfil geofísico de acordo com a API Recommended Practice 31A (1997). Acima e abaixo de cada curva observam-se as codificações, quer em cor, quer em tipo do traço, para melhor visualização e quantificação da leitura*
Fonte: *perfil realizado pela Hydrolog e disponibilizado pelo cliente (Cerb – Cia. de Engenharia Rural da Bahia).*

tricamente mais importante, sendo responsável por 0,012% de todo o potássio natural da crosta e 0,3%, em peso, dos folhelhos. A abundância natural do U^{238} é da ordem de 12 ppm, e do Th^{232}, de 3 ppm.

Outros elementos radioativos, como césio, rubídio, lutécio, samário, rênio etc., são volumetricamente desprezíveis, em razão das baixas meias-vidas e da pequena presença na crosta. Por essas razões, o urânio, o tório e o potássio são os três elementos detectados pelos sensores de radioatividade usados nos perfis de furo.

As desintegrações radioativas são realizadas em razão de dois processos distintos:

▷ por liberação de partículas alfa e beta, as quais não podem ser detectadas pelos sensores das ferramentas de perfilagem por terem pequeno poder de penetração nos materiais densos (considerar que os sensores estão dentro de um tubo de aço que protege a sonda de perfilagem);

▷ por liberação de energia eletromagnética de curtíssimo comprimento de onda (raios gama), a qual pode ser detectada mesmo através dos revestimentos de aço.

Os raios gama não têm massa ou carga elétrica, porém transportam energia medida em milhões de elétrons-volt (MeV). Assim, o potássio é detectado pelos sensores pelo seu pico monoenergético de 1,46 MeV; o tório, pelo pico de 2,62 MeV; e o urânio, pelo pico de 1,76 MeV.

Deposição dos elementos radioativos nas rochas sedimentares

Com base na lógica deposicional, e desde que não ocorram mineralizações radioativas localizadas, pode-se dividir as rochas, de acordo com a radioatividade natural, em três grupos principais:

a] **Rochas altamente radioativas:** folhelhos de águas profundas (formados por lamas de radiolários e globigerinas), folhelhos pretos betuminosos, evaporitos potássicos (carnalita, silvita), arcóseos e algumas rochas ígneas/metamórficas;

b] **Rochas medianamente radioativas:** folhelhos e arenitos argilosos de águas rasas, carbonatos e dolomitos argilosos;

c] **Rochas com baixa radioatividade:** a grande maioria dos carvões e dos evaporitos não potássicos (halita, anidrita, gipsita).

Justifica-se a alta radioatividade das rochas ígneas ou magmáticas e evaporitos pela presença de minerais radioativos e/ou potássicos. E dos argilo-minerais/folhelhos, por se originarem, geralmente, da decomposição de feldspatos e micas, além da facilidade de retenção de matéria orgânica e urânio.

Os dolomitos e os calcários apresentam radioatividade menor do que os arenitos, pela presença de águas mineralizantes durante a fase diagenética. De modo geral, dependendo do ambiente deposicional sedimentar, os sedimentos eólicos apresentam radioatividade menor do que os fluviais.

A curva de traçado contínuo na faixa esquerda (Fig. 9.6) ilustra um exemplo de curva dos raios gama. Com o conhecimento litogeológico da área, sabe-se que as baixas radioatividades (aquelas em direção à esquerda da faixa) são corpos arenosos, e aquelas à direita, corpos argilosos. Assim, a busca de aquíferos se resumirá à procura das profundidades com baixas radioatividades. Deve-se atentar ao fato de que corpos ricos ou com algum potássio (arcóseos) podem complicar essa análise. Daí a necessidade de haver outros perfis para esclarecimento.

Detecção da radioatividade
Nos equipamentos modernos, os raios gama naturais são detectados por meio de cintilômetros. Esses sensores são cerca de dez vezes mais sensíveis do que os Geiger-Muellers. Os detetores de cintilação permitiram ao API padronizar os perfis de raios gama com o uso de uma unidade ou grau, que nada mais é do que uma unidade estabelecida em um poço com rochas radioativamente artificiais, feitas para tal.

Interpretação do perfil de raios gama
Em uma seção de arenitos e folhelhos, estes últimos geralmente apresentarão maior radioatividade. Experiências de laboratório têm demonstrado que a argilosidade V_{SH}, ou volume de folhelho, pode ser representada pela seguinte equação não linear:

$$V_{SHGR} = \frac{I_{GR}}{A_{GR} - I_{GR}(A_{GR} - 1)} \tag{9.3}$$

Em que:
▷ VSHGR é a porcentagem de folhelho a ser calculada para o aquífero;
▷ Agr é uma constante igual a 3 nas rochas terciárias, e a 2, nas rochas mais antigas;
▷ I_{GR} é o Índice Linear de Radioatividade, calculado com a Eq. 9.4:

$$I_{GR} = \frac{GR_{Perfil} - GR_{Mínimo}}{GR_{Máximo} - GR_{Mínimo}} \tag{9.4}$$

Em que:
GR = *Gamma Ray* (raios gama), que deverão ser lidos e medidos nos perfis corridos.

Os valores $GR_{mínimo}$ e $GR_{máximo}$, no caso de uma sequência de arenitos e folhelhos (ou de carbonatos e folhelhos), deverão ser lidos no perfil diante das respectivas litologias. Jamais escolher o $GR_{mínimo}$ e/ou o $GR_{máximo}$ em camadas pertencentes a formações ou ambientes distintos. Deve-se tomar cuidado para que o $GR_{máximo}$ seja realmente lido em folhelhos e não em camadas com mineralizações localizadas, e que o $GR_{mínimo}$ seja realmente lido em uma litologia limpa. A prática indica que arenitos limpos (isentos de argilominerais) têm uma radioatividade residual (*background*) de 10 a 15 unidades API.

Usos do perfil de raios gama

O perfil de raios gama é um dos melhores indicadores litológicos das rochas sedimentares. Os argilominerais reduzem as porosidades e as permeabilidades dos aquíferos, advindo daí a necessidade imperativa de suas identificações e quantificações. Todavia, a aplicação hidrogeológica mais significativa dos raios gama está na identificação e quantificação de intervalos argilosos para escolha das profundidades apropriadas para a colocação dos filtros.

Perfis com cintilômetros permitem calcular quantitativamente a porcentagem de argila (V_{SHGR}) dos aquíferos, enquanto perfis que usam Geiger-Muller devem ser utilizados apenas para identificação qualitativa.

9.4.2 Perfil do potencial espontâneo

Uma perfuração com fluido de condutivo, ao atravessar uma zona permoporosa intercalada entre folhelhos ou argilas impermeáveis, cria um potencial chamado de *potencial eletroquímico,* ocasionado por duas situações distintas: diferença de salinidade que existe entre o filtrado invasor e a água intersticial (potencial de junção líquida E_j) e excesso de carga negativa que existe associado aos argilominerais do folhelho (potencial de membrana Em). A voltagem criada pelo circuito em série $E_m + E_j$ pode ser medida (em milivolts) entre um eletrodo dentro do furo e um outro na superfície.

Potencial de junção de líquidos E_j

A Fig. 9.7A ilustra os efeitos da difusão iônica que se desenvolve no contato entre o filtrado e a água intersticial, de salinidades diferentes: as diferentes concentrações de sais tendem a equilibrar-se e migram da solução mais salina para a mais doce. Por causa das diferenças entre as mobilidades relativas dos seus íons componentes, cargas negativas de um lado e positivas do outro se acumulam na interface da zona invadida e da zona virgem, criando um potencial de junção que pode ser calculado pela Eq. 9.5:

$$E_j @ 25°C = -11,5 \cdot \log\left(\frac{R_{mf}}{R_w}\right) \quad (9.5)$$

Em que:
R_{mf} é a resistividade do filtrado (medida pela companhia de perfilagem em uma amostra de lama na temperatura da superfície);
R_w é a resistividade da água de formação a ser calculada na profundidade desejada.

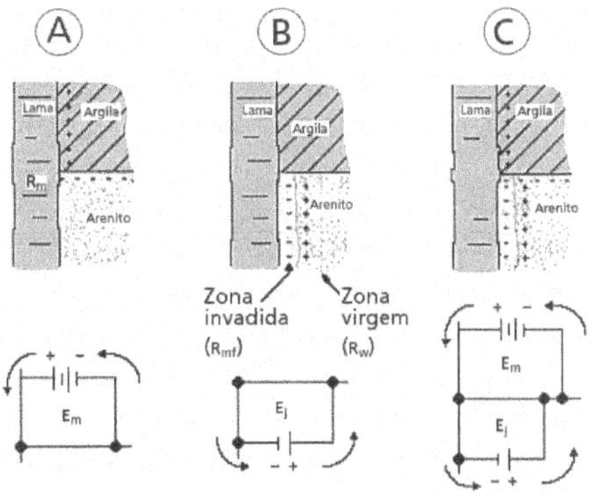

FIG. 9.7 *O potencial espontâneo total (SSP) é a soma dos potenciais de membrana (Em) e de junção (Ej), como demonstram os circuitos elétricos equivalentes na parte de baixo da figura*
Fonte: modificado de Moss Jr. e Moss (1990).

Potencial de membrana E_m
Em razão da sua própria composição estrutural e eletroquímica, todo folhelho tende a acumular cátions, no contato fluido de perfuração-folhelho, e ânions, no contato arenito-folhelho, gerando um efeito de bateria (Fig. 9.7B). O potencial de membrana assim criado pode ser calculado a partir da Eq. 9.6:

$$E_m @ 25°C = -59,2 \cdot \log\left(\frac{R_{mf}}{R_w}\right) \quad (9.6)$$

Potencial espontâneo estático
Demonstra-se que a soma dos potenciais de membrana Em e de junção Ej (Fig. 9.7C) origina o SP estático (SSP) ou total. A equação final do fenômeno eletroquímico de SP resulta da soma das Eqs. 9.5 e 9.6:

$$SSP = E_m + E_j = -70,7 \cdot \log\left(\frac{R_{mf}}{R_w}\right) \quad (9.7)$$

A direção das correntes ilustrada na Fig. 9.7 supõe que a água da formação seja mais salina que o filtrado ($R_{mf} > R_w$). No caso contrário, o que normalmente ocorre em furos de água doce, as setas de correntes estarão invertidas e a curva do SP deflete na direção oposta.

Cabe ressaltar que essas correntes são geradas por movimentos de íons, e não pelo movimento de fluidos em si. Em furos perfurados com fluido de perfuração de propriedades tixotrópicas e peso (pressão hidrostática PH) além dos esperados para as rochas nas profundidades em que elas estejam (pressão estática PE), pode ocorrer um fluxo de fluido no sentido furo-formação, criando uma força eletromotriz e um potencial de eletrofiltração que afetam a amplitude da curva do SP. Nesses casos, o perfil de SP não deve ser usado quantitativamente.

Na Fig. 9.7, o diagrama A, à esquerda, mostra a formação do potencial E_j ou potencial de junção líquida, pelo contato entre o filtrado e a água intersticial, de salinidades diferentes. Em consequência, caso os dois fluidos envolvidos sejam de igual salinidade, E_j será nulo. O diagrama B, ao centro, mostra a formação do potencial de membrana Em entre as interfaces das argilas com o furo e com as zonas permeáveis adjacentes, porque nos argilominerais existe uma sobrecarga negativa na sua periferia. O diagrama C mostra a soma dos dois potenciais registrados, isto é, $E_j + E_m$ = SSP.

Usos do perfil do SP

A curva do SP é usada qualitativamente para a definição entre camadas permeáveis e impermeáveis (portanto, uso litológico), e quantitativamente, para o cálculo da resistividade da água intersticial (R_w) por meio da Eq. 9.7 modificada:

$$SSP = E_m + E_j = -K \cdot \log\left(\frac{R_{mf}}{R_w}\right) \qquad (9.8)$$

Em que:
K é uma constante dependente da temperatura da camada FT, e é igual a:

$$K = 61 + 0{,}133.FT \text{ (em °F) ou } K = 65 + 0{,}24.FT \text{ (em °C)}$$

As equações do SP, discutidas acima, foram estabelecidas para soluções de cloreto de sódio (NaCl), pelo fato de ser esse tipo de sal o predominante nas profundidades dos poços de petróleo. No caso de aquíferos com água doce contendo outros sais (sulfatos, carbonatos etc.), as equações de R_w devem receber algum tipo de correção ou, então, ser usadas como uma resistividade equivalente a NaCl ou R_{we}:

$$R_{we} = \frac{R_{mf}}{10^{-\left(\frac{SSP}{K}\right)}} \tag{9.9}$$

Para se obter R_w baseado no R_{we}, deve-se aplicar uma correção pelos diversos tipos de sais dissolvidos presentes. A não aplicação dessa correção torna a quantificação do SP pouco confiável. Nesses casos, é preferível calcular R_w por outros métodos e dar um peso menor à equação do SP (ver adiante).

Fatores que afetam o perfil do SP

Os principais fatores que afetam negativamente o perfil do SP, e que exigem correções para uma interpretação quantitativa perfeita, são os efeitos denominados do furo e das camadas:
▷ A espessura das camadas afeta a curva do SP da mesma maneira que as curvas de resistividades: camadas finas (< 5 m) reduzem as deflexões das curvas;
▷ Um diâmetro de furo maior ou uma invasão do filtrado mais profunda também reduz a deflexão do SP;
▷ Da mesma maneira, a argilosidade da formação reduz a deflexão da curva.

Redução no valor a ser lido na curva do SP, em que sejam mantidos os valores de R_{mf} e FT, representa, quantitativamente, valores de R_w maiores que o real, dando a impressão de que o aquífero tem água bem mais doce para a sua captação.

9.4.3 Perfis de resistividade

Existem vários tipos de ferramentas capazes de mapear a resistividade das rochas. Algumas são mais indicadas que outras para perfilar furos para a produção de água subterrânea.

Curva normal curta de 16" (SN)

A Fig. 9.8 mostra o diagrama do sistema de medição da normal curta. Usando a Lei de Ohm, pode-se calcular a resistividade do volume global furo-rocha atravessado pela corrente. Esse tipo de medição, ainda utilizado por algumas companhias em furos para água, tem graves limitações e foi abandonado pela indústria petrolífera em favor da ferramenta de indução, para furos com fluido doce (resistivos ou isolantes), ou da ferramenta de Laterolog, para furos com fluido de perfuração salgado (condutivos).

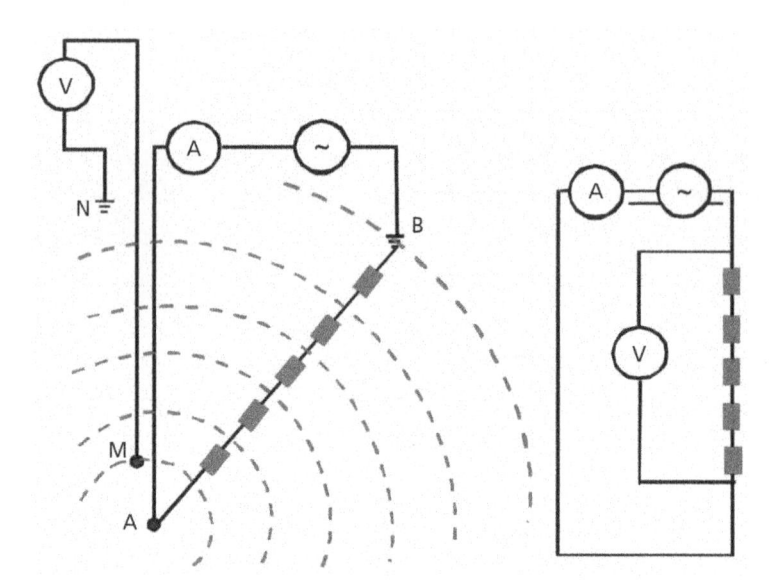

FIG. 9.8 *Circuito da normal curta: o voltímetro V mede o diferencial de potencial que existe entre as esferas equipotenciais que passam pelos elétrodos A (dentro do poço) e N (na superfície)*
Fonte: adaptado de Schlumberger Educational Services (1989).

Em resumo, uma ferramenta do tipo elétrico envia uma corrente de intensidade constante entre um elétrodo A (na sonda) e um elétrodo distante B (no cabo ou na superfície), gerando linhas de corrente que atravessam um certo volume de fluido de perfuração e de rocha e dando origem a esferas equipotenciais (linhas tracejadas).

Uma diferença de potencial é medida entre dois outros elétrodos M (posicionado a 16" do elétrodo A) e N (distante de A, B e M). Por seu afastamento de N (considerado no infinito), pode-se considerar que estamos medindo o potencial do elétrodo M. Caso o posicionamento de A seja da ordem de 64", a curva se chama *normal longa* e tem alcance radial maior que a normal curta.

O potencial V_M pode ser calculado pela Eq. 9.10:

$$V_M = \frac{RI}{4\pi AM} \quad (9.10)$$

Em que:
V_M é o potencial medido entre os elétrodos M e N;
R é a resistividade do meio ambiente (furo e formação), em $\Omega.m$;
I é a corrente em ampères;
AM é a distância que separa (espaçamento) os elétrodos A e M.

Como a corrente é mantida constante e a distância AM é fixa (16"), a resistividade R é proporcional ao potencial medido V_M.

A profundidade de investigação dessa ferramenta (ou o volume de rocha investigado) é proporcional à distância AM: 75% da voltagem medida provêm de uma esfera de diâmetro igual a quatro vezes a distância AM.

A resolução vertical da ferramenta é inversamente proporcional a essa distância, ou seja, o efeito das camadas adjacentes aumenta com o espaçamento dos elétrodos A e M. Quanto maior for o espaçamento entre A e M, maior será a penetração radial da corrente, porém menor será a resolução, por exigir espessuras também maiores para que a investigação tenha sucesso.

O espaçamento ideal de 16" (40,64 cm) foi escolhido como meio-termo desejado entre a profundidade de investigação e o efeito da camada. Isto é, a SN pode detalhar camadas de cerca de 0,5 m de espessura.

Os fatores que afetam de modo negativo (diminuição do valor da leitura) a curva *normal curta* são basicamente os mesmos da curva do SP:

▷ **Efeitos da camada:** camadas finas menores que a separação AM;
▷ **Efeitos do furo:** desmoronamentos, fluido de perfuração salgado ou alta invasão;
▷ **A argilosidade da camada:** maior a argilosidade, menor a leitura da SN.

Perfil elétrico de indução

É a ferramenta mais recomendada para a água, porque não usa corrente elétrica, mas sim a propagação de ondas eletromagnéticas, que penetram mais profundamente dentro das rochas e minimizam os efeitos do furo sobre a medida efetuada. O retorno maior ou menor dessas ondas EM em meios condutivos pode ser convertido em resistividade, resultando em uma medida mais próxima da realidade do que as ferramentas elétricas.

O perfil elétrico de indução resulta de uma combinação de dois princípios físicos de medição da resistividade das rochas: um elétrico (mantido por tradição, por auxiliar na correlação entre poços) e outro indutivo. Nele se registram, além do SP, a *normal curta* de 16" (*short normal*, SN), pelo método elétrico convencional, e uma curva de indução ou resistividade profunda, derivada de uma medição da condutividade das formações obtida pelo método eletromagnético.

A Fig. 9.6 ilustra um exemplo de *perfil composto* que apresenta, de acordo com os padrões API, na faixa da esquerda, em escalas lineares, as curvas dos raios gama (sólidas) e a curva do SP (pontilhada); na segunda faixa, em escala logarítmica, as curvas elétrica da normal curta (SN, sólida) e indutiva da resistividade profunda (DIR, *deep induction resistivity*, nomeclatura da Hydrolog, pontilhada); e, na terceira faixa, a curva do sônico (DT, sólida). Essa apresentação é a mais indicada para a quantificação na indústria. Obtêm-se todas as informações para uso em equações específicas, de uma só vez.

A Fig. 9.9 ilustra o princípio de funcionamento da ferramenta de indução, por meio das linhas de fluxo do campo magnético emitido e recebido por seus sensores, de acordo com as leis do eletromagnetismo, a saber: Ampère, Faraday, Lenz e Biot-Savart.

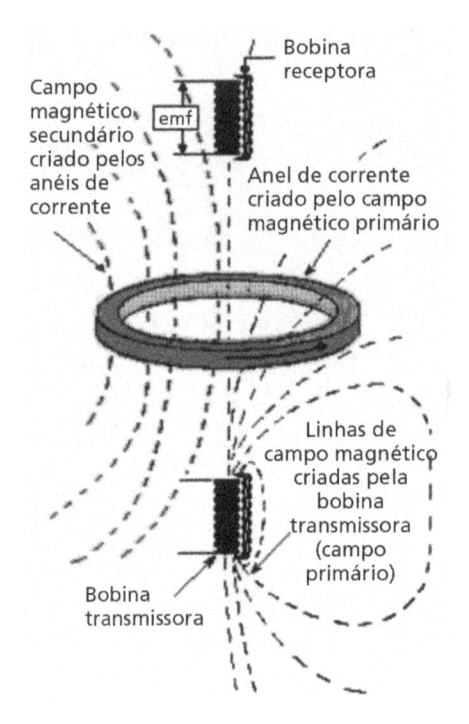

FIG. 9.9 *Princípio físico do perfil de indução, considerando-se a composição simplista de uma bobina transmissora e uma receptora*
Fonte: adaptado de Schlumberger Educational Services (1989).

Uma bobina transmissora é excitada por uma corrente de alta frequência que origina um campo magnético primário. Esse campo se propaga radial e tridimensionalmente para dentro das camadas e gera, nas rochas condutivas, anéis de corrente coaxiais ao furo. Por sua vez, esses anéis (que atuam como fios condutores) criam os próprios campos magnéticos secundários. Uma bobina receptora, posicionada a 40" (1,02 m) da transmissora, capta esses campos secundários e gera uma corrente elétrica proporcional à condutividade integrada dos anéis de formação. Com a voltagem criada, o perfil de indução mede a condutividade das formações e inverte esse valor para convertê-lo em resistividade.

Na realidade, a ferramenta de indução é composta não por duas, mas por seis bobinas. As duas principais, de maior tamanho, são as transmissora e receptora, já discutidas. Outras duas, menores, são enroladas em sentido contrário às duas principais e minimizam o efeito do acoplamento direto do campo primário com a bobina receptora. Finalmente, duas outras bobinas focalizam o sinal, não deixando o campo primário ultrapassar muito abaixo da transmissora nem muito acima da receptora, de modo a reduzir o efeito das camadas adjacentes.

Com essa configuração, a ferramenta de indução, conhecida como 6FF40 (seis bobinas focalizadas horizontal e verticalmente, com um espaçamento T-R de 40"), está apta a medir, praticamente sem distorção, a resistividade de camadas com espessuras de aproximadamente um metro ou mais.

O ambiente mais favorável para essa ferramenta é em fluidos de perfuração pouco condutivos. Nessa condição, que é justamente o caso dos furos para água perfurados quase sempre com água doce, o efeito do furo é praticamente nulo. Daí a superioridade do perfil de indução sobre os perfis elétricos convencionais em furos para água.

O perfil de indução não é recomendado em furos com fluido de perfuração altamente salgado (e o perfil elétrico, menos ainda). A ferramenta a usar nesses casos (raríssimos em furos para água) seria a tipo Laterolog ou Lateroperfil, utilizada principalmente em furos para petróleo.

9.4.4 Perfil sônico

Existem vários princípios físicos distintos para se medir a porosidade das rochas. Dois deles, apesar de serem muito usados e dos excelentes resultados na indústria do petróleo, não são recomendáveis em furos de água por utilizarem fontes radioativas de alta potência, o que traria perigo de contaminação para os aquíferos em caso de prisão da ferramenta e/ou perda da fonte no furo.

O perfil sônico mede o tempo total de trânsito do som nos vários materiais que compõem as camadas do subsolo, sendo o método mais indicado para ser utilizado na indústria da água.

As Figs. 9.10 e 9.11 mostram o princípio simplificado da medida do

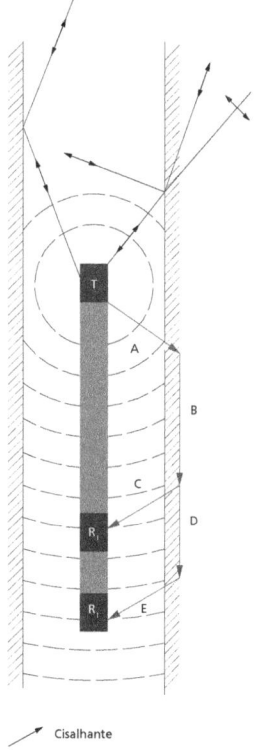

FIG. 9.10 *Princípio físico da medida realizada pelo perfil sônico, considerando-se um transmissor e apenas dois receptores*

FIG. 9.11 *Sonda de perfil sônico compensado (BCS). Nos dois extremos estão os transmissores e no meio, os dois receptores*
Foto: Hydrolog –Serviços de Perfilagens Ltda.

perfil sônico e a foto de uma ferramenta compensada (dois transmissores e dois receptores), respectivamente.

Um pulso sonoro gerado em um meio de velocidade menor, ao atingir uma interface de velocidade maior, de acordo com o ângulo crítico definido pela Lei de Snell, refrata-se compressional e cisalhantemente a 90°, gerando frentes de ondas que retornam a um ou mais receptores.

O transmissor T emite trens de ondas ultrassonoras de alta frequência (20 kHz) a intervalos regulares (quinze ou vinte vezes por segundo). Essas ondas se propagam em forma tridimensional na interface entre a parede do furo e a da camada, e são captadas pelos receptores R_1 e R_2 situados a distâncias fixas do transmissor.

A primeira geração do sônico contava com um só transmissor e um só receptor. O tempo de propagação da onda entre o transmissor e o receptor era igual ao tempo do transmissor até a parede do furo, mais o tempo dentro da formação, mais o tempo de retorno da parede do furo até o receptor. A leitura de uma ferramenta desse tipo era muito afetada pela descentralização da ferramenta ou pelas irregularidades da parede do furo.

Para eliminar esse inconveniente, a segunda geração passou a usar um transmissor e dois receptores, o que permite medir dois tempos: um, entre o transmissor e o primeiro receptor, e o outro, entre o transmissor e o segundo receptor. A diferença entre os dois tempos elimina o tempo de propagação dentro do furo e calcula o tempo dentro da formação numa distância igual ao espaçamento entre os dois receptores (Fig. 9.10). O esquema mostrado na Fig. 9.10 define que o tempo que uma onda viaja entre o T até o receptor mais perto dele, R_1, será dado por:

$$T_{T-R_1} = \frac{A}{V_{Lama}} + \frac{B}{V_{Formação}} + \frac{C}{V_{Lama}} \quad (9.11)$$

Por sua vez, o tempo para que essa mesma onda chegue ao receptor mais longe, R_2, será dado por:

$$T_{T-R_2} = \frac{A}{V_{Lama}} + \frac{B}{V_{Formação}} + \frac{D}{V_{Formação}} + \frac{E}{V_{Lama}} \quad (9.12)$$

Portanto, desde que o furo esteja bem calibrado, de modo que C = E, a diferença de tempo DT entre os dois receptores será:

$$DT = T_{T-R_2} - T_{T-R_1} = \frac{D}{V_{Formação}} \qquad (9.13)$$

As ferramentas denominadas de *borehole compensated sonic* (BCS, ou compensadas pelo efeito de furo) constituem-se de dois transmissores, um superior e um inferior, e de dois receptores intermediários (Fig. 9.11). A distância entre um transmissor e o receptor mais próximo dele é de 3 pés, com um espaçamento de 2 pés entre os receptores. Esse sistema registra a média dos quatro tempos de deslocamento das ondas acústicas entre os transmissores e os receptores, eliminando os efeitos do furo e da descentralização ou inclinação da sonda:

$$DT = \frac{DT_1 + DT_2}{2 \times \text{Espaçamento entre receptores}} \qquad (9.14)$$

Em que:
DT_1 e DT_2 são as diferenças dos tempos medidas com os transmissores superior e inferior para cada par de receptores, um perto e outro longe. O espaçamento entre receptores é de 2 pés, daí a unidade padrão API adotada para o tempo de propagação do perfil sônico ser igual ao microssegundo por pé de rocha perfilada (μs/pé).

Os tempos de propagação da maioria das matrizes (grãos) das rochas conhecidas variam entre 50 μs/pé e 200 μs/pé. A Tab. 9.1 mostra alguns tempos de propagação em μs/pé e as velocidades compressionais correspondentes em pés/s.

Interpretação do perfil sônico
Os trabalhos de Wyllie (1956) mostraram que o tempo de propagação registrado pelo sônico é uma função linear da porosidade, conforme a Eq. 9.15:

$$DT = \phi t \cdot DTf + (1 - \phi t) DTm) \qquad (9.15)$$

Em que:
▷ **DT** é o tempo de propagação da onda lido no perfil na profundidade desejada;
▷ **DTf** é o tempo no fluido contido na rocha (filtrado e água intersticial);

▷ **DTm** é o tempo no material sólido da rocha;
▷ ϕt é a porosidade total da formação.

Tab. 9.1 TEMPOS E VELOCIDADES DE ROCHAS, FLUIDOS E MATERIAIS COMUNS NOS FUROS

Material	Velocidade (pé/s)	Tempo de propagação (μs/pé)
Aço	17.500	57,0
Água doce	5.000	200
Arenito (*)	17.850	56
Argila (*)	7.000 - 17.000	142,8 - 58,8
Calcário (*)	21.000	47,6
Cimento	12.000	83,3
Dolomita (*)	23.000	43,5
Granito (*)	19.700	50,7

Valores com (*) correspondem somente a material sólido, isto é, rochas com porosidade nula.

A Eq. 9.15 representa um tempo médio ponderado de volumes e tempos dos materiais atravessados por uma onda compressional que viaja entre o transmissor e o receptor. Conhecendo-se os valores de DTf (aproximadamente 200 μs/pé para a água doce) e de DTm (ver diferentes valores na Tab. 9.1), ϕt pode ser calculada (em termos porcentuais) pela Eq. 9.16:

$$\phi = 100 \left(\frac{DT - DTm}{DTf - DTm} \right) \quad (9.16)$$

Raymer, Hunt e Gardner (1980) verificaram posteriormente que a equação de Wyllie somente é válida para rochas com porosidade menor que 30%. Em rochas inconsolidadas (o que frequentemente é o caso em furos rasos para pesquisa de água), a equação calculava porosidades maiores que as verdadeiras e que precisavam de algum tipo de correção pela falta de consolidação. Nesses casos, é preferível utilizar a Eq. 9.17:

$$\phi = 100 \left(0{,}625 \cdot \frac{DT - DTm}{DT} \right) \quad (9.17)$$

A constante dentro do parêntese da equação acima deve ser determinada laboratorialmente, com perfis e testemunhos. Na maioria dos casos, o valor de 0,625 é aceitável.

Um arenito que apresente um tempo de propagação DT de 120 μs/pé corresponde a uma porosidade de 33,3%, de acordo com a equação de Raymer-Hunt, enquanto a equação de Wyllie, sem correção, calcularia uma porosidade demasiadamente otimista de 44,4%.

A argilosidade e a porosidade sônica

Dentro dos aquíferos siliciclásticos ou carbonáticos coexistem proporções variáveis de argilominerais depositados em águas intersticiais (argilas autigênicas) ou trazidos por meio fluido (argilas alogênicas).

A tendência destas últimas é a de se depositarem em lâminas sujeitas aos efeitos da compactação, podendo adquirir valores de porosidade distintos da litologia hospedeira. As autigênicas, formadas entre os grãos e, portanto, dispersamente localizadas, sofrem menos influência da compactação, permanecendo com sua porosidade original aproximadamente igual à da litologia hospedeira.

Os principais argilominerais são as esmectitas, ilitas e cloritas, que capeiam ou interligam os grãos, e as caulinitas, que preenchem a parte central dos poros.

A porosidade efetiva ϕe resulta da eliminação do efeito da argilosidade sobre a porosidade total ϕt, e pode ser calculada pela Eq. 9.18:

$$\phi e = \phi t \left(V_{SH} \cdot \phi SH \right) \tag{9.18}$$

Em que:
ϕSH é a porosidade estimada para o folhelho, calculada como se ele tivesse os mesmos parâmetros petrofísicos (DTm e DTf) da rocha hospedeira.
O termo entre parêntese da Eq. 9.18 representa o efeito da argilosidade sobre a porosidade.

Admitindo-se que ϕSH tenha valores aproximados de ϕt, as porosidades efetivas das areias e carbonatos com argilas dispersas podem ser calculadas pela Eq. 9.19:

$$\phi e = \phi t \left(1 - V_{SH} \right) \tag{9.19}$$

A diferença entre ϕt e ϕe pode ser definida como sendo a retenção específica da rocha, em relação somente à água retida pelos argilominerais, e não ao total da rocha.

Fatores que afetam o perfil sônico

São os fatores que causam atenuações ou distúrbios na propagação das ondas acústicas e prejudicam a quantificação da porosidade por meio do DT: gás no fluido de perfuração, fraturas abertas, rochas altamente inconsolidadas e/ou intervalos grandemente desmoronados.

Os ruídos resultantes ou a atenuação das ondas dão origem a saltos bruscos dos tempos de propagação medidos (DT). É sempre recomendável correr, com o perfil sônico, um perfil de calibre do furo ou cáliper, para ajudar a reconhecer os eventos de perturbação.

9.4.5 Perfil de calibre do furo (cáliper)

Existem vários tipos de ferramentas de cáliper: de dois, quatro ou mais braços. A ferramenta é descida fechada dentro do furo e os braços são abertos no fundo, para que o perfil seja registrado na subida.

As ferramentas de dois braços seguem as irregularidades da parede do furo medindo um só eixo, geralmente o de maior diâmetro, levando a se calcular maior volume de poço ou do pré-filtro a ser usado.

As de quatro braços medem dois diâmetros ortogonais, independentes um do outro, e mostram um diâmetro mais real e dentro de uma resolução vertical extremamente pequena (polegadas). Por isso, são mais precisas que as ferramentas de dois braços para cálculos volumétricos do furo.

Os principais usos do perfil de cáliper são:
▷ Calcular o volume integrado do furo e, principalmente, do espaço anular entre o filtro e a parede do furo, a ser preenchido pelo cimento ou pré-filtro;
▷ Identificar a litologia perfurada: os intervalos permeáveis tendem a diminuir o diâmetro do furo pela ocorrência de reboco; os folhelhos tendem a desmoronar e as rochas duras permanecem inalteradas, quando não são fraturadas, e ovalizam, quando fraturadas. Estudos indicam que a direção da ovalização do furo coincide com o alinhamento regional das fraturas (*breakout*);
▷ Corrigir defeitos de perfis corridos pelo efeito do furo em si.

A Fig. 9.12 mostra um exemplo de dois perfis de cáliper: um de quatro braços – na faixa 3 – e um de dois braços – na faixa 1, com os raios gama. Atentar para o efeito das duas zonas desmoronadas entre 94 m e 97 m e 108,5 m e 110,3 m sobre o DT e a pouca ou nenhuma influência sobre a SN, DIR e GR. Nota-se igualmente a maior definição (detalhe) do desmoronamento nas curvas dos calíperes X e Y do que no mCAL.

9.5 Lei de Archie

Archie (1942) realizou uma série de experimentos saturando amostras de rochas permoporosas com águas de várias salinidades (de 20 ppm a

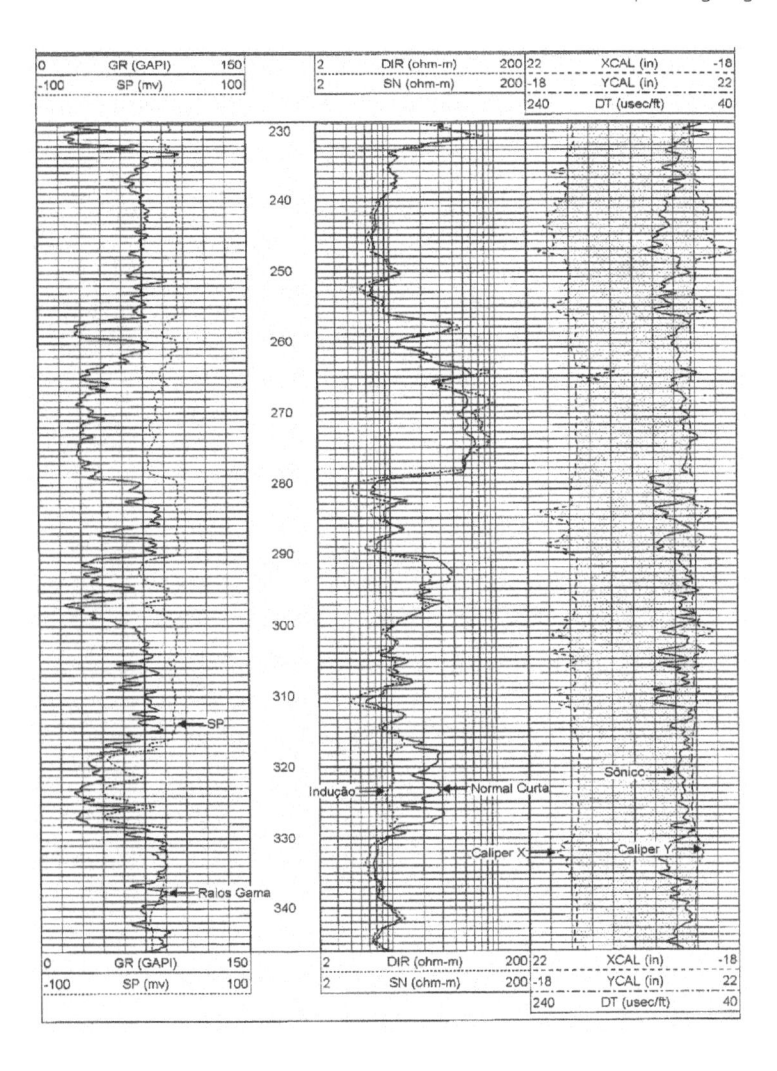

FIG. 9.12 *Exemplo de perfis calíperes: na primeira faixa, o cáliper mCAL de dois braços; na terceira faixa, o cáliper de quatro braços ortogonais – XCAL e YCAL. Perceba a diferença de detalhes proporcionada pelo cáliper de quatro braços*
Fonte: perfil realizado pela Hydrolog e disponibilizado pelo cliente (Cerb).

100 mil ppm de NaCl) e verificou uma proporcionalidade direta entre a resistividade R_w da água saturante e a resistividade R_o da amostra. O fator de proporcionalidade F foi denominado de *fator de formação*:

$$R_o = F \times R_w \tag{9.20}$$

Prosseguindo suas experiências, esse autor verificou, em papel bilogarítmico, que o *fator de formação* tinha um comportamento linear com a porosidade efetiva ϕe de tal modo que:

$$\text{Log } F = m.\text{log } \phi e \qquad (9.21)$$

O parâmetro m, denominado coeficiente de cimentação, depende da geometria porosa das rochas e varia entre 1,3 e 2,2 nas rochas intergranulares. A Eq. 9.19 pode ser modificada para:

$$F = \frac{1}{\phi e^m} \qquad (9.22)$$

Trabalhos posteriores de Winsauer, Shearin Jr. e Masson (1954), com o uso de regressões em dados de campo, definiram o parâmetro a como sendo relativo à tortuosidade da rocha (valor próximo à unidade), de tal modo que geralmente é expresso como:

$$F = \frac{a}{\phi e^m} \qquad (9.23)$$

As Eqs. 9.18 e 9.21 definem a Lei de Archie nas rochas com porosidade intergranular, e mostram a relação que existe entre a resistividade R_w da água intersticial, a resistividade R_o de uma rocha saturada com essa mesma água, e a porosidade efetiva dessa rocha:

$$R_o = \frac{a \cdot R_w}{\phi e^m} \qquad (9.24)$$

Por conseguinte, a resistividade R_w da água intersticial de uma rocha pode ser calculada pela Eq. 9.25, na qual o valor de R_o é proveniente do perfil de indução e o valor de ϕe, da Eq. 9.17:

$$R_w = \frac{R_o \times \phi e}{a} \qquad (9.25)$$

Dois valores de R_w podem ser calculados diretamente com os perfis: com a equação do SP (Eq. 9.7) e com a de Archie (Eq. 9.23). Lamentavelmente, elas não são iguais numericamente, pelo fato de os problemas operacionais da curva do SP serem muito maiores que os das demais curvas envolvidas na equação de Archie.

Assim, o trabalho do intérprete é saber ponderar entre os valores de R_{we} e R_{wA} (o A simboliza a equação de Archie, conforme Eq. 9.23).

9.6 Interpretação dos perfis geofísicos aplicados à Hidrogeologia: estudo de caso

A Fig. 9.6 mostra um perfil composto (raios gama, indução com SP e sônico com cáliper) que permite dois tipos distintos de interpretação:

▷ **Interpretação qualitativa:** deve ser feita com um conjunto de perfis em mãos e após um rígido controle da calibração e da qualidade do conjunto de curvas. Depois, faz-se uma definição litológica, identificando-se o que é e o que não é aquífero e, possivelmente, o ambiente deposicional de cada um deles, individualizado ou não.

▷ **Interpretação quantitativa:** responsável pelos cálculos da argilosidade VSH, das porosidades totais ϕt e efetiva ϕe, da resistividade da água intersticial R_w e da qualidade da água, em ppm de sais totais dissolvidos STD. Esse tipo de interpretação deve ser finalizada com a escolha para melhor posicionamento dos filtros, levando-se em conta as porosidades, permeabilidades, características ambientais, gradações granulométricas, diminuições etc., além do teor de sais dissolvidos.

9.6.1 Interpretação qualitativa

O primeiro trabalho do intérprete é montar a coluna litológica atravessada pelo furo. Ele deve usar a primeira faixa (a da esquerda) do perfil, na qual estão registradas, e identificadas, as curvas litológicas (GR e SP). As respectivas escalas de cada curva devem estar codificadas nas partes superior e inferior de cada faixa (Fig. 9.6).

Nos raios gama, a radioatividade (argilosidade) aumenta para a direita. Areias, arenitos, calcários, dolomitos (potenciais aquíferos) apresentam, normalmente, baixas radioatividades.

O que interessa na curva do SP é a sua deflexão (em milivolts) relativa à linha de base dos folhelhos LBF, e não o valor quantitativo diretamente lido na escala. Quando a deflexão é para a direita da LBF, o sinal da leitura é positivo; se for para a esquerda, negativo. Havendo deflexão, positiva ou negativa, é evidência certa de permoporosidade.

Um arenito permoporoso se caracteriza por uma baixa radioatividade (atenção para os corpos de folhelhos, rochas arcoseanas e/ou mineralizações localizadas que apresentam, normalmente, alta radioatividade) e uma deflexão no SP (positiva ou negativa, a depender do contraste entre R_w e Rmf).

Os casos de ausência de deflexão podem ser explicados de duas maneiras: ou o filtrado do fluido de perfuração possui uma concentração de sal igual à da água intersticial ou a rocha não é permeável. Para tanto, as curvas do GR e as duas resistividades servem para diagnosticar essa possibilidade.

Com base nesses argumentos, no conhecimento da geologia da área e na descrição cuidadosa das amostras, o intérprete deve desenhar a litologia atravessada, na faixa reservada às profundidades, para orientar a sua interpretação quantitativa. Um simples exame visual do comportamento das curvas do SP e do GR, do perfil exemplo da Fig. 9.6, proporciona excelentes informações geológicas:

▷ As linhas de base LBF, tanto do SP como do GR, indicam que os folhelhos acima de 316 m são mineralogicamente distintos dos abaixo dessa profundidade: o SP tem uma LBF da ordem de +30 mV, acima de 316 m, e de +20 mV, abaixo, enquanto o GR apresenta um LBF de valor médio 80 Gapi, acima, e de 90 Gapi, abaixo de 316 m;

▷ O arenito superior (263 m-279 m) e o inferior (315 m-330m) mostram um aumento gradacional da radioatividade, da base ao topo, indicando que a sua argilosidade está diminuindo e a sua granulometria, aumentando com a profundidade. Esse aspecto textural de granodecrescência ascendente é típico de depósitos fluviais ou de leques;

▷ O arenito intermediário (290 m-300 m) indica comportamento idêntico, mais acentuado na base, com granodecrescência descendente, típica de barras fluviais.

Ao programar os filtros, deve-se evitar colocá-los em intervalos gradacionais ou de maior argilosidade, por duas razões: primeiro, porque eles indicam uma diminuição da permeabilidade; segundo, porque a argila poderá, com o tempo, vir a colmatar os filtros.

Na segunda faixa do perfil (a faixa do meio), estão registradas as resistividades. O valor da resistividade da formação R_o a ser usado na equação de Archie está identificada pela sigla DIR. A *normal curta*, identificada pela sigla SN, está sujeita a limitações dos perfis elétricos (isto é, pequena profundidade de investigação restrita praticamente à zona lavada cheia de filtrado invasor e não da água intersticial – a original do aquífero que nos interessa) e não deve ser usada nos cálculos.

Como se pode observar, nesse furo existe uma excelente correlação entre as curvas do SP, GR, SN e DIR. Os folhelhos apresentam resistividades menores que os arenitos, por causa das cargas periféricas e da quantidade de água adsorvida.

Na terceira faixa do perfil (a faixa da direita), estão registrados os calíperes X e Y (perfurados com broca de 12¼"), mostrando os locais de estrangulamento (arenitos) e desabamentos (folhelhos). Entre 264 m e 266 m, o braço do cáliper X colapsou momentaneamente, normalizando-se em seguida. Nessa faixa, também está registrada a curva DT, com escala crescente da esquerda para a direita. Quanto mais à esquerda, maior a porosidade. Defronte aos folhelhos, o DT registra uma porosidade aparente maior do que defronte aos arenitos.

Concluindo-se:
- ▷ Os folhelhos, normais ou puros, podem ser identificados com base no alto valor do GR, na ausência de deflexão do SP da LBF, nas baixas resistividades, nos altos tempos e nos desmoronamentos.
- ▷ Os arenitos, pelo baixo GR, SP com deflexão positiva ou negativa, resistividades altas indicando águas pouco salinizadas, DT altos e cáliper com reboco ou próximo ao diâmetro nominal da broca.

Podem ocorrer anomalias ou divergências desse quadro geral, as quais devem ser analisadas caso a caso. Por isso, o analista de perfis deve ter não somente conhecimentos dos princípios físicos da perfilagem, mas de geologia, e ter em mente que interpretar é aproximar-se da realidade.

9.6.2 Interpretação quantitativa

Uma interpretação preliminar, com precisão de campo, deve ser realizada logo após a operação de perfilagem. A interpretação quantitativa final, realizada por computador usando os dados digitalizados de todas as curvas, deve ter seus resultados apresentados em forma de curvas contínuas (Fig. 9.13).

O primeiro passo de toda e qualquer interpretação quantitativa é a escolha das constantes ou parâmetros das equações. A escolha de cada um deles é realizada da seguinte maneira:
- ▷ **Resistividade do filtrado** Rmf: leitura direta do cabeçalho. O operador da companhia de perfilagem coleta, antes da perfilagem, uma amostra de fluido de perfuração e do filtrado, para medir as resistividades e registrá-las em lugar próprio no cabeçalho;
- ▷ **Gr$_{máximo}$**: leitura de um valor médio máximo diante de intervalos de folhelhos de mesmo ambiente/formação que os aquíferos. Descartar anomalias;

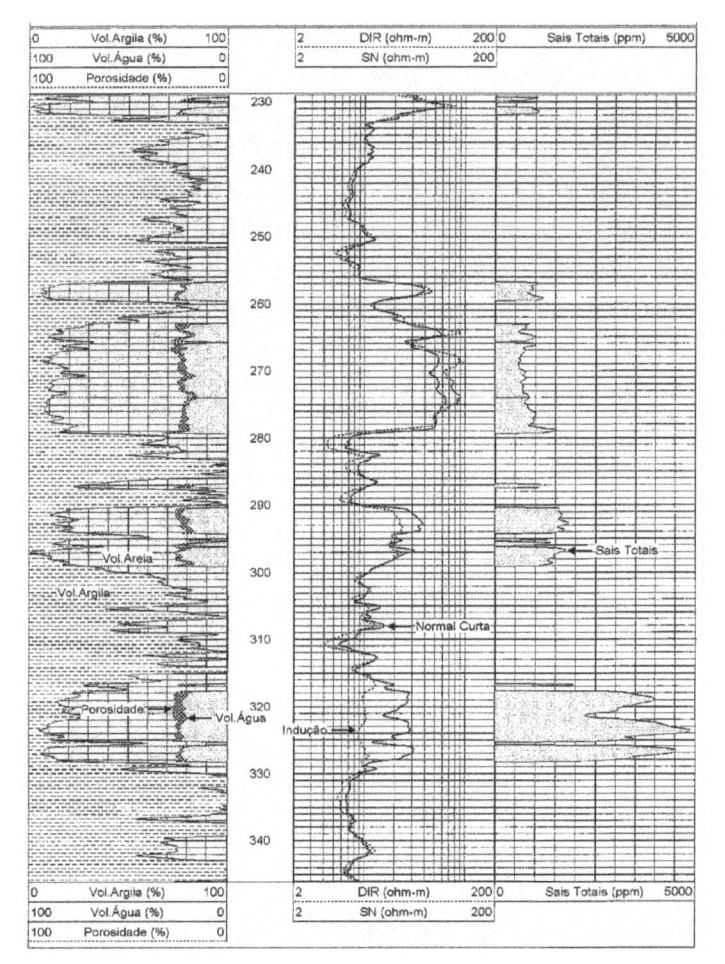

FIG. 9.13 *Perfil Hidrolog™ computado com base na Fig. 9.6 e apresentando, na primeira faixa à esquerda, curvas de argilosidade e porosidades totais e efetivas (sem considerar o volume de água retida pelos grãos da rocha, mas apenas aquele retido pela argila). Na faixa dois, central, as resistividades profunda indução (DIR) e rasa (SN) e, na terceira faixa, à direita, o teor de sais totais dissolvidos (STD) calculado com os dados fornecidos pelo perfil composto da Fig. 9.6*
Fonte: perfil realizado pela Hydrolog e disponibilizado pelo cliente (Cerb).

▷ $Gr_{mínimo}$: leitura de um valor mínimo (e não médio) diante de intervalos litológicos de mesmo ambiente/formação que os aquíferos, em folhelhos sobre e sotopostos.

▷ A_{gr}: fator que leva em consideração a idade das rochas. Usar 2 para rochas antigas e 3 para rochas terciárias ou mais novas.

▷ LBF: valor numérico da linha base do SP nos folhelhos. O valor do SP a ser usado deve ser o observado na separação entre o valor da LBF e o valor da curva na profundidade considerada. Quando a deflexão for

para a direita da LBF, o SP é positivo; se for para a esquerda, o SP será negativo. Atenção para o sinal!;
▷ K: constante da equação do SP. Na água doce é da ordem de 73 a 74.
▷ DTm: tempo de propagação do som no material da rocha pura (matriz). A Tab. 9.1 lista valores de alguns materiais conhecidos;
▷ m: coeficiente de cimentação da equação de Archie, dependente da geometria porosa das rochas, e que varia entre 1,3 e 2,2 nas rochas intergranulares. Para o caso de grãos arredondados, é aconselhável usar 1,5.
▷ a_{SDT} e b_{SDT}: coeficientes da equação hiperbólica que, segundo Nery (1996), correlaciona a resistividade R_w das águas intersticiais com o teor de sólidos totais dissolvidos STD:

$$SDT = \frac{a_{SDT}}{R_w^{b_{SDT}}} \qquad (9.26)$$

O segundo passo da interpretação quantitativa é a própria realização dos cálculos. A Tab. 9.2 mostra os resultados dos cálculos para as profundidades de 276 m, 297 m e 327 m, dentro, portanto, de cada um dos três arenitos principais do perfil.

Tab 9.2 Resultados da interpretação quantitativa do perfil da Fig. 9.6 para comparação com o realizado pelo perfil computado Hidrolog

Prof. (m)	GR (API)	IGR (%)	VSH (%)	SP (mV)	R_we	R_o = DIR (Ωm)	DT (μs/pé)	ϕt (%)	ϕe (%)	R_wA	R_w (Ωm)	STD (ppm)
276	29	16,4	8,9	28	3,232	50	87	22	20	4,566	4,032	1.090
297	18	0,0	0,0	30	2,982	24	97	26	26	3,259	3,148	1.390
327	25	10,4	5,5	70	0,594	10	91	24	23	1,082	0,887	4.822

Obs.: $R_w = 0,4\,R_we + 0,6\,R_wA$, isto é, média ponderada entre os valores de R_w calculados pelas equações da SP e de Archie, com peso maior para a equação de Archie, porque as águas intersticiais superficiais não são predominantemente de NaCl, como preconiza o princípio físico da curva do SP. A comparação entre os resultados da Tab. 9.3 e o perfil computadorizado (Hidrolog™ da Fig. 9.13) indica a qualidade das duas computações.

Para os cálculos da Tab. 9.2 foram utilizados os parâmetros da Tab. 9.3 e as equações apresentadas.

Tab. 9.3 Indica os resultados das escolhas dos parâmetros (constantes) das equações usadas na interpretação quantitativa manual do perfil da Fig. 9.6

R_{mf}	$GR_{Máximo}$	$GR_{Mínimo}$	A_{GR}	LBF	K	DTm	a	m	a_{SDT}	b_{SDT}
10	85	18	2	30	73	56	1	1,5	4.287	0,982

Os valores de a_{SDT} e b_{SDT} usados nos cálculos, correspondentes à formação em estudo, foram extraídos de Nery (1996).

Referências bibliográficas

ARCHIE, G. E. The electrical resistivity log as an aid in determining some reservoir characteristics. *American Mining and Metallurgical Engineers Trans.*, v. 146, p. 54-62, 1942.

BATEMAN, R. M.; KONEN C. E., 1977. The Log Analysis and the Programmable Calculator. *The Log Analyst*, 18: 3-11. NERY, G. G., 2008. Disponível em: <http://www.geraldogirao.com/apostilas.htm>

MOSS Jr., R.; MOSS, G. E. Geophysical borehole logging. In: ROSCOE MOSS COMPANY. *Handbook of groundwater development*. New York: John Wiley & Sons, 1990. 493 p.

NERY, G. Equações hiperbólicas relacionando R_w com TDS. In: CONGRESSO DE ÁGUAS SUBTERRÂNEAS, 9., Salvador. Anais... 1996.

RAYMER, L. L.; HUNT, E. R. E; GARDNER, J. S. An improved sonic transit time-to-porosity transform. *Paper GG*. Annual Logging Symposium. Society of Professional Well Log Analysts (SPWLA), 1980.

SCHLUMBERGER EDUCATIONAL SERVICES. *Log interpretation charts*. 1989.

WINSAUER, W. O.; SHEARIN Jr., M.; MASSON, P. H. Resistivity of brine-saturated sands in relation to pore system. *Bull.* AAPG, v. 36, n. 2, p. 253-277, 1954.

WYLLIE, M. R. J. *The fundamentals of well log interpretation*. New York: Academic Press, 1956. 238 p.

Hidráulica de aquíferos e eficiência de poços 10

Fernando Antônio Carneiro Feitosa
José Geílson Alves Demétrio

Serão apresentadas técnicas de análise de ensaios de bombeamentos para determinar parâmetros hidrogeológicos, o posicionamento de fronteiras hidráulicas e a equação característica de um poço. Obras de referência e a bibliografia citada no texto ajudarão o leitor interessado a aprofundar-se no tema.

10.1 Interpretação de testes de aquífero

Todos os métodos de análise de ensaios de bombeamento descritos são para aquíferos ideais. As características admitidas para um aquífero ideal são necessárias para que se possa obter soluções analíticas da equação diferencial do fluxo subterrâneo. Além das características específicas para cada tipo de aquífero, existem as comuns a todos os tipos de aquífero:

▷ O aquífero é homogêneo e isotrópico e sua água possui viscosidade e densidade constantes;
▷ A espessura do aquífero é constante e sua base é horizontal;
▷ Não existe fluxo natural, ou seja, a superfície potenciométrica é horizontal antes do bombeamento;
▷ No bombeamento, o fluxo para o poço é radial e horizontal;
▷ O coeficiente de armazenamento é constante. Para aquíferos confinados, supõe-se que o nível dinâmico não ultrapasse o teto do aquífero;
▷ A água retirada do armazenamento do aquífero é liberada instantaneamente. O volume cedido é proporcional à diminuição do nível potenciométrico;
▷ O aquífero tem extensão lateral infinita e não existem outras captações;
▷ O poço é totalmente penetrante;
▷ O raio do poço é suficientemente pequeno, para que a variação do volume de água nele armazenada não influa na vazão de bombeamento;

▷ Não existem perdas de carga no poço;
▷ A vazão de bombeamento é constante.

No mercado há alguns programas de computador que calculam os parâmetros hidrogeológicos de um aquífero utilizando dados e um teste de aquífero. Porém, como todo programa de computador, principalmente os para a área técnica, é necessário que o usuário saiba muito bem o que o programa faz e quais são as limitações dele.

Eles nada mais são do que rotinas automáticas de cálculos. Caso os alimentemos com dados incorretos ou fora da sua capacidade de processamento, quando não acabam em erro, os resultados obtidos estarão completamente fora da realidade.

Cabe ao usuário do programa analisar os resultados e julgar, com base em todas as informações obtidas, se eles são coerentes. No caso específico de programas para teste de aquíferos, muitas vezes o usuário é tentado, pela praticidade, a utilizar a opção de análise do teste no modo automático.

Se o aquífero atende a todos os requisitos de um aquífero ideal, tal como descrito neste item, os resultados normalmente são bons. Porém, se há alguma descontinuidade lateral, como, por exemplo, fronteiras impermeáveis, os resultados, no modo automático, não serão coerentes.

Assim, a facilidade tecnológica disponível não exime o técnico responsável pela análise dos testes de aquífero de conhecer detalhadamente todas as etapas e a teoria que está por trás de cada metodologia. Caso contrário, será um mero apertador de teclas.

Não será discutida a interpretação de teste de aquífero propriamente dito, mas, sim, algumas metodologias para determinar parâmetros hidrogeológicos de um aquífero, através do teste de aquífero. A interpretação de um teste de aquífero analisa e detalha três conjuntos de informações:

1. O conhecimento detalhado da geologia local;
2. As curvas obtidas do teste; e
3. As condições de realização do teste. (Geralmente uma curva de teste isoladamente diz muito pouco.)

Por exemplo: uma feição de recarga, caracterizada pela atenuação dos rebaixamentos, pode ter várias causas: diminuição gradativa da vazão durante o teste, um aquífero confinado com aumento de espessura nas proximidades do poço bombeado, entre outras.

10.2 Equações básicas do regime de equilíbrio
10.2.1 Método de Thiem – aquífero confinado

Supondo o regime de fluxo para um poço perfurado no centro de um aquífero confinado de forma cilíndrica, semelhante a uma ilha, com raio de influência igual ao raio da própria ilha, conforme Fig. 10.1, Thiem chegou à expressão para o cálculo da carga hidráulica h em um ponto qualquer da ilha (Eq. 10.1):

$$h - h_p = \frac{Q}{2\pi T} \ln\left(\frac{r}{r_p}\right) \qquad \text{(10.1, Eq. de Thiem)}$$

Admite-se a existência de dois poços de observação, conforme a Fig. 10.2. Aplicando a Eq. 10.1 para cada poço de observação e trocando-se a base logarítmica, obtém-se a Eq. 10.2:

$$T = \frac{0,366Q}{\Delta s} \log\left(\frac{r_2}{r_1}\right) \qquad (10.2)$$

Sendo, $\Delta s = s_1 - s_2$

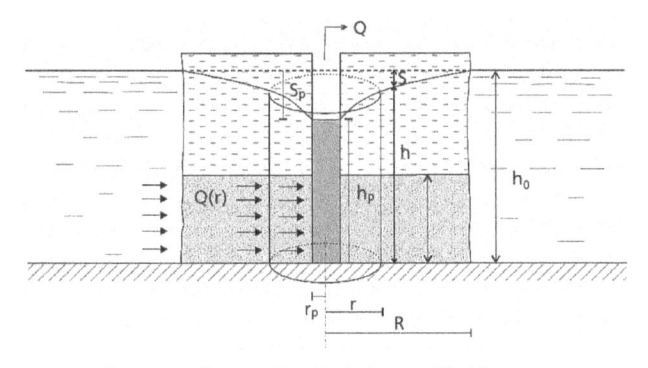

FIG. 10.1 *Poço no centro de um aquífero confinado de forma cilíndrica*

Q = Vazão de bombeamento;
h_0 = Nível potenciométrico inicial;
h = Nível potenciométrico a uma distância r do poço bombeado;
h_p = Nível d'água no poço;
s = Rebaixamento a uma distância r do poço bombeado;
s_p = Rebaixamento no poço bombeado;
r_p = Raio do poço;
R = Raio de influência;
b = Espessura do aquífero.

Poço bombeado Pz₁ Pz₂

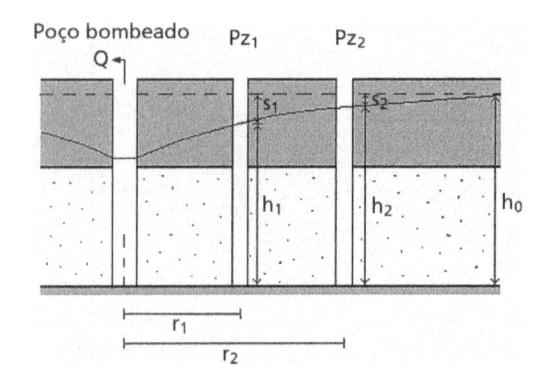

FIG. 10.2 *Poços de observação em aquífero confinado (regime permanente)*

Para um ciclo logarítmico, r_2/r_1 sempre será igual a 10, o que implica em $\log r_2/r_1 = 1$, reduzindo a Eq. 10.2 a:

$$T = \frac{0{,}366Q}{\Delta s} \quad (10.3)$$

A condutividade hidráulica é calculada pela expressão:

$$K = \frac{T}{b} \quad (10.4)$$

▷ Realizar teste de aquífero no mínimo com três poços de observação. Anotar os valores de rebaixamento máximo s_m de cada poço observado, para o nível dinâmico estabilizado. Pode-se aplicar o método para dois poços de observação, mas a precisão dos resultados, nesse caso, torna-se precária;
▷ Construir a curva de campo s_m x r em papel monolog, e ajustar uma reta aos pontos plotados, conforme Fig. 10.3;
▷ Calcular Δs, tomando-se um ciclo logarítmico sempre que possível;
▷ Determinar a transmissividade T com a Eq. 10.2 ou a 10.3;
▷ Determinar a condutividade hidráulica K, pela Eq. 10.4.

Exemplo de aplicação do método de Thiem
Um poço foi bombeado com uma vazão constante de 90,85 m³/h por um período de 3,36 horas. Ao final do bombeamento, o nível dinâmico encon-

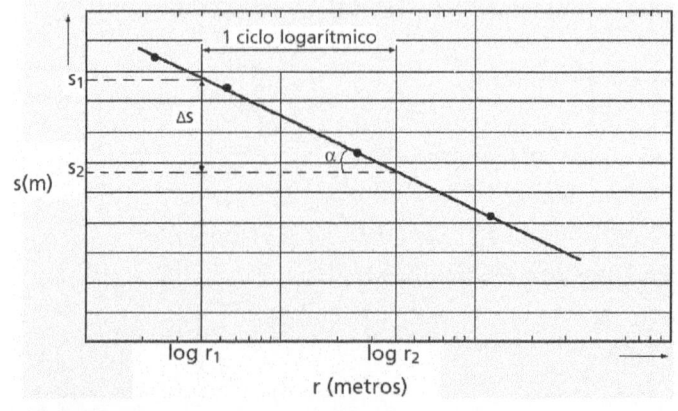

FIG. 10.3 *Método de Thiem*

trava-se estabilizado, sendo registrados, em cinco poços de observação, os rebaixamentos da Tab. 10.1. Pede-se: calcular a transmissividade T do aquífero, utilizando a metodologia de Thiem.

Tab. 10.1 DADOS PARA O EXEMPLO DO MÉTODO DE THIEM

Poço observado	Distância (m)	Rebaixamento máximo (m)
Pz-1	3,05	4,606
Pz-2	12,20	2,867
Pz-3	45,75	1,342
Pz-4	91,50	0,219
Pz-5	122,00	0,076

A Fig. 10.4 mostra o resultado da plotagem dos pontos da Tab. 10.1 em papel monolog. Traçada a reta de ajuste, calculou-se a variação de rebaixamento Δs para um ciclo logarítmico. Substituindo os valores na Eq. 10.4, encontra-se o valor da transmissividade T:

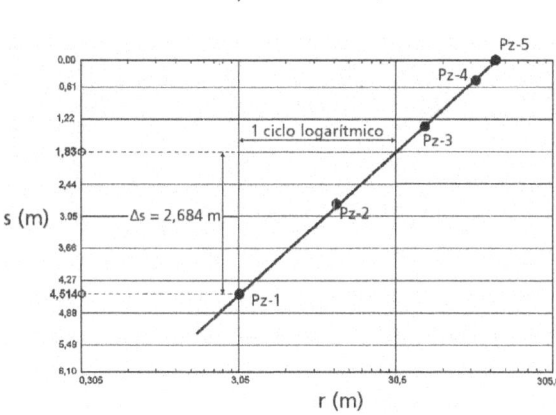

$$T = 3{,}44 \times 10^{-3} \text{ m}^2/\text{s}$$

FIG. 10.4 *Exemplo de aplicação do método de Thiem*
Fonte: adaptado de Fetter (1994).

10.2.2 Método de Dupuit-Thiem – aquífero livre

Aquíferos livres (Fig. 10.5) apresentam uma série de características que tornam o estudo da hidráulica subterrânea mais complexo do que nos aquíferos confinados ou semiconfinados. A complexidade se agrava quando o regime é o transitório:
  ▷ O limite superior do aquífero (a superfície freática) varia com o tempo, pois há uma redução da espessura saturada durante o bombeamento dos poços;

▷ A redução de espessura propicia o aparecimento de componentes de fluxo vertical, provocando perdas de cargas adicionais;
▷ Pela redução da espessura, a transmissidade torna-se variável no espaço e no tempo;
▷ O esvaziamento dos poros não é instantâneo, ocorrendo, geralmente, o efeito da drenagem retardada.

Para desenvolver a Eq. 10.5, Dupuit-Thiem tiveram de admitir:
▷ O fluxo é perfeitamente horizontal;
▷ O gradiente que dá origem ao fluxo de água é definido pela inclinação da superfície freática;
▷ A velocidade de fluxo é constante ao longo de uma mesma vertical, ou seja, as superfícies equipotenciais são verticais.

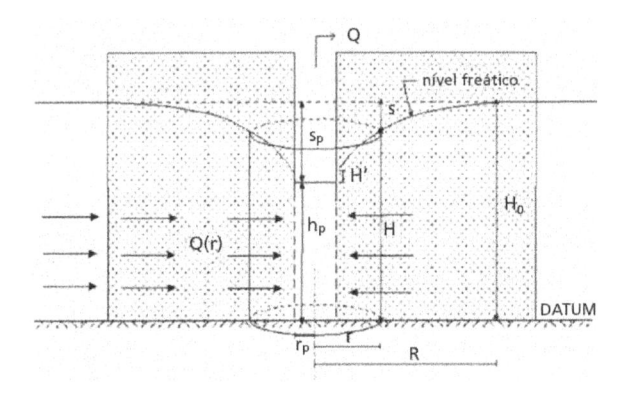

FIG. 10.5 *Poço no centro de um aquífero livre de forma cilíndrica*
Fonte: adaptado de Custódio e Llamas (1983).

Q = Vazão de bombeamento
H_0 = Espessura saturada
H = Nível freático a uma distância r do poço bombeado
h_p = Nível freático no poço bombeado
s = Rebaixamento do nível freático a uma distância r do poço bombeado
s_p = Rebaixamento no poço bombeado
r_p = Raio do poço
R = raio de influência, limite do cone de rebaixamento
H' = Superfície de ressurgência ou sudação

$$H_2^2 - H_1^2 = \frac{Q}{\pi K} \ln \frac{r_2}{r_1} \qquad (10.5)$$

Como a transmissividade **T** é igual a KH_0, expressando a Eq. 10.5 em função de **T** e mudando-se a base do logaritmo, tem-se:

$$T_0 = \frac{0{,}366Q}{\left(s_1 - \frac{s_1^2}{2H_0}\right) - \left(s_2 - \frac{s_2^2}{2H_0}\right)} \log \frac{r_2}{r_1} \qquad (10.6)$$

Metodologia de aplicação
▷ Realizar teste de aquífero com observação da evolução dos rebaixamentos em pelo menos dois poços de observação.
▷ Registrar o rebaixamento em que estabilizou os níveis dinâmicos em cada poço de observação.
▷ Determinar a transmissividade inicial do aquífero (T_0) utilizando diretamente a Eq. 10.6.

Exemplo do método de Dupuit-Thiem
Um teste realizado em um poço tubular captando água de sedimentos quaternários da planície costeira de Santa Catarina mostrou os seguintes dados: espessura saturada inicial, 35 m; tempo de bombeamento, 1.600 min; vazão constante de 24 m³/h.

Foram observados dois poços de observação, o primeiro a 15 metros do poço bombeado, estabilizando o rebaixamento em 1,2 m. O segundo poço, a uma distância de 20 metros, teve seu rebaixamento estabilizado em 1,005 m. Pede-se: determine os valores da transmissividade inicial e a condutividade hidráulica do aquífero.

A transmissividade é calculada diretamente pela Eq. 10.6, logo:

$$T_0 = \frac{0{,}366 \times 0{,}00666667 \, m^3/s}{\left[1{,}12 - \frac{(1{,}12m)^2}{2 \times 35m}\right] - \left[1{,}005 - \frac{(1{,}005m)^2}{2 \times 35m}\right]} \log \frac{20m}{15m}$$

$$T_0 = \frac{0{,}00244 \, m^3/s}{1{,}10208m - 0{,}99057m} \times 0{,}12494 = \frac{0{,}0003048 \, m^3/s}{0{,}11151m}$$

$$T_0 = 2{,}73 \cdot 10^{-3} \, m^2/s$$

A condutividade hidráulica é expressa pela equação a seguir:

$$K = \frac{T_0}{H_0} = \frac{0{,}0027 \, m^2/s}{35} = 7{,}81 \cdot 10^{-5} \, m/s$$

10.3 Equações básicas do regime transitório

10.3.1 Método de Theis – aquífero confinado

Para as condições específicas de aquífero confinado não drenante e regime transitório, a solução da equação diferencial geral do fluxo subterrâneo é a seguinte (Eq. 10.7):

$$s = \frac{Q}{4\pi T} W(u) \qquad \text{(10.7, Eq. de Theis)}$$

Em que:

$$u = \frac{r^2 S}{4Tt}$$

s = rebaixamento medido a uma distância r do poço bombeado (L);
Q = vazão constante de bombeamento do poço ($L^3 T^{-1}$);
S = coeficiente de armazenamento;
T = transmisssividade ($L^2 T^{-1}$);
t = tempo de bombeamento (T).

A função W(u) não tem solução exata e encontra-se tabelada nos livros de hidrogeologia. A sua resolução foi proposta inicialmente por Theis usando uma série convergente.

Para o cálculo do valor de **T** e **S** utiliza-se:

$$T = \frac{Q}{4\pi s} W(u) \qquad (10.8)$$

$$S = \frac{4Ttu}{r^2} \qquad (10.9)$$

Metodologia de aplicação

▷ Realizar teste de aquífero com pelo menos um poço de observação;
▷ Construir a curva padrão **W(u) x 1/u** em papel dilog (usar tabelas de livros indicados na bibliografia);
▷ Construir a curva de campo plotando os valores de rebaixamento x tempo, em papel dilog de módulo logarítmico igual ao da curva padrão.
▷ Superpor a curva de campo à curva padrão até obter o melhor ajuste, tendo o cuidado de manter os eixos das duas curvas sempre paralelos. Escolher um ponto qualquer, denominado ponto de superposição (Fig. 10.6). Para o ponto de superposição, anotar os valores correspondentes de **W(u)** e **1/u** na curva padrão e **s** e **t** na curva de campo. Deve-se

escolher um ponto para valores inteiros de **W(u)** e **1/u** a fim de facilitar os cálculos;
▷ Com os valores anotados, calcular **T** e **S** com as Eqs. 10.8 e 10.9, respectivamente;
▷ Conhecendo-se a espessura do aquífero (**b**), calcula-se a condutividade hidráulica (**K**), como explicado para Thiem (Eq. 10.4).

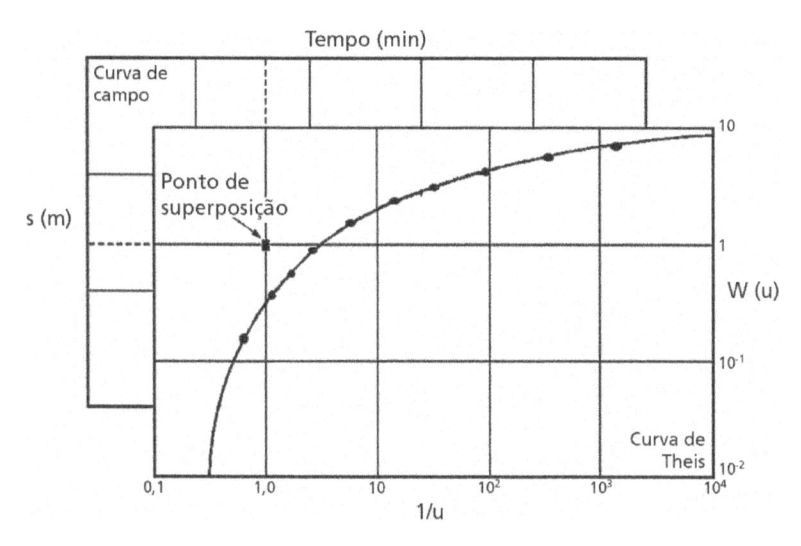

FIG. 10.6 *Método de Theis*

10.3.2 Método de Jacob – aquífero confinado

Jacob constatou, quando o valor de u era muito pequeno (u<0,03 ou 0,01, para alguns autores), que os dois primeiros termos da série de Theis eram suficientes para obter valores muito próximos de W(u). Assim, ele considerou que, nesses casos, a equação de Theis para cálculo de rebaixamento poderia ser substituída com vantagens por (Eq. 10.10):

$$S = \frac{0,183Q}{T} \log \frac{2,25Tt}{r^2 S} \qquad \text{(10.10, Eq. de Jacob)}$$

O cálculo do valor de T, com a equação de Jacob, é dado pela Eq. 10.11:

$$T = \frac{0,183Q}{\Delta s} \log \frac{t_2}{t_1} \qquad (10.11)$$

Para um ciclo logarítmico, t_2/t_1 é sempre igual a 10 e, consequentemente, $\log(t_2/t_1)$ é sempre igual a 1. Logo, para um ciclo logarítmico, a Eq. 10.11 passa a ser:

$$T = \frac{0{,}183Q}{\Delta s} \quad (10.12)$$

Em que:

T = transmissividade (L^2T^{-1})

Q = vazão de bombeamento (L^3T^{-1})

Δs = variação de rebaixamento tomada em um ciclo logarítmico (L)

O valor do coeficiente de armazenamento é obtido pela Eq. 10.13:

$$S = \frac{2{,}25Tt_0}{r^2} \quad (10.13)$$

Em que:

S = coeficiente de armazenamento;

T = transmissividade (L^2T^{-1});

t_0 = tempo para rebaixamento nulo (T);

r = distância do poço bombeado ao poço observado (L).

Metodologia de aplicação

▷ Realizar um teste de bombeamento com acompanhamento de pelo menos um poço de observação;

▷ Construir a curva de campo **s x t** em papel monolog. Ajustar uma reta aos pontos plotados, como mostrado na Fig. 10.7;

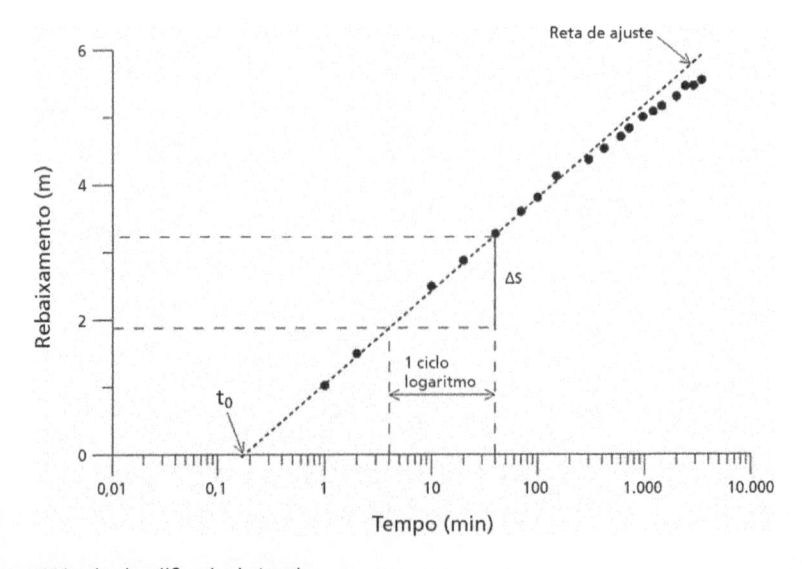

FIG. 10.7 *Método simplificado de Jacob*

▷ Calcular Δs, tomando-se, se possível, um ciclo logarítmico, e determinar a transmissividade pelas Eqs. 10.11 ou 10.12;
▷ Determinar t_0 prolongando-se a reta até interceptar o eixo das abscissas de s = 0. Calcular o coeficiente de armazenamento pela Eq. 10.13;
▷ Calcular a condutividade hidráulica com a Eq. 10.4.

Exemplo de aplicação dos métodos de Theis e Jacob

Em um aquífero confinado, com espessura de 62 m, foi bombeado um poço com vazão constante de 45 m^3/h durante 1.440 min. A evolução dos rebaixamentos foi registrada em dois poços de observação, um a 20 m e outro a 300 m do poço bombeado, com os dados apresentados na Tab. 10.2. Calcular, utilizando metodologias de Theis e Jacob, os valores da transmissividade T, o coeficiente de armazenamento S e a condutividade hidráulica K do aquífero.

Tab. 10.2 DADOS PARA O EXEMPLO DE THEIS E JACOB

Tempo (min)	Rebaixamento (m) R = 20 m	Rebaixamento (m) R = 300 m	Tempo (min)	Rebaixamento (m) R = 20 m	Rebaixamento (m) R = 300 m	Tempo (min)	Rebaixamento (m) R = 20 m	Rebaixamento (m) R = 300 m	Tempo (min)	Rebaixamento (m) R = 20 m	Rebaixamento (m) R = 300 m
1	0,070	0,000	20	0,130	0,033	150	0,170	0,085	720	0,201	0,129
2	0,084	0,001	25	0,134	0,038	180	0,173	0,090	840	0,204	0,134
3	0,092	0,003	30	0,138	0,043	240	0,179	0,099	960	0,207	0,138
4	0,098	0,006	40	0,143	0,050	300	0,183	0,105	1080	0,209	0,141
5	0,102	0,008	50	0,148	0,056	360	0,187	0,110	1200	0,211	0,144
6	0,106	0,010	60	0,151	0,061	420	0,190	0,114	1320	0,213	0,147
8	0,111	0,015	70	0,154	0,065	480	0,193	0,118	1440	0,215	0,149
10	0,116	0,019	80	0,157	0,068	540	0,195	0,121			
12	0,119	0,022	100	0,162	0,074	600	0,197	0,124			
15	0,124	0,027	120	0,165	0,079	660	0,199	0,127			

10.3.3 Método de Theis – poço de observação r = 20 m

Na Fig. 10.8 é mostrada a superposição das curvas de campo e teórica de Theis e o ponto de superposição escolhido.

Os valores dos parâmetros (W(u), 1/u, s, t) referentes ao ponto de superposição escolhido são:

W(u) = 10

1/u = 1.000

s = 2 m

t = 17,8 min

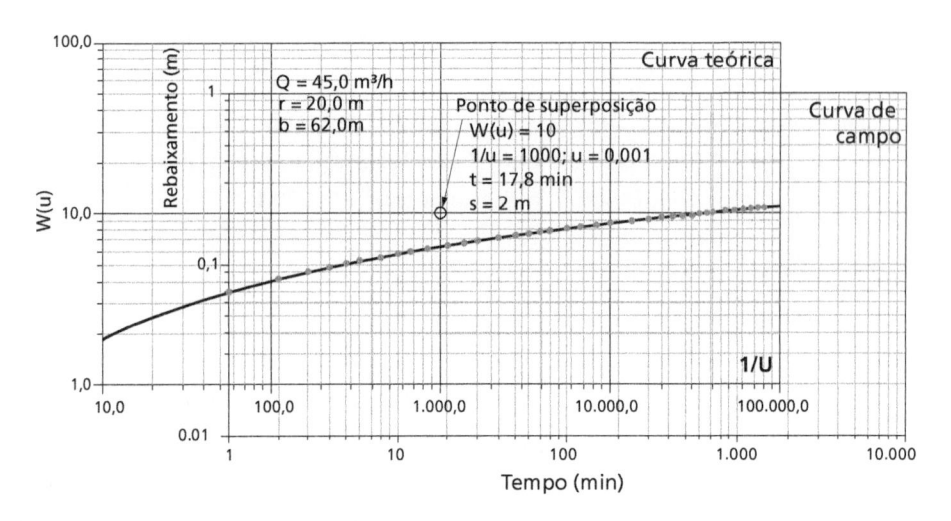

FIG. 10.8 *Exemplo do método de Theis – poço de observação r = 20 m*

A transmissividade **T** é dada pela Eq. 10.8, assim:

$$T = \frac{Q}{4\pi s} W(u)$$

Transformando a vazão para m³/s, tem-se:

$$T = \frac{0,0125 m^3/s}{4\pi 2\, m}$$

$$T = 0,0497\ m^2/s$$

O coeficiente de armazenamento **S** é dado pela Eq. 10.9, logo:

$$S = \frac{4Ttu}{r^2}$$

Como **1/u** = 1.000 (u = 0,001) e transformando **t** para segundos, vem:

$$S = \frac{1,0 \times 0,0197 \times 1068,0 \times 0,001}{20^2}$$

$$S = 0,000053$$

A condutividade hidráulica **K** é dada pela expressão 10.4, assim:

$$K = \frac{T}{b} \Rightarrow K = \frac{0,00151 m^2/s}{14,64} \Rightarrow K = \frac{0,0497}{62}$$

$$K = 0,000802\ m/s$$

10.3.4 Método de Theis – poço de observação r = 300 m

Na Fig. 10.9 é mostrada a superposição das duas curvas.

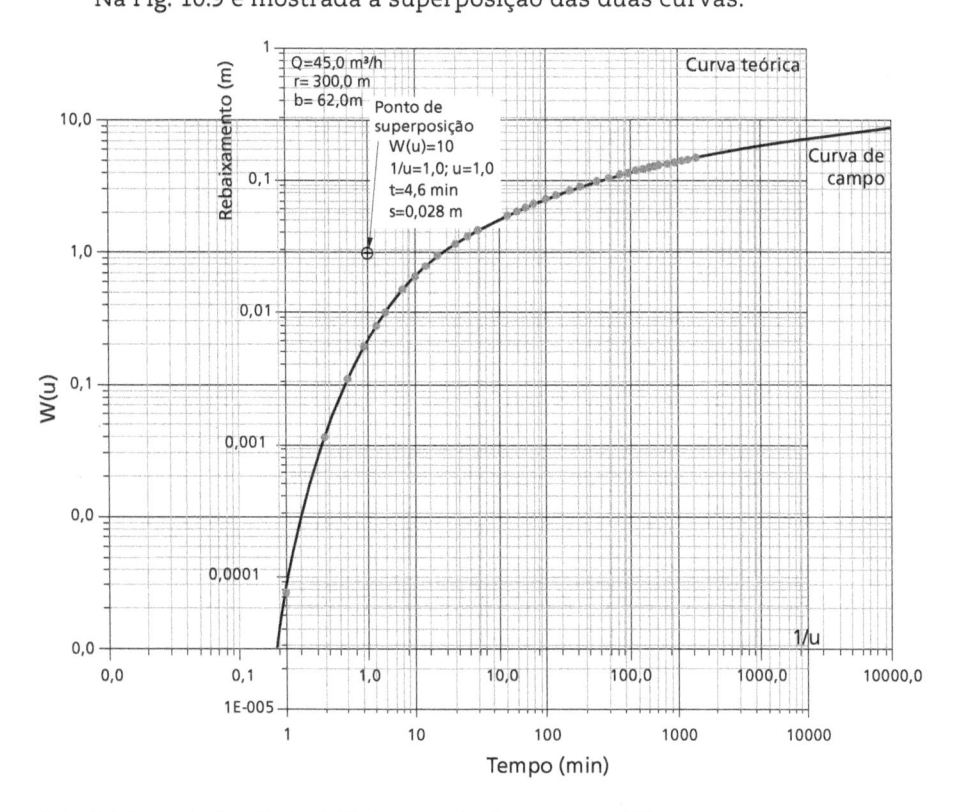

FIG. 10.9 *Exemplo do método de Theis – poço de observação r = 300 m*

Para o cálculo dos valores de T, K e S, seguem-se os passos para o poço de observação distante 20 m, cujos valores são:

T = 0,0355 m²/s
S = 0,000436
K = 0,000573 m/s

Como há dois poços de observação, foram encontrados dois valores para cada parâmetro. Quando há mais de um poço de observação, é necessário determinar os valores representativos do aquífero. Como os valores dos parâmetros para os dois poços são próximos, o valor representativo pode ser determinado pela média dos valores. Quando os valores são distintos, é necessária uma análise mais detalhada das informações disponíveis ou tentar conseguir novos dados, para determinar o valor representativo. Assim, os valores representativos de T, K e S para o aquífero são:

T = 0,0426 m²/s
S = 0,000483
K = 0,00687 m/s

Quando se dispõe de mais de um poço de observação para o método de Theis, é possível traçar a curva de campo **s x t/r²** em vez de **s x t** para cada poço de observação. A vantagem dessa alteração é a possibilidade de se colocar todas as curvas em um único gráfico e de se fazer uma única superposição: os valores determinados são os valores representativos do aquífero. No caso de um aquífero ideal, todas as curvas irão superpor perfeitamente à curva de Theis. Outra vantagem do gráfico **s x t/r²** é deixar perceber a heterogeneidade/anisotropia do aquífero. Quanto mais as curvas de campo se afastarem da curva de Theis, mais heterogêneo/anisotrópico é o aquífero. Quanto mais as curvas de campo se aproximarem da curva de Theis, mais homogêneo/isotrópico é o aquífero.

A Fig. 10.10 apresenta a superposição do gráfico **s x t/r²**, para os dois poços, com a curva de Theis.

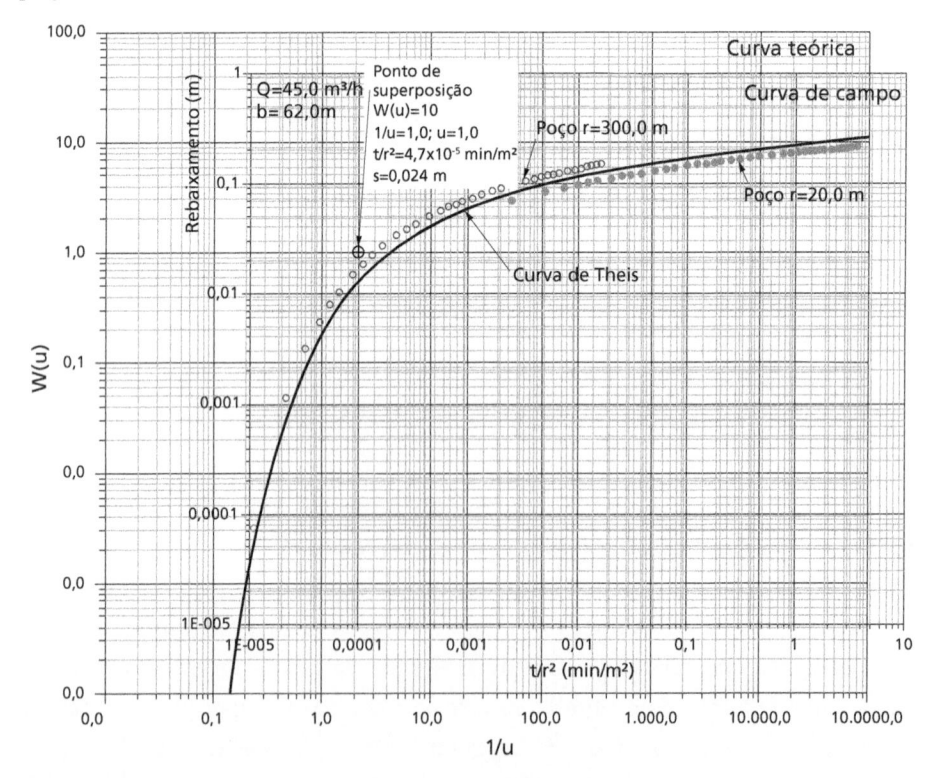

FIG. 10.10 *Exemplo do método de Theis – curva* **s x t/r²**

Para determinar os parâmetros, seguem-se exatamente os passos dos exemplos anteriores. Apenas no cálculo do armazenamento, em vez de usar o valor **t** do ponto de superposição, utiliza-se o valor de **s x t/r²**, substituindo-se esse valor na Eq. 10.9. Os valores encontrados foram:

T = 0,0414 m²/s
S = 0,000468
K = 0,000668 m/s

Os valores assim encontrados são bastante semelhantes aos valores representativos encontrados pela média, mostrando que o aquífero, pelo menos para esses dois poços de observação, comportou-se muito próximo de um aquífero ideal.

10.3.5 Método de Jacob – poço de observação r = 20 m

A Fig. 10.11 mostra dados da Tab. 10.2 plotados em papel monolog. Foi ajustada uma reta aos pontos e calculada a variação de rebaixamento para um ciclo logarítmico. Utilizando-se a equação da reta de ajuste, calculou-se o tempo para o rebaixamento zero (tempo que o poço de observação começou a reagir ao bombeamento). É o tempo t_0 da Eq. 10.13. A transmissividade é dada pela Eq. 10.12:

$$T = \frac{0,183Q}{\Delta s}$$

Transformando a vazão para m³/s, vem:

$$T = \frac{0,183 \times 0,0125}{0,046}$$

T = 0,0497 m²/s

O coeficiente de armazenamento é dado pela Eq. 10.13:

$$S = \frac{2,25 T t_0}{r^2}$$

No gráfico da Fig. 10.11, o valor de t_0 é 0,03 min. Esse valor é determinado pela equação de ajuste (s = 0,0199*ln(t) + 0,07) fazendo **s** = 0,0. Transformando-o para segundos e aplicando-o na Eq. 10.13, vem:

$$S = \frac{2,25 \times 0,0497 \times 1,8}{20^2}$$

$$S = 0{,}000503$$

A condutividade hidráulica é determinada pela Eq. 10.4:

$$K = \frac{T}{b} \Rightarrow K = \frac{0{,}0497}{62{,}0}$$

$$K = 0{,}000802 \text{ m/s}$$

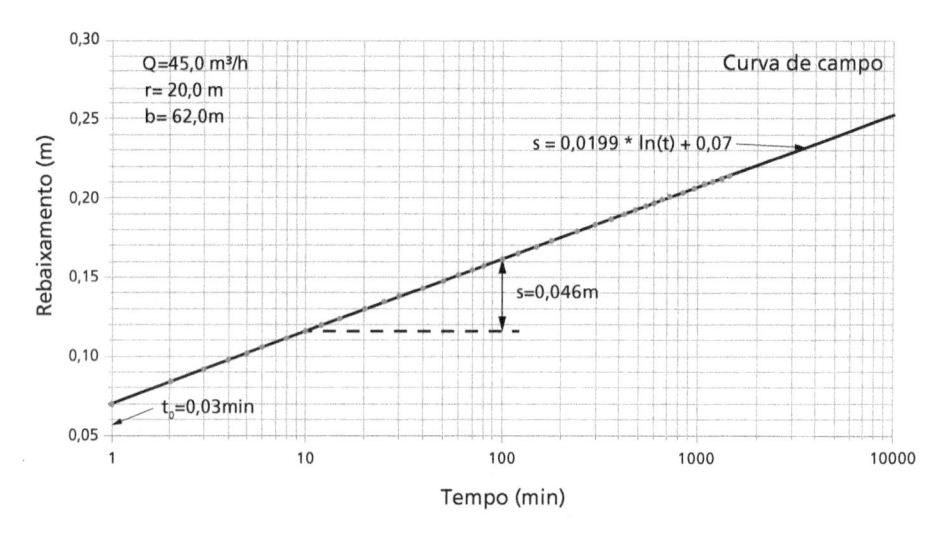

FIG. 10.11 *Exemplo do método de Jacob – poço de observação r = 20 m*

10.3.6 Método de Jacob – poço de observação r = 300 m

Como explicado, o método de Jacob só se aplica quando $u < 0{,}03$. Analisando a Eq. 10.7, percebe-se que o valor de u é inversamente proporcional ao tempo e diretamente proporcional ao quadrado da distância. Assim, quanto maior o tempo de bombeamento, menor o valor de u; e quanto maior a distância, maior o valor de u.

Em poços próximos, até cerca de 50 metros, o valor de u é menor que 0,03, para os primeiros minutos de bombeamento. Outra forma de verificar se o valor de u atende a essa condição específica e à forma do gráfico semilogarítmico da curva de campo.

Quando os pontos alinham-se a uma reta (curva **A** da Fig. 10.12), é típico para valores de $u < 0{,}03$ desde o início do teste. Quando os pontos alinham-se a uma curva no início do teste e pouco tempo depois se alinham a uma reta (curva **B** da Fig. 10.12), é porque apenas na parte final do teste é que a condição de $u < 0{,}03$ foi satifeita. Quando os pontos em momento algum se alinham a uma reta (curva C da Fig. 10.12), é porque o valor de 0,03 foi superado durante todo o bombeamento.

As curvas apresentadas na Fig. 10.12 são para aquíferos ideais; em aquíferos reais, o formato da curva pode ser mais complexo, dificultando a verificação do comportamento do valor de **u**.

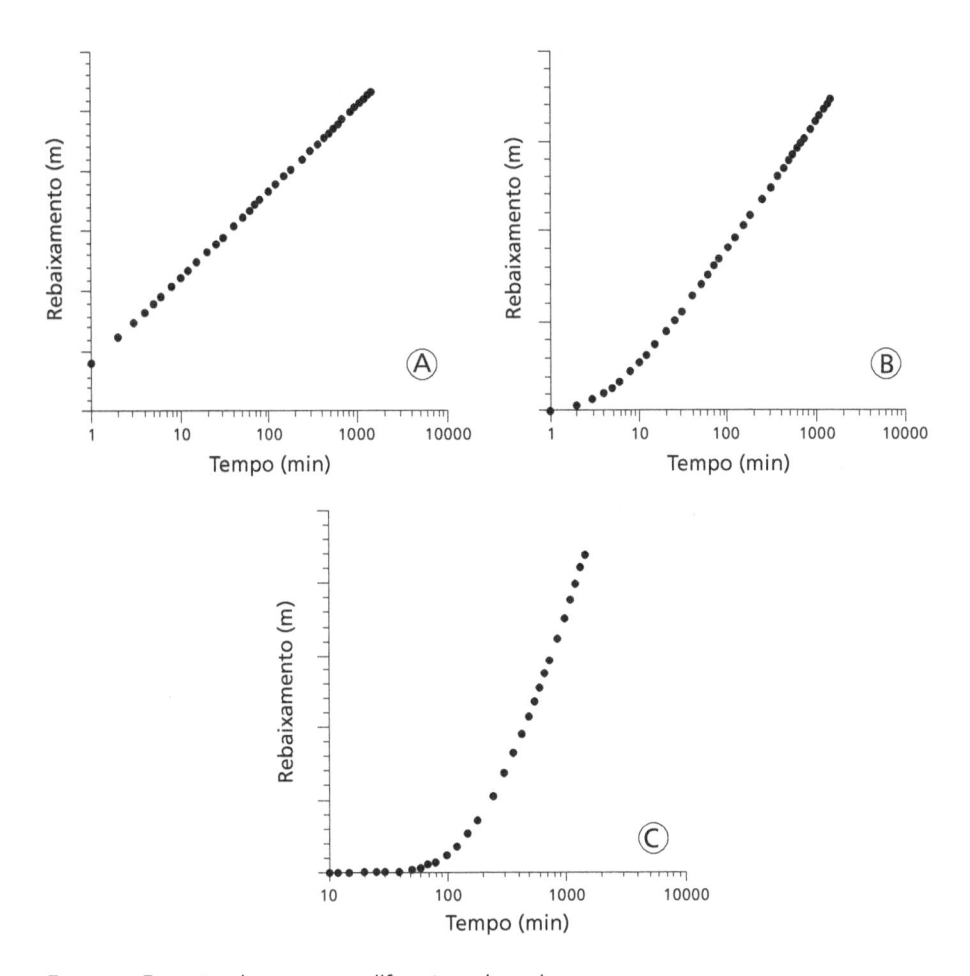

FIG. 10.12 *Formatos de curvas para diferentes valores de **u***

Na Fig. 10.13 é apresentada a curva do poço de observação distante 300 m do poço bombeado. Como se pode observar, trata-se de uma curva do tipo **B**, e o **u** é satisfeito apenas na parte final do teste. Usando os valores representativos de **T** e **S** calculados para o método de Theis, determina-se que o valor de **u** < 0,03 só é satisfeito após 141,7 min de bombeamento.

$$u = \frac{r^2 S}{4Tt} \Rightarrow t = \frac{r^2 S}{4T0 \cdot 03}$$

$$t = \frac{300^2 \cdot 0,000483}{4 \cdot 0,0426 \cdot 0,03} = 8503,5s = 141,7 \min$$

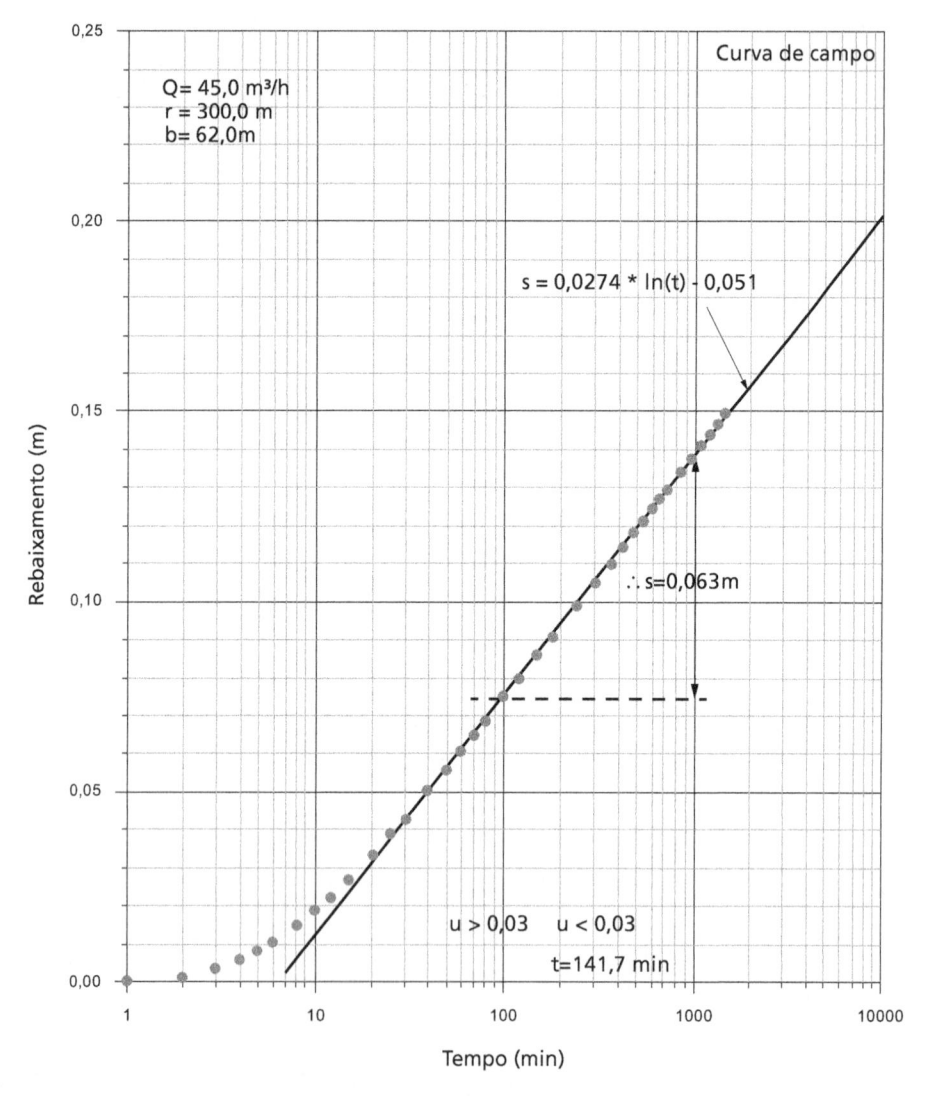

FIG. 10.13 *Exemplo do método de Jacob – poço de observação r = 300 m*

Para o caso das curvas do tipo B é possível estivar o valor de T, ajustando-se uma reta à parte final da curva. Com base no valor de Δs para o caso das curvas:

$$T = \frac{0,183 \cdot 45,0 \text{m}^3 / \text{h}}{0,063} = 130,56 \text{m}^2 / \text{h} = 0,03626 \text{m}^2 / \text{h}$$

O valor de **T** é muito próximo a 0,0355 m²/s, encontrado pelo método de Theis para esse poço.

O t_0 usado na equação é o tempo para o rebaixamento nulo. Pela Tab. 10.2, t_0 está entre 1 e 2 min. de bombeamento. Pela Fig. 10.13 é possível avaliar que t_0 é de aproximadamente 1,8 min, o que significaria **S** = 9,79 x 10^{-5}, que é bem diferente de **S** = 0,000483 encontrado pelo método de Theis.

Para os casos que se assemelham à curva do tipo **C**, os parâmetros devem ser determinados apenas pelo método de Theis.

10.4 Métodos especiais

10.4.1 Aquíferos semiconfinados – Método de Walton/Hantush – Presença de drenança vertical

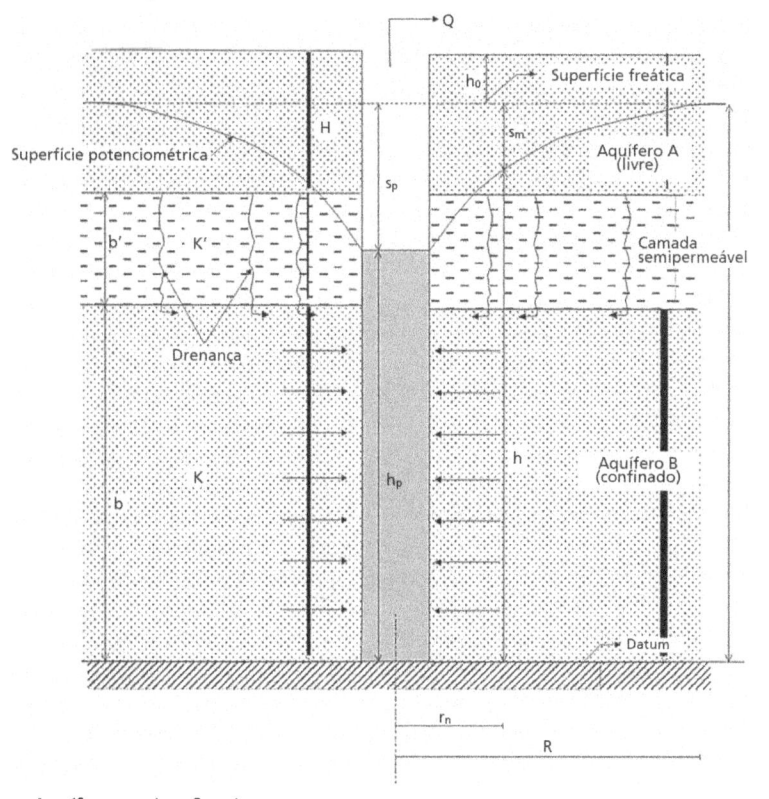

FIG. 10.14 *Aquífero semiconfinado*

Q = vazão de bombeamento

s_p = rebaixamento no poço bombeado
h_0 = nível potenciométrico antes do bombeamento
R = raio de influência
H = nível potenciométrico a uma distância r do poço bombeado = $h_0 + s_n$
b' = espessura da camada semipermeável
h_p = nível potenciométrico no poço bombeado
b = espessura do aquíferol
s_n = rebaixamento a uma distância r do poço bombeado
K = condutividade hidráulica do aquífero
r_n = raio do poço
K' = condutividade hidráulica da camada semipermeável

A Eq. 10.14 é a expressão analítica para o cálculo do rebaixamento em qualquer ponto de um aquífero confinado drenante (ou semiconfinado), em regime de fluxo transitório.

$$s = \frac{Q}{4\pi T} W(u, r/B) \tag{10.14}$$

Em que:
s = rebaixamento a uma distância r do poço bombeado (L);
Q = vazão de bombeamento ($L^3 T^{-1}$);
T = transmissividade do aquífero ($L^2 T^{-1}$);
$W(u,r/B)$ = função do poço para aquífero semiconfinado (drenança);
B = fator de drenança (L);
u = igual ao expresso para a equação de Theis.

Walton (1962, *apud* Batu, 1998) propôs um método de superposição semelhante ao método de Theis, com base na família de curvas da função $W(u,r/B)$, cujos valores foram inicialmente tabelados por Hantush em 1956.

Isolando-se a transmissividade da Eq. 10.14, tem-se:

$$T = \frac{Q}{4\pi T} W(u, r/B) \tag{10.15}$$

Metodologia de aplicação
▷ Realizar teste de aquífero com pelo menos um poço de observação;.
▷ Construir a família de curvas padrões, plotando-se $W(u,r/B)$ x $1/u$ em papel bilog, para diferentes valores de r/B (utilizar tabelas);

- Construir a curva de campo **s x t** em papel bilog;
- Superpor a curva de campo à curva padrão até a obtenção do melhor ajuste e escolher um ponto qualquer (ponto de superposição – Fig. 10.15;
- Registrar os valores de **W(u,r/B)** e **1/u** na curva padrão, e os valores de **s** e **t** na curva de campo, correspondentes ao ponto de superposição;
- Anotar o valor de **r/B** correspondente à curva teórica que melhor ajustou os dados de campo (Fig. 10.10);
- Calcular a transmissividade **T** e coeficiente de armazenamento **S** com as Eqs. 10.15 e 10.09, respectivamente. Calcular o fator de drenança **B** baseado no valor de **r/B**.
- Calcular **c, K'/b' e K'**, com as Eqs. 10.16 e 10.17:

$$c = \frac{1}{K'/b'} \qquad (10.16)$$

$$B = \sqrt{T \cdot c} \qquad (10.17)$$

Em que:
B = fator de drenança (L);
T = transmissividade do aquífero (L^2T^{-1});
c = resistência hidráulica da camada semipermeável (T);
K'/b' = condutividade hidráulica específica da camada semipermeável ($LT^{-1}L^{-1}$);
K' = condutividade hidráulica da camada semipermeável (LT^{-1});
b' = espessura da camada semipermeável (L).

Exemplo prático para o método de Walton/Hantush

Foi realizado um teste de aquífero na localidade de Dalem (Holanda) a 1,5 mil m ao norte do rio Waal. Sabe-se que a vazão de bombeamento foi de 31,7 m³/h, mantida constante durante todo o teste, e que a espessura da camada semiconfinante é de 23 m. Os dados das observações de rebaixamento em quatro poços de observação são apresentados na Tab. 10.3. Pede-se, com os dados de **Pz-3** (r = 90 m), calcular:

a] Transmissividade e coeficiente de armazenamento do aquífero;
b] Condutividade hidráulica do aquífero e do semiconfinante;
c] Fator de drenança e a resistência hidráulica da camada semipermeável.

Os dados dos outros três poços de observação ficam como exercício proposto.

Tab. 10.3 Dados do teste de aquífero de Dalem

PZ-1 R = 30 m		PZ-2 R = 60 m		PZ-3 R = 90 m		PZ-4 R = 120 m	
Tempo (dias)	s (m)	Tempo (dias)	s (m)	Tempo (dias)	s (m)	Tempo (dias)	s (m)
0,0153	0,138	0,0188	0,081	0,0243	0,069	0,025	0,057
0,0181	0,141	0,0236	0,089	0,0306	0,077	0,0313	0,063
0,0229	0,15	0,0299	0,094	0,0375	0,083	0,0382	0,068
0,0292	0,156	0,0368	0,101	0,0468	0,091	0,05	0,075
0,0361	0,163	0,0472	0,109	0,0674	0,1	0,0681	0,086
0,0458	0,171	0,0667	0,12	0,0896	0,109	0,0903	0,092
0,066	0,18	0,0882	0,127	0,125	0,12	0,125	0,105
0,0868	0,19	0,125	0,137	0,167	0,129	0,167	0,113
0,125	0,201	0,167	0,148	0,208	0,136	0,208	0,122
0,167	0,21	0,208	0,155	0,25	0,141	0,25	0,125
0,208	0,217	0,25	0,158	0,292	0,142	0,292	0,127
0,25	0,22	0,292	0,16	0,333	0,143	0,333	0,129
0,292	0,224	0,333	0,164	*	0,147	*	0,132
0,333	0,228	*	0,17				
*	0,24						

Inicialmente constrói-se a curva de campo s x t em papel bilog, superpondo-a em seguida à família de curvas teóricas e encontrando o melhor ajuste. Escolhe-se um ponto de superposição, conforme Fig. 10.11:

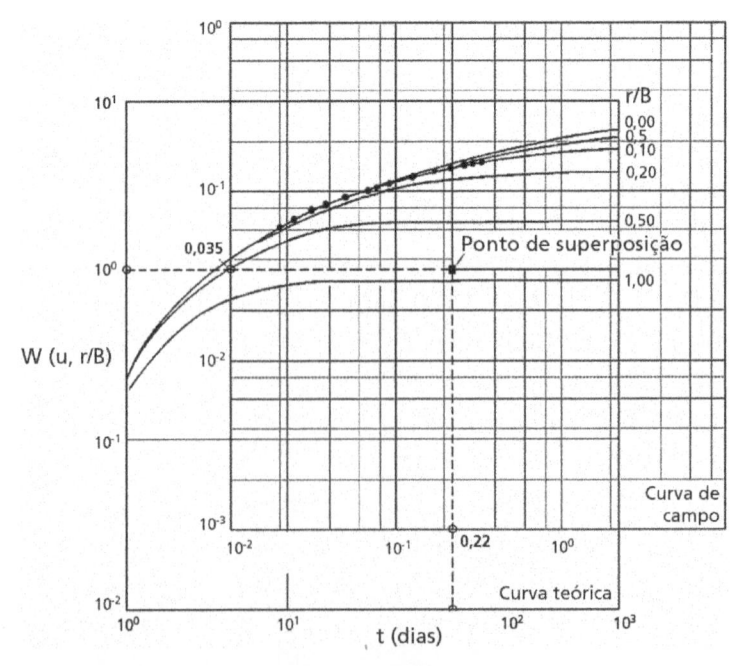

Fig. 10.15 Exemplo de aplicação do método de Walton/Hantush
Fonte: adaptado de Kruseman e De Ridder (1976).

Do ponto de superposição são obtidos os seguintes valores:
W(u,r/B) = 1;
1/u = 100;
s = 0,035 m;
t = 0,22 dias.

A transmissividade é dada pela Eq. 10.15:

$$T = \frac{Q}{4\pi s} W(u,r/B) = \frac{0,0088055 m^3/s}{4 \times 3,1415 \times 0,035 m} \times 1 = 0,02 m^2/s$$

O coeficiente de armazenamento é dado pela Eq. 10.9:

$$S = \frac{4Ttu}{r^2} = \frac{4 \times 0,02 m^2/s \times 19008s \times 0,01}{(90m)^2} = 0,001877$$

A curva padrão que melhor ajustou a curva de campo apresenta r/B = 0,1, logo, o fator de drenança será:

$$B = \frac{r}{0,10} = \frac{90m}{0,10} = 900m$$

A resistência hidráulica da camada semipermeável pode ser avaliada pela Eq. 10.17:

$$B = \sqrt{Tc} \Rightarrow B^2 = Tc \Rightarrow c = \frac{B^2}{T} = \frac{(900m)^2}{0,02 m^2/s} = 468,45 \text{ dias}$$

O cálculo da condutividade hidráulica da camada semiconfinante é feito com a Eq. 10.16:

$$c = \frac{1}{K'/b'} \Rightarrow \frac{K'}{b'} = \frac{1}{c} = \frac{1}{40474080s}$$

K'/b'=2,4 x 10^{-8}s^{-1}, como b'= 23 m;
K'=5,68 x 10^{-7} m/s;

10.4.2 Penetração parcial

Todas as metodologias apresentadas neste capítulo são para poços totalmente penetrantes, ou seja, poços que captam toda a extensão do aquífero. Poços que não têm essa característica são denominados *poços parcialmente penetrantes*. Nas vizinhanças desses poços, pelo encurvamento das linhas de fluxo, existem componentes de fluxo vertical (Fig. 10.16). Esses componentes geram incrementos de rebaixamentos (Δs_0). Nos casos de aquíferos considerados isotrópicos, o efeito da penetração parcial pode deixar de ser considerado para distância de 1,5 a 2 vezes a espessura do aquífero.

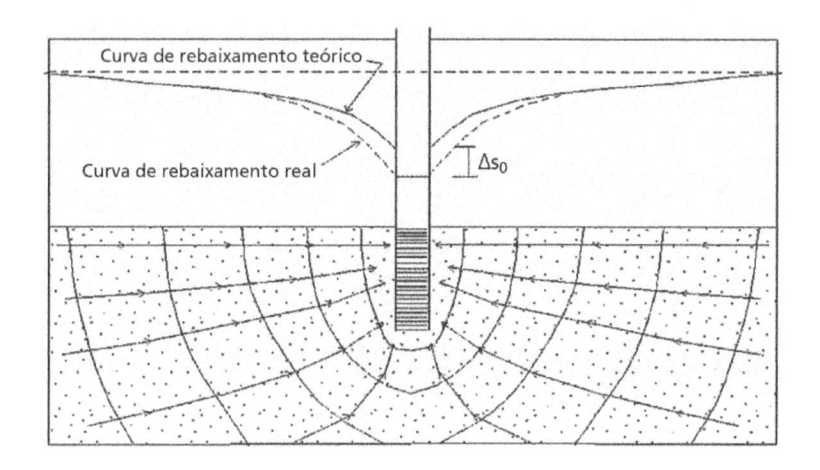

FIG. 10.16 *Efeitos da penetração parcial*
Fonte: modificado de Driscoll (1986).

Segundo Huisman (1988), a correção dos rebaixamentos pelo efeito da penetração parcial, nos poços de bombeamento, estando a porção filtrante em uma posição qualquer, é dada por (Eq. 10.18):

$$\Delta s_0 = \frac{Q}{2\pi T}\left(\frac{1-p}{p}\ln\frac{\alpha h_s}{r_p}\right) \quad (10.18)$$

Em que:
Δs_0 = incremento de rebaixamento devido à penetração parcial (L);
Q = vazão de bombeamento ($L^3 T^{-1}$);
T = transmissividade do aquífero ($L^2 T^{-1}$);
h_s = extensão de filtro do poço (L);
p = razão de penetração parcial = hs/b;
b = espessura do aquífero (L);
a = função de **p** e de **e** (Tab. 10.4);
e = razão de excentricidade da zona filtrante = d/b;
d = distância entre o meio da seção filtrante e o meio do aquífero;

$d = b/2 - (a_2 - a_1)/2$ (L)

a_1 = distância da parte superior do filtro ao teto do aquífero (L);
a_2 = distância da parte inferior do filtro ao teto do aquífero (L);
r_p = raio do poço (L).

Tab. 10.4 VALORES DE a

p \ e	0	0,05	0,1	0,15	0,2	0,25	0,3	0,35	0,4	0,45
0,1	0,54	0,54	0,55	0,55	0,56	0,57	0,59	0,61	0,67	1,09
0,2	0,44	0,44	0,45	0,46	0,47	0,49	0,52	0,59	0,89	
0,3	0,37	0,37	0,38	0,39	0,41	0,43	0,5	0,74		
0,4	0,31	0,31	0,32	0,34	0,36	0,42	0,62			
0,5	0,25	0,25	0,27	0,29	0,34	0,51				
0,6	0,21	0,21	0,23	0,27	0,41					
0,7	0,16	0,17	0,2	0,32						
0,8	0,11	0,13	0,22							
0,9	0,06	0,12								

Fonte: adaptado de Kruseman e De Ridder (1970).

Na Fig. 10.17 são apresentados três casos de posicionamento de seções filtrantes para ilustrar alguns parâmetros da Eq. 10.18.

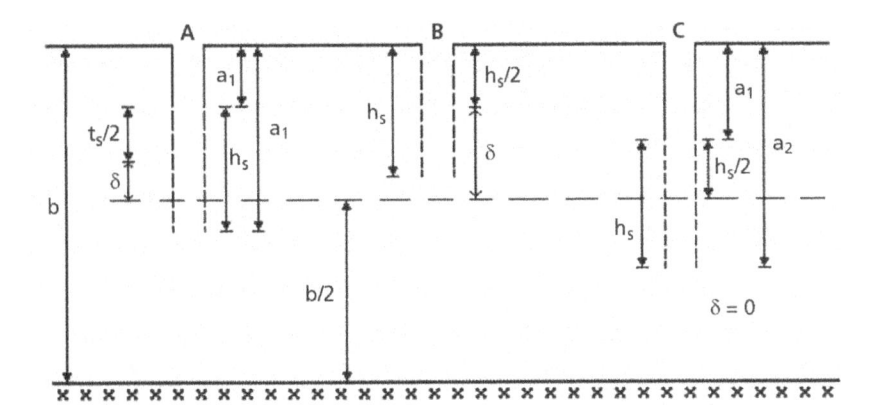

FIG. 10.17 *Parâmetros da fórmula de Huisman*
Fonte: adaptado de Huisman (1988).

10.5 Raio de influência e fronteiras hidrogeológicas

10.5.1 Raio de influência

Raio de influência é a distância em que o efeito do bombeamento de um poço tubular é nulo, ou seja, é a distância do centro do poço bombeado até o fim do cone de rebaixamento (Fig. 10.18). No regime permanente,

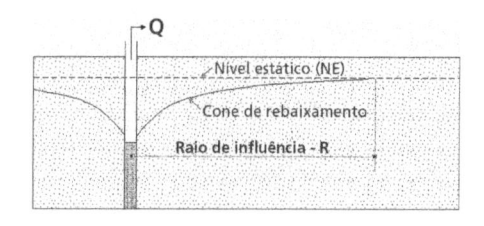

FIG. 10.18 *Raio de influência*

com a estabilização do cone de rebaixamento, o raio de influência assume um valor constante. No regime transitório, o cone de rebaixamento não se estabiliza, pelo menos teoricamente, e o raio de influência é válido apenas para um determinado instante do bombeamento.

Assim, a definição de raio de influência, a rigor, só seria válida para o regime permanente.

O método gráfico é a maneira mais prática para determinar o raio de influência de bombeamento em regime permanente. É necessário apenas plotar os pares *distância x rebaixamento* máximos em papel monolog, obtidos de pelo menos dois poços de observação utilizados na execução do teste de aquífero. Aos pontos ajusta-se uma reta, prolongando-a até interceptar a linha de ordenada zero, ou seja, rebaixamento nulo. O valor de *r* desse ponto de interseção será o raio de influência que se procura. Esse procedimento é descrito na Fig. 10.19, e o raio de influência determinado é de aproximadamente 90 m. Para o regime transitório pode-se utilizar essa metodologia, porém, é necessário tomar os rebaixamentos nos poços de observação em um mesmo tempo de bombeamento e ter consciência de que o raio de influência encontrado é válido apenas para esse instante do bombeamento.

Para o regime transitório, utiliza-se a Eq. 10.19 para o cálculo do raio de influência:

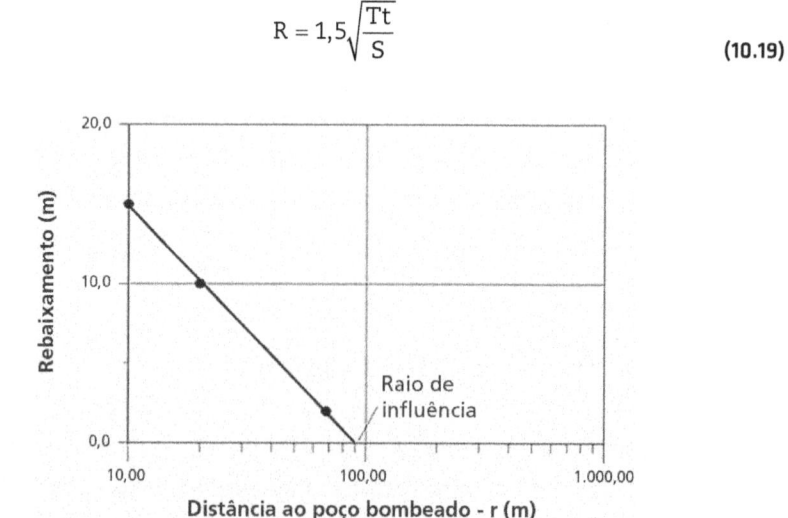

$$R = 1,5\sqrt{\frac{Tt}{S}} \qquad (10.19)$$

FIG. 10.19 *Determinação do raio de influência pelo método gráfico*

Em que:
R = raio de influência (L);
T = transmissividade do aquífero (L²T⁻¹);
t = tempo de bombeamento (T);
S = coeficiente de armazenamento.

Essa equação às vezes é utilizada não para calcular o raio de influência, mas para determinar o tempo em que um determinado poço de observação irá reagir a um bombeamento. Ela é muito utilizada durante o planejamento de testes de aquífero. Para exemplificar, considere que um aquífero tenha T = 0,01 m²/s e S = 0,0003 (com base em outros testes na área) e deseja-se determinar em qual instante as leituras de rebaixamento em um poço de observação, a 750 m de distância do poço bombeado, devem começar.

Reescrevendo-se a equação do raio de influência para ser expressa em função do tempo, vem:

$$t = \left(\frac{R}{1,5}\right)^2 \frac{S}{T}$$

Substituindo os valores acima, tem-se:

$$t = \left(\frac{750}{1,5}\right)^2 \times \frac{0,0003}{0,01 \text{m}^2/\text{s}} = 7500\text{s} = 2\text{h}05\text{min}$$

O valor encontrado mostra que o poço de observação só irá começar a reagir após 2h05min de bombeamento. O raio de influência, ou o tempo de reação do poço de observação, não depende da vazão de bombeamento do poço, mas única e exclusivamente da relação S/T.

10.5.2 Fronteiras hidrogeológicas

Quando um poço é bombeado próximo a um limite hidráulico, permeável ou impermeável, e seu cone de rebaixamento atinge esse limite, o fluxo da água subterrânea é afetado e as fórmulas analíticas para cálculo de rebaixamentos, anteriormente descritas, não são mais válidas.

Se o limite é brusco e retilíneo, pode-se substituí-lo, nos cálculos, por um poço fictício (poço-imagem) simulando o efeito da descontinuidade, simplificando o problema ao estudo de efeitos de superposição de bombeamentos (interferência entre poços). Essa substituição é conhecida como *Teoria das imagens*.

A Fig. 10.20A mostra um poço sendo bombeado próximo a um limite impermeável. O efeito desse limite faz que, em qualquer ponto, o rebaixamento seja maior do que no caso de aquíferos de grande extensão. Com base na *Teoria das imagens*, o limite impermeável pode ser substituído por um poço-imagem fictício, posicionado em distância igual à do limite impermeável, porém, do lado oposto do poço real, e com a mesma vazão do poço real bombeado, como na Fig. 10.20B.

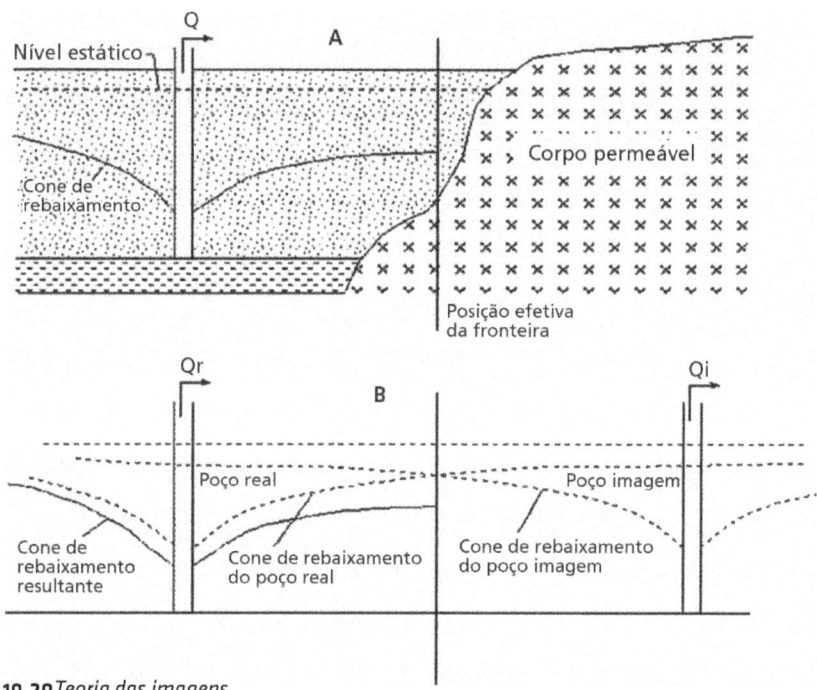

FIG. 10.20 *Teoria das imagens*
Fonte: adaptado de Todd (1960).

Cálculo de rebaixamentos na presença de fronteiras impermeáveis

Suponha um poço sendo bombeado com vazão **Q**, em um aquífero confinado próximo a uma fronteira impermeável, e um poço de observação (P_z), situado a uma distância **r** do poço bombeado (P_B) e r_1 do poço-imagem (P_i), como na Fig. 10.21.

Segundo a *Teoria das imagens*, o rebaixamento no poço de observação (P_z) será a soma dos rebaixamentos provocados pelos bombeamentos do poço real (s_r) e do poço-imagem (s_i). Aplicando a Eq. de Theis, tem-se:

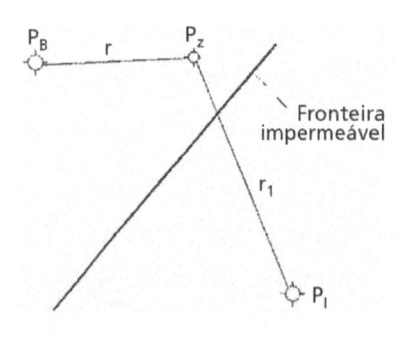

FIG. 10.21 *Teoria do poço-imagem*

$$s_r = \frac{Q}{4\pi T} W(u), \text{ em que } u = \frac{r^2 S}{4Tt} \text{ e, daí, } u_i = \frac{r_i^2 S}{4Tt}$$

Generalizando para um ponto qualquer do aquífero e chamando o rebaixamento total de s_w, tem-se (Eq. 10.20):

$$s_w = \frac{Q}{4\pi T}\left[W(u) + W(u_i)\right] \quad (10.20)$$

Se é válida a aproximação de Jacob ($u < 0{,}03$ e $u_i < 0{,}03$) (Eq. 10.21):

$$s_w = \frac{0{,}366 Q}{T} \log \frac{2{,}25 Tt}{rr_i S} \quad (10.21)$$

Determinação das distâncias aos poços-imagens

Para o aquífero confinado, a distância do poço de observação ao poço-imagem é obtida por (Eq. 10.22):

$$r_i = \sqrt{\frac{4Ttu_i}{S}} \quad (10.22)$$

Em que:
r_i = distância do poço observado ao poço-imagem (L);
T = transmissividade do aquífero ($L^2 T^{-1}$);
S = coeficiente de armazenamento do aquífero;
t = tempo corresponde ao rebaixamento s_i (T);
u_i = valor de u para o poço de observação.

▷ **Metodologia para avaliação gráfica de** s_i
  - Superpor a curva de campo **log s x log t** à curva teórica de Theis, ajustando-se o melhor possível os primeiros pontos da curva, como na Fig. 10.18;
  - Determinar s_i, tomando-se a distância entre a curva teórica e a curva de campo, no ramo após a reflexão. Anotar o valor de t correspondente a s_i. Ainda com as curvas superpostas, transpor o valor de si para o primeiro trecho da curva e encontrar o valor de 1/ui na curva teórica, como na Fig. 10.22. Consequentemente encontra-se o valor de u_i;
  - Calcular o valor de r_i com a Eq. 10.22.

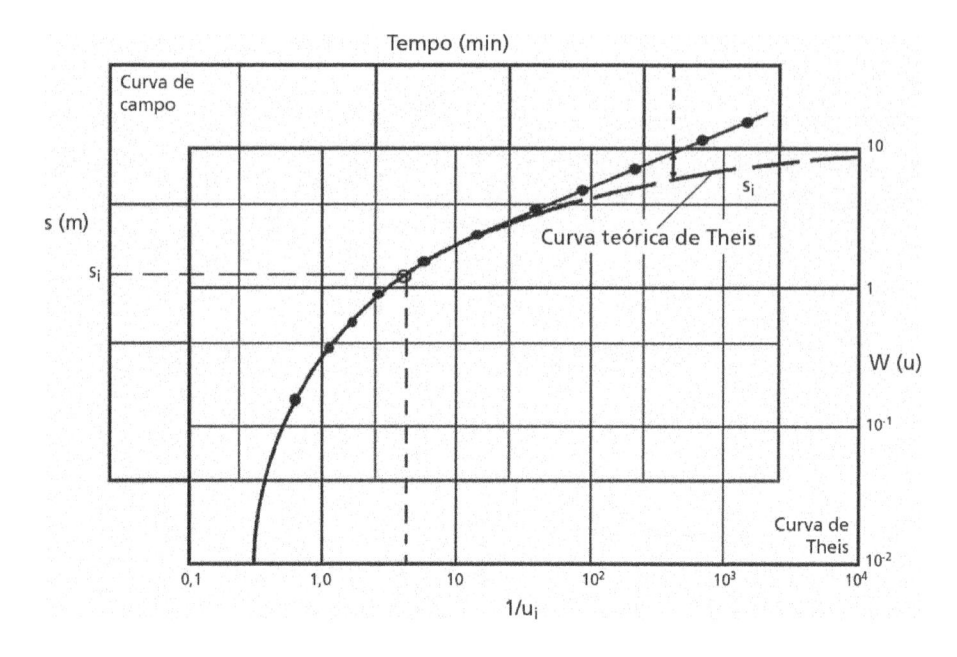

FIG. 10.22 *Avaliação de s_i para aquífero confinado*
Fonte: adaptado de Fetter (1994).

Localização do poço-imagem e fronteira impermeável

Para determinar o poço-imagem, são necessários pelo menos três poços de observação. Para cada poço de observação, calcula-se a distância ao poço-imagem conforme a metodologia do item anterior. De cada poço de observação, abre-se o compasso com raio igual à distância determinada para aquele poço (atenção para a escala do desenho) e traça-se um círculo. No lugar em que os três círculos se encontrarem será a posição do poço-imagem (Fig. 10.23)

Determinada a posição do poço-imagem, a fronteira impermeável coincide com a mediatriz do segmento de reta que une o poço-imagem ao poço bombeado (Fig. 10.23).

Toda metodologia aplicada às fronteiras impermeáveis são válidas para as fronteira permeáveis ou de recarga. A diferença é que os poços-imagens para elas têm vazão negativa. Por exemplo: se de um poço tubular é extraída a descarga de 30 m³/h e existe uma fronteira de recarga dentro do raio de influência, o poço-imagem terá uma vazão de –30m³/h.

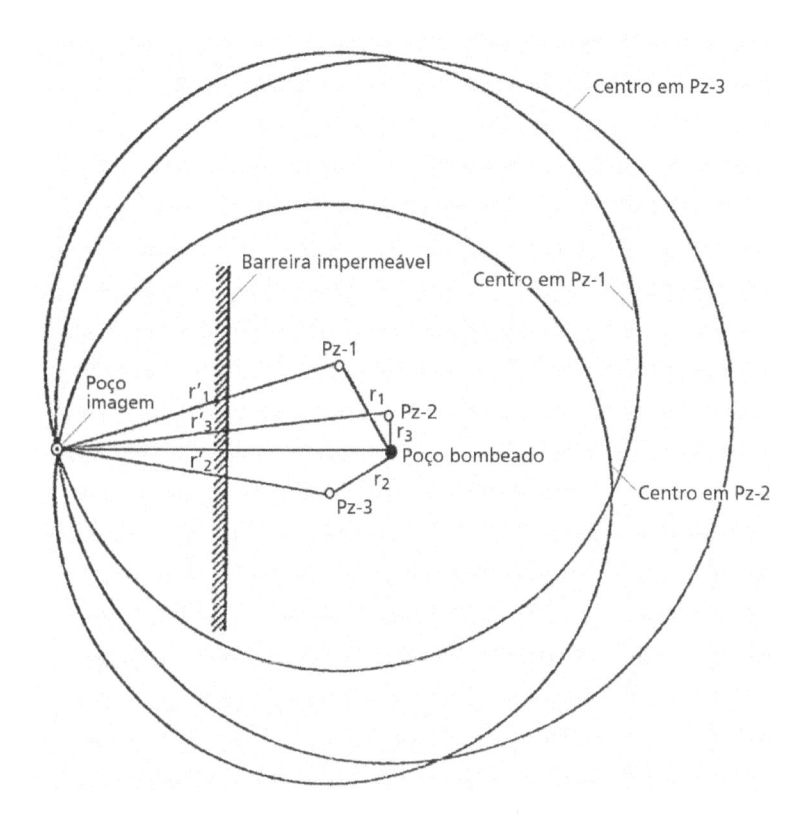

FIG. 10.23 *Localização do poço-imagem e fronteira impermeável*
Fonte: adaptado de Custódio e Llamas (1983).

10.6 Interpretação de testes de produção

10.6.1 Perdas de cargas

O rebaixamento total que ocorre em um poço em bombeamento é o somatório das perdas de carga existentes, as quais podem ser divididas em lineares e não lineares.

Perdas lineares

As perdas lineares, em presença de um bombeamento, são as que ocorrem no aquífero, em função do fluxo laminar de água para o poço. São representadas pelos rebaixamentos produzidos na superfície potenciométrica ou freática formando o cone de depressão, conforme já estudado. Estão inclusos nessas perdas os efeitos de penetração parcial, anisotropia, heterogeneidade, redução da espessura saturada em aquíferos livres, fronteiras hidráulicas, interferências de outros poços, variação sazonal etc.

Perdas não lineares

São as que ocorrem no próprio poço bombeado e nas suas vizinhanças, causadas por:

▷ **Perdas por não validez da Lei de Darcy nas vizinhanças do poço**

Considerando o fluxo como radial e convergente, quando a água se aproxima do poço, a superfície circular pela qual ela passa vai diminuindo, o que acarreta aumento na velocidade do fluxo (Fig. 10.24). Com esse aumento de velocidade, é comum que, nas cercanias do poço, o número de Reynolds supere o valor admissível para a validez da Lei de Darcy e o fluxo passe de laminar a turbulento, gerando um incremento de perda de carga.

▷ **Perdas na passagem da água pelo filtro e pré-filtro**

Ocorrem em função das dificuldades de entrada de água no poço através da zona filtrante. Principalmente pela área não aberta dos filtros, obstruída pelo pré-filtro, incrustações, resíduos da lama de perfuração etc. A Fig. 10.25C-D ilustra o efeito da redução da área aberta de filtros no comportamento das equipotenciais e linhas de fluxo. Quanto menor a área aberta dos filtros, maior é o incremento de perda de carga produzido, pelo aparecimento de componentes verticais de fluxo.

▷ **Perdas ascensionais no poço**

São as que ocorrem pelo atrito da água com o tubo de revestimento e entre as próprias moléculas de água, em consequência do movimento desde a zona filtrante até a bomba. Tornam-se importantes quando essa distância é muito grande e/ou o diâmetro dos tubos é pequeno.

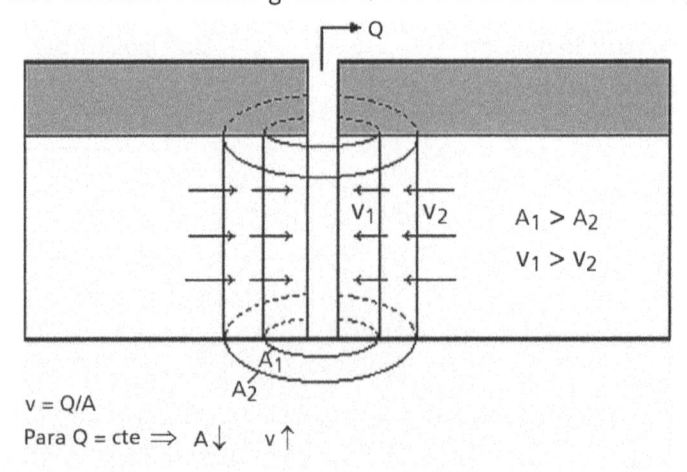

FIG. 10.24 *Causa do regime turbulento nas cercanias do poço*

▷ **Perdas de entrada na bomba**

Em geral, não tem muita importância. Só apresentam uma magnitude mensurável nos casos em que a entrada de água encontra-se acima do corpo da bomba, ficando uma passagem muito reduzida para a água entre o tubo de revestimento e a bomba.

10.6.2 Avaliação das perdas totais

Tomando-se como base um aquífero confinado, o cálculo do rebaixamento real no próprio poço bombeado é dado, segundo Jacob, por (Eq. 10.23):

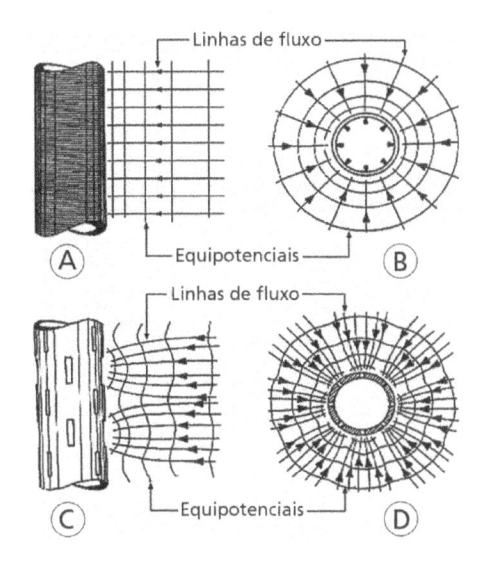

FIG. 10.25 *Efeito do tipo de filtro nas perdas não lineares*
Fonte: adaptado de Driscoll (1986).

$$s_p = \frac{0{,}183Q}{T} \log \frac{2{,}25Tt}{r_p^2 S} + \Delta h \qquad (10.23)$$

Em que:

s_p = rebaixamento total no poço bombeado;

Δh = perdas não lineares, representadas pelos tópicos descritos no item anterior.

$$\frac{0{,}183Q}{T} \log \frac{2{,}25Tt}{r_p^2 S} = \text{perdas lineares, ou seja, rebaixamento teórico.}$$

Como a transmissividade T e o coeficiente de armazenamento S são constantes do aquífero, então para um determinado tempo t, tem-se:

$$\frac{0{,}183Q}{T} \log \frac{2{,}25Tt}{r_p^2 S} = \text{cte} = B$$

Utilizando a relação acima, a Eq. 10.22 passa a ser a Eq. 10.24:

$$s_p = BQ + Dh \qquad (10.24)$$

Rorabaugh (1953, *apud* Custódio; Llamas, 1983) verificou, por meio de experiências, que:

$$Dh \gg Q^n$$

Introduzindo uma constante de proporcionalidade, vem:

$$Dh = CQ^n$$

Com isto, a Eq. 10.23 torna-se a Eq. 10.25:

$$s_p = BQ + CQ^n \quad \text{(10.25, Eq. característica do poço)}$$

Em que:
s_p = rebaixamento real no poço bombeado;
BQ = perdas lineares;
CQ^n = perdas não lineares;
B = coeficiente de perdas de circulação no aquífero;
C = coeficiente de perdas no poço;
n = expoente de Q. Varia entre 1 e 3,5, ficando na maior parte dos casos em torno de 2.

A Eq. 10.24 apresenta três incógnitas e, para a determinação dos valores de B, C e n, é preciso realizar testes de produção com, no mínimo, três etapas, conforme item 3.6 (Testes de produção e de aquíferos). Com os resultados dos testes é possível montar o seguinte sistema de equações para um determinado tempo t de bombeamento:

$$s_{p1} = BQ_1 + CQ_1^n$$
$$s_{p2} = BQ_2 + CQ_2^n$$
$$s_{p3} = BQ_3 + CQ_3^n$$

Para esse sistema ter solução, é necessário que as seguintes condições sejam observadas:
1. Vazões devem ser crescentes: $Q_1 > Q_2 > Q_3 > ... > Q_n$;
2. O aumento das vazões deve seguir uma progressão geométrica. Não é necessário que a razão da progressão seja um número inteiro;
3. A vazão pretendida para a produção do poço deve estar entre Q_1 e Q_n;
4. O rebaixamento específico (s/Q) deve ser decrescente, ou seja:

$$\frac{s_1}{Q_1} < \frac{s_2}{Q_2} < \frac{s_3}{Q_3} < ... < \frac{s_n}{Q_n}$$

*Considerações sobre os parâmetros **n**, **B** e **C***

▷ **n:** Não depende do tempo e varia com a vazão;
Para baixas vazões: $n \circledast 1$;
Para vazões altas: aquífero confinado $n \circledast 2$;
Para vazões altas: aquífero livre $n > 2$.

▷ **B:** Depende do tempo. Em princípio corresponde às perdas no aquífero, sendo afetado pela presença de heterogeneidade, anisotropia, barreiras hidráulicas, penetração parcial etc. Entretanto, está incluso em B uma pequena parcela das perdas no poço proporcionais à vazão. Logo, deveria considerar-se que: $s_p = BQ + B'Q + CQ^n$, em que B corresponderia apenas às perdas no aquífero. Contudo, é muito difícil separar B e B'.

▷ **C:** Não depende do tempo. O valor absoluto de C não diz muita coisa em relação aos parâmetros construtivos de um poço, porém, se calculado antes e depois do desenvolvimento, seria um indicativo da efetiva ação desse procedimento. Em geral depende de:
- tipo de filtro;
- % da área aberta dos filtros e sua disposição;
- grau de desenvolvimento do aquífero;
- % da área aberta do filtro, obstruída pelo pré-filtro;
- incrustação da zona filtrante;
- movimento da água dentro do tubo até a bomba;
- posição e tipo do crivo da bomba.

Na realidade, C depende do tempo. Considerar que ele não depende é uma simplificação necessária para se estabelecer uma equação de fácil aplicação. Pelo descrito, C depende da rugosidade da parede interna da tubulação do poço. Ela, como nós, envelhece, e, consequentemente, aumenta a rugosidade, que será maior ou menor, dependendo dos materiais usados e das características da água do aquífero. Não se dispõe de um ferramental para estabelecer como cada poço irá aumentar sua rugosidade, daí a simplificação.

10.6.3 Curva característica de poços

Pode-se considerar como curva característica de um poço a relação gráfica entre a vazão e o rebaixamento com base na Eq. 10.25. Para poços perfeitos (teóricos), em que não existem perdas de penetração e ascensão da água (perdas não lineares), a curva **s x Q** é uma reta. Entretanto, para poços reais não existe uma relação linear entre a vazão e o rebaixamento, sendo o ritmo de crescimento do rebaixamento maior que o da vazão, conforme Fig. 10.26. Com base nessas curvas, e admitindo-se um rebaixamento disponível (**RD**), é possível determinar a vazão de exploração de um poço para qualquer tempo de bombeamento.

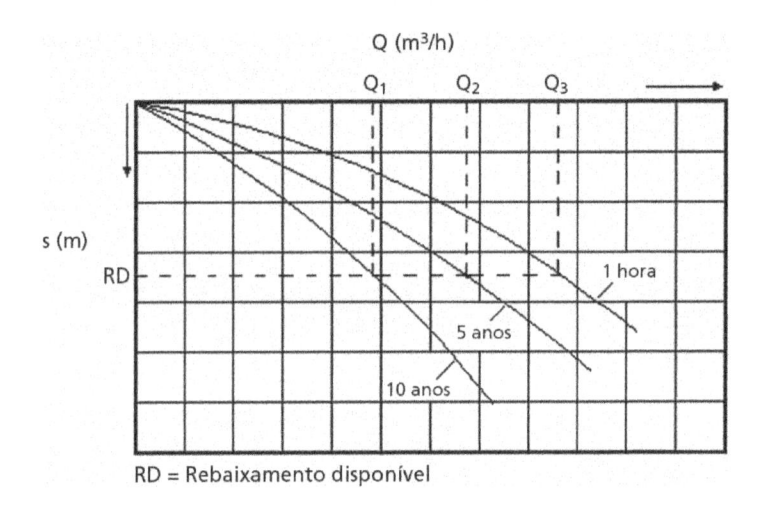

FIG.10.26 *Curva característica de poço*

Para cada valor de tempo, existe uma curva característica. Para a construção da curva referente ao alcance desejado, deve-se adotar o seguinte procedimento:

▷ Extrapolação do valor do rebaixamento, no gráfico **s x log t** para o alcance desejado, conforme Fig. 10.27. Deve-se usar a curva da primeira etapa de bombeamento para se fazer essa extrapolação apenas quando não houver bombeamento de duração maior. É possível determinar o valor do rebaixamento para o tempo escolhido pela equação de ajuste no gráfico **s x t**, que é uma reta logarítmica. Com a equação, o processo fica mais fácil e preciso;

▷ Determinação de **B(*)** com a Eq. 10.26:

$$B^{(*)} = \frac{s_t - CQ^n}{Q} \quad (10.26)$$

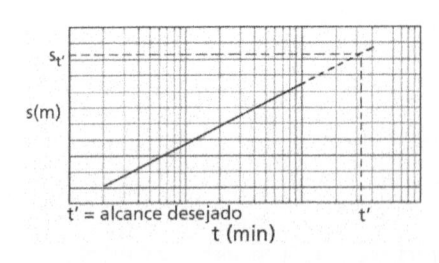

FIG. 10.27 *Extrapolação do rebaixamento no tempo*

Em que:

B(*) = coeficiente B para um determinado tempo t (alcance desejado);
s_t = rebaixamento no poço bombeado para o tempo t (L);
Q = vazão de bombeamento da etapa utilizada para extrapolação de s_t (LT-3);
C,n = constantes.

Assim, a equação característica de um poço para um tempo t qualquer passa a ser (Eq. 10.27):

$$s_p(t) = B^{(*)}Q + CQ^n \tag{10.27}$$

O rebaixamento disponível RD é considerado o máximo que se pode rebaixar num poço sem que o bombeamento corra risco de colapso. Geralmente, é dado pela Eq. 10.28, cujos parâmetros são ilustrados na Fig. 10.28.

$$RD = PC - SC - NE - VS - I \tag{10.28}$$

Em que:
RD = rebaixamento disponível (L);
PC = posição do crivo da bomba (L);
SC = submergência do crivo da bomba (L);
NE = nível estático (L);
VS = variação sazonal (L);
I = interferências de outros poços (L).

Exemplo de aplicação
Na Tab. 10.5 estão relacionados os dados do teste de produção realizado em poço no município de Ipojuca/PE. Com esses dados pede-se:

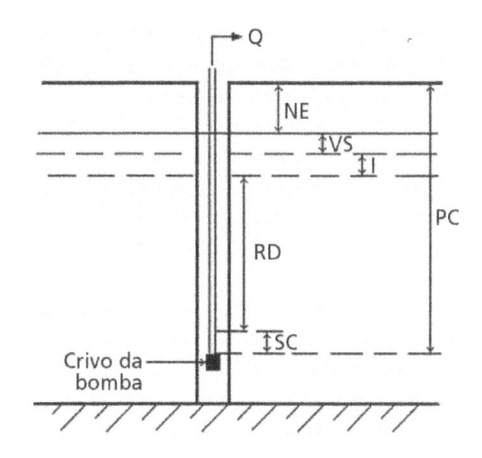

FIG. 10.28 *Rebaixamento disponível*

1. A equação e a curva caraterística do poço para 15 anos;
2. Sabendo-se que o rebaixamento disponível do poço é de 21 m, qual deve ser a vazão de bombeamento para um alcance de 15 anos, para que o rebaixamento disponível não seja ultrapassado.

Tab. 10.5 Dados do teste de produção

Etapa 1 Q1 = 15,85 m³/h			Etapa 2 Q2 = 22,42 m³/h			Etapa 3 Q3 = 31,70 m³/h		
Tempo (min)	nd (m)	SW (m)	Tempo (min)	nd (m)	Sw (m)	Tempo (min)	nd (m)	Sw (m)
1	12,923	6,130	121	17,441	10,648	241	22,253	15,460
2	13,303	6,510	122	17,934	11,141	242	23,593	16,800
3	13,473	6,680	123	18,052	11,259	243	24,073	17,280
4	13,573	6,780	124	18,133	11,340	244	24,555	17,762
5	13,653	6,860	125	18,190	11,397	245	24,622	17,829
6	13,706	6,913	126	18,221	11,428	246	24,664	17,871
8	13,792	6,999	128	18,263	11,470	248	24,745	17,952
10	13,892	7,099	130	18,324	11,531	250	24,805	18,012
12	13,948	7,155	132	18,355	11,562	252	24,867	18,074
15	13,994	7,201	135	18,404	11,611	255	24,922	18,129
20	14,071	7,278	140	18,442	11,649	260	24,980	18,187
25	14,147	7,354	145	18,480	11,687	265	25,065	18,272
30	14,202	7,409	150	18,518	11,725	270	25,103	18,310
40	14,292	7,499	160	18,573	11,780	280	25,230	18,437
50	14,333	7,540	170	18,627	11,834	290	25,272	18,479
60	14,378	7,585	180	18,660	11,867	300	25,310	18,517
70	14,443	7,650	190	18,700	11,907	310	25,341	18,548
80	14,462	7,669	200	18,733	11,940	320	25,397	18,604
100	14,507	7,714	220	18,812	12,019	340	25,460	18,667
120	14,560	7,767	240	18,920	12,127	360	25,545	18,752

Solução

O primeiro passo é montar um gráfico (Fig. 10.29) **rebaixamento x tempo** das quatro etapas de bombeamento para que seja possível determinar os rebaixamentos s_1, s_2, s_3 e s_4.

Desse gráfico, determinam-se os valores de Δs_2 e Δs_3, 4,161 m e 6,310 m, respectivamente. O valor de s_1 é retirado diretamente da Tab. 10.5, que é s_1 = 7,767 m. Assim, s_2 = 7,767 m + 4,161 m = 11,928 m; e s_3 = 11,928 m + 6,310 m = 18,239 m. O próximo passo é verificar se os rebaixamentos específicos são crescentes a cada nova etapa de bombeamento, pois se trata de uma condição necessária para que o sistema de equações tenha solução. Assim:

$$\frac{s_1}{Q_1} < \frac{s_2}{Q_2} < \frac{s_3}{Q_3} \Rightarrow \frac{7,767}{15,85} < \frac{11,927}{22,42} < \frac{18,293}{31,70} \Rightarrow 0,490032 < 0,531994 < 0,575317$$

O gráfico da Fig. 10.30 permite uma primeira avaliação do termo **n** da equação 10.24. Quando os pontos se ajustam segundo uma reta, o valor de

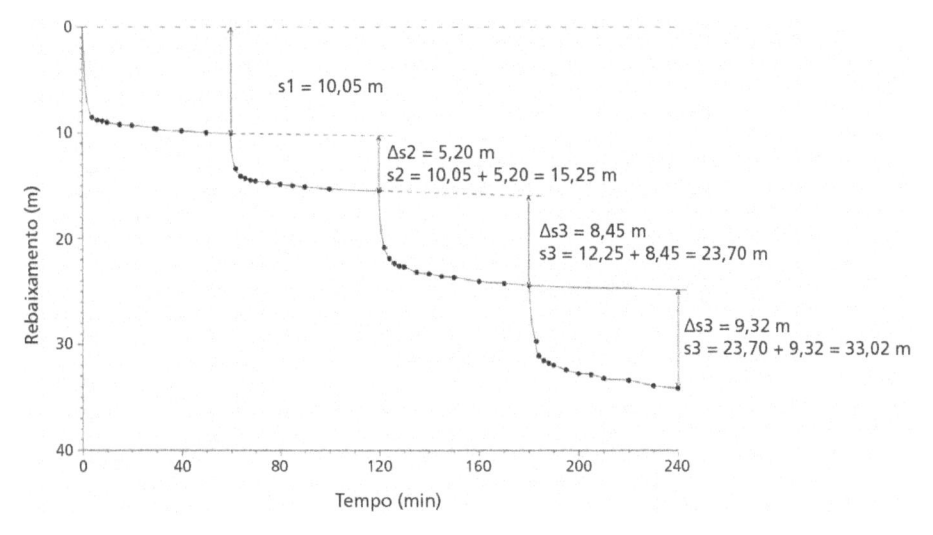

FIG. 10.29 *Gráfico **rebaixamento** x **tempo** do teste do poço **P-2-9-AL***

n pode ser substituído por 2 (aproximação de Jacob). Quando a reta de ajuste tem inclinação próxima de zero, ou seja, os valores de si/Qi para cada etapa de bombeamento são muito próximos, n é igual a 1. Quando os pontos se ajustam segundo uma curva, o valor de n varia entre um pouco menos de 2 e 3,5.

No geral, quando os poços são bem-projetados, bem-desenvolvidos e o teste de produção é realizado com cuidado e dentro das especificações técnicas, o valor de n fica muito próximo de 2, tal como na Fig. 10.30.

No caso desse exemplo, quando n = 2, os valores de B e C são determinados pelos parâmetros da reta de ajuste (s/Q = $a_1Q + a_2$). O valor de C será igual a a_1, e o valor de B será igual a a_2. Portanto, B = 0,40805 h/m² e C = 0,005334 h/m².

Para os casos de n ≠ 2, para o cálculo dos valores de B, C e n, pode-se usar a rotina para Excel apresentada no apêndice do Cap. 6.7 do livro *Hidrogeologia: conceitos e aplicações*, 3ª edição, organizado por Feitosa et al. (2008).

A equação característica do poço será: s_w = 0,40805Q + 0,005334Q², porém, é válida apenas para duas horas de bombeamento, o tempo das etapas do teste de produção, e para vazões em m³/h.

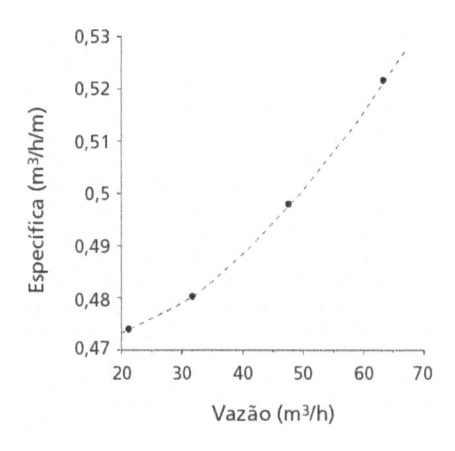

FIG. 10.30 *Relação **vazão específica** x **vazão***

Para determinar a equação característica para um alcance de 15 anos, primeiro é preciso calcular o valor de B(*) para 15 anos. No caso do poço testado, foi feito, no dia posterior ao teste de produção, um bombeamento de 24 horas, cuja curva **rebaixamento x tempo** é apresentada na Fig. 10.31. A equação de ajuste da reta logarítmica é $s_w = 0{,}642 \cdot \ln(t) + 15{,}582$. Para 15 anos o rebaixamento será 25,777 m. A vazão de bombeamento para 24 horas foi de 31,7 m³/h, igual à vazão da terceira etapa do teste.

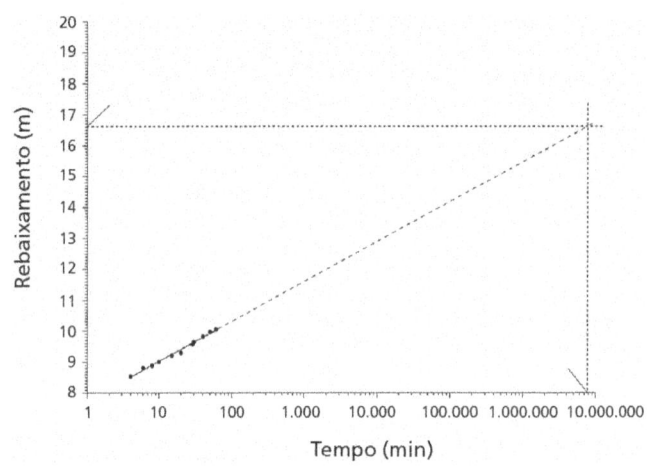

Fig. 10.31 *Avaliação do rebaixamento após 15 anos de bombeamento*

Usando a Eq. 10.26, temos:

$$B_{15anos} = \frac{s_{15anos} - CQ^2}{Q} = \frac{25{,}777 - 0{,}00533 \cdot 31{,}7^2}{31{,}7} \Rightarrow B_{15anos} = 0{,}6442\, h/m^2$$

Logo, a equação do poço para 15 anos será (Eq. 10.29):

$$s_w = 0{,}6642Q + 0{,}00533Q^2 \quad \text{(10.29, Eq. característica para 15 anos)}$$

Com a Eq. 10.29, é possível construir a curva característica do poço arbitrando-se valores de vazão para calcular os respectivos rebaixamentos, conforme Tab. 10.6. De posse dos pares **rebaixamento x vazão**, constrói-se a curva característica solicitada.

Utilizando-se a Tab. 10.6, constrói-se o gráfico da Fig. 10.32, que mostra as curvas características do poço para 2 horas e 15 anos de bombeamento. Com esse gráfico, é possível determinar a vazão do poço que não ultrapasse o rebaixamento disponível de 21 m após 15 anos consecutivos de bombeamento, que, no caso, será 26 m³/h.

10 | Hidráulica de aquíferos e eficiência de poços

Quando n = 2, a vazão de produção pode ser determinada algebricamente, sem a necessidade da construção do gráfico da Fig. 10.32, como:

$$s_w = BQ + CQ^2$$

Podemos reescrever a equação do poço para: $CQ^2 + BQ - s_w = 0$, que é uma equação do segundo grau, e Q pode ser deterninada por:

$$x = \frac{-b \pm \sqrt{b^2 - 4ac}}{2a}$$

No caso:

$$Q_{produção} = \frac{-b \pm \sqrt{b^2 + 4Cs_w}}{2C}$$

Tab. 10.6 CÁLCULO DOS REBAIXAMENTOS PARA CONSTRUÇÃO DA CURVA CARACTERÍSTICA

Vazão (m³/h)	Rebaixamento (m)	
	2 horas	15 anos
10,00	4,614	7,175
15,85(*)	7,807	11,866
20,00	10,293	15,416
22,42(*)	11,828	17,570
30,00	17,039	24,723
31,70(*)	18,291	26,411
40,00	24,850	35,096
50,00	33,728	46,535

(*) Valores de vazão utilizados na primeira etapa de bombeamento

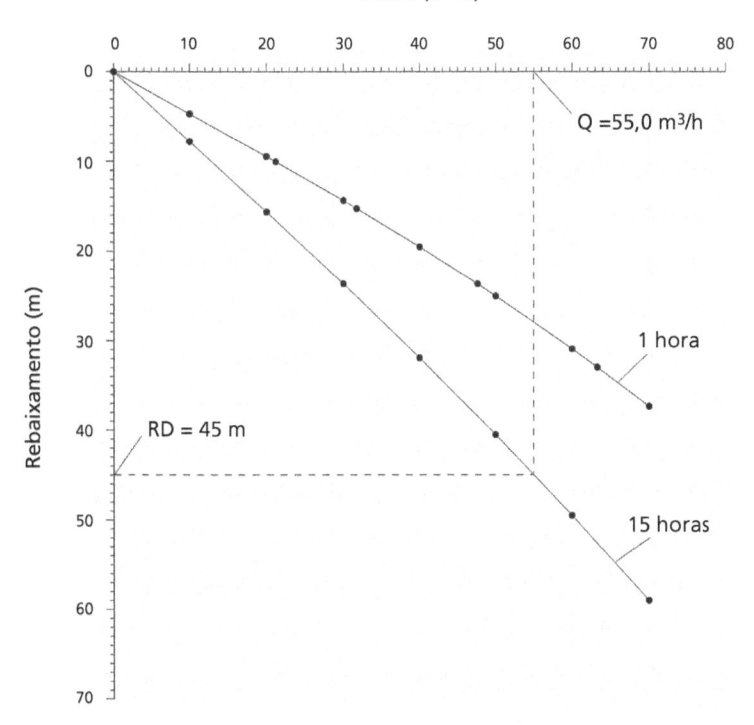

FIG. 10.32 *Curvas características do poço P-2-9-AL*

No poço em questão, para 15 anos:

$$Q_{produção} = \frac{-0,6642 \pm \sqrt{0,6642^2 + 4 \cdot 0,00533 \cdot 21,0}}{2 \cdot 0,00533}$$

$Q_{produção}$ = 26,13 m³/h

Essas curvas características do poço foram determinadas logo após a perfuração do poço, portanto, os tubos utilizados para revestimento, filtros e demais materiais e equipamentos empregados eram novos. Com o passar dos anos, podem ocorrer corrosões, incrustações e desgastes que alterarão as características iniciais do poço, modificando as condições em que a curva característica do poço foi determinada.

10.7 Eficiência de poços

Os fatores que contribuem para uma baixa eficiência nos poços podem ser divididos em dois grupos: fatores relacionados ao projeto do poço e fatores relacionados à construção do poço.

10.7.1 Fatores relacionados ao projeto do poço
▷ Dimensionamento inadequado dos filtros;
▷ Dimensionamento inadequado do pré-filtro;
▷ Dimensionamento inadequado do revestimento;
▷ Dimensionamento inadequado do equipamento de bombeamento.

10.7.2 Fatores relacionados à construção do poço
▷ Efeito da lama de perfuração;
▷ Mau posicionamento dos filtros em aquíferos estratificados;
▷ Inadequabilidade dos processos de desenvolvimento.

Quando se bombeia um poço tubular, observa-se, na prática, que o nível dinâmico no interior do poço é diferente do nível dinâmico na parte externa. O rebaixamento medido no interior do poço chama-se *rebaixamento real*; o externo, *rebaixamento teórico*, pois coincide com os rebaixamentos calculados pelas expressões analíticas discutidas neste capítulo. A relação entre esses dois rebaixamentos expressará o grau de eficiência do poço.

Assim, quanto mais próximo o rebaixamento real estiver do rebaixamento teórico, mais eficiente será o poço (Fig. 10.33). Portanto, a eficiência de um poço é definida pela Eq. 10.30:

$$E_f = \frac{s_t}{s_r} 100 \qquad (10.30)$$

Em que:
E_f = eficiência do poço, expressa em porcentagem (%);
s_t = rebaixamento teórico (L);
s_r = rebaixamento real medido no poço bombeado (L).

No caso de existirem efeitos de heterogeneidade, anisotropia, penetração parcial, barreiras hidráulicas etc, devem ser feitas as devidas correções para o cálculo de s_t. A Fig. 10.33 ilustra o procedimento para a avaliação da eficiência de um poço:

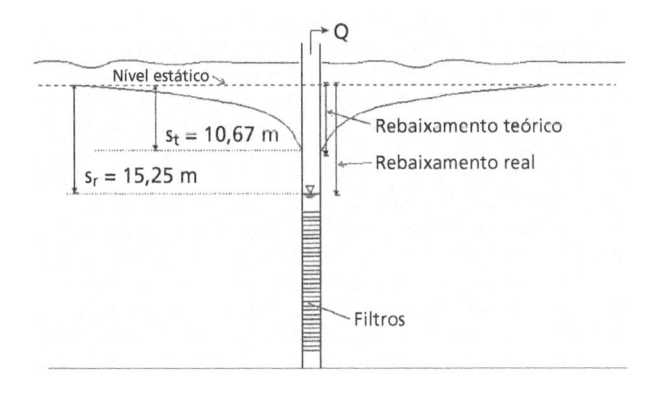

FIG. 10.33 *Eficiência de poços*
Fonte: adaptado de Driscoll (1986).

Exemplo de aplicação
Após 60 minutos de bombeamento de um poço tubular, no aquífero Beberibe, na região metropolitana do Recife/PE, o rebaixamento observado no poço bombeado era de 10,05 m.
Sabendo-se que o raio do poço é de 12"; a transmissividade é de 7,97 x 10^{-4} m²/s; o coeficiente de armazenamento é de 5,34 x 10^{-4}; que a vazão de descarga é de 21,20 m³/h; e que o aquífero é confinado: determine a eficiência do poço.

Solução
Como o rebaixamento real é conhecido, é necessário calcular o rebaixamento teórico. Sendo o aquífero confinado, utiliza-se a equação de

Theis ou a de Jacob. Como u = 1,08 x 10⁻⁶, será usada a equação de Jacob (Eq. 10.10):

$$S = \frac{0,183Q}{T} \log \frac{2,25Tt}{r^2 S}$$

$$s_t = \frac{0,183 \times \frac{21,20 m^3/h}{3600s}}{7,97 \times 10^{-4} s} \log \frac{2,25 \times 7,97 \times 10^{-4} s \times 3600s}{0,1524^2 m \times 5,34 \times 10^{-4}}$$

$$s_t = 7,85 \text{ m}$$

Para o cálculo da eficiência, utiliza-se a equação 10.30. Logo:

$$\acute{E}_f = \frac{s_t}{s_r} 100 = \frac{7,85}{10,05} 100 = 78,11\%$$

O poço tem uma eficiência de aproximadamente 78%. Os poços com eficiência em torno de 80%, são considerados poços bem-projetados e construídos. Alguns autores, para calcular a eficiência do poço, utilizam a equação característica do poço (Eq. 10.30):

$$E_f = \frac{BQ}{BQ + CQ''} 100 \qquad (10.31)$$

O uso da Eq. 10.30 baseia-se na hipótese de que a parcela **BQ** representa apenas as perdas no aquífero, porém, com já descrito, no coeficiente **B** também podem estar presentes perdas de carga ocorridas por penetração parcial e na passagem da água através do pré-filtro. Assim, o uso da Eq. 10.30, em muitos casos, supervaloriza a eficiência do poço.

No poço do exemplo acima, foi feito um teste de produção com quatro etapas, cada uma com 60 min de duração. Usando-se a equação característica do poço para determinar a eficiência pela Eq. 10.30, o resultado obtido foi de 95,36%, maior do que 78,11%, obtidos anteriormente.

Outra possibilidade de determinação do rebaixamento teórico é quando se dispõe de pelo menos dois poços de observação, permitindo traçar a curva **rebaixamento x distância**.

A Fig. 10.34 ilustra como se obter, por processo gráfico, o rebaixamento teórico em um poço bombeado. Plota-se em papel monolog os pares **rebaixamento x distância** obtidos com poços de observação. Ajusta-se uma reta aos pontos plotados. Traça-se uma reta da abscissa, igual ao raio do poço bombeado, até interceptar a reta de ajuste. Esse ponto de interceptação terá a ordenada igual ao rebaixamento teórico procurado.

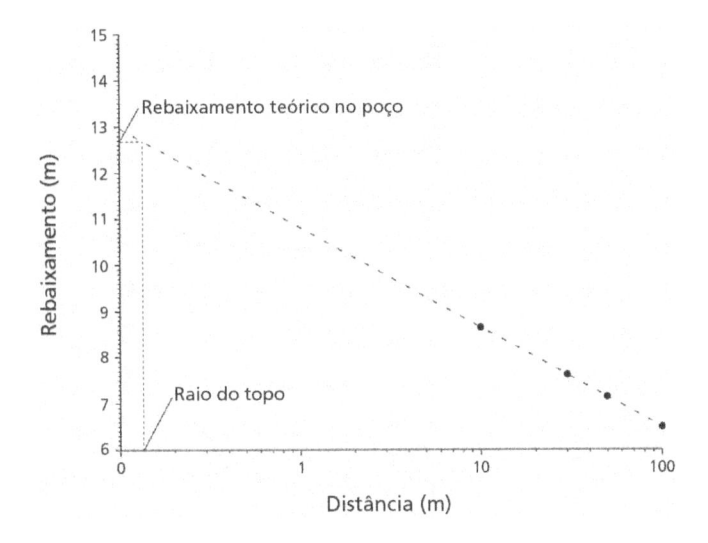

FIG. 10.34 *Processo gráfico de determinação do rebaixamento teórico*

Referências bibliográficas

BATU, V. *Aquifer hydraulics*: a comprehensive guide to hydrogeologic data analysis. New Jersey: Wiley & Sons, 1998.

CUSTÓDIO, E.; LLAMAS, M. R. *Hidrologia subterránea*. 2. ed. Barcelona: Ediciones Omega, 1983.

DRISCOLL, F. C. *Groundwater and wells*. 2. ed. Minnesota: Johnson Division, 1986.

FEITOSA, F. A. C.; MANOEL FILHO, J.; FEITOSA, E. C.; DEMETRIO, J. G. A. *Hidrogeologia*: conceitos e aplicações. 3. ed. Rio de Janeiro: CPRM/LABHID, 2008.

FETTER, C. W. *Applied hydrogeology*. 3. ed. New York: Macmillan Publishing Company, 1994.

HUISMAN, L. *Groundwater recovery*. London: Macmillan Press, 1988.

KRUSEMAN, G. P.; DE RIDDER, N. A. *Analysis and evaluation of pumping test data*. 2. ed. Wageningen: International Institute for Land Reclamation and Improvement, 1976.

TODD, D. K. *Groundwater hydrology*. 2. ed. California: John Wiley, 1960.

Conjuntos de bombeamento

Almiro Cassiano Filho
Walter Antonio Orsati

Após concluir o poço tubular profundo, é fundamental definir o sistema de bombeamento para a extração da água. Os sistemas apresentados a seguir referem-se aos tipos de conjuntos mais comuns utilizados para a extração de água usada no abastecimento público, irrigação ou indústria.

11.1 Tipos de equipamento

11.1.1 Conjunto motobomba submersa

A bomba centrífuga submersa é do tipo vertical, e seu motor acionador encontra-se acoplado por luvas, próximo ao bombeador; a sucção da bomba encontra-se junto ao acoplamento motor/bomba, no qual se localiza um crivo (Fig. 11.1).

O conjunto é instalado dentro do poço e abaixo do nível dinâmico, por isso é identificado como submerso. Sua faixa de aplicação varia de cerca de 1 m³/h até 35 m³/h, sendo esta a sua faixa de aplicação mais usual (rotores radiais), podendo atingir vazões superiores a 1.000 m³/h (rotores semiaxiais).

A aplicação desse equipamento é mais comum em empresas que exploram sistemas subterrâneos de água por poços profundos.

11.1.2 Conjunto motobomba turbina

A bomba turbina tipo centrífuga vertical também é conhecida como de eixo prolongado, por sua forma construtiva, e seu motor acionador é encontrado do lado externo do poço, acoplado pela coluna de recalque e sistemas de eixo (Fig. 11.2). Na sua base encontra-se o sistema de crivo. A bomba é instalada abaixo do nível dinâmico.

A faixa de aplicação mais usual varia em torno de 50 m³/h, podendo atingir vazões acima de 800 m³/h, além de servir para bombeamento de água com temperaturas elevadas.

Esse tipo de aplicação muitas vezes é encontrado em recalques em represas e lagos, e não necessariamente em poços profundos, em razão da grande vazão que esse sistema permite, podendo chegar facilmente a marcas superiores a 5.000 m³/h quando operado com altura da ordem de 10 m.

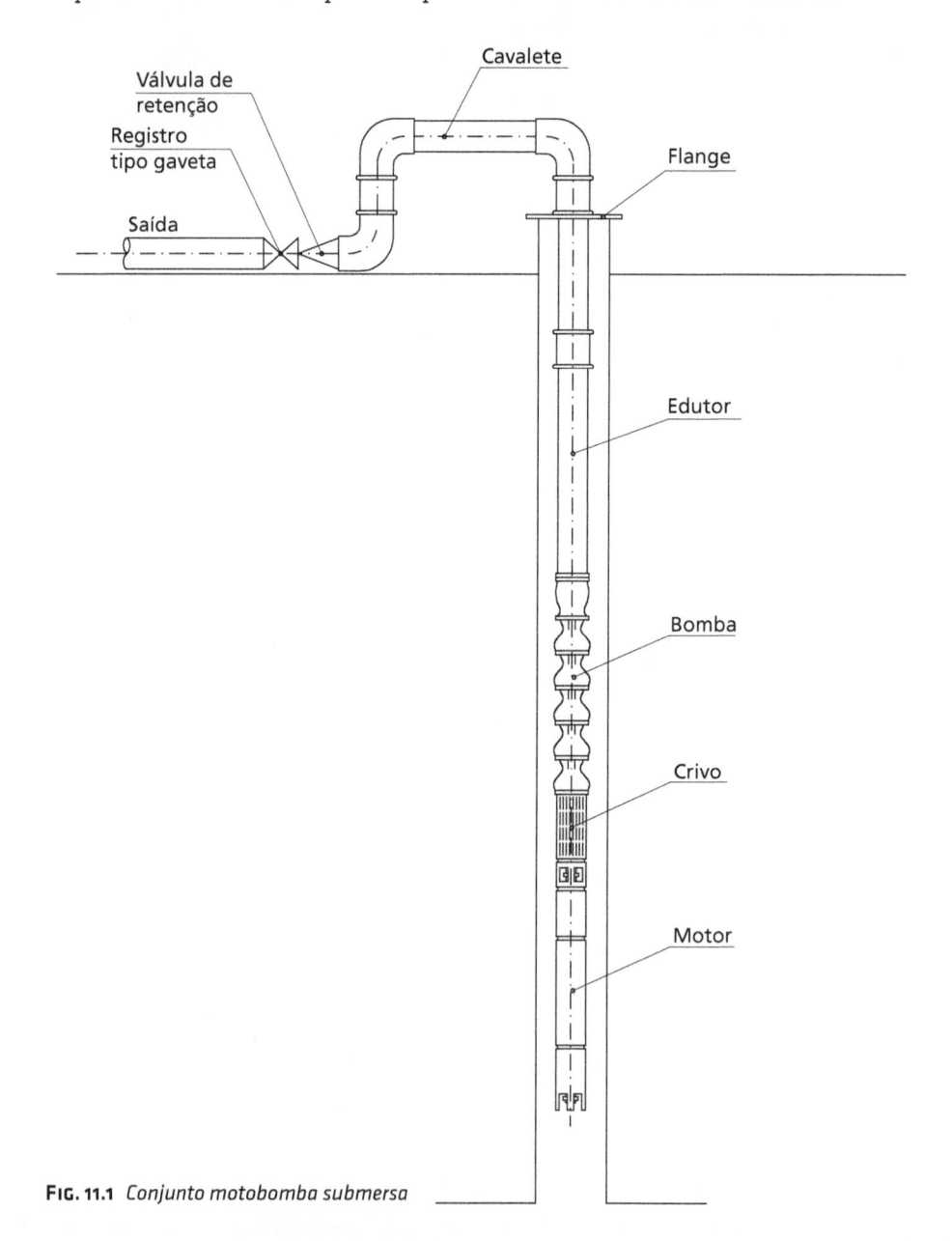

FIG. 11.1 *Conjunto motobomba submersa*

11.1.3 Conjunto motobomba injetora

O conjunto motobomba injetora é composto por bomba centrífuga de eixo horizontal de alta pressão instalada externamente ao poço (Fig. 11.3).

Seu sistema compreende, ainda, as tubulações de sucção e recalque, com um sistema injetor na ponta, instalado abaixo do nível dinâmico do poço. O injetor permite a circulação de água pelas tubulações e, consequentemente, o recalque desejado.

Esse sistema permite que a bomba seja acionada por motor elétrico e por motor a combustão, próprio para lugares em que não há fornecimento de energia elétrica. Sua utilização recai mais em poços de pequena profundidade, com nível dinâmico bem próximo ao solo, tendo como características o baixo rendimento e o alto consumo de energia elétrica ou de combustível. É pouco usado.

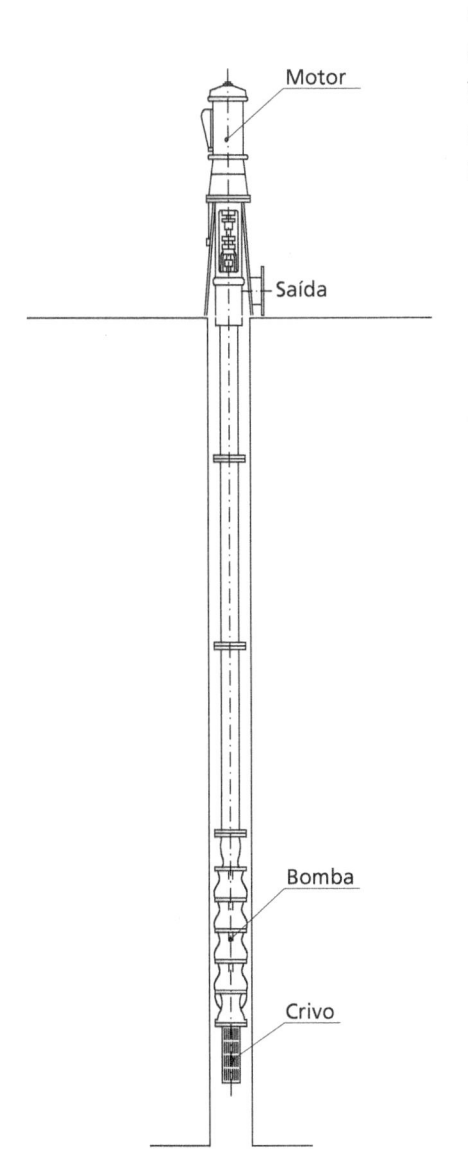

FIG. 11.2 *Conjunto motobomba turbina*

FIG. 11.3 *Conjunto motobomba injetora*

11.1.4 Ar comprimido

O sistema consiste basicamente na injeção de ar comprimido na quantidade e pressão ideal no interior do poço, por um tubo que está conectado a uma peça denominada injetor ou difusor, submersa o máximo possível na coluna d'água (Fig. 11.4). No difusor, o ar injetado forma uma emulsão água-ar, de peso específico menor que a água contida no poço, que é impulsionada para cima pela tubulação de descarga.

Vários fatores implicam diretamente o cálculo do compressor ideal, assim como o cálculo de tubulação de ar e descarga de água, além do difusor. O ar comprimido é injetado na câmara de mistura do tubo de descarga pelo princípio dos vasos comunicantes. Um dos vasos é constituído por um tubo que contém a mistura líquido-ar de peso específico menor; o outro, pela câmara compreendida entre a parede do poço e o referido tubo. Essa câmara contém um líquido de peso específico normal; a mistura no tubo eleva-se até o nível que corresponde ao equilíbrio entre o líquido e a mistura ar-líquido. Em certos casos, isso pode restringir a utilização do sistema, mas normalmente não surgem dificuldades.

Esse sistema permite a utilização de sistemas alternativos de alimentação do compressor, como, por exemplo, o óleo diesel. Apesar do baixo rendimento, é utilizado em poços *sem revestimento* ou *com produção de areia*, pois essas características *não prejudicam* o equipamento de bombeamento.

11.2 Análise entre tipos de equipamentos

A preferência geralmente recai sobre as bombas submersas, pelas vantagens que o equipamento apresenta de caráter construtivo e funcional, pois podem ser utilizados inclusive em poços inclinados. Bombas submersas se constituem em uma solução simples, confiável e econômica quando comparadas com as verticais tipo turbina, utilizadas em poços profundos, e com as horizontais injetoras e sistema de ar comprimido, por suas respectivas limitações, custo e rendimento.

Elas facilitam resolver problemas relativos à aquisição e manutenção. Assim, não serão necessários eixos prolongados, acoplamentos intermediários, mancais de guia, de escora, lubrificação e limitações quanto à rotação. O conjunto motobomba submerso é um grupo compacto e de fácil remoção para o exterior do poço.

Economicamente, são muito vantajosas quando operam em poços com mais de 15 m de profundidade. Como não utilizam as peças acima citadas,

11 | Conjuntos de bombeamento 355

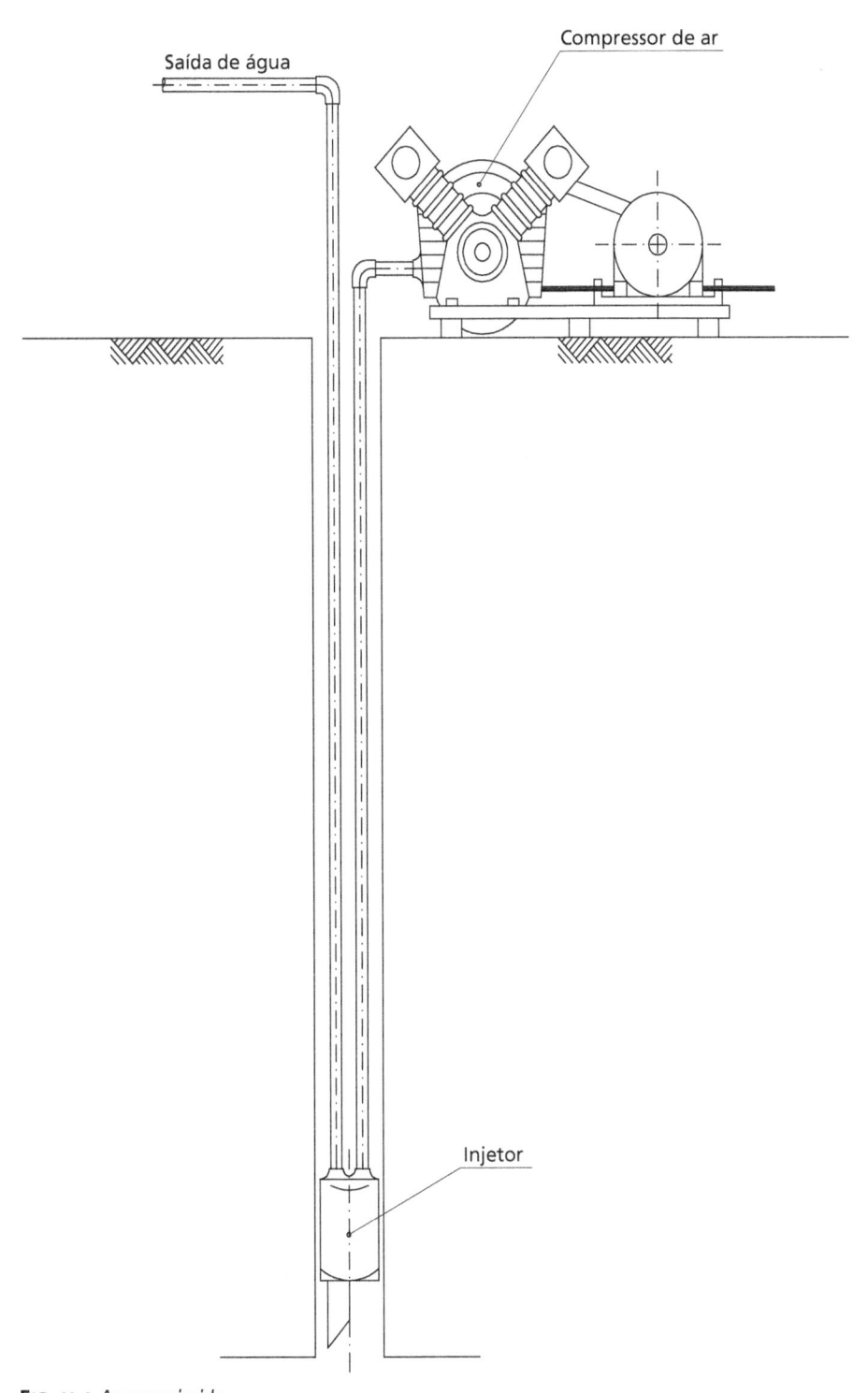

Saída de água

Compressor de ar

Injetor

FIG. 11.4 *Ar comprimido*

reduzem sensivelmente o custo de manutenção, montagem, desmontagem e de mão de obra, principalmente quando paradas, o que acaba refletindo na falta de abastecimento e, consequentemente, na imagem da empresa concessionária de água.

As bombas submersas apresentam:

▷ Baixo custo de fabricação;
▷ Manutenção e reparos mínimos;
▷ Alto grau de adaptabilidade;
▷ Sem problemas quanto a sucção ou escova;
▷ Adaptável em poços inclinados;
▷ Profundidade de instalação virtualmente ilimitada.

As principais vantagens das bombas submersas em relação aos demais tipos de bombeamento são:

11.2.1 Em relação ao ar comprimido

▷ Baixo consumo de energia e, portanto, baixo custo de bombeamento. Conforme as condições de exploração dos poços, o consumo de energia na aplicação de compressores é no mínimo três a cinco vezes maior que o necessário para uma bomba submersa. Esse fato resulta no uso de equipamentos mais pesados para a partida, cabos de alimentação com maior seção e custos de manutenção maiores.

▷ Não contaminam a água bombeada, que, normalmente, é cristalina e potável. No compressor, as partículas de óleo de lubrificação acompanham o ar comprimido, na forma evaporada, voltando a condensar-se com a redução da temperatura e o contato direto com a água no fundo do poço-injetor, em que se forma a mistura ar-água, exceto quando se usa separador na linha, para retirada de óleo.

▷ Menores comprimentos de encanamentos dentro do poço, pois, enquanto a bomba é colocada a poucos metros abaixo do nível dinâmico, o injetor de ar, no compressor, terá de ser instalado em profundidades muito maiores, por causa do cálculo de submergência ideal. Além de, no caso das submersas, dispensar o segundo encanamento para injeção de ar comprimido.

▷ O rendimento é cerca de 30% maior que o compressor.

▷ Dispensam a construção de abrigos especiais. No caso de compressores, deverá ser erguida casa da máquina, com todas as prescrições de ventilação e iluminação necessárias, além da existência de ruídos provocados pelo equipamento, que, dependendo do local de instalação, exigirá a eliminação de ruídos por meio de sistemas acústicos de alto custo.

▷ No caso de compressores resfriados a água limpa, é muito importante a alimentação constante e ininterrupta, pois até uma curta interrupção não percebida em tempo provoca sérios danos à máquina.

11.2.2 Em relação às bombas de turbina

▷ Não têm consumo adicional de energia, pelo atrito causado nos múltiplos mancais intermediários.

▷ Como no caso do compressor, de manutenção mais simples, na bomba de eixo prolongado, em cada recuperação, serão necessárias trocas das múltiplas buchas protetoras dos eixos juntamente com os elementos dos respectivos mancais. Além disso, a folga nos mancais gera trepidação excessiva, exigindo substituição urgente, o que não ocorre com a bomba submersa.

▷ São muito mais rápidas para instalar e retirar dos poços, porque dispensam verticalidade e alinhamento perfeitos, como no caso do eixo prolongado, além de exigirem um número bem mais reduzido de operações. Enquanto na bomba submersa a descida no poço se dá em lances de 6 m (comprimento médio dos tubos), e com só um rosqueamento por tubo, nos eixos prolongados os lances são de 2 m a 3 m, conforme o caso, necessitando, em cada união de lances, de um rosqueamento de eixo, de fixação correta do prumo do mancal e, por fora deste, do rosqueamento do tubo protetor dos eixos. Então, para cada operação de descida na instalação de uma bomba submersa seriam necessárias de seis a nove operações na bomba de turbina, dependendo dos eixos.

▷ São isentas de catracas antirreversíveis, elemento indispensável em muitas construções de bombas de eixo prolongado para evitar o desrosqueamento das diversas luvas, no caso de uma ocasional ou inadvertida reversão de marcha.

▷ A bomba de turbina tem motor com custo mais elevado, se específico para uso ao tempo, evitando a construção de abrigos.

▷ A turbina exige diâmetros de poços maiores.

▷ Dependendo do local da instalação, exigirão a eliminação de ruídos por meio de sistemas acústicos de alto custo.

11.2.3 Em relação às bombas injetoras

▷ Melhor rendimento do conjunto, pois no bombeamento um injetor necessita de pelo menos três vezes mais energia no eixo.

▷ Menor sensibilidade para funcionar, pois é destituída de elementos auxiliares para o bombeamento, como injetor, registro de regulagem, copinho etc.

▷ A bomba submersa é aplicada com uma só tubulação de recalque; a bomba injetora necessita de uma segunda tubulação, que é montada paralelamente ao poço, para recirculação de até 2/3 do volume bombeado.

▷ As injetoras têm custo mais elevado do motor, se específico para uso ao tempo, evitando a construção de abrigos, e, dependendo do local de instalação, exigirá a eliminação de ruídos por meio de sistemas acústicos de alto custo.

▷ A altura de sucção é muito pequena nas injetoras, 20 m, no máximo, sob condições especiais, configurando outro fator limitante.

11.3 Características das bombas submersas

11.3.1 Aspectos construtivos

Todos os grupos de motobomba submersos possuem características comuns sob o ponto de vista construtivo, e a potência do motor deve ser compatível com o número de estágios da bomba. Os motores operam com tensão de 220 V, 380 V e 440 V, trifásico, 60 Hz, dois polos, rotação teórica nominal de 3.600 rpm.

O pacote magnético do motor, constituído de estator e rotor, é construído em chapa de aço silício.

O estator pode ser do tipo rebobinável ou não, e seu enrolamento é de fio de cobre eletrolítico, recozido, isolado com uma camada de cloreto de polivinila (PVC) ou de prolipopileno, apropriado para trabalhar imerso em água, com temperatura de 50 °C em regime contínuo. O rotor deve ser do tipo gaiola, com barras e anéis em curto-circuito.

A refrigeração do motor é feita colocando-se água limpa (+/- pH = 7,0) no seu interior, e pelo fluxo de água junto à parede externa do motor, provocado pela sucção da bomba. Esse fluxo vai depender do diâmetro do motor, do diâmetro do revestimento e da vazão da bomba. Há também um sistema chamado de *câmara de compensação*, que, além de fazer o equilíbrio da pressão, garante o nível ideal da água interna do motor.

Certos projetos permitem a entrada de água do poço para o interior do motor para garantir o nível da água, o que não é recomendado, principalmente quando não há um filtro para evitar a entrada de sólidos, como areia, que poderão danificar os mancais radiais e axiais.

O eixo do motor acopla-se ao eixo da bomba por meio de luva rígida, prolongando-se do motor até o final do corpo da bomba.

A bomba é do tipo centrífuga vertical com rotores radicais ou semiaxiais de bronze, resinas especiais ou aço, dotada de difusores que podem ser fundidos no corpo dos estágios. Os mancais são lubrificados pela água do próprio poço na operação de bombeamento; a tolerância de areia depende do sistema de proteção desses mancais radiais. O eixo da bomba deve ser construído em aço inoxidável.

Na extremidade superior da bomba existe uma válvula de retenção que evita o retorno de água, impedindo que gire em sentido contrário, e dá a partida no motor com carga, evitando vazões e correntes altas.

A refrigeração do motor é auxiliada pela ação radial da água externamente junto à carcaça do motor, variando de acordo com as especificações do fabricante. Como a água é excelente dissipador de energia, ela impede o superaquecimento das áreas internas do motor, conservando o enrolamento resfriado. Pode-se dizer que a água possui dupla função: resfriamento e lubrificação.

Os dados acumulados nas revisões periódicas devem ser guardados, pois, além de fornecerem uma visão global do conjunto poço-motor-bomba, eles servirão posteriormente para um bom planejamento de manutenção.

11.4 Dimensionamento da bomba submersa

11.4.1 Metodologia

O trabalho eficiente e a durabilidade de um conjunto motobomba submerso dependem da correta escolha do equipamento. É imprescindível verificar as condições de serviço para as quais a bomba deve trabalhar. A função essencial de uma bomba hidráulica é fornecer uma vazão desejada contra a resistência total existente, ou seja, a correspondente altura manométrica total. Além disso, é preciso calcular a altura manométrica total para definir qual modelo é o mais apropriado.

A resistência total ou altura manométrica total (HMT) é representada pela Eq. 11.1:

$$HMT = Hr + Hc + ND \tag{11.1}$$

Em que:
Hr = altura de recalque fora do poço (m).
Hc = perda de carga na tubulação (m).
ND = nível dinâmico (m).

Descrição
- **Altura de recalque fora do poço** Hr: é o desnível geométrico do recalque entre a boca do poço e a chegada à tubulação no reservatório. Essa medida deve ser conseguida no local ou na planta topográfica. A unidade a ser usada é o metro.
- **Perda de carga na tubulação** Hc: é a equivalência métrica da somatória das perdas distribuídas e das perdas localizadas. As perdas distribuídas ocorrem por causa da velocidade do líquido e da rugosidade da tubulação; as perdas localizadas ocorrem pela mudança de direção do fluxo da água, causada por curvas, reduções, registros, válvulas etc.
  A unidade a ser utilizada é o metro, e corresponde a uma equivalência retilínea do agente provocador da perda. Essas perdas devem incluir o edutor, que deve ser considerado da bomba até a boca do poço, e as perdas ocorridas na tubulação de recalque, a adução. Recomenda-se que o crivo esteja instalado conforme exigência da curva do equipamento e abaixo do nível dinâmico. A quantificação das perdas deve ser feita no local ou pela planta, sendo necessária à exatidão de curvas, válvulas e registros. Como os valores de perda são de equivalência métrica e definidos em função do material da tubulação, do diâmetro e da vazão, alguns fabricantes e autores organizaram tabelas para facilitar o controle dessas perdas (Tab. 11.1).
- **Nível dinâmico ND**: é o desnível entre a boca do poço e o nível d'água no poço para uma determinada exploração. Varia de acordo com a vazão extraída. A unidade a ser usada é o metro.

Exemplo de cálculo
Determinar a bomba necessária para uma vazão de 36 m³/h em uma tubulação de 3" de diâmetro feita em tubo de aço galvanizado com C = 130, conforme Fig. 11.5.
Como temos as características da instalação e a vazão desejada, devemos calcular a altura manométrica total, conforme sequência de cálculo a seguir:

Tab. 11.1 Perdas de cargas nas tubulações e nos acessórios
Perda de carga no tubo de aço galvanizado – NBR 5580 M

Vazão (m³/h)	Diâmetro nominal dos tubos									
	1	1 1/4	1 1/2	2	2 1/2	3	3 1/2	4	5	6	8
2	5,3	1,4								
3	11,2	2,9	1,4							
4	19,1	4,9	2,3							
5	28,9	7,4	3,5							
6	40,5	10,4	4,9	1,6						
7		13,8	6,6	2,1						
8		17,7	8,4	2,6						
9		22,0	10,5	3,3						
10		26,7	12,7	4,0	1,1					
12		37,5	17,8	5,6	1,6					
14			23,7	7,4	2,1					
16			30,3	9,5	2,7	1,2				
18				11,8	3,3	1,5				
20				14,4	4,0	1,8				
25				21,7	6,1	2,7	1,4			
30				30,4	8,6	3,8	1,9	1,1		
35					11,4	5,1	2,6	1,4		
40					14,6	6,5	3,3	1,8		
45					18,2	8,1	4,1	2,2		
50					22,0	9,9	5,0	2,7	1,0	
60						13,8	6,9	3,8	1,4	
70						18,4	9,2	5,1	1,8	
80							11,8	6,5	2,4	1,0
90							14,7	8,1	2,9	1,2
100								9,8	3,6	1,5
120								13,8	5,0	2,1	0,5
150									7,5	3,2	0,8
200										5,5	1,3
250										8,3	2,0

Nota: esses números são válidos apenas para perdas de carga em 100 m de tubos novos de aço galvanizado e foram calculados pela fórmula de Hazem Willians (C = 130).

Acessório	Diâmetro nominal (Pol.)								
	1	1 1/4	1 1/2	2	2 1/2	3	4	5	6
Cotovelo 90°	0,5	0,6	0,7	0,9	1,1	1,3	1,8	2,2	2,7
Curva 90°	0,5	0,6	0,7	0,8	0,9	1,0	1,3	1,5	1,7
Válvula de retenção	2,2	3,1	3,7	5,2	6,4	8,2	11,6	15,2	19,2
Válvula de globo	13,7	16,5	18,0	21,3	23,5	28,6	36,5		
Válvula de gaveta				0,8	0,8	0,9	0,9	1,0	1,0

Perda de carga nos acessórios (em metro de tubo equivalente)

▷ **Cálculo da altura de recalque fora do poço**

$$Hr = 15 + 30 + 5 = 50 \text{ m}$$

Cálculo de perda de carga na tubulação

Os valores de comprimento equivalente serão tirados da Tab. 11.1, transformando-se em tubulação retilínea:

7 curvas de 90°: 7 x 2 m = 14 m;
1 válvula de retenção: 6 m;

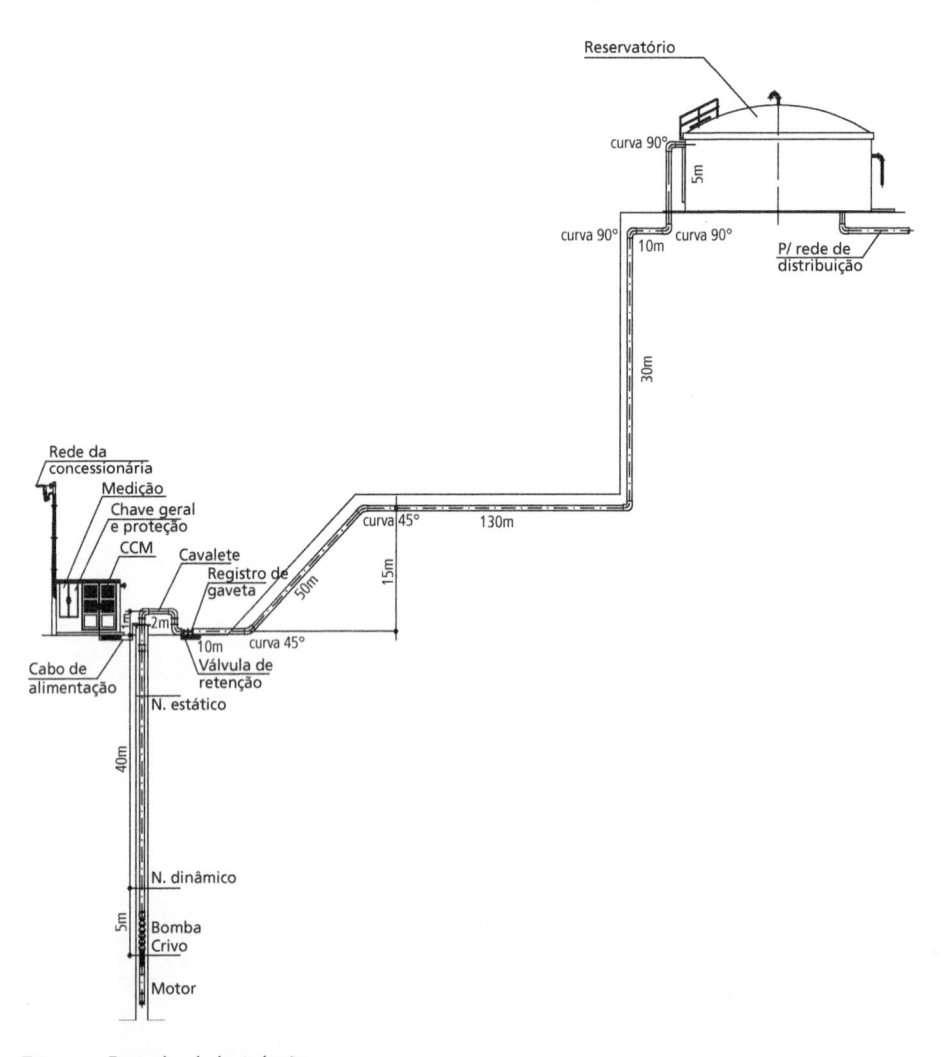

FIG. 11.5 *Desenho da instalação*

1 registro de gaveta: 0,75 m (considerando-se o registro totalmente aberto, a perda é praticamente igual à curva de 45°);
2 curvas de 45°: 2 x 0,75 m = 1,50 m;
Comprimento da tubulação de recalque: 1 + 2 + 1 + 10 + 50 + 130 + 30 + 10 + 5 = 239;
Comprimento do edutor: 5 + 40 = 45;
Comprimento retilíneo equivalente: 14,00 + 6,00 + 0,75 + 1,50 + 239 + 45 = 306,25 m.

Pela Tab. 11.1, cada 100 m de tubulação de 3" com vazão de 36 m³/h corresponde a uma perda de 5,3 m, portanto:

$$Hc = (306,25 \times 5,3)/100 = 16,23 \text{ m}$$

Cálculo de nível dinâmico
$$ND = 40 \text{ m}$$

Cálculo da altura manométrica total
HMT = Hr + Hc + ND
HMT = 50 + 16,23 + 40 = 106,23 m
Sobre esse valor é aconselhável acrescentar 5%, por precaução:
HMT = 106,23 x 1,05
HMT = 112 m

Definição da bomba
De posse de Q e HMT, consultam-se as especificações técnicas dos fabricantes e, pelo catálogo, define-se a bomba:

$$Q = 36 \text{ m}^3/\text{h}$$
$$\textbf{HMT} = 112 \text{ m}$$

Deve-se analisar se o rendimento do conjunto de motobomba reflete diretamente na potência do motor e no consumo de energia elétrica. Outro fator que interfere diretamente no motor é a temperatura da água a ser recalcada. Se ela for superior a 36 °C, o fabricante deve ser informado, para construir um equipamento de forma específica.

11.5 Instalações elétricas

11.5.1 Esquema básico das instalações

No esquema básico das instalações (Fig. 11.6) é abordada, além dos equipamentos de exploração, como painel e conjunto motobomba, a parte relativa à entrada de energia, quadro elétrico e condutor de energia.

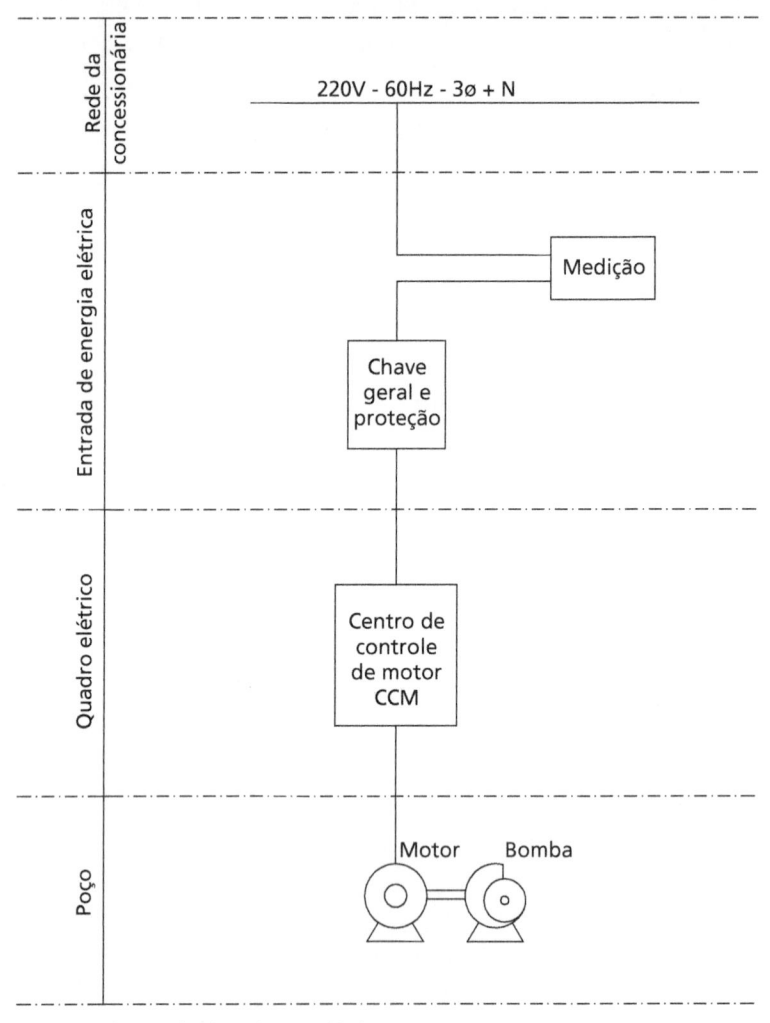

FIG. 11.6 *Esquema básico das instalações elétricas*

11.5.2 Rede da concessionária

A tensão de alimentação em função da potência instalada deve ser verificada com a concessionária local. O custo da energia elétrica para fornecimento em alta tensão, acima de 2.300 V, é inferior ao de baixa tensão, mas requer a construção de posto de transformação.

11.5.3 Entrada de energia elétrica

A entrada de energia elétrica é composta basicamente de medição e chave de proteção. Como existem inúmeras concessionárias de energia elétrica e diferentes padrões e procedimentos, para solicitar a ligação e compatibilizar a construção da entrada corretamente é preciso ir à concessionária local para verificar qual o tipo de partida do conjunto de motobomba e quais documentos são necessários – projeto, anotação de responsabilidade técnica (ART), certificado de ligação, pedido para fornecimento de energia elétrica e ligação.

11.5.4 Quadro elétrico

Em uma rede, constitui pontos nodais e serve para unir, separar e proteger suas diferentes partes, distribuindo energia elétrica para diversos pontos da instalação. No caso em tela, o quadro elétrico é o próprio centro de controle de motores. As características construtivas dos quadros variam de acordo com o trabalho e as instalações a que se destinam: para instalações ao ar livre ou abrigadas; para lugares úmidos ou secos; em áreas explosivas, poeirentas ou contaminadas por agentes corrosivos; e assim por diante.

O centro de controle de motores (CCM) tem a função de dar a partida, proteger e controlar o funcionamento do motor do conjunto submerso. Há componentes elétricos que são mais adequados para determinadas regiões ou situações, como, por exemplo, na ocorrência de raios, porque o motor submerso instalado em profundidades superiores a 30 m, com contato pleno à terra e ligado à rede por um cabo, é um para-raios ideal, fator que preocupa quando a instalação se encontra próxima ao fim da linha da rede elétrica ou com redes em sobrecarga, nas quais a variação de tensão chega a níveis impraticáveis. Quando isso ocorre, deve-se equipar o CCM com relé de proteção de tensão.

O CCM deve ser composto, no mínimo, pelos seguintes acessórios:

▷ seccionador geral;
▷ fusíveis para circuito de comando;
▷ fusíveis para circuito de força;
▷ proteção contra descargas atmosféricas, os chamados para-raios;
▷ um contator tripolar para partida direta ou 3 contatores e um transformador para partida compensada;
▷ relé bimetálico de sobrecorrente (sempre adquirir conjunto compacto contator/relé de um mesmo fabricante idôneo), pois já vem aferido da fábrica, e a regulagem do relé bimetálico deverá ser ajustada para

corrente nominal mais 15% (I relé = IN x 1,15), evitando uma sobrecarga e, assim, a sua queima.

▷ botoeira liga-desliga;
▷ relé de nível para proteção contra funcionamento a seco (relé de elétrodos);
▷ relé de máxima e mínima tensão;
▷ amperímetro;
▷ voltímetro;
▷ horímetro;
▷ chave seletora manual-neutra-automática.

A Tab. 11.2 detalha a rotina de verificação do quadro elétrico quando há falta de energia, queima de fusível e travamento da bomba.

Tab. 11.2 ROTINA DE VERIFICAÇÃO DO QUADRO ELÉTRICO

Causa	Verificação/solução
Falta de energia na chave geral	≈ **Fusível queimado:** verificar visualmente se as espoletas estão estouradas e trocá-lo. ≈ **Relé – falta de fase:** verificação visual. Para os itens acima a verificação poderá ser por voltímetro ou lâmpada de testes. Se a causa do problema for a concessionária, entrar em contato com ela, inclusive se a tensão for menor que 10% da tensão nominal.
Falta de energia no motor	≈ **Relé térmico atuado:** apertar o botão de rearme e verificar se não foi alterada a regulagem, pois, nesse caso, poderá haver novas atuações. ≈ **Relé de nível:** verificação visual; testar com lâmpada.
Fusível queima na partida do motor	≈ **Fusível inadequado:** se o sistema elétrico permitir, aumentar um pouco sua capacidade. ≈ Se o sistema estava operando, a causa pode ser: motor queimado ou cabo em curto-circuito. Deve ser feito um teste de isolamento, cujo valor mínimo deve ser de 500 kΩ.
Bomba travada	≈ Verificar itens anteriores. Caso permanecer inoperante, inverta a ligação do motor, fazendo-o girar ao contrário para expulsar prováveis detritos (areia, ferrugem etc.) e voltar à rotação original para bombeamento.

Em nenhuma hipótese deve-se tentar continuar a marcha da motobomba quando constatada a sobrecarga ou o aquecimento de algum componente do quadro ou do próprio motor. O CCM define qual é o tipo adequado de partida de motor:

Partida direta

Utilizada quando a corrente de partida não atinge valores considerados prejudiciais ao dispositivo de acionamento e principalmente à rede, sendo usada normalmente, portanto, em motores de pequena potência, até 15 cv; algumas concessionárias limitam em 5 cv.

Partida indireta com chave estrela-triângulo
Utilizada para motores trifásicos, quando não é necessário alto torque na partida, pois o torque e a corrente de partida ficam reduzidos a 1/3 de seu valor. Normalmente a corrente de partida é de 6 a 8 vezes a corrente nominal.

O motor deve ter 6 terminais acessíveis que permitam a ligação estrela--triângulo.

Partida indireta com chave compensadora
Utilizada para motores trifásicos, acima de 15 cv, para reduzir a corrente de partida, aliviando a rede e evitando uma excessiva queda da tensão. A tensão de partida do motor é reduzida pelo autotransformador, provido de *taps* de 50% a 80% da tensão.

Partida estática ou inversora de frequência
Atualmente muito utilizada, total ou parcialmente eletrônica, a chave estática de partida tem aplicação diversificada em toda a planta, migrando para todos os tipos de motores, com vantagens especiais em relação às proteções e controles, os quais já estão incorporados ou permitem facilmente sua inclusão por meio de interfaces. Além de permitir a comunicação por cabo ou rádio, existe a possibilidade de a partida ser com rampa de aceleração evitando picos, bem como a regulagem da velocidade final. É importante verificar as restrições dos fabricantes de conjunto da motobomba quanto aos limites mínimos e máximos de velocidade, porque eles interferem diretamente no desempenho do equipamento e na sua vida útil. Esses limites podem aumentar ou diminuir a vida do equipamento em decorrência dos mancais e demais peças giratórias, bem como da necessidade mínima de refrigeração, que é afetada diretamente pela velocidade do fluxo de água.

Componentes complementares
Além de abrigar a partida do motor e seus equipamentos, o CCM pode incluir a parte de automação. No Cap. 12, é apresentada uma série de possibilidades quanto à automação e telemetria dos sistemas; assim,

os itens a seguir apresentam uma gama de componentes auxiliares ao quadro elétrico e respectivo CCM que permitirão essa operação de forma mais adequada.

A automação de um sistema de produção de água é o conjunto de processos que procura racionalizar e reduzir os custos de exploração com a captação das variações que ocorrem em um sistema de adução e reserva de água – nível d'água, pressão, vazão ou corrente elétrica – transmitida ao CCM, para que ele entenda o momento possível de ligar ou desligar o equipamento com segurança.

Essas variações de energia podem ocorrer espontaneamente ou ser provocadas, captadas e adequadamente aproveitadas, e servirão para comandar ou controlar conjuntos elevatórios e outros equipamentos utilizados em sistemas de abastecimento de água. Existem vários processos de automação, dependendo dos aspectos econômicos, topográficos e das características dos conjuntos de motobomba. Relacionamos os componentes mais comuns utilizados nos sistemas de automatização de poços:

▷ **Pressostato**

Componentes que operam com variações de pressão na adutora, acionando um interruptor elétrico (que abre ou fecha os contatos). Quando a pressão desejada é atingida, desliga-se o equipamento de recalque. Para ligar novamente, instala-se um relé de tempo, por exemplo. Normalmente os pressostatos são instalados próximo ao poço.

▷ **Manômetro de contato**

Semelhante ao pressostato, é utilizado para substituí-lo quando não se tem pessoal habilitado para regulá-lo. Funciona pela variação de pressão, que aciona um interruptor elétrico.

▷ **Regulador de nível (chave boia)**

São instalados quando se quer controlar as variações de nível d'água; quando flutua ou não, aciona ou desliga um contato elétrico, abre ou fecha os contatos.

▷ **Boias plásticas**

São usadas em reservatórios, com a função de acionar a bomba, quando o nível operacional estiver abaixo do nível inferior, e desligá-la, quando atingir o nível superior. Usam-se duas boias, uma para cada nível, em razão do desnível geométrico existente, evitando-se usar longos cabos para fazer a mesma função com uma única boia.

11.5.5 Cabos elétricos

Grande parte dos defeitos no sistema elétrico ocorre por causa dos cabos de alimentação do motor:

- ▷ **Cabos elétricos com emenda malfeita:** provocam aquecimento por mau contato entre os condutores;
- ▷ **Isolação malfeita:** permite a penetração de água no condutor, por vezes alcançando o CCM;
- ▷ **Corte na isolação e nos cabos:** no lançamento, acarreta massa direta com o tubo edutor e, às vezes, ocorre curto-circuito;
- ▷ **Cabos maldimensionados:** com bitola inferior ao mínimo necessário;
- ▷ **Cabos comuns:** não apropriados a ligações submersas.

11.6 Recomendações

Foram enfocados aspectos de qualidade e dimensionamento do equipamento de explotação, no caso a bomba submersa. Para que o sistema atue com eficiência e não seja danificado por fatores secundários, é importante seguir estas recomendações:

▷ **Inspeção**

Deve ser feita inspeção testemunhada na bancada de teste do fabricante/fornecedor ou órgão público reconhecido, incluindo, no mínimo: testes hidrostáticos, ensaio de desempenho, tensão aplicada no motor e resistência à isolação.

11.6.1 Do recebimento do equipamento

- ▷ Examine o estado geral do motor, da bomba, do cabo, do crivo e observe qualquer avaria ou aspecto que mereça atenção. Se necessário, notifique o fabricante;
- ▷ Verifique se o modelo do motor e da bomba e as demais características indicadas na plaqueta estão de acordo com as especificações do seu pedido.

11.6.2 Transporte do equipamento

- ▷ Proteja o conjunto submerso contra quedas, pancadas etc. Amarre bem o conjunto sobre amortecedores (pneus, por exemplo) para evitar choques repetidos quando estiver em transporte.

11.6.3 Armazenamento do equipamento

- Estoque a motobomba na posição vertical de maneira segura;
- O local de armazenamento deve ser coberto, seco, ventilado e ter temperatura estável;
- Complete a água do motor. Siga as instruções do manual do fabricante;
- O motor deve ser mantido sempre cheio de água;
- Enrole o cabo elétrico do motor de modo a não forçar a capa de isolamento e protegê-lo contra cortes, arranhões ou amassamentos;
- Após um período de armazenamento superior a 4 meses, substitua a água do motor;
- A cada 6 meses de armazenamento do equipamento, deve-se girar ou mover o eixo pelo acoplamento motor/bomba para descolar as peças do conjunto, a fim de se evitar o travamento na partida da bomba;
- A maioria dos fabricantes exige que o equipamento que não entrou em operação seja enviado à fábrica para revisão a cada 6 meses, para não perder a garantia de fabricação, que, geralmente, é de 24 meses.

11.6.4 Proteção do poço

- A boca do poço deve ser mantida sempre coberta, evitando a queda de ferramentas, pedras, terra e qualquer corpo estranho, principalmente plásticos, borrachas e papéis, que, por serem aplásticos, prejudicam o fluxo de água pelo crivo da bomba;
- A queda de pequenos animais, insetos, micro-organismos e vegetais pode contaminar a água, colocando em risco a saúde dos usuários.

11.6.5 Condições do poço

- O poço deve ser previamente limpo e estar isento de partículas abrasivas quando for feita a instalação do equipamento;
- É preciso conhecer bem o perfil do poço, para que o equipamento tenha um correto posicionamento. Nunca se pode instalá-lo em frente a filtros;
- Estabeleça os níveis estático e dinâmico com precisão, para obter as condições especificadas na instalação e bom funcionamento. Confira os níveis periodicamente e realize regulagens, para mantê-los.
- Se o poço estiver inativo por um longo período de tempo, os cuidados acima devem ser redobrados.

11.6.6 Precauções na pré-montagem

▷ Ao descarregar o conjunto motobomba do veículo, deve-se evitar qualquer batida;
▷ Coloque o conjunto motobomba em lugar limpo, sobre uma tábua, lona ou similar;
▷ Nunca o deixe em local sujo, principalmente sobre lama ou terra solta;
▷ A melhor posição para se trabalhar com o conjunto motobomba submerso é a vertical;
▷ Evite acidentes e queda da bomba. Verifique com atenção o perfeito funcionamento do tripé, da talha, da braçadeira, dos cabos, das emendas, tudo que represente a segurança das pessoas e equipamentos. Batidas ou quedas verticais são extremamente prejudiciais.

Verifique ainda os seguintes pontos:

▷ A voltagem da rede elétrica deve ser igual à indicada no motor submerso. O diâmetro interno do poço é suficiente para permitir, com folga, a livre passagem do conjunto motobomba com os cabos elétricos;
▷ Nunca acione o motor e a bomba a seco, mesmo por pouco tempo;
▷ Cabos elétricos devem ser manuseados com o maior cuidado, evitando-se danificar a capa de proteção e isolação. Se necessário, fazer emenda, atendendo as recomendações dos fabricantes dos cabos;
▷ Passe os cabos elétricos nos orifícios e, durante a descida do último tubo, oriente o deslizamento dos cabos com as mãos, evitando cortes ou amassamentos;
▷ Após a descida do último tubo e o apoio da braçadeira na tampa do poço, rosqueie a curva de saída na luva e instale os demais acessórios, como válvula de retenção com portinhola, tipo horizontal, registro gaveta e outros, se houver;
▷ Construa um cavalete. Não deixe os acessórios em balanço, formando um braço de alavanca no tubo de descarga.

11.6.7 Descida do conjunto no poço

▷ A descida do conjunto se inicia com o rosqueamento da primeira peça de tubo na válvula de retenção da bomba, que deverá ter em torno de 2 m. Deve-se fixar previamente ao tubo um par de braçadeiras de sustentação.
▷ Esse, amarrado à talha, permite a introdução do primeiro lance de tubo e do conjunto para dentro do poço, até que o conjunto descanse

sobre a borda do poço. Assim, vão-se colocando sucessivamente os demais lances, descendo a bomba até a profundidade da instalação preestabelecida.
▷ Com os tubos, devem ser fixados com braçadeiras de metal ou cordão de *nylon*: o cabo elétrico, o tubo de medição de nível e o relé de elétrodo, não devendo ser usadas tiras de borrachas, pois, ao se desprender, elas podem fechar o crivo e prejudicar o equipamento, quando em funcionamento.

11.6.8 Pré-operação do conjunto submerso

Testes de pré-operação
▷ Feche o registro em aproximadamente ¾ da sua capacidade, possibilitando a saída do ar acumulado nos tubos;
▷ Dê a partida no motor e observe a pressão de descarga pelo manômetro; caso seja baixa, inverta o sentido de rotação do equipamento;
▷ O tempo de funcionamento dos testes descritos no item anterior não deve ser superior a 1 min, pois alguns equipamentos possuem mancais axiais (unidirecionais) e o sentido de giro invertido pode danificá-lo em curto período de tempo; o tempo de funcionamento deve ser calculado em relação ao comprimento, diâmetro do edutor e vazão;
▷ Determinada a ligação correta, verificar a vazão do projeto e mantê-la, mesmo que isso seja feito com o fechamento parcial do registro, para não interferir nos níveis dinâmico e de submergência requeridos pelo equipamento;
▷ Se o conjunto operar em regime normal, conferir a amperagem e voltagem com dados de aquisição e testes de bancada.

Notas importantes
▷ O conjunto motorbomba submerso é indicado para trabalhar com água limpa, sem elementos abrasivos, e neutra, sem agressividade química.
▷ Para águas com temperatura superior a 36 °C, os motores submersos são especiais, construídos de forma a resistir ao aumento da temperatur; deve-se consultar o fabricante.
▷ Cuidado especial deve ser dado às instalações elétricas, pois, se malfeitas, além de causarem danos ao motor, colocam em perigo a vida humana.

Problemas em poços
▷ As causas mais prováveis dos problemas em poços podem ser de origem mecânica, hidráulica ou de qualidade da água.

Problemas mecânicos por causa da obstrução dos filtros
▷ **Causas**
- Colmatação do filtro ou pré-filtro por argilas, siltes ou areias.
- Subprodutos de corrosão depositados na seção filtrante ou no fundo do poço.
- Subproduto do metabolismo bacteriano, principalmente bactérias de ferro.

▷ **Consequência**
- Rebaixamento progressivo do nível dinâmico do poço (ND).

▷ **Detecção**
- Queda da capacidade específica do poço (Q/s).

Problemas mecânicos por causa da produção de areia
▷ **Causas**
- Corrosão dos filtros e tubos.
- Pontes na coluna de pré-filtro.
- Recalque do pré-filtro sem realimentação.
- Rupturas da coluna de revestimento e dos filtros (juntas).

▷ **Consequência**
- Danificação do equipamento de bombeamento e extração, entupimento de rede.

▷ **Detecção visual**
- Bombeamento com teores altos de grãos de areia (quartzo).

Defeitos no equipamento de bombeamento
▷ **Causa**
- Equipamento está avariado.

▷ **Consequências**
- Paralisação da produção de água.
- Consumo elevado de energia.
- Diminuição da vida útil do equipamento.
- Reparos constantes.

- Aquecimento anormal dos motores.

▷ **Detecção**
- Desregulagem dos rotores e demais partes da bomba, com vibrações anormais.
- Cavitação nos rotores pela presença de ar ou gases.
- Furos no tubo de descarga, produzindo ruídos de cachoeira.
- Entupimento do crivo da bomba.
- Perda de submergência em compressores, com interrupções prolongadas na descarga (golfadas).
- Perda de sucção nas bombas de eixo horizontal, com interrupção na descarga.

Problemas hidráulicos por causa da queda de produção de água

▷ **Causas**
- Taxa de bombeamento superior à taxa de recarga do aquífero.
- Taxa de bombeamento superior ao limite do poço (superbombeamento).
- Interferências com poços vizinhos.
- Obstrução da seção filtrante.

▷ **Consequências**
- Redução da vazão.
- Superbombeamento. Queda acentuada do ND sem queda significativa do nível estático do poço (NE).
- Interferência, queda na produção e oscilações bruscas de níveis.
- Obstruções, quando não for o caso da alternativa anterior.

▷ **Detecção**
- Por meio do exame da hidrografia do NE correspondente a um ciclo hidrológico completo.
- Comparar os dados atuais com os originais de projeto e instalação.

Problemas de qualidade da água por corrosão ou incrustação

▷ **Causas**
- Influência das condições de bombeamento da água, alterando o estado natural de equilíbrio físico-químico.
- Expansão do cone de rebaixamento atingindo zonas com água de composição físico-química diferente.
- Incrementos acentuados de recarga no aquífero.

- Contaminações produzidas durante a operação e manutenção do poço.

▷ Consequência
- Perda da qualidade da água.

▷ Detecção
- Análise periódica da qualidade da água.

Problemas de qualidade da água por atividade bacteriana

▷ **Causas**
- Corrosão.
- As redutoras de sulfatos, anaeróbicas.
- As aeróbicas Escherichia coli, Aerobacter aerogenes, Proteus vulgaris.
- O potencial redox é inversamente proporcional à atividade.
- Incrustações de ferro (Gallionella, Clorotrix, Crenotrix e Leptotrix), carbonato de cálcio, silicatos e sulfato de ferro. Tais problemas podem prejudicar o funcionamento dos equipamentos de extração, causando parada e quebras constantes.

▷ Consequência
- Perda da qualidade da água.

▷ Detecção
- Análise periódica da qualidade da água.

11.7 Manutenção de poços

Após a conclusão do poço tubular profundo, é importante que a sua operação e manutenção sejam realizadas de forma racional e sistemática. Salvo exceções de caráter local, o que se observa é que a operação se limita a ligar e desligar o equipamento. A manutenção é praticada de forma unicamente corretiva, com a solução de casos banais, e depende de fornecedoras de equipamentos e dos fabricantes. Os serviços de operação e manutenção de poços devem ser baseados em programa sistemático preventivo que propicie benefícios como:

▷ Diminuição dos custos de energia;
▷ Aumento da vida útil dos poços;
▷ Confiabilidade da vida útil do equipamento;
▷ Garantia da eficiência dos sistemas de abastecimento.

No programa de manutenção preventiva deve-se ressaltar:

▷ Inspeções periódicas;

▷ Registro sistemático de medidas e informações sobre o comportamento do lençol subterrâneo;
▷ Registro e controle de eficiência dos equipamentos.

Manutenção corretiva do equipamento
O conserto do conjunto motobomba deverá ser realizado por pessoas especializadas e, quando no prazo de garantia, por pessoas autorizadas pelo fabricante, sob o risco de perdê-la.

11.8 Medidas de eficiência

Após a instalação, deve-se manter controle operacional dos poços e equipamentos de extração envolvidos, porque esse conjunto é responsável pelo fornecimento de água na maioria dos sistemas. O Cap. 12 apresentará como fazer o controle operacional do poço e do equipamento com automação e telemetria mais o registro de dados e tendências.

11.8.1 Objetivos

▷ Efetuar controle operacional de poços e sistemas (adutoras, elevatórias etc.), para produzir água ao menor custo operacional possível;
▷ Permitir melhor manutenção preventiva, preditiva e corretiva dos sistemas, poços e equipamentos;
▷ Conhecimento do desempenho e durabilidade do poço e do equipamento.

11.8.2 Justificativa

Indicadores são conhecidos pela leitura mensal dos aparelhos e instrumentos instalados em uma unidade, e eles possibilitam saber com antecipação o que afeta ou poderá afetar o poço e seus correlatos (adutoras, elevatórias etc.).

11.8.3 Metodologia

A base para a perfeita execução do planejamento e do controle operacional de poços está na leitura dos instrumentos e equipamentos disponíveis na instalação. Os dados podem ser coletados diretamente por sistema de telemetria ou por visitas periódicas e contínuas, com ciclo máximo mensal. Há sistemas de telemetria em que esses dados (leituras) são enviados por linha telefônica ou rádio e vão para um centro de controle, no qual são trabalhados, gerando informações em tempo real.

Dados
- **Consumo de energia ativa** (kWh): conhecido pelas leituras do aparelho da concessionária de energia elétrica que registra o consumo de energia ativa;
- **Nível estático do poço NE** (m): a leitura deve ser efetuada por aparelho adequado após, pelo menos, 4 horas de paralisação do poço;
- **Nível dinâmico do poço ND** (m): a leitura deve ser efetuada quando em regime normal de operação, isto é, após funcionar 4 horas, pelo menos;
- **Horas de funcionamento** (h): caso ultrapasse a média de horas diárias máximas previstas de funcionamento, o aquífero estará sendo superexplorado, o que pode causar danos incalculáveis;
- **Vazão** Q (m^3/h): em função das horas de funcionamento obtém-se o volume de água total extraída por mês ou dia;
- **Vazão média conduzida** (m^3/h): é o volume total do mês pelo número de horas trabalhadas.
- **Tensão** (V): o aparelho, instalado no painel de comando (CCM), indica a tensão de trabalho (volts). Uma tensão menor ou maior que a indicada pelo fabricante do equipamento pode causar a queima ou redução da vida útil do equipamento;
- **Corrente** (A): o aparelho, instalado no painel de comando (CCM), indica a amperagem do conjunto motobomba. Pode implicar a queima do equipamento se estiver maior ou menor que o indicado.

Análise
Com a evolução de alguns indicadores de desempenho, é possível o técnico detectar algum eventual problema que afete o sistema e suas possíveis causas.

O conjunto de indicadores apresentados constitui importante elemento de controle ao gerenciamento técnico. A sua correta interpretação permitirá racionalizar uma série de procedimentos operacionais e possibilitará planejar atividades de manutenção preventiva:
- **Capacidade específica** Q esp. ($m^3/h.m$): é a vazão específica do poço, sendo obtida pela divisão da vazão média (m^3/h) pelo valor do rebaixa-

mento (m). Esse indicador representa a capacidade específica do poço, e a sua variação em relação ao original pode indicar problemas.

▷ **Consumo de energia específica** (m^3/kWh): indicador resultante da divisão do valor total do volume de água aduzido (m^3) pelo valor total da energia ativa consumida (kWh). Possui fundo econômico, porque representa o custo da água aduzida em termos de consumo de energia elétrica (m^3/kWh).

▷ **Rendimento (%)**: é resultante da potência consumida pelo conjunto motobomba, para o volume de água produzido na altura manométrica total. Possui fundo técnico, porque representa o rendimento do conjunto, e sua variação indica anormalidades e um possível maior consumo de energia elétrica e consequente elevação de custo. Há *softwares* que podem gerar relatórios gerenciais com dados obtidos por controladores lógicos programáveis (**CLP**) nas instalações dos poços. Eles ajudarão na tomada de decisões instantâneas quando houver problemas no poço ou no manancial, com gráficos e tabelas de históricos e tendências.

11.9 Exemplos da aplicação

Existem empresas fornecedoras/distribuidoras de água que operam mais de 1.200 poços profundos, e há um *software* específico para o controle operacional de poços que é um agente facilitador juntamente com o sistema no Cap. 12. Esse aplicativo contempla desde dados originais do projeto e construção do poço até seu acompanhamento em tempo real, com horário diário ou mensal. Desses históricos e gráficos de tendências extraem-se relatórios gerenciais essenciais para manter o conjunto poço/equipamento em condições ideais de exploração e rendimento.

A seguir listamos as informações básicas mantidas nesse aplicativo:

▷ Dados originais do poço;
▷ Testes realizados;
▷ Dados do sistema no qual ele está interligado;
▷ Dados dos equipamentos elétricos;
▷ Acompanhamento contínuo e periódico, no mínimo mensal, da operação do poço;
▷ Histórico dos equipamentos instalados.

Operação, manutenção e telemetria em poços tubulares

12

Carlos Eduardo Quaglia Giampá
Valdir Gonçales
Valter Galdiano Gonçales

12.1 Operação

Operação é o conjunto de atividades pelas quais se pode monitorar e intervir num sistema de produção e abastecimento de água com o objetivo de manter uma condição de trabalho que melhore vários fatores que interagem no processo. Esse monitoramento pode ser feito de modo manual ou a distância (telemétrica). Assim, para entender esse processo, apresentam-se as condições nas quais ocorrem esses dois processos de coleta de informações:

12.1.1 Monitoramento manual

É efetado por operadores fixos ou rotativos, responsáveis pelo acompanhamento da qualidade e quantidade de água produzida. Eles são coletores de informações e processadores das instruções emitidas pelo centro de controle operacional (CCO). O CCO, ou gerenciador, recebe as informações diretamente dos operadores ou *on-line*, com o objetivo de reorientá-los quando surgirem dúvidas e, principalmente, poder adotar medidas de correção rápida e direcionada caso se observem alterações na produção e/ou abastecimento. Os dados, após serem analisados pelo CCO, geram indicadores que possibilitam conhecer o desempenho do sistema e a forma de melhorá-lo, se necessário.

12.1.2 Monitoramento a distância (automático e telemetria)

Procura-se melhorar a produtividade, a qualidade e a redução dos custos operacionais com processos de automação, telemetria e a interface homem-máquina utilizando-se equipamentos digitais de supervisão e controle em tempo real (Fig. 12.1). Basicamente, esse sistema é composto de:

▷ **Instrumentação:** é responsável por medir diretamente as variáveis hidráulicas, elétricas e sua indicação local com o processo;

▷ **Telemetria:** promove a comunicação confiável entre o CCO e estações remotas. Composta basicamente de equipamentos eletrônicos, microcomputadores e periféricos que se intercomunicam por telefonia fixa, móvel, por radiofrequência ou outros meios. Tal processo integra supervisão, controle automático e operador. Quando feito por meio de estações remotas pelo controlador lógico programável (CLP), ele deve ser inteligente, ou seja, se a comunicação entre ele e o CCO for interrompida por algum motivo, ele continua supervisionando e controlando o sistema normalmente, emitindo os relatórios programados e solicitados pelo operador, com todas as informações em tempo real. Os dados são armazenados na memória auxiliar e descarregados no microcomputador e/ou impressora quando a comunicação com o CCO for restabelecida. Essa rede de comunicação deve ser totalmente configurável com relação ao número de remotas, número de pontos, mensagem de cada ponto e relatório.

▷ **Dados sugeridos para serem gerenciados:**
- Nível do reservatório;
- Pressão na rede;
- Vazão instantânea e acumulada;
- Horímetro do painel para a obtenção do tempo de operação;
- Níveis dinâmico e estático do poço;
- Controle da dosagem e reabastecimento de cloro e flúor;
- Botoeira (painel de comando e proteção da bomba submersa);
- Coleta de amostras de água;
- Verificação do funcionamento dos equipamentos, corrente, tensão e período;
- Manobras de registros;
- Monitoramento do painel de comando (relé térmico, falta de fase, horímetro, amperímetro etc.);
- Monitoramento dos equipamentos associados: bombas de recalque, tratamento de água (quando houver).

O projeto de telemetria e automação dos poços tubulares profundos e sistemas associados deve possibilitar o controle do abastecimento mesmo

FIG. 12.1 *Operação manual ou automática*

com eventuais falhas no equipamento. Por isso, mesmo que ocorram vários defeitos, a operação não será prejudicada, por causa da independência de funcionamento e redundância do sistema.

▷ **Objetivos esperados**

Além da substancial melhora nas condições operacionais dos sistemas, a telemetria e a automação propiciam benefícios como:

- **Otimização dos sistemas produtores:** o controle da operação é centralizado, a tomada de decisão é automática, o sistema é supervisionado em tempo real e continuamente, obtendo um banco de dados com um histórico completo e minucioso;
- **Maior produtividade a menor custo:** por causa do controle preciso do tempo de funcionamento dos sistemas em função da demanda;
- **Economia de mão de obra:** válvulas e registros abrem e fecham automaticamente, e as bombas operam sem interferência humana;
- Redução de perda d'água nos sistemas (extravasamento de reservatórios, vazamentos invisíveis etc.);
- Melhor controle do m³/kWh e redução dos custos de manutenção;
- A automação e a telemetria da operação dos sistemas de fornecimento de água passa a ser executada de forma segura, eficiente e melhorada.

12.2 Planejamento e controle operacional

12.2.1 Objetivos

O planejamento e o controle operacional de sistemas de abastecimento de água por poços tubulares profundos procuram:

▷ planejar a operação e melhorar os sistemas para produzir a água com o menor custo possível;

▷ planejar a manutenção preventiva das unidades do sistema;

▷ cadastrar os equipamentos das unidades e registrar suas variáveis operacionais, para conhecer desempenho e durabilidade de cada um;

▷ elaborar orçamento de despesas de operação e manutenção;

▷ planejar investimentos diante da previsão de ampliação do sistema.

12.2.2 Levantamento de dados

Para alcançar esses objetivos é fundamental conhecer bem as unidades operacionais de abastecimento e as variáveis a serem controladas. Para isso, deve-se fazer um levantamento completo de campo e coleta de dados técnicos.

Levantamento de campo

O levantamento de campo determina o estado físico dos equipamentos instalados nas unidades operacionais, identifica as dificuldades operacionais dos sistemas e subsidia o planejamento da manutenção preventiva. Procura determinar:

▷ a conservação das unidades operacionais quanto à urbanização e instalações civis;
▷ a conservação e funcionalidade do cavalete do poço e seus acessórios, laje de proteção e possíveis focos de contaminação;
▷ a conservação e funcionalidade dos grupos elevatórios e barriletes de sucção e recalque;
▷ a conservação e funcionalidade dos quadros elétricos de comando e proteção de seus componentes;
▷ a conservação e funcionalidade dos equipamentos e acessórios do sistema de tratamento;
▷ os parâmetros operacionais, tais como: amperagem de trabalho, pressão de rede, vazão instantânea, nível dinâmico e estático, altura manométrica, pressão de sucção e recalque, vazão do conjunto elevatório, nível do reservatório etc.;
▷ o esquema hidráulico e o croqui de localização das unidades operacionais. A montagem de um dossiê fotográfico é importante para observar e documentar as alterações efetuadas com o decorrer do tempo.

Coleta de dados técnicos

Propicia a montagem de um banco de dados básico das unidades operacionais que dará subsídios para determinar novos procedimentos para as operações, ajudará na análise comparativa de novos dados operacionais (leituras diárias dos instrumentos) e na obtenção e controle de indicadores de desempenho. Os documentos que formarão o banco de dados, para cada componente do sistema, são definidos assim:

▷ **Sistema operacional**
- Região ou unidade operacional abastecida;
- Localização topográfica;
- Projeto civil das instalações.

▷ **Poços tubulares profundos**
- Unidades produtoras (poços tubulares profundos);
- Relatório final do poço tubular profundo.

▷ **Perfil construtivo**
  - Ensaios realizados;
  - Qualidade da água;
  - Curva característica do poço;
  - Demais informações que caracterizam cada unidade.

▷ **Conjuntos de bombeamento, painéis elétricos e *boosters***
  - Especificação técnica dos equipamentos de exploração;
  - Histórico de utilização, manutenções e substituições.

▷ **Unidades de dosagem e tratamento**
  - Bombas dosadoras de cloro/flúor e outros;
  - Condições de armazenamento de produtos químicos e capacidade de estocagem.

▷ **Adutoras, válvulas e conexões**
  - Características das linhas de adução;
  - Planta do caminho das adutoras e subadutoras;
  - Características técnicas das válvulas e conexões;
  - Croqui de localização das caixas de manobras.

▷ **Reservatórios e elevatórias**
  - Tipos e unidades de reservação;
  - Característica construtiva dos reservatórios;
  - Capacidade em m^3;
  - Tipos e unidades elevatórias.

▷ **Automação, telemetria e monitoramento**
  - Tipos de automações;
  - Tipos de monitoramento a distância (telemetria);
  - Condições de monitoramento.

12.2.3 Leituras

A base para a execução do planejamento e controle operacional de sistemas de abastecimento por meio de poços tubulares profundos está na leitura dos instrumentos e equipamentos disponíveis na instalação das unidades operacionais. As leituras e a verificação dos instrumentos devem ser feitas frequentemente, para se obter dados confiáveis, que permitam uma rápida intervenção na estrutura do sistema produtor. Os instrumentos cujas leituras devem ser efetuadas e anotadas no relatório diário de operação são:

- **Macromedidor:** aparelho hidráulico que registra o volume de água (m³) que está passando (medida instantânea ou acumulada) por uma adutora;
- **Medidor de nível d'água do poço:** aparelho portátil que registra o nível estático ou dinâmico (m) de um poço tubular profundo;
- **Medidor de nível d'água do reservatório:** sistema visual instalado geralmente na parede do reservatório. Indica o nível e o volume de água do reservatório também por meio de sensores;
- **Horímetro:** aparelho que totaliza o tempo (h) de funcionamento do conjunto motobomba;
- **Voltímetro:** instrumento que indica a tensão de trabalho (volts) do conjunto motobomba;
- **Amperímetro:** instrumento que indica a corrente elétrica (ampère) do conjunto motobomba;
- **Cosfímetro:** instrumento portátil que mede o fator de potência (cosY) de uma instalação;
- **Medidor de demanda de potência:** aparelho de propriedade da concessionária de energia;
- **Medidor de energia ativa:** aparelho de propriedade da concessionária de energia elétrica, que registra o consumo de energia ativa (kWh) de uma instalação;
- **Manômetro:** instrumento que indica a pressão interna (mca ou kgf/cm²) existente em uma tubulação;
- Dosadores de produtos químicos;
- Equipamentos de tratamento de água.

Os parâmetros mensurados e tabulados a cada mês são apresentados na Fig. 12.2.

Controle operacional									
Data	Horário	Macromedidor	Níveis do poço		Nível	Horímetro	Fator	Teores	
		Volume (m³)	NE (m)	ND (m)		(horas)	Potência	Cloro	Flúor

FIG. 12.2 *Parâmetros mensurados e tabulados mensalmente*

12.2.4 Indicadores de desempenho

Os dados correspondentes à leitura dos instrumentos e aparelhos mencionados anteriormente, após tratamento, análise de consistência e processados, darão origem a uma série de *indicadores de desempenho*, permitindo detectar eventuais anomalias e prováveis causas. O conjunto de indicadores é um importante elemento de suporte para o gerenciamento técnico/administrativo do sistema. A análise conjunta e sua interpretação correta possibilitam racionalizar os procedimentos operacionais, planejar as atividades de manutenção preventiva e equacionar o regime de trabalho de poços de um mesmo sistema em função da demanda de água e de suas eficiências energéticas.

Esses procedimentos proporcionarão benefícios econômicos, pelo menor consumo de energia elétrica, e aumento da vida útil dos poços e equipamentos associados. Basicamente, os indicadores de desempenho são divididos em três categorias:

▷ Indicadores ou parâmetros hidrogeológicos;
▷ Indicadores elétricos e hidráulicos;
▷ Indicador de qualidade.

Indicadores ou parâmetros hidrogeológicos

Estão diretamente relacionados às condições de construção e captação do poço tubular profundo (Fig. 12.3). Os principais são:

▷ **m³/h:** vazão média;
▷ **h/dia:** regime de funcionamento médio;
▷ **NE:** nível estático do poço;
▷ **ND:** nível dinâmico do poço;
▷ **S:** rebaixamento de nível;
▷ **m³/h.m:** capacidade específica do poço.

Indicadores de desempenho Indicadores hidrogeológicos					
Q (vazão)	Níveis do poço		Regime	S Rebaixamento	Capacidade específica
(m³/h)	NE (m)	ND (m)	Func. (h/dia)	ND - NE (m)	Q/S (m³/h.m)

FIG. 12.3 *Indicadores de desempenho/Indicadores hidrogeológicos*

Indicadores elétricos e hidráulicos

Estão diretamente relacionados com a adução, reservação, elevação (bomba submersa e grupo de recalque) e reservação para a distribuição (Fig. 12.4). Os principais são:

▷ **m³/kWh:** eficiência energética;
▷ **kWh:** consumo de energia;
▷ **kWh/h:** evolução do consumo;

▷ m³/Hman/kWh: eficiência do conjunto elevatório;
▷ **Hman:** altura manométrica;
▷ **BHP:** potência motriz;
▷ **WHP:** potência de elevação;
▷ **N:** rendimento do conjunto motobomba.

Indicadores elétricos e hidráulicos					
Consumo de energia (kWh)	Eficiência energética (m³/kWh)	Evolução de consumo (kWh)	Eficiência energética (m³/kWh)	Eficiência conj. elevatório (m³/Hman/kWh)	Rendimento do conjunto motobomba (N)

FIG. 12.4 *Indicadores elétricos e hidráulicos*

Indicador de qualidade

Sugere-se utilizar parâmetros de análise físico-química e bacteriológica (Decreto Estadual NTA 60 ou Portaria MS 2914) e observar desvios padrão, poço a poço (Tab. 12.1).

Tab. 12.1 ANÁLISE FÍSICO-QUÍMICA – PORTARIA MS 2914/12

Parâmetro	CAS[(1)]	Unidade	VMP[(2)]
Inorgânicas			
Antimônio	7440-36-0	mg/L	0,005
Arsênio	7440-38-2	mg/L	0,01
Bário	7440-39-3	mg/L	0,7
Cádmio	7440-43-9	mg/L	0,005
Chumbo	7439-92-1	mg/L	0,01
Cianeto	57-12-5	mg/L	0,07
Cobre	7440-50-8	mg/L	2
Cromo	7440-47-3	mg/L	0,05
Fluoreto	7782-41-4	mg/L	1,5
Mercúrio	7439-97-6	mg/L	0,001
Níquel	7440-02-0	mg/L	0,07
Nitrato (como N)	14797-55-8	mg/L	10
Nitrito (como N)	14797-65-0	mg/L	1
Selênio	7782-49-2	mg/L	0,01
Urânio	7440-61-1	mg/L	0,03
Orgânicas			
Acrilamida	79-06-1	µg/L	0,5
Benzeno	71-43-2	µg/L	5
Benzo[a]pireno	50-32-8	µg/L	0,7

Tab. 12.1   ANÁLISE FÍSICO-QUÍMICA – PORTARIA MS 2914/12 (Cont.)

Parâmetro	CAS[1]	Unidade	VMP[2]
Cloreto de vinila	75-01-4	µg/L	2
1,2 Dicloroetano	107-06-2	µg/L	10
1,1 Dicloroeteno	75-35-4	µg/L	30
1,2 Dicloroeteno (cis + trans)	156-59-2 (cis) 156-60-5 (trans)	µg/L	50
Diclorometano	75-09-2	µg/L	20
Di(2-etilhexil)ftalato	117-81-7	µg/L	8
Estireno	100-42-5	µg/L	20
Pentaclorofenol	87-86-5	µg/L	9
Tetracloreto de carbono	56-23-5	µg/L	4
Tetracloroeteno	127-18-4	µg/L	40
Triclorobenzenos	1,2,4-TCB (120-82-1) 1,3,5-TCB (108-70-3 1,2,3- TCB (87-61-6)	µg/L	20
Tricloroeteno	79-01-6	µg/L	20
Agrotóxicos			
2,4 D + 2,4,5 T	94-75-7 (2,4 D) 93-76-5 (2,4,5 T)	µg/L	30
Alaclor	15972-60-8	µg/L	20
Aldicarbe + aldicarbesulfona + aldicarbesulfóxido	116-06-3 (aldicarbe) 1646-88-4 (aldicarbesulfona) 1646-87-3 (aldicarbesulfóxido)	µg/L	10
Aldrin + dieldrin	309-00-2 (aldrin) 60-57-1 (dieldrin)	µg/L	0,03
Atrazina	1912-24-9	µg/L	2
Carbendazim + benomil	10605-21-7 (carbendazim) 17804-35-2 (benomil)	µg/L	120
Carbofurano	1563-66-2	µg/L	7
Clordano	5103-74-2	µg/L	0,2
Clorpirifós + clorpirifós-oxon	2921-88-2 (clorpirifós) 5598-15-2 (clorpirifós-oxon)	µg/L	30
DDT + DDD + DDE	p, p'-DDT (50-29-3) p, p'-DDD (72-54-8) p, p'-DDE (72-55-9)	µg/L	1
Diuron	330-54-1	µg/L	90

Tab. 12.1 ANÁLISE FÍSICO-QUÍMICA – PORTARIA MS 2914/12 (Cont.)

Parâmetro	CAS[1]	Unidade	VMP[2]
Endossulfan (α β e sais) (3)	115-29-7; I (959-98-8); II (33213-65-9); sulfato (1031-07-8)	µg/L	20
Endrin	72-20-8	µg/L	0,6
Glifosato + AMPA	1071-83-6 (glifosato) 1066-51-9 (AMPA)	µg/L	500
Lindano (gama HCH) (4)	58-89-9	µg/L	2
Mancozebe	8018-01-7	µg/L	180
Metamidofós	10265-92-6	µg/L	12
Metolacloro	51218-45-2	µg/L	10
Molinato	2212-67-1	µg/L	6
Parationa metílica	298-00-0	µg/L	9
Pendimentalina	40487-42-1	µg/L	20
Permetrina	52645-53-1	µg/L	20
Profenofós	41198-08-7	µg/L	60
Simazina	122-34-9	µg/L	2
Tebuconazol	107534-96-3	µg/L	180
Terbufós	13071-79-9	µg/L	1,2
Trifluralina	1582-09-8	µg/L	20
Desinfetantes e produtos secundários da desinfecção(5)			
Ácidos haloacéticos Total	(6)	mg/L	0,08
Bromato	15541-45-4	mg/L	0.01
Clorito	7758-19-2	mg/L	1
Cloro residual livre	7782-50-5	mg/L	5
Cloraminas Total	0599-903	mg/L	4,0
2,4,6 Triclorofenol	88-06-2	mg/L	0,2
Trihalometanos Total	(7)	mg/L	0,1

Notas:
(1) CAS é o número de referência de compostos e substâncias químicas adotado pelo Chemical Abstract Service.
(2) Valor máximo permitido.
(3) Somatório dos isômeros alfa, beta e os sais de endossulfan, como, por exemplo, o sulfato de endossulfan.
(4) Esse parâmetro é usual e equivocadamente conhecido como BHC.
(5) Análise exigida de acordo com o desinfetante utilizado.
(6) Ácidos haloacéticos: ácido monocloroacético (MCAA) (CAS = 79-11-8), ácido monobromoacético (MBAA) (CAS = 79-08-3), ácido dicloroacético (DCAA) (CAS = 79-43-6), ácido 2,2 - dicloropropiônico (DALAPON) (CAS = 75-99-0), ácido tricloroacético (TCAA) (CAS = 76-03-9), ácido bromocloroacético (BCAA) (CAS = 5589-96-3), 1,2,3, tricloropropano (PI) (CAS = 96-18-4), ácido dibromoacético (DBAA) (CAS = 631-64-1) e ácido bromodicloroacético (BDCAA) (CAS = 7113-314-7).
(7) Trihalometanos: triclorometano ou clorofórmio (TCM) (CAS = 67-66-3), bromodiclorometano (BDCM) (CAS = 75-27-4), dibromoclorometano (DBCM) (CAS = 124-48-1), tribromometano ou bromofórmio (TBM) (CAS = 75-25-2).

Padrão de aceitação para consumo humano (Tab. 12.2)

Tab. 12.2 NORMA DE POTABILIDADE – DECRETO ESTADUAL NTA 60

Parâmetro	Unidade	VMP[1]
Aspecto		Límpido
Odor		Não objetável
pH	----	Entre 6 e 9,5
Turbidez	em NTU	Até 5,0
Sólidos totais dissolvidos	mg/L	Até 1.000
Cor	em UH	Até 15,0
Alcalinidade de hidróxidos	mg $CaCO_3$/L	0,0
Alcalinidade de carbonatos	mg $CaCO_3$/L	Até 125
Alcalinidade de bicarbonatos	mg $CaCO_3$/L	Até 250
Dureza de carbonatos	mg $CaCO_3$/L	----
Dureza de não carbonatos	mg $CaCO_3$/L	----
Dureza totais	mg $CaCO_3$/L	Até 500
Oxigênio consumido	mg O_2/L	Até 3,5
Cloretos	mg Cl/L	Até 250
Nitrogênio amoniacal	mg N/L	Até 1,5
Ferro	mg Fe/L	Até 0,30
Nitrato	mg N/L	Até 10,0
Nitrito	mg N/L	Até 1,0
Sulfato	mg SO_4/L	Até 250
Condutividade	µS/cm a 25 °C	----
Sílica	mg SiO_2/L	----
Gás carbônico	mg CO_2/L	----
Manganês	mg SiO_2/L	Até 1,0
Cobre	mg Cu/L	Até 2,0
Zinco	mg Zn/L	Até 5,0
Flúor	mg F/L	Até 1,5
I. Langelier	----	----

Nota:
(1) Valor máximo permitido.

12.2.5 Planejamento e controle das manutenções

Seguindo-se os parâmetros mensurados diária, semanal e mensalmente nos instrumentais dos poços e os resultados dos cálculos dos indicadores de desempenho, será possível antecipar possíveis anomalias no poço/conjunto de bombeamento, permitindo programar as intervenções de manutenção necessárias e o momento adequado para realizá-las. O controle de manutenção a ser executado nos poços tubulares é apresentado na Fig. 12.5.

Manutenção de poços tubulares							
Cliente:				Endereço:			
Município:				Estado:			
Poço n°	Sistema	N° OS	Data	Manutenção	Serviços executados	Equipamentos substituídos	

FIG. 12.5 *Manutenção de poços tubulares*

12.3 Manutenção de poços tubulares profundos e equipamentos de bombeamento

Para realizar serviços de manutenção em poços tubulares profundos, é preciso obter uma série de informações que possibilitem diagnosticar com exatidão o seu estado. Com base nesses dados, deve-se programar a realização desses serviços.

Entre os componentes do sistema que devem ser verificados encontram-se: o poço propriamente dito; o conjunto de bombeamento; e o aquífero. Deve-se avaliar corretamente, com base nos indicadores de desempenho e outros dados, as variações das características básicas desses componentes.

12.3.1 Problemas mais frequentes nos poços

Detectar a origem de um problema em um poço tubular requer um minucioso exame das variáveis medidas periodicamente, associadas com os registros de desempenho do equipamento de bombeamento. Deve-se dividir os poços tubulares em duas categorias, porque, uma vez conhecidos os processos de construção dos poços e suas características litológicas básicas, torna-se mais simples a elaboração de um roteiro para solucionar os problemas observados.

Poços perfurados em rochas cristalinas

Na perfuração em terreno cristalino, a passagem de água se dá diretamente pela percolação através de fendas, fraturas, fissuras e brechas da própria rocha. Não é preciso instalar tubos de revestimento ou filtros na rocha sã.

12 | Operação, manutenção e telemetria em poços tubulares

Poços perfurados em rochas sedimentares

O fluxo de água para o interior do poço se realiza por um meio poroso e permeável, pelas aberturas na tubulação de revestimento e seções filtrantes. A constatação da presença de uma tubulação em um poço e a existência de seções filtrantes introduz aspectos que devem ser considerados. Basicamente, eles decorrem não só do tipo de aquífero, mas principalmente do tipo de seções filtrantes que foram aplicadas ao poço, suas características, porcentagem de área aberta, localização precisa etc.

Para avaliar a importância desse item e dos reflexos que ocasionará, são destacados os principais tipos de filtros existentes no mercado e as consequências da utilização de um ou outro filtro. Os mais conhecidos são: tubos rasgados, tubos perfurados, tubos ranhurados ou tubos filtros (Fig. 12.6).

Com base nessa diferença, são diagnosticados os problemas mais frequentes que ocorrem em poços e determinadas as soluções. As causas dos problemas que ocorrem em poços podem ser de origem mecânica, hidráulica e de qualidade química da água. Na prática, essas causas atuam de forma combinada, tornando difícil a identificação do fator predominante.

Filtro espiralado ranhura contínua

Filtro perfurado (Tipo Nold)

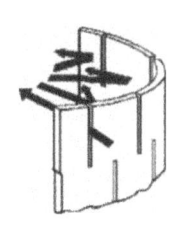

Tubo rasgado

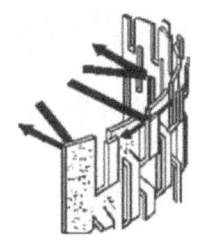

Tubo perfurado

FIG. 12.6 *Tipos de filtros*

Obstruções de seções filtrantes

Refletem-se em rebaixamentos progressivos do nível dinâmico, sem queda apreciável do nível estático, podendo ser detectadas na interpretação dos dados operacionais. A diminuição da vazão específica e o incremento da perda de carga no poço (termo CQ^2 ou Cq^n da equação do poço) são determinantes na detecção do problema.

Procurar as causas das obstruções do poço quando não são evidentes ou previstas segue um processo de análise criteriosa, com base nas características do poço e na composição química da água. Obstruções podem ser causadas por acumulação de incrustação de carbonatos (deposição química), argilas e outras partículas finas ao longo da extensão do filtro (interna e externamente a ele) e no pré-filtro.

Se for notada produção desses materiais na descarga do poço e se o perfil litológico indicar a sua ocorrência em trechos próximos ou frontais às seções filtrantes, é muito provável que a obstrução decorra desse fato.

Outra causa de obstrução mecânica são os subprodutos da corrosão dos tubos e filtros que se depositam nas seções filtrantes e no fundo do poço. Caso o índice de agressividade da água seja elevado, indicando a possibilidade de corrosão, a água bombeada pode apresentar turbidez ou resíduos, o que confirmará a causa. Em processos avançados, a produção anormal de areia é forte indício da corrosão (Tab. 12.3).

Subprodutos do metabolismo bacteriano podem produzir obstruções. Quando se trata de bactérias de ferro, pode ocorrer uma mudança de coloração da água bombeada. Na maioria dos casos, porém, é difícil detectar. Requer a execução de análises físico-químicas e bacteriológicas especiais.

Tab. 12.3 POTENCIAL REDOX E ATIVIDADE BACTERIANA

Potencial redox (mV)	Atividade bacteriana
até 100	intensa
100 a 200	moderada
200 a 400	fraca
acima de 400	nula

Produção de areia

A produção de areia em poços é um problema originado por procedimentos inadequados de construção do poço, pelo desenvolvimento de processos de corrosão e, ainda, de danos físicos ocasionados à coluna, principalmente na estrutura de filtros. As causas mais prováveis da produção de areia são as seguintes:

▷ **Pontes (vazios) intercaladas na coluna de pré-filtro:** deixam seções filtrantes diretamente expostas à formação arenosa (problema construtivo do poço que ocorre durante sua completação) (Fig. 12.7);

▷ **Recalque do pré-filtro:** deixa os primeiros filtros descobertos. A falta de reposição do cascalho impedirá a resolução desse problema. Ocorre pela construção inadequada do poço;

▷ **Ruptura da coluna de revestimento e/ou dos filtros:** Quando há recalque do material de pré-filtro, basta medir o nível do pré-filtro pelo tubo de alimentação e comparar com o nível original. É necessário ser rigoroso na avaliação, porque dados falsos a comprometem.

▷ **Granulometria com diâmetro menor que o das aberturas do filtro:** a causa mais provável é a existência de pontes no maciço filtrante. O poço necessita de uma limpeza para eliminar partículas finas e readequar a situação do pré-filtro. Caso isso não se confirme, a produção de areia pode estar relacionada ao alargamento das aberturas do filtro por corrosão ou abrasão.

FIG. 12.7 *Arranjos de grãos em arcos ou pontes que precisam ser desfeitos por processos mecânicos, com desenvolvimento específico*

▷ Em muitos casos, a identificação das causas requer a execução de análises das amostras do material retirado do fundo do poço. Comparando essas análises com as efetuadas durante a construção do poço, é possível chegar a alguma conclusão. Caso haja granulometria maior que a de qualquer intervalo do aquífero explorado ou semelhante à do pré-filtro, é sinal de que há ruptura na coluna de revestimento. Pode-se confirmar o diagnóstico medindo-se a coluna de pré-filtro pelo tubo de realimentação.

Existem equipamentos no mercado utilizados para a localização em detalhe de zonas deterioradas, pontos de rupturas e outros problemas no interior do poço. Os mais usados são os equipamentos de perfilagem óptica (televisão em circuito fechado) com visores laterais e de fundo e um detector de areia (Fig. 12.8).

Outro equipamento simples e de fácil implementação no campo é um pistão comum de desenvolvimento de poço, ao qual se adapta um recipiente de chapa de aço (tipo caneca) no entorno por meio de um eixo de 0,5 m de comprimento. Procede-se a um pistoneamento nos trechos que se pretende examinar, durante aproximadamente 30 min. Em intervalos de 5 min, retira-se o equipamento do poço e verifica-se o recipiente à procura de material do pré-filtro ou da formação. Se houver deposição de material, a zona deteriorada terá sido localizada com razoável aproximação.

Deterioração da estrutura do poço
É um problema cujos sintomas podem até ser observados em superfície.

Fig. 12.8 *O perfilador óptico obtém fotos contínuas, tanto de fundo como laterais*

Manifesta-se normalmente na tubulação de revestimento aparente, no cavalete e até com o abatimento do terreno em torno do poço, pela formação de gretas e sulcos convergentes. Pode apresentar o rompimento da base de assentamento da bomba. Em alguns casos, está relacionado à idade média do poço, ao tipo de material empregado em sua construção, ao aquífero, à metodologia de captação da água, à qualidade da água, principalmente, e aos procedimentos operacionais adotados. Uma taxa de bombeamento acima da capacidade do aquífero, por exemplo, é reflexo de uma operação errada. O bombeamento excessivo de areia em poços maldesenvolvidos provoca o colapso parcial ou total da coluna de revestimento e dos filtros.

Defeitos no equipamento de bombeamento
Durante a operação pode haver um mascaramento da verdadeira natureza do problema, induzindo ao equívoco do diagnóstico. A diminuição da vazão de bombeamento, acompanhada de leve ascensão do nível dinâmico, é indício de defeito no equipamento instalado. As falhas mais comuns, cujos sintomas ajudam a identificar os problemas, são as seguintes:

▷ Desregulagem do conjunto motobomba, com vibrações anormais do equipamento, pelo desgaste por abrasão, corrosão ou uso intensivo;
▷ Cavitação nos motores (presença de ar ou gases na água bombeada) por, principalmente, maldimensionamento do conjunto e disposição da instalação;
▷ Furos no tubo de descarga, produzindo ruído de cachoeira;
▷ Entupimento do crivo da bomba;
▷ Perda de submergência quando o bombeamento é feito por compressores, com interrupções prolongadas na descarga;
▷ Essas falhas refletem-se em aquecimento anormal dos motores e consumo excessivo de energia elétrica, o que pode ser contornado com manutenção preventiva eficiente e com a análise detalhada e frequente dos indicadores hidráulicos e energéticos de cada grupo motobomba.

Problemas hidráulicos
São aqueles associados à queda de produção de água e à diminuição da vazão de bombeamento. A queda de produção de um poço tem, em geral, as seguintes causas:
▷ Taxa de bombeamento em volume e período diário incompatível com a estrutura do poço e/ou aquífero;
▷ Interferências não gerenciadas provocadas por poços vizinhos.

No primeiro caso, a detecção é feita com o exame da hidrógrafa do nível estático correspondente a um ciclo hidrológico completo. Se houver caimento progressivo e permanente do nível estático, é sinal de bombeamento excessivo (superexploração ou operação inadequada). Para confirmar essa causa, é necessário efetuar um teste de produção, comparando os resultados e verificando se o ponto crítico foi alterado de forma acentuada, provocando o desequilíbrio no sistema.

O fenômeno de interferência pode influir na queda de produção de um poço, podendo ser detectado por oscilações bruscas e irregulares dos níveis d'água durante o controle da operação.

Caso nenhuma dessas três causas (*deterioração da estrutura do poço, defeitos no equipamento de bombeamento, problemas hidráulicos*) ficar evidenciada, a investigação deve ser voltada para a possível obstrução das seções filtrantes ou do fundo do poço. A diminuição da vazão de bombeamento do poço sem que haja modificação apreciável dos níveis da água é causada por defeitos no equipamento de bombeamento.

Em poços perfurados em terrenos cristalinos, o problema de queda de produção está relacionado à exaustão parcial de uma ou mais zonas aquíferas (entradas de água), pelo mecanismo restrito de circulação da água no decorrer de sua exploração. Nesse caso, a detecção é orientada pelo exame da curva de recuperação do poço, cuja conformação geral é anômala.

Problemas por causa da qualidade da água

Durante a exploração, podem surgir problemas de corrosão ou de incrustação no poço, no sistema de bombeamento, geralmente causados pela qualidade ou por mudanças nas características físico-químicas e pela ação bacteriológica. O processo de incrustação ocorre até na região do pré-filtro e do próprio aquífero, quando do desenvolvimento de bactérias ou mesmo de sais, carbonatos, silicatos etc. Essas modificações podem estar associadas a:

▷ Influência das condições de bombeamento de água, alterando o estado natural e de equilíbrio físico-químico;

▷ Expansão do cone de rebaixamento, atingindo zonas com água de composição físico-química diferente ou com presença de contaminantes não detectados antes;

▷ Incrementos acentuados da recarga no aquífero por processos que não permitem filtragem natural e adequada, como na captação em rochas fissuradas;

▷ Contaminações induzidas durante a operação e manutenção do poço.

Caso a água apresente coloração alterada durante a etapa de bombeamento, isso significa que há processos intensivos de incrustação, obstrução, alterações bacterianas e outras:

▷ A coloração vermelho-ferrugem resulta da presença de compostos de ferro e/ou das chamadas colônias de bactérias de ferro, indicando provável incrustação;

▷ Águas de coloração marrom ou parda indicam a presença de bactérias redutoras ou de compostos de manganês; em regiões de mangues, indicam a presença de matéria orgânica combinada com tanatos;

▷ Águas amareladas indicam a presença de compostos derivados de oxidação de ferro, que podem ser produtos de corrosão ou ação bacteriana;

▷ Odor e gosto são indícios da presença na água de micro-organismos, de gases dissolvidos – gás sulfídrico metano, dióxido de carbono ou

oxigênio – e de substâncias minerais – cloretos, compostos de ferro, carbonatos, sulfato, fenóis e algas. Essa água pode estar ativando processos de corrosão ou de incrustação;
▷ Variações de temperatura das águas subterrâneas acentuam o desenvolvimento de processos de deterioração de poços;
▷ Aumentos de temperatura provocam um decréscimo da viscosidade da água, aumentam a difusão de oxigênio e ativam o processo de corrosão. Uma temperatura de 4 °C a 5 °C pode duplicar o potencial de corrosão da água;
▷ A condutividade específica está diretamente relacionada ao total de sólidos dissolvidos (STD) na água; qualquer incremento de STD é um acelerador da corrosão, que se torna severa quando esse parâmetro for superior a 1.000 mg/L;
▷ A condutividade está relacionada ao aumento do teor de cloretos em áreas litorâneas ou semiáridas, o que aumenta a probabilidade da corrosão;
▷ A turbidez leitosa, quando provém de gases dissolvidos na água, pode produzir cavitação nos motores da bomba.

Atividade bacteriana
Pela importância do assunto, e por merecer atenção especial, a questão da atividade bacteriana é especificada a seguir.

A detecção da existência de bactérias na água é feita, inicialmente, com base em suas propriedades organolépticas e em análises bacteriológicas de rotina, e até mesmo como informado acima, em decorrência da alteração de coloração, gosto etc.

Confirmados os indícios de ação bacteriana, para identificá-las é necessário coletar amostras com raspagem das partes internas dos filtros e remoção de material depositado no fundo do poço. As bactérias mais ativas nos processos de corrosão são chamadas bactérias redutoras de sulfato, anaeróbias.

O potencial redox do solo e da água é um indicador do potencial de corrosão dessas bactérias, de acordo com a Tab. 12.3. Bactérias aeróbicas causam corrosão, e as chamadas *bactérias de ferro* e os gêneros filamentosos provocam processos de incrustação.

12.3.2 Principais serviços de manutenção

São descritas, a seguir, algumas operações para o recondicionamento de poços, de acordo com a causa do problema apresentado. Cada poço tem a própria história e, portanto, deve ser objeto de um planejamento específico de trabalho quando se trata de recondicionamento. As indicações apresentadas são genéricas, e na prática os poços requerem tratamento personalizado:

▷ **Obstrução:** de natureza mecânica, resulta da colmatação de filtros e deposição de materiais no perímetro ou no fundo do poço. Nesse caso, deve-se estimulá-lo utilizando métodos semelhantes aos de desenvolvimento usados durante a construção de poços, aplicando-se métodos mecânicos e químicos (ou outros, como observado no Cap. 7). A título de recomendação básica, define-se a metodologia de diagnóstico e sugere-se a solução:

- Medir a profundidade do poço e, se for constatada a sua redução por acúmulo de material no fundo, deve-se removê-la com a utilização de caçamba ou outro sistema (ar comprimido, com a sucção instalada no fundo do poço). Concomitantemente, observações quanto ao tipo de material e sua provável origem (comparação com os relatórios de construção do poço) devem ser feitas;
- Havendo condições de utilização, recomenda-se a execução de perfilagem óptica, que confirmará ou não os procedimentos previstos;
- Determinadas operações podem ser realizadas com a utilização de ar comprimido (principalmente se já usado na primeira etapa de remoção) ou por outro procedimento já mencionado, como:
    # Limpeza com compressor e utilização de produtos químicos;
    # Limpeza com utilização de processos mecânicos – pistoneamento – ou hidráulicos – jateamento;
    # Utilização de procedimentos que combinem ações mecânicas, hidráulicas e produtos químicos.
- Em trabalhos de pistoneamento, eles devem ser sempre iniciados de cima para baixo da seção filtrante, com o cuidado de, em cada trecho, colocar o pistão 1 m acima do filtro em períodos de tempo de, no máximo, 5 min. Em poços novos, nos quais se conhece bem a estrutura da coluna de revestimento, seu estado etc., esse tempo pode ir de 15 min a 20 min ou até mais, se for necessário;
- Efetuar a remoção de material depositado no poço a cada etapa dos trabalhos e fazer uma vistoria para identificar a origem dos resíduos;

- Ao utilizar aditivos que ajudem a remover materiais em forma de flocos, limo, lama etc., é conveniente utilizar polifosfato, para atuar com mais eficiência. Coloca-se a solução de polifosfato (hexametafosfato de sódio) no poço, antes de iniciar o pistoneamento, na proporção de até 10 kg/m³ de água, agitando-se a solução dentro do poço com pistão e aguardando-se duas ou três horas para retomar os trabalhos de pistoneamento e/ou aplicação de ar comprimido. A confirmação da melhoria das condições do poço é feita comparando-se as características hidráulicas (a vazão específica, principalmente) antes e depois dos trabalhos realizados.

▷ **Queda de produção:** motivada por problemas de natureza hidráulica no aquífero e no poço, tem solução relativamente simples. Embora as medidas adotadas quase sempre resultem em redução do volume da água explorada, e por isso haja resistência em aplicá-las, são necessárias para garantir a operação normal do poço. Uma situação clássica diz respeito à evidência de superbombeamento. A solução adequada é reduzir o tempo de bombeamento e regular a vazão de exploração para níveis compatíveis com a capacidade do aquífero. Se isso implicar reduzir a demanda de água exigida, deve-se pensar em alternativas como a possível perfuração de outros poços. O que não é correto, embora muito praticado, é recorrer-se à instalação de um grupo de motobombas em uma profundidade maior. Essa medida paliativa causará um aumento do rebaixamento, a vazão ficará igual ou pouco superior à que vinha ocorrendo, aumentando a probabilidade de deteriorar e reduzir a vida útil do poço, além de tornar o bombeamento mais oneroso. Quando se trata de queda de vazão no poço, sem evidência de variação significativa dos níveis d'água, o mais provável é que o defeito deva estar relacionado ao equipamento de bombeamento. Nesse caso, a recomendação é remover o grupo motobomba e efetuar os reparos necessários.

▷ **Prevenção e tratamento de incrustação:** não existe maneira de evitar por completo a incrustação produzida em poços, mas é possível atenuá-la:
  - Reduzindo a vazão e o tempo de bombeamento, mantendo-se o menor rebaixamento possível. Pode ser necessário trocar a bomba por uma que permita essa operação;
  - Efetuando a exploração com mais poços, convenientemente distribuídos, com vazões e rebaixamentos controlados, caso haja déficit no volume total de água requerido pelo sistema;

- Efetuando limpeza e tratamento periódicos durante a manutenção geral do sistema;
- Conhecendo a composição da incrustração e comparando-a com a análise físico-química da água;
- Coletando amostras do material incrustante com a raspagem da superfície interna dos filtros. Usa-se um disco delgado, de diâmetro pouco menor do que o interno da coluna, colocado na haste de percussão, de modo semelhante a um pistão;
- Caso o material incrustante contiver, predominantemente, carbonatos de cálcio e magnésio e hidróxido de ferro, o tratamento mais adequado é com ácido clorídrico, ácido fosfórico ou combinando esses compostos;
- Se o material da amostra contiver 20% ou mais de compostos de ferro ou manganês, é provável que exista um processo de incrustação e corrosão. Se a razão molecular do hidróxido de ferro para sulfato de ferro for maior que 3:1, existem bactérias redutoras de sulfatos. O tratamento adequado alterna a aplicação de ácidos e cloro, para remover a incrustação e as bactérias. A aplicação de ácido deve ser precedida por um processo mecânico de remoção.

▷ **Tratamento com cloro:** tratar poços com cloro é mais eficiente do que com ácidos para matar bactérias e eliminar depósitos de lamas de ferro. As concentrações de cloro devem ser altas (entre 200 mg/L e 500 mg/L). Pode ser na forma de soluções de hipoclorito de cálcio ou sódio ou, então, cloro líquido.

▷ **Tratamento com polifosfatos ou fosfatos cristalinos:** dispersam coloides, óxidos e hidróxidos de ferro e manganês. Esses materiais são extraídos facilmente pelo bombeamento. Soluções de hipocloritos para remover as bactérias do ferro e desinfectar os poços também são usadas. A dose habitual é de 5 kg de polifosfatos para cada 500 L de água no poço. A aplicação é igual à do tratamento com ácidos e cloro. Depois do pistoneamento, por uma hora, deixar o poço em repouso por três horas; bombear até obter água limpa.

12.3.3 Limpeza e desinfecção

Por mais cuidados que se tomem, em qualquer fase, perfuração, ensaios de produção e instalação do equipamento definitivo de explotação, é praticamente inevitável que se introduzam materiais e/ou ferramentas contaminadas que podem provocar o desenvolvimento de germes e bactérias. Usualmente, ao término da construção e instalação de um poço, efetuam-se análises físico-químicas e bacteriológicas, objetivando-se precisar a qualidade da água. Para eliminar a presença de coliformes fecais (e outros tipos de bactérias patogênicas), utilizam-se produtos químicos desinfetantes ou esterilizantes. Os mais utilizados em estações de tratamento de água (ETA), reservatórios, redes de distribuição etc. são compostos à base de cloro, tais como hipoclorito de sódio, hipoclorito de cálcio, cloro gás etc. Para atingir o objetivo com eficiência e ter certeza de que o processo não necessitará de novas aplicações, é necessário que os procedimentos a serem adotados na desinfecção do conjunto poço-aquífero-equipamento de bombeamento sejam cuidadosamente observados. Para isso, é adotado o seguinte roteiro:

▷ Cálculo do volume de água contida no poço e no envoltório de pré-filtro;
▷ Escolha do produto químico a ser utilizado, caracterizando com precisão o volume de cloro livre, em função da concentração de cloro no produto;
▷ Cálculo da quantidade do produto a ser aplicado, de maneira que o volume de solução aplicado resulte numa concentração mínima de 50 ppm de cloro livre após a sua introdução no poço;
▷ O desejável é dispor de uma quantidade de solução equivalente a 3 vezes o volume calculado, ou seja, 3 vezes o volume da perfuração, e que a solução introduzida no poço seja acrescida de uma porção isenta de cloro livre. Deve-se considerar o efeito dessa diminuição de concentração, buscando-se adequar a solução a ser introduzida a um patamar maior para se atingir o mínimo desejável de 50 ppm;
▷ A indicação do equivalente a 3 vezes o volume que se deve colocar no poço é a certeza de que se pode atingir toda sua extensão, o envoltório de pré-filtro e, ainda, uma extensão do aquífero, numa porção que sofra os efeitos de possível contaminação. De outra maneira, ao se reduzir o volume, não se assegura que a solução altamente concentrada atingirá toda a extensão do poço e seus arredores.

O procedimento ideal de aplicação da solução no poço requer a instalação de uma coluna de tubos e/ou hastes, para atingir toda a extensão do poço. Conforme se aplica a solução, haverá uma remoção da coluna. Efetivamente, é uma operação cara e, num poço muito profundo, demorada. Algumas variáveis podem ser adotadas, tais como:

- Aplicar o produto químico sólido dentro de um tubo perfurado e movimentá-lo ao longo da extensão do poço;
- Introduzir todo o volume numa única porção do poço e realizar a circulação do produto dentro do poço com o auxílio da própria bomba instalada. Assim, será feito a homogeneização da solução e o contato efetivo dela com toda a extensão do poço. Não é, porém, a forma mais eficiente de se promover a homogeneização da solução;
- É importante, após a homogeneização da solução, que ela seja mantida em repouso no poço por um período não inferior a quatro horas. Após esse período, o poço deve ser bombeado até que não seja observada a presença de cloro livre. Simples ensaios de campo mostram ou não a presença de cloro livre na água. Por fim, a coleta de uma amostra para análise laboratorial mostrará se os objetivos foram atingidos;
- Por ocasião da manutenção do poço ou do equipamento de bombeamento, deve-se realizar essa operação, porque, novamente, pode-se voltar a introduzir materiais contaminados no poço. Uma análise físico-química e bacteriológica anual revelará a necessidade de se tomar outras medidas corretivas no poço.

▷ **Principais produtos químicos disponíveis no mercado e suas concentrações em cloro livre:**
  - Hipoclorito de sódio: NaClO = de 10% a 12%;
  - Hipoclorito de cálcio ou HTH: tabletes de $Ca(ClO)_2$ = de 70% a 75%;
  - Soluções alvejantes (água sanitária/cândida ou Q.boa) = de 3% a 4%.

Em serviços públicos de abastecimento, a aplicação de solução de cloro ocorre imediatamente após o bombeamento da água, na própria rede e na saída do poço.

Sistemas relativamente simples de dosadores (de nível constante ou eletromecânico) instalados na linha permitem aferir e controlar a aplicação de soluções de cloro, assegurando a qualidade e introduzindo mecanismos que permitem distribuir a água com excesso de cloro livre. Viabiliza-se, assim, a manutenção da qualidade da água não só na rede de distribuição, mas nos reservatórios públicos e domiciliares. Esse sistema permite controlar a presença de ferro na água, e, nesse caso, é preciso um projeto específico.

▷ **Amostragem da água:** ao final do teste de bombeamento, deve-se coletar amostras de água dentro das normas específicas para análises físico-

-química e bacteriológica. Em decorrência da maior ou menor vulnerabilidade, procedimentos e análises diferenciados são adotados, conforme o local da perfuração. Na maior parte das legislações estaduais, é obrigatório que a coleta seja feita por técnico de laboratório credenciado.

▷ **Coleta e análise das águas:** devem ser feitas em zonas de afloramento de aquíferos ou onde eles apresentem condições de vulnerabilidade a contaminantes; em zonas de afloramentos nas quais o aquífero tem comportamento hidrodinâmico de livre a semiconfinado, as análises físico-química e bacteriológica devem seguir parâmetros físicos, inorgânicos, agrotóxicos, orgânicos, desinfetantes e produtos secundários à desinfecção; em zonas de confinamento (situação do aquífero Guarani e outros). Nas zonas em que o aquífero se encontra em condições de confinamento, o que minimiza a sua poluição, recomenda-se que seja feita a análise pela concentração de sais.

Referências bibliográficas

BRASIL. Ministério da Saúde. Portaria nº 2.914, de 12 de dezembro de 2011. Dispõe sobre os procedimentos de controle e de vigilância da qualidade da água para consumo humano e seu padrão de potabilidade. 2011.

SÃO PAULO (Estado). Norma Técnica Alimentar nº 60. Decreto Estadual n.º 12.486, de 20 de outubro de 1978. Decreto do Estado de São Paulo que trata de águas potáveis (as águas próprias para a alimentação), excluídas as minerais. 1978.

Preservação das águas subterrâneas   13

André Marcelino Rebouças
Janaina Barrios Palma

Nos últimos cem anos, a sociedade moderna viveu um grande período de desenvolvimento tecnológico. Após a II Guerra Mundial, com o crescimento da atividade industrial, esse ritmo de desenvolvimento foi acelerado. Dos anos 1950 em diante, a ênfase foi para a maior produção, enquanto os efeitos ambientais dessas atividades eram colocados em segundo plano, sobretudo aqueles que impactavam direta ou indiretamente o solo e as águas subterrâneas. Nos anos 1970, a sociedade começou a dar-se conta da possibilidade de comprometer a qualidade e a oferta de recursos naturais, sobretudo a água. Esse temor criou uma preocupação mundial pela preservação e recuperação dos recursos naturais comprometidos.

A água subterrânea corresponde a 60% do consumo de água potável no Brasil (Pacheco; Rebouças, 1984) e, na região metropolitana de São Paulo, contribui com 13% da água de abastecimento (Tinoco et al., 1990). Segundo o Departamento de Águas e Energia Elétrica de São Paulo (DAEE), existem cerca de 7 mil poços tubulares profundos ativos na Região Metropolitana de São Paulo, além de milhares de poços rasos e cisternas distribuídos pela periferia e áreas não servidas pela rede de distribuição. Existe uma dificuldade de captação de água superficial de boa qualidade em quantidade suficiente para o abastecimento. Esse cenário torna a água subterrânea um dos mananciais disponíveis. Ela é fator estratégico para o desenvolvimento socioeconômico, tornando a sua proteção uma questão primordial.

Apesar da importância da água subterrânea, o Registro de Áreas Contaminadas e Reabilitadas no Estado de São Paulo, realizado pela Companhia de Tecnologia de Saneamento Ambiental (Cetesb) em dezembro de 2011, era formado por 4.131 locais, sendo 1.329 (33%) localizados na cidade de São Paulo.

Segundo esse documento, a distribuição das áreas por tipo de atividade é (Tab. 13.1):

Tab. 13.1 Distribuição de áreas contaminadas e reabilitadas no Estado de São Paulo

Atividade	Número de ocorrências	Porcentagem
Postos de combustível	3.127	78 %
Industrial	577	14 %
Comercial	179	4 %
Resíduos	121	3 %
Acidentes/desconhecido/agricultura	37	1 %

Essa problemática representa dois novos mercados de trabalho para o geólogo. No primeiro, a área de saneamento básico, na qual o hidrogeólogo participa de projetos de abastecimento urbano e rural, ele atua no planejamento do uso do manancial subterrâneo. No segundo, a área de meio ambiente, o geólogo participa na identificação de contaminações de solo e águas subterrâneas, traçando diretrizes para a proteção desses recursos. Nesses dois novos segmentos de mercado, a clientela é formada basicamente por empresas de saneamento, grupos industriais e comunidades urbanas.

13.1 Fontes de contaminação das águas subterrâneas

Praticamente todas as atividades humanas no mundo moderno são fontes de contaminação das águas subterrâneas. Vazamentos em dutos e tanques, falhas em processos industriais, problemas no tratamento de efluentes, atividade de mineração, disposição inadequada de resíduos, uso indiscriminado de defensivos agrícolas, acidentes durante o transporte de substâncias químicas são as principais.

Essas contaminações podem ser pontuais, quando são de pequena escala e facilmente identificáveis, ou dispersas/difusas, quando formadas por diversas fontes menores, caoticamente distribuídas. Com relação à escala temporal, as fontes de contaminação podem ser classificadas em: permanentes, intermitentes e acidentais.

As principais fontes potenciais de contaminação do solo e de águas subterrâneas são apresentadas no Quadro 13.1.

13.2 Tipos de contaminantes das águas subterrâneas

Os principais compostos contaminantes das águas subterrâneas são classificados nos seguintes tipos: orgânicos aromáticos, hidrocarbonetos oxigenados, hidrocarbonetos com elementos específicos, metais, não metais, micro-organismos e radionucleicos (Fetter, 1993). Esses compostos estão presentes em diversas atividades antrópicas modernas (Quadro 13.2).

Quadro 13.1 PRINCIPAIS ATIVIDADES ANTRÓPICAS

Atividade	Fonte de contaminação	Classificação quanto ao tipo de fonte
Urbana	Vazamento de tubulações de esgoto;	Dispersa
	Lagoas de oxidação;	Pontual
	Lixiviação de aterros sanitários e lixões;	Pontual
	Tanques de combustíveis enterrados;	Pontual
	Drenos de rodovias;	Dispersa
	Inexistência de rede coletora de esgotos (saneamento *in situ*).	Dispersa
Industrial	Efluentes industriais não tratados;	Pontual
	Derramamentos acidentais;	Pontual
	Resíduos sólidos inadequadamente dispostos;	Pontual
	Materiais em suspensão;	Dispersa
	Vazamento de tubulações e tanques.	Dispersa
Agrícola	Uso indiscriminado de defensivos agrícolas;	Dispersa
	Irrigação utilizando águas residuais;	Dispersa
	Lodos/resíduos;	Pontual
	Beneficiamento agrícola;	Pontual
	Lagoas de efluentes;	Dispersa
	Lançamento em superfície.	
Mineração	Desmonte hidráulico;	Dispersa
	Descarga de água de drenagem;	Dispersa
	Beneficiamento mineral;	Pontual
	Lagoas de decantação/estabilização;	Dispersa
	Lixiviação/solubilização de resíduos sólidos.	

Fonte: modificado de Foster e Hirata (1988).

Alguns íons, cloretos, sulfatos, sódio, ferro, manganês e radionucleicos podem estar associados a causas naturais, pela lixiviação e solubilização dos minerais constituintes das rochas. Altas concentrações de elementos maiores (**Ca, Mg** e **Na**), compostos iônicos na forma de carbonatos, sulfatos, sulfitos, cloretos e fluoretos, salinizam as águas, tornando-as impróprias ao consumo humano e uso industrial.

A atividade agrícola intensiva, com uso indiscriminado de fertilizantes e defensivos agrícolas, pode comprometer a qualidade das águas. Fertilizantes inorgânicos aumentam as concentrações de sais nos solos, que, por sua vez, são lixiviados, atingindo os níveis freáticos e drenagens. Os defensivos agrícolas, pesticidas, herbicidas e fungicidas contêm altas concentrações de metais pesados e compostos orgânicos. Alguns desses metais e orgânicos podem ser capturados pelos constituintes do solo – argilominerais, óxidos e matéria orgânica –, e outros podem atingir diretamente o lençol freático.

Os compostos orgânicos, como combustíveis, solventes aromáticos e orgânicos clorados, são extremamente móveis. Dependendo da quantidade e concentração, esses compostos podem formar até três fases, no caso de infiltrações e contaminações do solo e águas subterrâneas.

Quadro 13.2 Principais compostos contaminantes das águas subterrâneas e atividades em que estão presentes

Contaminantes	Atividades associadas
Compostos orgânicos aromáticos	
Benzeno, etilbenzeno, tolueno e xilenos;	Solventes; gasolina; detergentes
Alcalibenzeno sulfonado;	Detergentes
Estireno (vinil benzeno);	Plástico
Naftaleno.	Solventes; lubrificantes; explosivos; fungicidas
Hidrocarbonetos oxigenados	
Acetona, éter, varsol;	Solventes; matéria-prima industrial
Ácido fórmico;	Pesticida; plástico; refrigerantes
Metanol.	Combustível; solventes; matéria-prima industrial
Hidrocarbonetos com elementos específicos	
Aldrin, dieldrin, endrin, malathion;	Inseticida
Bromacil;	Herbicida
Tetracloreto de carbono;	Desengraxante; matéria-prima industrial
Clordano;	Inseticida; emulsão de óleo
Clorofórmio;	Plástico; refrigerantes
Clorometano;	Refrigerantes; herbicida; síntese orgânica
1,2 Diclorometano;	Desengraxante; solvente; aditivo na gasolina
Bifenil policlorado (PCB).	Fluido de transformadores elétricos
Tetracloroeteno	Removedor de tintas; solvente; matéria-prima industrial
Tricloroetano	Pesticida; desengraxante; solvente
Metais e cátions	
As	Inseticida; herbicida e medicamentos
Cd	Fungicida; materiais fotográficos
Cu	Tintas; galvanoplastia; inseticida
Cr	Tintas; galvanoplastia
Pb	Baterias, aditivos de gasolina, tintas
Zn	Tintas; galvanoplastia; fungicidas
Hg	Aparatos eletrônicos; inseticidas; fungicidas; bactericidas; indústria farmacêutica
Não metálicos	
Amônia;	Fertilizantes; matéria-prima industrial; fibras sintéticas; fluidos
Cianeto;	Produção de polímeros; metalurgia; pesticidas
Nitratos/Nitritos/Fosfatos;	Fertilizantes; conservantes
Sulfatos/Sulfitos;	Pesticidas; fertilizantes

Fonte: Fetter (1993).

13.2.1 Fase retida

Corresponde à parcela dos compostos orgânicos retida na zona não saturada. Muitos desses compostos são extremamente voláteis, podendo oferecer riscos à saúde e/ou de explodirem no caso de exposição.

13.2.2 Fase imiscível

Esses compostos, quando atingem a zona saturada da água, formam uma camada imiscível. Dependendo da densidade desses produtos, eles podem ser classificados em **NAPL** ou **DNAPL**. Os **NAPL** (*non aqueous* *phase liquid*) – gasolina, solventes aromáticos e combustíveis em geral – são menos densos que a água, e no caso de altas concentrações formam uma camada sobrenadante ao nível d'água. Nos **DNAPL** (*dense non aqueous phase liquid*) – organoclorados e solventes clorados –, a densidade relativa desses produtos é maior que a da água, e, no caso de grandes concentrações, atravessam a camada saturada, formando uma camada imiscível na base do aquífero. A fase imiscível dos **NAPL** tem dinâmica e sentido da água subterrânea iguais, mas pode haver diferença na velocidade, por causa da viscosidade. A fase imiscível dos **DNAPL** tem a dinâmica, a velocidade e o sentido de transporte condicionados pela geometria da base do aquífero.

13.2.3 Fase solubilizada

Apesar de imiscíveis em água, os compostos orgânicos são parcialmente solubilizados em concentrações muito baixas (**ppb**). Eles são transportados com a água, deixando-a fora dos padrões de qualidade. Isso representa um grande risco, pois muitos desses compostos são carcirnogênicos e/ou mutagênicos em níveis de **ppb**. Muitas vezes apenas podem ser identificados com análises de **ppb** e **ppt**.

13.3 Diagnóstico ambiental

As atividades produtivas inadequadas podem acarretar a poluição do solo, das águas subterrâneas e superficiais. A contaminação do solo e das águas subterrâneas gera passivos que permanecem mesmo após o fim de qualquer tipo de atividade impactante (industrial, agrícola ou de mineração). Fazer auditorias e diagnósticos desses passivos é fundamental para preservar esse manancial e controlar possíveis consequências. Os principais fatores que forçam as empresas a realizar esse tipo de serviço são:

▷ Obrigações legais (federais, estaduais);
▷ Políticas corporativas (*responsable care*, balanços contábeis);
▷ Pressões de mercado (ISO 14.000, Selo Verde, Financiamento Verde).

Esses serviços são internacionalmente denominados de Diagnósticos Ambientais (*Environmental Site Assessment* (ESA)). Essas investigações determinam o contexto geológico e hidrogeológico das áreas, como os contaminantes e o meio interagem e quais são os fatores dinâmicos de transporte e atenuação dos contaminantes. Assim, as possíveis rotas de exposição dos contaminantes ao meio antrópico e ecossistema são estabelecidas. A consolidação de todas as informações forma o Modelo Conceitual, o qual representa o sistema de processos biológicos, físicos e químicos que determinam o transporte de substâncias químicas das fontes, através dos meios, até os receptores. Para a elaboração desse modelo, as seguintes informações são necessárias:

▷ Determinação dos limites da área de estudo;
▷ Identificação e caracterização das fontes potenciais de impacto;
▷ Identificação dos compostos químicos de interesse (**CQI**);
▷ Identificação e caracterização dos receptores potenciais;
▷ Definição dos mecanismos de transporte; e
▷ Rotas de exposição.

O modelo conceitual da área deve ser revisitado, confrontado ou complementado sempre que novas informações forem obtidas. Após devidamente diagnosticado, são iniciadas as avaliações para promover o gerenciamento do solo e das águas subterrâneas contaminadas. Esses trabalhos envolvem a realização de investigações de detalhamento, modelagem matemática, avaliações de risco e estudos de concepção do sistema de remediação. Entre esses trabalhos, destaca-se a Avaliação de Risco (*Risk Assessmernt*), metodologia de análise que permite estabelecer as prioridades de remediação considerando os tipos de contaminantes e o contexto ambiental (geológico, hidrográfico, social e ecológico).

A modelagem matemática é uma ferramenta que permite o entendimento do comportamento das águas subterrâneas e contaminantes, possibilitando que sejam simuladas no computador as diferentes opções de remediação. Os modelos matemáticos podem ser utilizados também na definição das zonas de proteção de poços, ou seja, definir a área de influência do bombeamento dos poços tubulares profundos e promover diretrizes para regulamentar o uso do solo em seus arredores.

As atividades investigativas de um diagnóstico hidrogeológico são compartimentadas em diferentes fases, dependendo da profundidade e quantidade de informações obtidas. O documento Decisão de Diretoria N° 103/2007/C/E (Cetesb, 2007) dispõe sobre o procedimento para o gerenciamento de áreas contaminadas e define as etapas das investigações ambientais.

13.3.1 Fase 1: diagnóstico ambiental ou auditoria de conformidades (*due diligence*)

Nessa fase são levantadas as legislações ambientais a que o empreendimento está sujeito e realizada uma análise dos documentos que o empreendimento possui, que definirá qual o grau de atendimento às normas e leis e permitirá que seja feita uma previsão do desempenho ambiental do empreendimento. Entre esses documentos encontram-se:

Documentação básica
- **Alvará de funcionamento:** normalmente cedido pela prefeitura municipal, e que compreende aspectos globais do empreendimento (tipo de empreendimento, uso e ocupação do solo, número de funcionários etc.);
- **Habite-se:** refere-se ao uso e ocupação da área do empreendimento de acordo com o zoneamento em que está localizado;
- **Licença de instalação:** documento que explica o processo de produção da empresa e que deve ser aprovado pelo órgão ambiental local;
- **Licença de operação:** consiste no documento subsequente à licença de funcionamento, no qual as instalações já prontas são verificadas pelo órgão ambiental local e eventuais modificações definidas na licença de instalação são inspecionadas;
- **Certificado de aprovação de destinação de resíduos sólidos (Cadri):** envolve inventário dos resíduos produzidos e respectiva classificação e destinação. No caso de venda de resíduos como subprodutos, é preciso apresentar notas fiscais com quantitativos e históricos do processo. No caso de gerenciamento de resíduos por terceiros, deve-se apresentar: permissões da empresa transportadora e cópia do Cadri da empresa a que se destina o resíduo;
- **Licenças de manipulação de produtos químicos controlados:** constituem licenças com a mesma abrangência, mas cedidas por órgãos diferentes: Departamento da Polícia Federal do Ministério da Justiça e pela Polícia Civil do Estado. Têm validade anual e devem conter dados como volume anual consumido.

Impostos
- Imposto predial, territorial e urbano (IPTU);
- Taxa de fiscalização de localização, instalação e funcionamento (TLIF);
- Cadastro do contribuinte mobiliário (CCM).

Segurança e saúde
- **Mapa de risco:** planta da produção com indicação de todos os pontos de risco ambiental ou à saúde ocupacional;

▷ **Laudo técnico de avaliação de riscos ambientais:** normalmente executado por terceiros, descreve as atividades de cada funcionário e os riscos envolvidos. Deve ser anual;

▷ **Programa de prevenção de riscos ambientais (PPRA):** o objetivo é preservar a saúde e a integridade dos trabalhadores com a antecipação, reconhecimento, avaliação e consequente controle da ocorrência de riscos ambientais existentes ou que possam vir a ocorrer no ambiente de trabalho;

▷ **Programa de controle médico de saúde ocupacional (PCMSO):** tem o objetivo de promover e preservar a saúde dos trabalhadores do empreendimento;

▷ **Avaliação ergonômica:** estabelece parâmetros que permitam a adaptação das condições de trabalho às características psicofisiológicas dos trabalhadores, para proporcionar conforto, segurança e desempenho eficientes;

▷ **Treinamento da brigada contra incêndio:** certificado de treinamento de ações contra o fogo, ministrado anualmente a um grupo de funcionários;

▷ **Notificações de acidentes:** último relatório (ou registro do acidente mais grave) de acidentes emitido pela Comissão Interna de Prevenção de Acidentes (**Cipa**); inspeção de equipamentos – como os compressores, capacitores e transformadores geralmente são terceirizados, a manutenção desse equipamento deve ser documentada. Cópias dos relatórios detalhados, preparados pelas terceirizadas, devem ser apresentadas na auditoria. Dependendo do ramo de atividade da empresa auditada, deve-se atentar à necessidade de documentos adicionais referentes a combustíveis, explosivos, construções a céu aberto etc., os quais devem ser devidamente inventariados.

Layout e *perfis*
▷ Planta planialtimétrica da área do empreendimento;
▷ *Layout* das tubulações (efluentes, água, produto, esgoto);
▷ Perfis de sondagens geotécnicas;
▷ Perfis de poços tubulares (artesianos).

Depois de reunidos todos os documentos, é feita uma vistoria da área do empreendimento. Ela é realizada pelo auditor com um representante da empresa, o qual deve ter um bom conhecimento da área e do funcionamento

dos processos e da localização das estruturas. Os funcionários mais indicados para isso são os mais antigos ou os responsáveis pela manutenção. A vistoria prioriza as seguintes informações:
- Inventário das instalações, áreas de processo/utilidades/estoques;
- Vizinhança;
- Indústrias, comércio e serviços (atividade, fonte potencial, forma de abastecimento de água);
- Comunidade (localização e forma de abastecimento);
- Compostos químicos utilizados no passado e presente;
- Matérias-primas, produtos, resíduos.

Sinistros e mudanças
- Vazamento de tubulações e tanques;
- Troca de tanques;
- Modificações de *layout*;
- Mudanças de processos;
- Práticas antigas de disposição de resíduos e efluentes.

Resultados
As informações são consolidadas na forma de um relatório, em que são identificados os problemas e as não conformidades e apresentado um diagnóstico qualitativo. As principais informações apresentadas são:
- Inventário das áreas suspeitas e contaminantes potenciais;
- Contextos geológico, hidrogeológico e de vulnerabilidade;
- Vizinhanças e potenciais receptores;
- Identificação de estruturas enterradas;
- Evidências de contaminações de solo e água subterrânea;
- Estimativa dos possíveis impactos;
- Identificação das não conformidades legais quanto às questões ambientais;
- Possíveis implicações legais e econômicas;
- Recomendações quanto às ações necessárias.

Conforme o quadro, pode-se aprofundar as investigações para obter informações quantitativas.

13.3.2 Fase 2: delineamento inicial/investigação confirmatória
Nessa fase são levantadas informações que quantificam o nível de conta-

minações existentes no solo e nas águas subterrâneas. São coletadas amostras e realizadas análises químicas do solo e das águas.

Planejamento dos serviços de investigação

O planejamento engloba os seguintes aspectos:
▷ Setores a serem investigados (setores suspeitos);
▷ Planejamento dos pontos a serem coletados;
▷ Características dos contaminantes envolvidos;
▷ Características do solo local;
▷ Profundidade da água subterrânea;
▷ Tipos de atividades investigativas a serem realizadas;
▷ Medidas de segurança e saúde a serem tomadas;
▷ Prazos.

Atividades investigativas

▷ **Sondagem do solo:** tem como objetivo caracterizar a litologia do subsolo. Antes de ser executada, algumas características locais devem ser observadas:
  • Profundidade de investigação;
  • Metodologia a ser adotada (trado, *hollow steam auger*);
  • Litologia a ser coletada;
  • N° de pontos de sondagem.

As sondagens permitem conhecer a litologia do subsolo, definir o contexto geológico (estratigráfico) local, observar as evidências de contaminação (textura, odor, presença de contaminantes), realizar a determinação de *soil gas sampling* e coletar amostras para análise química.

▷ *Soil gas sampling*: consiste em determinar a concentração de compostos orgânicos voláteis nos gases do solo. Essa medida permite avaliar as evidências de contaminação de solo e águas subterrâneas. A grande maioria das tecnologias empregadas nessas investigações foi inicialmente desenvolvida para determinar a concentração de compostos orgânicos em ambientes de trabalho e posteriormente adaptada para avaliações ambientais quanto à presença de contaminantes no solo. Essas tecnologias são aplicadas durante a fase de investigação do solo, de modo a fornecer subsídios na seleção das amostras de solo enviadas para análise. Entre as tecnologias utilizadas destacam-se:

- **Tubos de difusão passiva:** são tubos preenchidos com cristais que têm capacidade de reagir na presença de voláteis específicos (Fig. 13.1). Existe uma grande variedade de gases que podem ser determinados por eles e, entre eles, pode-se destacar: benzeno, tolueno, etilbenzeno, xileno, amônia, dióxido de carbono, óxido de enxofre, hidróxido de enxofre etc. Deve-se utilizar uma bomba específica, com capacidade volumétrica predeterminada, para usá-los. Essa bomba permite que a determinação da concentração do composto analisado seja mais precisa. Para realizar essa medida, utilizam-se diferentes metodologias:
- **Medida no furo:** os furos de sondagem são tamponados e, após um período de alguns dias, são realizadas as medidas em cada furo. O tempo que os furos são deixados tamponados deve ser praticamente o mesmo em cada furo. As condições atmosféricas devem ser observadas durante a leitura; deve-se realizar a leitura em dias de clima estável e durante os horários próximos ao meio-dia. Nesse horário a temperatura é mais estável. A medida no furo permite avaliar a concentração de voláteis de todo o intervalo do furo de sondagem. Para detalhar, realizam-se avaliações individuais.
- **Avaliações individuais:** quando é preciso obter informações quanto à concentração dos voláteis de diferentes intervalos de profundidade ou de diferentes horizontes litológicos, realizam-se medidas individuais. Amostras de solo dos intervalos de interesse são acondicionadas em recipientes herméticos e são efetuadas as medidas. Como no item anterior, as condições atmosféricas devem ser observadas durante a leitura.
- **PID (*photoionization detector*):** o detetor de fotoionização é um equipamento que determina a concentração de compostos voláteis (Fig. 13.2). Ele aspira o ar para dentro do equipamento. Com uma lâmpada UV, o ar é ionizado, emitindo fótons. A leitura dessa emissão de fótons é realizada por um microprocessador, que compara o resultado com a leitura de um gás padrão. Existem diversos fabricantes desse equipamento, e os mais utilizados são os da Photovac. Os modelos, variados, vão dos que fazem leituras da concentração total de compostos orgânicos voláteis até aos que são capazes de determinar a concentração individualizada de diversos compostos. Os limites de detecção variam de 0,5 ppm a 1 ppm.

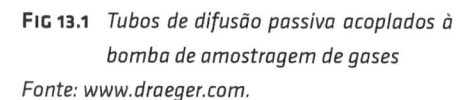

Fig 13.1 *Tubos de difusão passiva acoplados à bomba de amostragem de gases*
Fonte: www.draeger.com.

Fig 13.2 *Fotoionizador Photovac 2020*
Fonte: www.perkimelmer.com.

- Com sua versatilidade e praticidade, o detetor de fotoionização realiza as mais variadas formas de medidas, como as do furo de sondagem, a de amostras individuais e as de ambientes externos.
- **Gore Sorber:** é uma tecnologia de investigação de áreas desenvolvida pela Gore Associates Inc., dos EUA. Consiste em um tecido que tem a propriedade de capturar compostos voláteis orgânicos presentes no ar. Para utilizá-lo, são realizados furos no solo com cerca de 2", nos quais são instalados pedaços do tecido. Após um período não inferior a uma semana, os pedaços de tecidos são recolhidos e enviados ao laboratório. Lá é realizada a extração e a análise dos compostos voláteis capturados.
- **Construção de poços de monitoramento (profundidade e materiais de revestimento):** o acesso à zona saturada, abaixo do nível freático, é feito com a construção de poços de monitoramento. Os principais critérios para implantar esses poços são:
    # Tendência dos fluxos subterrâneos;
    # Disposição das fontes potenciais de poluição da área;
    # Resultados da detecção de gases e análises químicas de solo.
A construção dos poços deve seguir as diretrizes estabelecidas pela norma NBR 15.495-1/2007 (ABNT, 2007). Os principais fatores a serem observados na construção dos poços de monitoramento são:
    # *Contexto geológico*: horizontes aquitardes ou com propriedades impermeáveis devem ser observados com atenção. Esses níveis somente devem ser atravessados caso existam evidências

seguras de que horizontes inferiores apresentam algum tipo de contaminação. Nesse caso, o poço de monitoramento deve ter perfil construtivo que impeça a intercomunicação da água entre diferentes horizontes.

Metodologia de perfuração e diâmetro: a escolha da metodologia de perfuração adequada é fundamental. Para instalar poços de monitoramento, utiliza-se a perfuração a seco. Em casos de poços de monitoramento rasos ou em solos de pouca rigidez, o método mais utilizado é o da sondagem com trado manual ou a percussão. Abaixo do nível da água ou em solo pouco consistente, é necessário o uso de tubos de revestimento para evitar o colapso do furo. Com a sondagem a percussão, é preciso ter cuidado com a origem da água utilizada na perfuração. Nos EUA, é empregado o *hollow stem auger*, máquina que compreende trado helicoidal oco. Ela obtém amostras contínuas dos horizontes perfurados e faz perfurações a seco com diâmetros de até 12". Por ter caráter investigativo, os diâmetros de perfuração variam entre 4" e 8" e o revestimento, entre 2" e 4", respectivamente.

Materiais de revestimento: o tipo de revestimento empregado nos poços de monitoramento depende do tipo de contaminante potencial esperado para a área. Na grande maioria dos casos, os poços de monitoramento são revestidos com tubos de PVC. Esses tubos devem ter parede grossa com junção tipo luva e rosca. O uso de cola para junção dos revestimentos pode ocasionar a contaminação da água pelos seus solventes. Em áreas com grande possibilidade da presença de compostos orgânicos voláteis, principalmente solventes, poços de monitoramento devem ser revestidos com aço inox.

O pré-filtro utilizado deve ter sua origem controlada, sendo recomendável a lavagem do pré-filtro antes de instalá-lo.

O selo de bentonita pode ser construído com calda de bentonita ou com bentonita granulada. Em poços de monitoramento profundo, para assegurar a estanqueidade desse selo, a bentonita granulada é mais recomendável. O espaço anular entre os selos de bentonita pode ser preenchido por uma mistura de solo perfurado, cimento e/ou bentonita. O selo superficial deve ser construído com concreto/cimento e instalada caixa de proteção.

No interior de áreas industriais, é fundamental a instalação da proteção superficial, pois um ato de vandalismo pode danificar o poço e a qualidade da amostra coletada.

Perfil construtivo x Contaminantes potenciais: o posicionamento da seção de filtro e dos demais elementos construtivos do poço de monitoramento deve sempre considerar as propriedades contaminantes potenciais presentes na área. Esses cuidados são indicados para contaminantes que apresentam fase imiscível na água.

LNAPL: compostos como combustíveis, solventes e outros são menos densos que a água e formam uma fase imiscível que fica sobrenadante acima do nível d'água (fase livre). Nesses casos, a seção de filtro deve ter um segmento posicionado acima do nível d'água. O filtro é instalado de 1 m a 1,5 m acima desse nível. Assim, é possível identificar a fase livre e medir sua espessura.

DNAPL: alguns solventes clorados e compostos orgânicos são mais densos que a água e imiscíveis. Esses compostos formam uma fase livre na base do aquífero, obrigando a instalação de um poço de monitoramento totalmente penetrante atingindo a base do aquífero. A instalação desses poços de monitoramento deve ser cercada de diversos cuidados para evitar a perfuração de camadas impermeáveis da base do aquífero. Caso isso ocorra, há a possibilidade de o contaminante atingir níveis aquíferos inferiores anteriormente protegidos.

Metodologia de desenvolvimento: o bombeamento e/ou esgotamento com bailer são os métodos mais utilizados para o desenvolvimento dos poços de monitoramento (Fig. 13.3). A presença

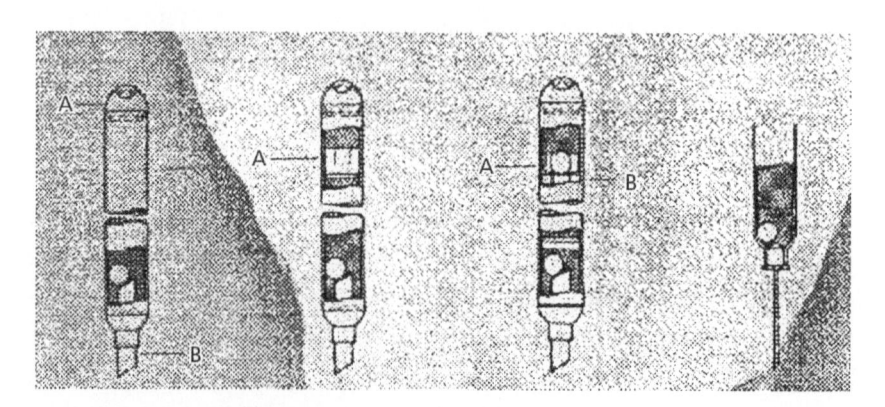

FIG 13.3 *Esquemas do amostrador* bailer

de fase livre de compostos inflamáveis nos poços de monitoramento requer maiores precauções. Nesse caso, não devem ser usadas bombas de motor a explosão nem elétricas.

Contaminações cruzadas: essas contaminações podem ocorrer durante diferentes etapas construtivas dos poços de monitoramento. Para evitá-las, é preciso adotar rigorosos procedimentos de limpeza dos equipamentos de perfuração e de outros materiais durante o manuseio. Esses equipamentos devem ser limpos com água, detergente neutro e água destilada, e com máquinas de pressão e a vapor, se possível. A limpeza deve ocorrer na mudança de um ponto para outro de perfuração, antes da coleta de alguma amostra de solo, ou quando atravessar algum ponto intensamente contaminado.

- **Medidas de condutividade hidráulica:** durante a Fase 2, devem ser obtidos alguns dados da condutividade hidráulica do subsolo. Esses dados podem ser obtidos de diferentes formas, entre as quais:
  # *Testes de permeabilidade*: testes de permeabilidade são feitos nos furos de sondagem e nos poços de monitoramento. Os procedimentos adotados são iguais aos dos testes de geotecnia. Dependendo do nível de contaminação, é recomendável a realização do *slug test*.
  # *Ensaios de bombeamento*: são realizados em poços tubulares profundos, escavados e de monitoramento.
  # *Ensaios em amostras indeformadas*: ensaios em laboratório permitem a definição dos coeficientes de condutividade hidráulica e dos dados de porosidade total e efetiva.

  Em todos os casos, alguns cuidados devem ser tomados caso sejam identificadas elevadas evidências de contaminação do solo e da água (presença de fase de produto livre na água, odor, coloração da água). Nesses casos, a água bombeada deve ser estocada ou devidamente tratada.

- **Análises químicas (parâmetros/quantidade):** os parâmetros analíticos são definidos dependendo dos contaminantes potenciais. São realizadas análises mais abrangentes para depois serem selecionados os elementos mais impactantes e traçadores de contaminação. Os principais grupos de compostos passíveis de serem analisados são:

Metais: os metais pesados são os que devem merecer maiores atenções. Entre eles: Pb, Hg, Cu, Cr, CrVI, Zn, Ni, Va, Se. Outros metais que também merecem atenção são: As, CN, Be e Ba;
Compostos voláteis: inclui hidrocarbonetos aromáticos (solventes), monômeros (estireno), hidrocarbonetos clorados, clorobenzenos;
Compostos semivoláteis: Hexaclorobenzeno, pentaclorobenzeno, fenóis etc.;
Pesticidas;
Organoclorados;
DDT, BHC, aldrin, dieldrin, isodrin, endrin;
Organonitorgenados;
Atrazine, propazine, simazine;
Organofosforados;
Bromophos-metil, diazin, malathion, parathion;
PCB (ascarel).

Existem diferentes tendências para definir os compostos a serem analisados quando da realização de um diagnóstico hidrogeológico. Vários países estabelecem normas e padrões para a investigação de área, e as referências mais importantes são:

Canadá: CCME *guidelines*;
EUA: EPA *guidelines*;
Inglaterra: Contaminated Land Research Program (DOE);
Bélgica: OVAM *guidelines*;
Holanda: NNI; NVN 5740.

A EPA *guidelines* estabelece uma lista de poluentes prioritários (*priority pollutants list*) que é referência para a etapa de diagnóstico inicial de uma área suspeita. Essa lista inclui:

Metais: 11;
Voláteis: 69 compostos;
Semivoláteis: 70 compostos;
Pesticidas: 20 compostos;
PCB: 8 compostos.

A norma holandesa estabelece um programa mais focalizado, em que os compostos são diferentes dependendo de condicionantes como: área suspeita e não suspeita, profundidade do solo (*top soil/deeper soil*). Os principais compostos analisados são:

- # **Solventes aromáticos**: BTEX, naftaleno e estireno;
- # **Solventes polares**: acetona, MEK;
- # **Solventes clorados**: cloreto de metileno, clorofórmio, tetracloreto de carbono, tricloroetileno, tetracloroetileno;
- # Ftalatos;
- # **Metais pesados**: Zn, Cd, Cr, Cu, Mo, Ba e Pb;
- # Clorobenzenos;
- # PCB.
- • **Relatório diagnóstico:** ao final da etapa é apresentado um relatório englobando:
  - # Definição da extensão de solo e água subterrânea contaminados;
  - # **Monitoramento:** definição da frequência e parâmetros indicadores/traçadores de contaminação;
  - # Definição das fontes de poluição;
  - # Definição dos setores com prioridades de remediação. Risco imediato à comunidade/saúde/segurança;
  - # Custos para detalhamento e remediação da área;
  - # Possíveis implicações legais.

13.3.3 Fase 3: investigação de detalhe/monitoramento

Após a fase de auditoria/diagnóstico, são traçadas as principais diretrizes para definir as contaminações de solo e água subterrânea. Na maioria dos casos, antes de qualquer ação para remediar, é preciso detalhar os serviços que envolvem as investigações e o monitoramento dos pontos identificados. Isso melhora o diagnóstico e facilita definir a tecnologia de remediação mais adequada, técnica e economicamente falando.

Além das tecnologias investigativas utilizadas na Fase 2, na 3 são empregadas técnicas mais refinadas, que necessitam de muitos dados básicos já determinados, como a aplicação de modelos matemáticos, a realização de avaliações de risco e projeto básico dos sistemas de remediação.

O tempo de monitoramento de uma área pode variar por causa das características geológicas e ambientais, do risco apresentado pela contaminação identificada e de questões técnicas e estratégicas do empreendimento. Normalmente, a fase de monitoramento tem duração de um ano hidrológico, quando são coletadas amostras a cada três meses. Essa periodicidade permite obter informações quanto às possíveis variações sazonais da profundidade do nível d'água nos poços de monitoramento e à variação na concentração dos contaminantes identificados no solo e nas águas subterrâneas.

Com o monitoramento, obtêm-se: reações, interações e degradação dos contaminantes no meio (solo/micro-organismos); variações sazonais de direção e velocidade de fluxos subterrâneos; confirmação de eficácia das ações de remediação.

Modelagem matemática

A modelagem matemática é uma ferramenta que auxilia no planejamento das atividades necessárias para remediação da área (Fig. 13.4). Existem diversos modelos que permitem simular o comportamento das águas subterrâneas e vapores no solo. Assim, antes da remediação, ela pode ser simulada no computador, permitindo empregar recursos mais eficientes. Entre os modelos existentes, destacam-se:

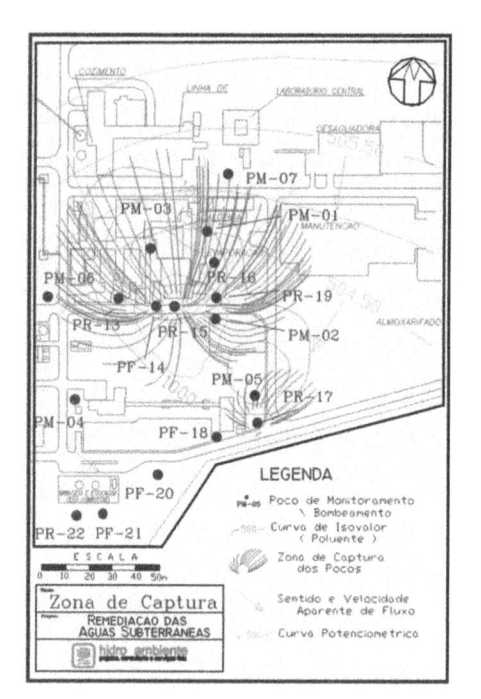

FIG 13.4 *Exemplo de modelagem matemática aplicada no projeto de um sistema pump and treat*

▷ *Flowpath;*
▷ *Visual modflow;*
▷ *Air flow;*
▷ *Feflow.*

Avaliação de risco

A utilização da avaliação de risco ambiental torna mais pragmática a tomada de decisão relativa às ações corretivas em áreas contaminadas, pois existe um foco dessas ações nos riscos reais à saúde pública e ao ecossistema. Historicamente, nos EUA e Europa, a utilização da ferramenta de *avaliação de risco* demonstra desempenho crucial no gerenciamento de projetos de remediação, pois resulta na minimização dos riscos ao meio ambiente e na economia direta dos investimentos alocados. Os fundamentos básicos de uma avaliação de risco recaem sobre os conceitos de fonte de contaminação, rotas de exposição e receptores potenciais, sendo definidos como:

▷ **Fonte de contaminação:** é definida como aquilo que é diretamente responsável pelo risco, como um tanque de produto, uma célula de aterro, uma determinada atividade não controlada na indústria etc.;
▷ **Rota de exposição:** é o meio pelo qual a fonte de contaminação pode entrar em contato com o receptor. A rota de exposição pode ser simples, como no caso de inalação de particulado contaminado, ou complexa, no caso de ingestão de frutos colhidos em áreas com solo e águas subterrâneas contaminados.
▷ **Receptores:** são os objetos expostos direta ou indiretamente ao risco, como as pessoas, vegetais, animais, mananciais subterrâneos e superficiais.

Compreende a coleta de informações necessárias dentro de uma perspectiva de risco baseada na estrutura já apresentada. Os principais passos dessa avaliação são:

▷ Identificar as possíveis fontes;
▷ Identificar receptores potenciais;
▷ Identificar rotas potenciais de exposição;
▷ Identificar concentrações de contaminantes em possíveis pontos de exposição;
▷ Determinar concentrações máximas de contaminação;
▷ Determinar taxas de transporte, quando necessário.

As avaliações de risco são realizadas por modelos matemáticos em que todas as variáveis são consideradas. Entre os modelos existentes destacam-se:

▷ *Based corrective actions* (RBCA);
▷ Mackay/Jury (modelos físico-químicos);
▷ Hesp;
▷ *C. Soil* (*Clean soil*);
▷ Planilhas para avaliação de risco desenvolvidas pela Cetesb (atualizadas em maio/2013).

O desenvolvimento do estudo baseia-se na execução de quatro fases principais, que resultam numa avaliação dos riscos provocados pela exposição ao contaminante que seja cientificamente defensável. Essas fases são divididas em coleta e avaliação de dados, avaliação de exposição, análise de toxicidade e caracterização do risco, conforme propostas estabelecidas pela United States Environment Protection Agency (Usepa, 2009). A Fig. 13.5 apresenta as interações entre as diferentes etapas da avaliação de risco.

A etapa de *coleta e avaliação de dados* envolve a compilação e validação de todas as informações relevantes para o desenvolvimento de um *modelo*

```
┌─────────────────────────────────────┐
│     Coleta de avalição de dados     │
│ ▷ Tratamento e análise de dados     │
│   específicos da área               │
│ ▷ Identificação de compostos químicos│
│   de interesse, dos receptores e das│
│   rotas de exposição                │
└─────────────────────────────────────┘
```

┌─────────────────────────────────┐
│   Avaliação de Exposição   │
│ ▷ Análise de vazamento de   │
│   identificação das exposições │
│   de poluentes   │
│ ▷ Identificação das exposições │
│   dos caminhos potenciais   │
│ ▷ Estimativa da concentração   │
│   de exposição para cada caminho│
│ ▷ Estimativa da dose de ingresso│
│   de contaminante por caminho   │
└─────────────────────────────────┘

┌─────────────────────────────────┐
│   Análise de toxicidade   │
│ ▷ Coleta quantitativa e qualitativa de │
│   informações sobre toxicidade │
│ ▷ Levantamento de dados de valores │
│   de dose de referência   │
└─────────────────────────────────┘

┌─────────────────────────────────────┐
│   Caracterização do risco   │
│ ▷ Cálculo dos seguintes potenciais │
│   • Estimativas de risco para compostos │
│   carcinogênicos   │
│   • Estimativa do Coeficiente de Risco │
│   para compostos não carcinogênicos│
│ ▷ Avaliação da incerteza   │
│ ▷ Resumo de informações de riscos   │
└─────────────────────────────────────┘

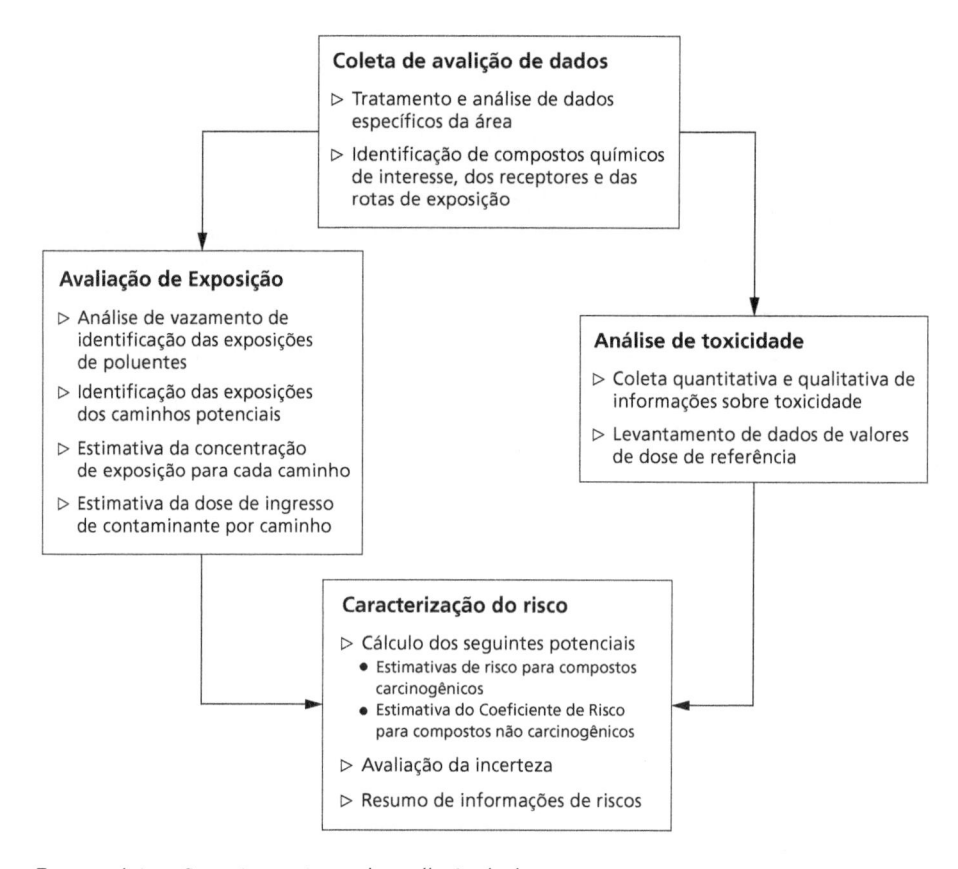

FIG. 13.5 *Interações entre as etapas da avaliação de risco*

conceitual de exposição (MCE) da área de interesse, bem como a identificação dos dados básicos para a quantificação das doses teóricas de ingresso dos compostos químicos de interesse (CQI) (Cetesb, 2009).

O objetivo da avaliação de exposição é determinar o tipo e a magnitude da exposição humana aos CQI que estão presentes no meio físico, associados a um dado evento de exposição atual e/ou futura. Os resultados dessa avaliação definem os cenários de exposição do MCE e a quantificação das doses de ingresso (In) (Cetesb, 2009).

A dose de ingresso total para um determinado composto químico é a somatória das doses de ingresso para cada vetor identificado na etapa anterior como sendo de interesse. A dose de ingresso total por ingestão, inalação e contato dérmico é usada posteriormente na caracterização do risco.

A *avaliação da toxicidade* é feita para os CQI analisados e o envolvimento da identificação dos efeitos tóxicos potenciais dessas substâncias e a estimativa da dosagem máxima para cada substância que não causa efeitos adversos mensuráveis para os receptores em questão (dose de segurança). Assim, consiste na obtenção de dados toxicológicos relativos aos CQI, de modo a possibilitar a interpretação dos possíveis efeitos adversos à saúde humana associada a um evento de exposição. Esses dados devem ser obtidos em bancos de dados toxicológicos reconhecidos, que servirão como fonte de informação sobre o perfil toxicológico do CQI (Cetesb, 2009).

A *caracterização do risco* envolve a quantificação dos riscos aos receptores potenciais associados à exposição aos CQI e à descrição dessas estimativas de risco. A quantificação do risco deve ser realizada individualmente para efeitos carcinogênicos e não carcinogênicos, considerando cada caminho de exposição identificado no MCE da área de estudos (Cetesb, 2009).

O incremento de risco definido pelo fator de carcinogenicidade (*slope factor* (SF)) de determinado composto químico representa o risco produzido pela exposição diária durante toda a vida a 1 mg/kg/dia do composto. Esse incremento de risco (IR) é dado pela assimilação diária média da dose de ingresso pelo receptor (In) multiplicada por um fator de carcinogenicidade (SF), características de cada composto:

$$IR = In \times SF \qquad (13.1)$$

O limite para o IR estabelecido pela Cetesb é de 10^{-5}, ou seja, é o valor máximo aceitável para exposição diária durante toda a vida do receptor a um determinado composto químico em que o risco de câncer seja menor que a ocorrência de um caso em cada cem mil indivíduos.

O quociente de risco (*hazard quotient* (HQ)) é baseado na dose de referência (RfD) específica para cada composto não carcinogênico – estimativa da exposição diária (mg/kg/dia) em que uma população humana não está sujeita a nenhum efeito adverso durante uma vida inteira de exposição – associada à dose de ingresso diária média pelo receptor (In). Se o In for maior que o RfD, o quociente de risco será positivo e, portanto, indicativo de risco não carcinogênico.

A RfD é um parâmetro que vem da máxima concentração de um CQI em que não se observam efeitos adversos à saúde (chamados *non observed adverse effect level* (Noael)), com um fator de incerteza de pelo menos uma ordem de grandeza, evidenciando o conservadorismo de estudos de avaliação de risco à saúde humana. A caracterização do risco somente será considerada completa quando a quantificação do risco estiver acompanhada de interpretação e da análise das incertezas a ela associadas.

13.4 Gerenciamento de áreas contaminadas

O procedimento para a gestão de áreas contaminadas é apresentado no documento Decisão de Diretoria N° 103/2007/C/E (Cetesb, 2007). Segundo esse documento, o gerenciamento de áreas contaminadas objetiva reduzir a um número aceitável os riscos a que a população e o meio ambiente estão sujeitos em decorrência de exposição às substâncias provenientes de áreas contaminadas, por meio de medidas que assegurem o conhecimento das características dessas áreas e dos impactos decorrentes da contaminação, para tornar as tomadas de decisão mais adequadas.

A Fig. 13.6 apresenta as ações que podem ser adotadas no processo de gerenciamento do risco. Entre essas ações, destacam-se:
- ▷ Adoção de medidas emergenciais;
- ▷ Aplicações de técnicas de remediação;
- ▷ Estabelecimento de medidas de controle institucional ou de engenharia;
- ▷ Monitoramento para encerramento.

Dependendo das particularidades de cada caso, as medidas de intervenção poderão ser adotadas em conjunto ou separadamente.

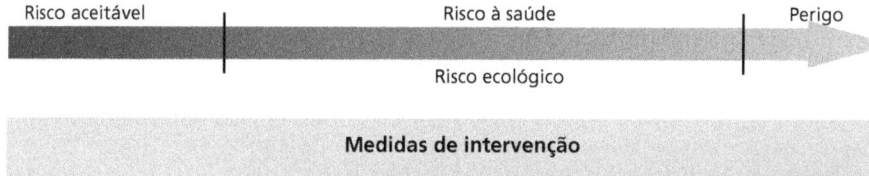

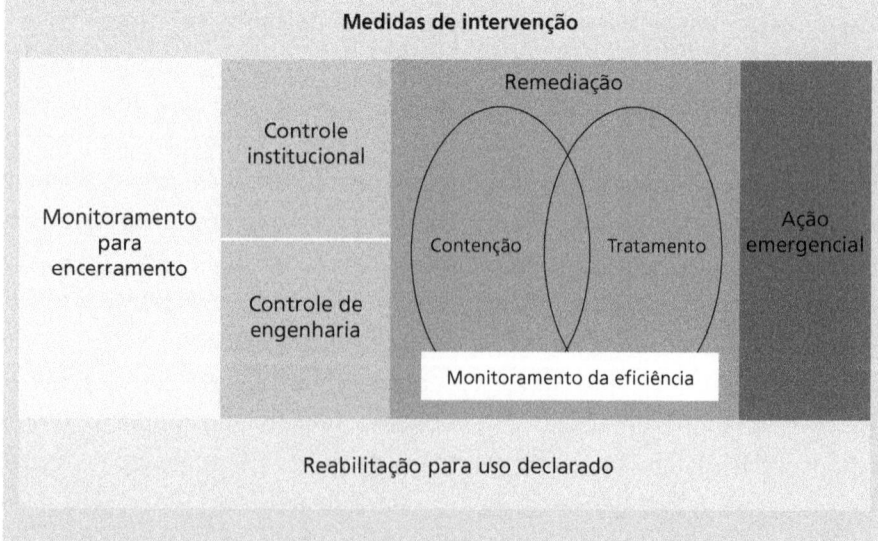

FIG. 13.6 *Ações a serem tomadas no gerenciamento das áreas contaminadas*
Fonte: Cetesb (2007).

13.4.1 Definição de prioridades

Os aspectos que devem ser considerados para o início da remediação são:

▷ Setores;
▷ Tipos de contaminantes;
▷ Riscos potenciais (comunidade, saúde, segurança);
▷ Exigências legais (atual e tendência);
▷ Teores ideais de atenuação e *clean up*.

13.4.2 Estudo das tecnologias de remoção, operação, tratabilidade do solo e água contaminados e formas de disposição

▷ *Pump and treat* (bombeamento e tratamento em superfície da água contaminada);
▷ Troca de solo (escavação, disposição em aterro industrial, com processamento em fornos de cimento, incineração, inertização);
▷ *Air sparging*;
▷ *Bioventing*;
▷ Biorremediação.

13.4.3 Avaliar a eficiência da técnica de remediação para atingir os padrões legais de qualidade

Os padrões de referência são apresentados na Resolução Conama n° 420 (Conama, 2009), que dispõe sobre critérios e valores orientadores de qualidade do solo quanto à presença de substâncias químicas e estabelece diretrizes para o gerenciamento ambiental de áreas contaminadas por essas substâncias em decorrência de atividade antrópica.

13.4.4 Custo de implantação e manutenção do sistema de remediação x eficiência de tratabilidade

Antes de selecionar a tecnologia de remediação a ser adotada, deve-se avaliar custos de implantação, manutenção e o tempo necessário para reduzir as concentrações de contaminantes a níveis aceitáveis.

Referências bibliográficas

ABNT - ASSOCIAÇÃO BRASILEIRA DE NORMAS TÉCNICAS. NBR 15.495: poços de monitoramento de águas subterrâneas em aquíferos granulares - parte 1: projeto e construção. Rio de Janeiro, 2007.

CETESB - COMPANHIA AMBIENTAL DO ESTADO DE SÃO PAULO. Decisão de Diretoria n° 103/2007/C/E, de 22 de junho de 2007. Procedimento para gerenciamento de áreas contaminadas. 2007. Disponível em: <http://www.cetesb.sp.gov.br/Solo/areas_contaminadas/proced_gerenciamento_ac.pdf>. Acesso em: 2 jul. 2013.

CETESB - COMPANHIA AMBIENTAL DO ESTADO DE SÃO PAULO. Planilhas para Avaliação de Risco em áreas contaminadas sob investigação. 2009. Disponível em: <http://www.cetesb.sp.gov.br/Solo/areas_contaminadas/planilhas2009.asp>. Acesso em: 11 jan 2011.

CONAMA - CONSELHO NACIONAL DO MEIO AMBIENTE. Resolução nº 420, de 28 de dezembro de 2009. Dispõe sobre critérios e valores orientadores de qualidade do solo quanto à presença de substâncias químicas e estabelece diretrizes para o gerenciamento ambiental de áreas contaminadas por essas substâncias em decorrência de atividades antrópicas. *Resoluções*, 2009. Disponível em: <http://www.mma.gov.br/port/conama/legiabre.cfm?codlegi=620>. Acesso em: 2 jul. 2013.

FETTER, C. W. *Contaminant hydrogeology*. New York: Macmillan, 1993.

FOSTER, S. S. D.; HIRATA, R. C. A. Groundwater pollution risk assessment: a methodology using available data. WHO-PAHO/HPE-CEPIS *technical manual*. Lima, 1988. 81 p.

PACHECO, A.; REBOUÇAS, A. C. Recomendações para uma legislação brasileira de águas subterrâneas. In: CONGRESSO BRASILEIRO DE ÁGUAS SUBTERRÂNEAS, 2-6 de setembro, Fortaleza. 1984.

TINOCO, M. P.; PANNUTI, E. L.; MAHALLEM, R.; SANCHEZ, M. G.; KOMISKAS, J. P.; TERADA, M. Água subterrânea na Região Metropolitana de São Paulo – atuação da Sabesp. In: CONGRESSO BRASILEIRO DE ÁGUAS SUBTERRÂNEAS, 6., 16-19 de setembro, Porto Alegre. 1990.

USEPA - United States Environmental Protection Agency. *Risk assessment guidance for superfund (RAGS)*. Volume 1: Human health evaluation manual. Part F: Supplemental guidance for inhalation risk assessment. 2009.

Gerenciamento de recursos hídricos

14

Cid Tomanik Pompeu
(in memoriam) Flávio Terra Barth

A condição básica para que o gerenciamento de recursos hídricos se torne uma imposição é a escassez relativa, com demandas hídricas se aproximando das disponibilidades. Isso ocorre em duas circunstâncias: nas bacias hidrográficas de grande concentração demográfica e industrial, a escassez decorre da poluição hídrica e as disponibilidades são afetadas pelo padrão insatisfatório de qualidade da água para uso mais nobre; nas regiões semiáridas, o clima é a razão determinante da insuficiência das disponibilidades diante das demandas.

Nos dois casos a água deve ser reconhecida como um bem econômico, com custos crescentes para ser obtida em quantidade e com padrões apropriados de qualidade para todos os usos.

Nas bacias hidrográficas, ou regiões em que há abundância hídrica, a água é importante fator de desenvolvimento econômico, social e ambiental. Sua abundância, porém, não implica que sua utilização seja descuidada, pouco racional e que a conservação e proteção dos recursos hídricos deixe de ser um dos pontos importantes do plano de desenvolvimento regional, que considera o aproveitamento múltiplo dos recursos hídricos.

Nessas circunstâncias, os conceitos de gerenciamento dos recursos hídricos devem ser aplicados. Desde a década de 1970, a atuação de ambientalistas antecipou ações de gerenciamento dos recursos hídricos, em razão da sua valorização política. Uma característica fundamental da água é que se trata de um bem de usos múltiplos e competitivos, e os custos relacionados com a sua utilização e conservação, em uma mesma bacia hidrográfica, afetam todos os usuários, mas, de forma diferenciada, na dependência da situação relativa à captação de água e ao lançamento de cargas poluentes. A distribuição dos custos entre os usuários e os setores beneficiados por obras de aproveitamento e proteção dos recursos hídricos é questão de grande complexidade e importância.

Como decorrência desses conceitos básicos, o gerenciamento de recursos hídricos pode ser definido como:

O conjunto de ações para obter o aproveitamento múltiplo e racional dos recursos hídricos, com atendimento satisfatório de todos os usos e usuários, em quantidade e padrões de qualidade, assim como o controle, a conservação, a proteção e a recuperação desses recursos, com distribuição equânime dos custos entre os usuários e beneficiários.

O gerenciamento de recursos hídricos pode se valer de instrumentos de diferentes naturezas. Os instrumentos jurídico-administrativos referem-se à outorga dos direitos de uso dos recursos hídricos, ao licenciamento ambiental e à aplicação do poder de polícia administrativa, e prevalecem em uma concepção de gerenciamento na qual o poder público é o grande decisor.

Dentre os instrumentos econômico-financeiros, podem ser relacionados: o rateio de custos das obras de aproveitamento múltiplo, a aplicação do princípio usuário-pagador e os mecanismos do mercado. Neste último caso, o poder público limita radicalmente a sua atuação, deixando para as leis da oferta e da procura as decisões sobre a utilização do recurso hídrico, restando-lhe somente aspectos essenciais referentes à saúde e à segurança públicas. Já os instrumentos político-institucionais ressaltam a negociação entre os usuários das águas, organizados em comitês de bacias hidrográficas ou associações de usuários para soluções dos conflitos. O Poder Público deixa de ser o único decisor sobre a utilização dos recursos hídricos, passando a compartilhar as decisões com as comunidades das bacias hidrográficas.

A escolha do modo de gerenciamento de recursos hídricos é uma decisão de natureza política, fortemente relacionada com as condições físicas, climáticas, econômicas, sociais, legais, culturais e ambientais de cada país, região ou bacia hidrográfica. Como essas condições evoluem com o passar do tempo, o gerenciamento poderá se desenvolver em diversas fases, combinando diferentes tipos de instrumentos, em consonância com as condições e peculiaridades de cada caso.

Desse modo, não há um modelo único, apropriado ou ideal para cada bacia hidrográfica, mas um processo evolutivo de gerenciamento de recursos hídricos, cuja condução é de natureza essencialmente política.

14.1 Aspectos institucionais

14.1.1 A recente experiência brasileira de gerenciamento de recursos hídricos

Marco importante de integração intergovernamental e interinstitucional para o gerenciamento de recursos hídricos no Brasil foi a celebração de um acordo entre o Ministério das Minas e Energia e o governo do Estado de São Paulo, em 1976. Com o objetivo de melhoria das condições sanitárias nas bacias dos rios Tietê e Cubatão; desenvolvimento de ações em situações críticas; adequação de obras de saneamento; abastecimento de água e tratamento e disposição de esgotos.

O bom resultado desse acordo levou os ministérios de Minas e Energia e do Interior a criar o Comitê Especial de Estudos Integrados de Bacias Hidrográficas (CEEIBH), em 1978, com o objetivo de classificar, estudar e acompanhar os cursos d'água da União e a utilização racional de seus recursos hídricos. Em diversas bacias hidrográficas de rios do domínio federal foram criados comitês executivos, vinculados ao CEEIBH. Esses comitês tinham atribuições consultivas – nada obrigava que suas decisões fossem implantadas, pois lhe faltava respaldo legal – e, embora carentes de apoio técnico, administrativo e financeiro, constituíram-se em experiências importantes.

Em 1983, foi realizado, em Brasília, com a participação de especialistas da França, Inglaterra e Alemanha, o Seminário Internacional de Gestão de Recursos Hídricos, que teve conclusões conservadoras de manutenção da situação institucional vigente. O seu principal resultado, porém, foi o desencadeamento do debate do gerenciamento dos recursos hídricos de âmbito nacional, com a realização de encontros nacionais de órgãos gestores em diversas capitais brasileiras, e a mais importante proposta decorrente desses eventos foi a organização de um Sistema Nacional de Gestão de Recursos Hídricos.

Em 1986, o ministério de Minas e Energia criou um grupo de trabalho, com a participação de órgãos e entidades federais, estaduais, do Distrito Federal e dos territórios, para propor uma forma de organização desse sistema. O relatório final complementou e detalhou a proposta dos órgãos gestores, destacando-se, dentre suas recomendações: a criação e instituição do Sistema Nacional de Gerenciamento de Recursos Hídricos (Singreh); a coleta de subsídios para a Política Nacional de Recursos Hídricos; o início da transição do CEEIBH e dos respectivos comitês executivos por bacias hidrográficas para o Singreh; a proposta, aos Estados, Territórios e Distrito Federal, para instituir sistemas estaduais de gerenciamento de recursos hídricos.

Dessas recomendações, decorreram a previsão do Singreh, no Art. 21, Inciso XIX, da Constituição Federal e, segundo levantamento da Associação Brasileira de Recursos Hídricos (ABRH), a previsão de sistemas estaduais de gerenciamento de recursos hídricos, de forma explícita, em pelo menos treze

Estados, e, de forma implícita, em mais nove. Somente cinco Estados repetiram dispositivos da Constituição Federal sobre domínio das águas. Com isso, houve um amplo processo de modernização do gerenciamento de recursos hídricos no Brasil, com base em conceitos e diretrizes adotados internacionalmente.

14.1.2 O Singreh

O governo federal encaminhou ao Congresso Nacional, em novembro de 1991, um projeto de lei sobre a Política Nacional de Recursos Hídricos e o Sistema Nacional de Gerenciamento de Recursos Hídricos (Singreh), que atendia, em linhas gerais, à proposta de Grupo de Trabalho instituído pelo Ministério das Minas e Energia, em 1986. Ela, porém, foi considerada centralizadora, sob o ponto de vista dos Estados, dos municípios e da sociedade.

O primeiro substitutivo, do deputado Fábio Feldmann, sob muitos aspectos, foi um importante avanço em relação à proposta originária do Executivo Federal, sendo aperfeiçoado com inúmeras contribuições encaminhadas por entidades públicas e privadas a esse parlamentar. O sistema, porém, ao propor um modelo único para todo o país, não atendia às diversidades das regiões e bacias hidrográficas brasileiras.

O segundo substitutivo, do deputado Aroldo Cedraz, versão de fevereiro de 1996, mantinha as linhas gerais do substitutivo de Feldmann e uma instância regional era consolidada e fortalecida em termos de composição, organização e atribuições, com a criação de conselhos de região hidrográfica, com representantes da União, dos Estados, dos comitês de bacia e de organizações civis.

Na reunião técnica promovida pelo deputado Cedraz, em Brasília, no dia 18/3/1996, houve, em grande parte, adesão à supressão da instância regional. Sem dúvida, esperava-se essa posição de representantes de Estados do Sul e do Sudeste, mas a posição igualmente desfavorável à instância regional por Estados do Nordeste, inesperada, até certo ponto, revelou importante evolução das estruturas estaduais de gerenciamento de recursos hídricos, em especial no Ceará e na Bahia, exemplos seguidos por outros Estados nordestinos.

Na fase final de tramitação do Projeto de Lei, estava na pauta de negociações o caso da bacia hidrográfica do rio Paraíba do Sul, possivelmente o mais complexo em termos políticos e institucionais, por abranger territórios de três dos Estados mais industrializados do País e por ser o principal manancial de abastecimento da região metropolitana do Rio de Janeiro, com captação situada a jusante do trecho paulista, bastante industrializado.

As negociações entre a União e esses três Estados intervenientes chegaram a um consenso, objeto do Decreto Federal n° 1.842, de 22 de março de 1996, que estabeleceu o seguinte modelo de gerenciamento:

▷ criação do Comitê de Integração da Bacia Hidrográfica do Rio Paraíba do Sul (Ceivap), composto por três representantes federais (Meio Ambiente e Recursos Hídricos, Minas e Energia e Planejamento e Orçamento) e doze representantes de cada Estado (São Paulo, Minas Gerais e Rio de Janeiro);

▷ designação dos representantes dos Estados pelos respectivos governadores, prefeitos, entidades da sociedade civil e usuários de recursos hídricos, garantindo-lhes, no mínimo, 50% da representação estadual;

▷ decisões dos comitês por dois terços da totalidade das representações dos Estados.

Com tal composição e regras de funcionamento, o Comitê praticamente viu-se obrigado a deliberar por consenso entre os Estados, cabendo aos representantes da União, por não votar, o papel fundamental de articuladores e negociadores. Ocorre que essa solução encontrou obstáculos para ser implantada, supondo-se a transformação em lei do substitutivo de Feldmann ou da versão inicial do substitutivo de Cedraz.

Desse modo seria interessante que se considerasse maior flexibilidade nas soluções institucionais para as bacias de rios do domínio federal, adotando-se, como ideia básica, que esses modelos fossem negociados pela União e pelos Estados intervenientes, obedecidos os princípios gerais que a lei estabeleceu.

14.1.3 A Lei n° 9.433, de 8/1/1997 e o Singreh

Os fundamentos da política nacional de recursos hídricos foram estabelecidos pela lei que afirma que a água é bem de domínio público, recurso natural limitado, dotado de valor econômico; em situações de escassez, o uso prioritário é para o consumo humano e a dessedentação de animais; a gestão dos recursos hídricos deve sempre proporcionar o uso múltiplo das águas; a bacia hidrográfica é a unidade territorial para implementação da Política Nacional de Recursos Hídricos e para a atuação do Singreh; a gestão dos recursos hídricos deve ser descentralizada e contar com a participação do poder público, dos usuários e da comunidade.

Foram adotados como instrumentos da política: o plano de recursos hídricos; o enquadramento dos corpos d'água em classes, segundo os usos preponderantes; a outorga de direito de uso das águas; a cobrança pelo uso de recursos hídricos; e o sistema de informações sobre recursos hídricos.

Ficaram sujeitos a outorga: a derivação ou captação de água; a extração de água subterrânea; o lançamento, em corpo d'água, de efluentes para fins de diluição, transporte ou disposição final; os aproveitamentos hidrelétricos; e outros usos que alterassem o regime, quantidade ou qualidade da água existente em um corpo d'água.

Os Estados podem receber delegações para outorgar o direito de uso dos recursos hídricos do domínio da União. O prazo da outorga é de até 35 anos, renovável, e a outorga não implica a alienação parcial das águas, que são inalienáveis, mas o simples direito de uso. Os usos dos recursos hídricos sujeitos a outorga são cobrados com aplicação prioritária na bacia hidrográfica em que foram gerados e aplicados no financiamento de estudos, programas, projetos e obras e em despesas de implantação e custeio dos órgãos e entidades do Singreh.

14.1.4 A estrutura do Singreh

O Singreh é integrado por:
▷ Conselho Nacional de Recursos Hídricos;
▷ Conselhos estaduais de recursos hídricos;
▷ Comitês de bacias hidrográficas;
▷ Agências de água; e
▷ Órgãos dos governos federal, estaduais e municipais de gestão de recursos hídricos.

Os comitês de bacias hidrográficas desempenham importante papel de coordenação e deliberação, procurando valorizar o processo participativo. Suas principais competências são:
▷ aprovar o plano de recursos hídricos da bacia;
▷ acompanhar a execução do plano e sugerir as providências necessárias ao cumprimento de suas metas;
▷ propor aos conselhos nacional e estaduais de recursos hídricos as acumulações, derivações, captações e lançamentos de pouca expressão, para efeito de isenção da obrigatoriedade de outorga, de acordo com seus domínios;
▷ estabelecer mecanismos de cobrança pelo uso de recursos hídricos;
▷ sugerir os valores a ser cobrados.

As agências de águas têm a área de atuação de um ou mais comitês de bacia hidrográfica e sua criação dependia da autorização do Conselho Nacional de Recursos Hídricos ou dos conselhos estaduais de recursos hídricos, mediante solicitação de um ou mais comitês de bacia hidrográfica.

As agências são responsáveis pela cobrança do uso de recursos hídricos em sua jurisdição e exercem a função de secretarias executivas do respectivo comitê de bacia hidrográfica. A criação da agência está condicionada à prévia existência do comitê de bacia hidrográfica e à viabilidade financeira assegurada pela cobrança pelo uso de recursos hídricos. Um projeto de lei sobre a criação de Agências de Águas foi enviado pelo Poder Executivo ao Congresso Nacional antes da promulgação da Lei nº 9.433/1997.

14.1.5 Os recursos hídricos nas Constituições estaduais

O Brasil possui 27 unidades federativas, 26 Estados e o Distrito Federal. Os estados de Tocantins, Roraima e Amapá foram criados pela Constituição Federal de 1988. A maioria dos Estados promulgou suas Constituições em 1989. Em 1991, o Distrito Federal elegeu a Câmara Legislativa, que votou sua Lei Orgânica em 1993. Com quesitos orientados pela Constituição de São Paulo, Flávio Terra Barth elaborou um quadro sinótico (Quadro 14.1) sobre os principais dispositivos das Constituições estaduais sobre recursos hídricos.

14.1.6 Os sistemas estaduais de gerenciamento de recursos hídricos

i Lei nº 7.663, de 30/12/1991, de São Paulo

Desde 1983, o gerenciamento dos recursos hídricos no Estado de São Paulo teve grande impulso, destacando-se a realização do I Encontro Nacional de Órgãos Gestores e a descentralização do Departamento de Águas e Energia Elétrica (Daee), com a criação de diretorias de bacias hidrográficas, em 1985.

Houve continuidade dos trabalhos, sendo ressaltados: a criação do Conselho Estadual de Recursos Hídricos, em 1987; a promulgação da Lei nº 6.134, de 2/6/1988, sobre a preservação das águas subterrâneas, e a sua regulamentação, em fevereiro de 1991; a aprovação do Primeiro Plano Estadual de Recursos Hídricos, em fevereiro de 1991. Na gestão seguinte, importantes passos foram dados, sendo enfatizados: a promulgação da Lei nº 7.663, em 30/12/1991, sobre a Política Estadual de Recursos Hídricos, e o Sistema Integrado de Gerenciamento de Recursos Hídricos (SIGRH); a adaptação do Conselho Estadual de Recursos Hídricos à Lei nº 7.663/1991; a implantação de comitês de

Quadro 14.1 Quadro sinótico das Constituições estaduais sobre os recursos hídricos

Região >	Sul			Sudeste				C.-Oeste				Nordeste									Norte						
Sigla do Estado > Quesito	RS	SC	PR	SP	MG	RJ	ES	GO	MS	MT	DF	BA	AL	SE	PE	PB	RN	CE	PI	MA	TO	PA	AM	RO	AC	AP	RR
Sistema de gerenciamento																											
Consta expressamente	S	-	S	S	S	-	S	S	S	S	-	-	-	S	S	-	-	-	-	-	-	S	-	-	S	-	-
Não, mas está implícito	-	-	-	-	-	S	-	-	-	-	S	S	-	-	-	S	S	S	S	S	S	-	S	S	-	S	S
Somente domínio das águas	-	S	-	-	-	-	-	-	-	-	-	-	-	-	-	-	-	-	-	-	-	-	-	-	-	-	S
Participação da União	N	-	N	N	S	N	N	N	N	N	-	N	S	N	S	S	S	S	N	S	S	-	N	-	-	N	-
Participação dos municípios	N	-	N	S	N	S	S	S	S	S	S	S	S	S	S	S	N	N	N	S	S	S	N	-	-	S	-
Participação da sociedade	N	-	N	S	S	S	N	S	S	S	S	N	S	N	S	N	N	N	N	S	N	N	N	-	-	S	-
Gestão por bacias hidrográficas	S	-	N	S	N	S	S	S	S	S	S	S	N	S	S	N	N	N	S	S	S	S	S	-	-	S	-
Referência à política de recursos hídricos	N	-	N	N	S	N	N	N	N	N	N	S	S	S	S	N	N	N	N	N	S	S	N	-	-	N	-
Gestão integrada de águas superficiais e subterrâneas	S	-	N	S	S	S	N	S	S	S	N	S	S	S	S	S	N	N	N	S	S	S	S	-	-	S	-
Gestão integrada da quantidade e da qualidade	S	-	N	S	S	S	N	S	S	S	N	S	S	S	S	S	N	N	N	S	N	N	S	-	-	N	-
Aproveitamento múltiplo e rateio de custos	N	-	N	S	S	N	N	S	S	S	N	S	S	S	S	S	N	N	N	N	N	N	N	-	-	N	-
Defesa contra eventos críticos	N	-	S	S	S	N	N	N	N	S	N	S	S	S	S	S	N	N	N	N	N	N	N	-	-	N	-
Gestão de águas de interesse local pelos municípios	N	-	N	S	S	N	N	N	N	S	-	N	N	N	N	N	N	N	N	N	N	N	N	-	-	N	-
Prioridade para abastecimento às populações	S	-	N	S	S	N	N	N	N	N	N	S	N	N	N	N	N	N	N	S	N	N	N	-	-	S	-
Destaque para águas subterrâneas	S	-	N	S	S	N	N	S	S	S	N	N	N	N	N	N	N	N	N	N	N	N	N	-	-	S	-

Quadro 14.1 Quadro sinótico das Constituições estaduais sobre os recursos hídricos (Cont.)

	RS	SC	PR	SP	MG	RJ	ES	GO	MS	MT	DF	BA	AL	SE	PE	PB	RN	CE	PI	MA	TO	PA	AM	RO	AC	AP	RR
Destaque para irrigação	N	N	N	N	N	N	N	N	N	N	N	S	S	N	S	S	-	N	N	N	N	N	N	N	N	S	-
Plano Estadual de Recursos Hídricos	N	-	N	S	N	N	N	N	N	N	N	S	S	N	S	S	-	N	N	N	N	N	N	N	N	N	-
Disposições sobre:																											
Proteção de mananciais de abastecimento	N	-	S	S	S	N	S	N	S	S	S	S	S	N	S	S	-	N	N	N	N	N	N	N	N	S	-
Zoneamento de áreas inundáveis	N	-	N	S	N	N	N	N	N	N	N	N	N	N	S	N	-	N	N	N	N	N	N	N	N	S	-
Sistema de alerta de inundações	N	-	N	S	N	N	N	N	N	N	N	N	N	N	S	N	-	N	N	N	N	N	N	N	N	N	-
Recomposição de matas ciliares	N	-	S	S	N	N	N	N	N	N	N	N	N	N	S	N	-	N	N	N	N	N	N	N	N	N	-
Critérios de outorga de direitos de uso	S	-	N	S	N	N	N	N	N	N	N	N	N	N	S	N	-	N	N	N	N	N	N	N	N	N	-
Racionalização do uso da água	S	-	N	S	N	N	N	N	N	N	N	S	N	N	S	N	-	N	N	N	N	N	N	N	N	N	-
Cobrança pelo uso das águas																											
Consta da Constituição	S	-	N	S	N	N	N	N	N	S	S	S	N	N	S	N	-	N	N	N	N	N	N	N	N	N	-
Específica a aplicação:	S	-	S	S	N	N	-	N	N	-	N	S	S	S	N	-	-	-	-	-	-	-	-	-	-	-	-
Gestão de recursos hídricos	N	-	N	N	N	N	-	N	N	-	N	N	N	N	S	-	-	-	-	-	-	-	-	-	-	-	-
Obras de uso múltiplo	N	-	S	S	N	N	-	N	N	-	N	-	S	-	-	-	-	-	-	-	-	-	-	-	-	-	-
Obras de saneamento	S	-	S	S	N	N	-	N	N	-	N	-	S	-	-	-	-	-	-	-	-	-	-	-	-	-	-
Compensação aos municípios	N	-	-	S	N	N	-	N	N	-	N	-	N	-	-	-	-	-	-	-	-	-	-	-	-	-	-
Situação institucional [1]	1	5	4	1	3	2	1	1	1	2	1	1	1	1	1	1	1	2	1	5	3	3	3	5	5	1	5
Sigla do Estado	RS	SC	PR	SP	MG	RJ	ES	GO	MS	MT	DF	BA	AL	SE	PE	PB	RN	CE	PI	MA	TO	PA	AM	RO	AC	AP	RR
Região >	Sul			Sudeste				C.-Oeste				Nordeste									Norte						

[1] Situação institucional do sistema de recursos hídricos: 1. Sistema de recursos hídricos específico; 2. incluso no de Meio Ambiente; 3. junto com o de Recursos Minerais; 4. incluso no de Recursos Naturais; 5. tratado no capítulo de competências do Estado.

bacias hidrográficas (Alto Tietê, Piracicaba-Capivari-Jundiaí, Baixo-Tietê, Médio-Paranapanema e Paraíba do Sul); a regulamentação do Fundo Estadual de Recursos Hídricos (Fehidro) e a implantação do seu conselho de orientação; a contratação do Plano Integrado das Bacias do Alto Tietê, Piracicaba e Baixada Santista e de estudos referentes ao usuário-pagador; a promulgação da Lei nº 9.034, sobre o Plano Estadual de Recursos Hídricos 1994/95.

A experiência de São Paulo foi um processo de reformulação e modernização institucional. Simultaneamente aos estudos técnicos, no campo do planejamento e gerenciamento de recursos hídricos, foram propostos e aprovados instrumentos normativos e legais de suporte às ações executivas necessárias. No decorrer desse processo, dois projetos receberam o apoio de organismos financeiros de cooperação internacional: o Projeto de Despoluição do Tietê, pelo Banco Interamericano de Desenvolvimento (BID), e o Programa de Saneamento Ambiental da Bacia do Guarapiranga, pelo Banco Internacional para Reconstrução e Desenvolvimento (Bird). Esses projetos foram inseridos em um contexto legal e institucional na fase de modificações importantes. Constaram das disposições contratuais do financiamento do BID, conforme regulamentação da Lei nº 7.663/1991, a elaboração dos estudos relativos aos planos de bacias e à implantação do usuário-pagador.

ii **Lei nº 9.748, de 30/11/1994, de Santa Catarina**

A lei catarinense possui muitas semelhanças com as leis paulista, cearense e federal, em especial em termos de princípios, diretrizes e instrumentos. Igualmente, institui o Plano Estadual de Recursos Hídricos e o Fundo Estadual de Recursos Hídricos (Fehidro). Como particularidade, há a composição e participação dos diversos segmentos nos comitês de gerenciamento de bacias hidrográficas, assim especificados: usuários da água (40% dos votos); representantes da população da bacia, por meio dos governos Executivos e Legislativos municipais (40% dos votos); órgãos federais e estaduais atuantes na bacia (20% dos votos).

iii **Lei nº 10.350, de 30/12/1994, do Rio Grande do Sul**

A lei gaúcha está estruturada de forma diferenciada em relação às leis precedentes, podendo ser considerada uma evolução bastante interessante em relação a elas. Entretanto, embora de modo diferente, seguiu princípios e diretrizes comuns, já mencionados anteriormente. Instituiu o Plano Estadual de Recursos Hídricos, mas não fez o mesmo em relação a um fundo estadual.

O sistema de gerenciamento de recursos hídricos é integrado por: conselho estadual de recursos hídricos; departamento de recursos hídricos, subordinado à Secretaria de Planejamento Territorial e Obras; comitês de gerenciamento de bacias hidrográficas; e agências de bacias hidrográficas. Os comitês foram organizados do mesmo modo que os da lei catarinense. As agências de bacia são instituídas por lei como integrantes da administração indireta do Estado, com atribuições básicas: assessorar comitês; arrecadar e aplicar recursos da cobrança pelo uso das águas; operar e manter rede de postos e banco de dados hidrometeorológicos e cadastro de usuários.

A cobrança pelo uso dos recursos hídricos está destinada, rigidamente, à aplicação na mesma bacia hidrográfica de intervenções estruturais e não estruturais. Destina até 8% desses recursos ao custeio do comitê e da agência, e até 2% às atividades de monitoramento e fiscalização do órgão ambiental na bacia hidrográfica.

iv **Lei nº 6.908, de 1º/7/1996, do Rio Grande do Norte**

A lei potiguar acolhe os princípios gerais sobre gerenciamento de recursos hídricos das leis dos outros Estados. Instrumentos iguais – outorga de direitos de uso e sua cobrança – foram adotados, assim como os planos de recursos hídricos e o fundo financeiro (Funerh). O sistema foi organizado sob a forma de conselho estadual, a Secretaria Estadual de Recursos Hídricos e Projetos Especiais e comitês de bacias hidrográficas. Tanto o conselho como os comitês são tripartites, e a lei não especifica normas para a sua composição, o que foi objeto de regulamento.

v **Lei nº 6.308, de 2/7/1996, da Paraíba**

A lei paraibana adotou os princípios gerais sobre gerenciamento de recursos hídricos semelhantes às leis antecedentes. Estabeleceu como instrumentos de política o sistema, o plano estadual e, peculiaridade dessa lei, planos e programas intergovernamentais. O sistema é composto por: Conselho e Grupo Gestor de Recursos Hídricos, órgãos integrados à Secretaria de Planejamento. Órgãos federais como o Departamento Nacional de Obras Contra as Secas (DNOCS), Sudene e Ibama integram o conselho estadual. Comitês de bacias serão propostos pelo Conselho, com competências e estrutura estabelecidas por decreto. Instituiu o Plano Estadual e o fundo financeiro. Dentre os instrumentos de gerenciamento estabeleceu a outorga, a cobrança pelo uso e rateio de custos de obras de aproveitamento múltiplo e interesse coletivo.

vi **Lei nº 13.123, de 16/7/1997, de Goiás**

Segue em grande parte o modelo paulista. A Lei nº 13.583, de 11/1/2000, alterada pela Lei nº 16.501, de 10/2/2009, disciplina a conservação e proteção ambiental dos depósitos de águas subterrâneas.

vii **Lei nº 3.870, de 25/9/1997, de Sergipe**

Segue o modelo federal e parte da lei paulista. No Conselho Estadual de Recursos Hídricos (Conerh/SE) há representantes do Ministério Público e do Legislativo Estadual.

viii **Lei nº 6.945, de 5/11/1997, de Mato Grosso**

Segue a legislação federal e de outros Estados. A Lei nº 8.097, de 24/3/2004, disciplina a administração e conservação das águas subterrâneas.

ix **Lei nº 5.965, de 10/11/1997, de Alagoas**

Segue o modelo federal. As outorgas são efetivadas mediante cessão de uso, a título gratuito, quando o usuário for órgão ou entidade pública; autorização de uso de caráter unilateral ou de concessão de uso, de caráter contratual, a pessoas físicas e jurídicas. A Lei nº 7.094, de 2/9/2007, dispõe sobre águas subterrâneas.

x **Lei nº 5.818, de 29/12/1998, do Espírito Santo**

Adota os modelos federal e paulista. Inova, inserindo no texto 32 conceitos de termos hídricos. O lançamento de efluentes, devidamente tratados, deve ocorrer a montante da respectiva captação.

xi **Lei nº 13.199, de 29/3/1999, de Minas Gerais**

A lei mineira, alterada pelas leis nº 15.082, de 27/4/2004, e nº 15.972, de 12/1/2006, segue, em termos gerais, princípios, diretrizes e instrumentos observados em outras leis estaduais. Institui o Plano Estadual de Recursos Hídricos, mas não prevê, como nas outras leis precedentes, um fundo estadual de recursos hídricos. O sistema está organizado em: conselho estadual de recursos hídricos; secretaria executiva; comitês de bacias hidrográficas; agências de bacias hidrográficas. Esses são os órgãos de apoio aos respectivos comitês de bacias hidrográficas no que se refere à cobrança pelo uso dos recursos hídricos. A composição dos comitês de bacias é a seguinte: representantes do Poder Público, de modo paritário entre Estado e municípios; representantes dos usuários e de entidades da sociedade civil, de forma paritária em relação ao Poder Público. A Lei nº 13.771, de 11/12/2000, trata da administração, proteção e conservação das águas subterrâneas.

xii **Lei nº 3.239, de 2/8/1999, do Rio de Janeiro**

A outorga para fins industriais somente será dada se a captação ficar a jusante do lançamento dos efluentes líquidos da própria instalação. A lei contém dispositivos específicos sobre a gestão de águas subterrâneas e aquíferos. Há um Programa de Captação de Águas Pluviais, instituído pela Lei nº 4.248, de 16/12/2003.

xiii **Lei nº 12.726, de 26/11/1999, do Paraná**

Utiliza modelos federal e estaduais. As captações destinadas à produção agropecuária estão isentas de cobrança. As águas subterrâneas receberam tratamento especial.

xiv **Lei nº 5.165, de 17/8/2000, do Piauí**

Segue, em parte, os modelos federal e paulista. As outorgas são dadas em forma de concessão, autorização e permissão.

xv **Lei nº 2.725, de 13/6/2001, do Distrito Federal**

Baseada na lei federal. A outorga e a cobrança pelo direito de uso de águas superficiais e subterrâneas são regulamentadas por decreto. A Agência Reguladora de Águas, Energia e Saneamento Básico do Distrito Federal (Adasa) foi reestruturada pela Lei nº 4.285, de 26/12/2008.

xvi **Lei nº 6.381, de 25/7/2001, do Pará**

Segue os modelos federal e paulista. Trata, igualmente, da gestão das águas subterrâneas.

xvii **Lei nº 2.406, de 19/1/2002, de Mato Grosso do Sul**

Segue os modelos federal e de outros Estados. As captações destinadas à subsistência familiar rural ou urbana, devolvidas ao leito hídrico em grau de pureza igual ou superior ao captado ou derivado, são consideradas insignificantes e isentas de cobrança. A Lei nº 2.806, de 18/2/2004, instituiu o Fórum Permanente do Aquífero Guarani, e a Lei nº 3.183, de 21/2/2006, dispõe sobre a administração, proteção e conservação das águas subterrâneas.

xviii **Lei Complementar n° 255, de 25/1/2002, de Rondônia**
Segue a forma das leis dos demais Estados. A preservação e conservação das águas subterrâneas estão colocadas com as das superficiais.

xix **Lei n° 1.307, de 22/3/2002, de Tocantins**
Com imprecisão terminológica, denomina taxa a contraprestação pelo direito de uso das águas estaduais. A gestão das águas subterrâneas conta com capítulo específico.

xx **Lei n° 686, de 7/6/2002, do Amapá**
Segue os modelos federal e dos demais Estados.

xxi **Lei n° 1.500, de 15/7/2003, do Acre**
Segue o modelo federal e de outros Estados, mas insere a fiscalização no emprego da cobrança pelo direito de uso dos recursos hídricos, o que pode configurá-la como taxa. Em vez de criar um conselho para recursos hídricos, criou uma câmara técnica para isso no Conselho Estadual de Meio Ambiente, Ciência e Tecnologia (Cemact). Foi alterada pela Lei n° 1.596, de 27/12/2004.

xxii **Lei n° 8.149, de 15/6/2004, do Maranhão**
Segue os modelos federal e de outros Estados. As agências de bacia podem ser instituídas também pelo Estado.

xxiii **Lei n° 12.984, de 30/12/2005, de Pernambuco**
Adota fundamentos, objetivos, princípios e diretrizes comuns a outras leis estaduais precedentes e à Lei Federal n° 9.433/1997, sobre a Política e o Sistema Nacional de Gerenciamento de Recursos Hídricos. O conselho estadual tem composição tripartite: Estado, municípios e entidades representativas de usuários e organizações não governamentais. Os representantes do Estado são 9; os das prefeituras, 7; e os representantes de entidades não governamentais, 2 (das indústrias e entidades de estudo e pesquisa em recursos hídricos e meio ambiente). Está previsto um representante do Poder Legislativo. O comitê tem representantes do Estado, dos comitês de bacias, de entidades federais, de entidades técnico-profissionais e de universidades e centros de pesquisa. Esse comitê, embora integrado por entidades do segundo escalão, federal e estadual, tem atribuições deliberativas importantes. O Fundo Estadual de Recursos Hídricos (Fehidro) conta, dentre outros recursos, com os da compensação financeira referente aos aproveitamentos hidrelétricos e da cobrança pelo uso dos recursos hídricos.

xxiv **Lei nº 547, de 23/6/2006, de Roraima**
Segue o modelo das demais leis estaduais; refere-se às águas meteóricas e contém título específico sobre águas subterrâneas.

xxv **Lei nº 3.167, de 27/8/2007, do Amazonas**
Segue as leis federal e estaduais. Faz referência ao princípio poluidor-pagador, que não foi adotado no País.

xxvi **Lei nº 11.612, de 8/10/2009, da Bahia**
Segue o modelo das demais leis estaduais. Devem ser instituídas áreas de proteção dos aquíferos, com o estabelecimento de distâncias mínimas entre poços tubulares e entre poços e cursos d'água, a restrição das vazões captadas por poços em áreas de aquíferos superexplotados e o apoio e execução de recarga de aquíferos. Os comitês de bacias hidrográficas serão órgãos consultivos do órgão gestor e a cobrança será instituída por regulamento, de modo gradual, no prazo de 2 anos a contar da vigência da lei. Essa lei foi alterada pela Lei nº 12.212, de 4/5/2011.

xxvii **Lei nº 14.844, de 28/12/2010, do Ceará**

xxviii A experiência do Estado do Ceará, iniciada com a Lei nº 11.896, de 24/7/1992, seguiu os passos trilhados pelos paulistas, especialmente no que diz respeito à elaboração do Plano Estadual de Recursos Hídricos, à organização inicial do Conselho Estadual de Recursos Hídricos e à elaboração de estudos para a implantação do princípio usuário-pagador. Distinguiu-se dela, porém, pela iniciativa de organizar uma nova entidade especializada em recursos hídricos, a Companhia de Gestão de Recursos Hídricos (Cogerh). Também se destaca a articulação com o governo federal, realizada pelo convênio entre o governo do Estado e o DNOCS, pelo qual o Estado recebeu incumbências de gestão das águas dos açudes construídos por essa autarquia federal. A nova lei cearense sobre a política e o Sistema Integrado de Gestão de Recursos Hídricos (Sigerh) define princípios, diretrizes e instrumentos de gerenciamento – como outorga de direitos, cobrança do uso de recursos hídricos e rateio de custos das obras de recursos hídricos. A criação da Cogerh foi subsequente à primeira lei do sistema, e essa empresa, vinculada à Secretaria de Recursos Hídricos, exerce a função básica de apoio técnico e executivo ao Sigerh. A nova lei trata de águas subterrâneas e do reúso das águas, em geral.

14.1.7 O Singreh, conforme a Lei Federal nº 9.433/1997 e leis estaduais correspondentes

O Singreh foi instituído pela Lei Federal nº 9.433, de 8/1/1997, complementada pelas leis estaduais correspondentes e é estruturado da seguinte forma:

▷ **Estrutura federal:** Conselho Nacional de Recursos Hídricos; sua Secretaria Executiva; comitês de bacias hidrográficas de rios do domínio federal; agências da água;

▷ **Estruturas estaduais:** variáveis conforme o Estado, sendo a mais frequente: Conselho Estadual de Recursos Hídricos; órgão ou entidade estadual gestor de recursos hídricos; comitês de bacias hidrográficas de rios do domínio estadual; agências de bacias hidrográficas.

As articulações entre as estruturas federal e estaduais seguem as seguintes diretrizes:

▷ articulação entre o comitê de bacia de rio do domínio federal com os comitês estaduais da mesma bacia feita caso a caso, conforme ocorrido com as bacias dos rios Paraíba do Sul e Piranhas Açu, por exemplo;

▷ articulação entre a agência de águas, prevista na Lei nº 9.433/1997, e agências de bacias, previstas nas leis estaduais, também definida caso a caso, pela negociação entre a União e os Estados intervenientes;

▷ articulação entre a secretaria executiva do Singreh e órgãos gestores estaduais.

Na Fig. 14.1 é apresentado o modelo brasileiro de gerenciamento de recursos hídricos, conforme consta da Lei Federal e das leis estaduais de recursos hídricos.

14.2 A legislação brasileira

14.2.1 A Constituição Federal

A Constituição Federal de 1988 dispõe, no artigo 21, inciso XIX, que a União instituirá o Sistema Nacional de Gerenciamento de Recursos Hídricos e, ao mesmo tempo, estabelece os seguintes condicionantes para a legislação correspondente:

▷ São bens da União: lagos, rios e quaisquer correntes em terrenos de seu domínio, ou que banhem mais de um Estado, sirvam de limite com outros países, ou se estendam a território estrangeiro ou dele provenham, e os terrenos marginais e as praias fluviais. Incluem-se entre os bens dos Estados as águas superficiais ou subterrâneas, fluentes, emergentes ou em depósito, ressalvadas, nesse caso, na forma da lei,

14 | Gerenciamento de recursos hídricos 445

Conselho nacional de recursos hídricos

Representantes de:
- Ministérios e secretarias da presidência da república com atuação no gerenciamento ou uso dos recursos hídricos *
- Conselhos estaduais de recursos hídricos
- Usuários dos recursos hídricos
- Organizações civis de recursos hídricos

* Não poderá exceder a metade mais um do total de membros

Estrutura federal conforme Lei Federal n° 9.433, de 8/1/1997

Representação dos conselhos estaduais no CNRH (1)
Arbitramento de conflitos entre os conselhos estaduais pelo CNRH (2)

Presidência do Ministro do Minisério do Meio Ambiente, Recursos Hídricos e da Amazônia Legal (MMARHAL)

Secretaria executiva

Secretário de Recursos Hídricos do MARHAL

Articulação mediante convênios, inclusive de delegação de atribuições (3)

Comitês de bacias hidrográficas

Representantes:
- da União, dos Estados e do Distrito Federal e dos Municípios *
- dos usuários da água
- das entidades civis de recursos hídricos

* metade do total de membros

Estrutura da bacia hidrográfica conforme Lei Federal n° 9.433, de 8/1/1997

Articulação a ser estabelecida caso a caso (4)

Agências de água

Projeto de lei sobre a criação de agências será encaminhado ao Congresso Nacional

Conselho estadual de recursos hídricos

Vinculação a ser estabelecida conforme lei federal e estaduais (5)

Estruturas estaduais variável em cada Estado, conforme as leis respectivas

Órgão gestor

Comitês de bacias hidrográficas

Agências de água

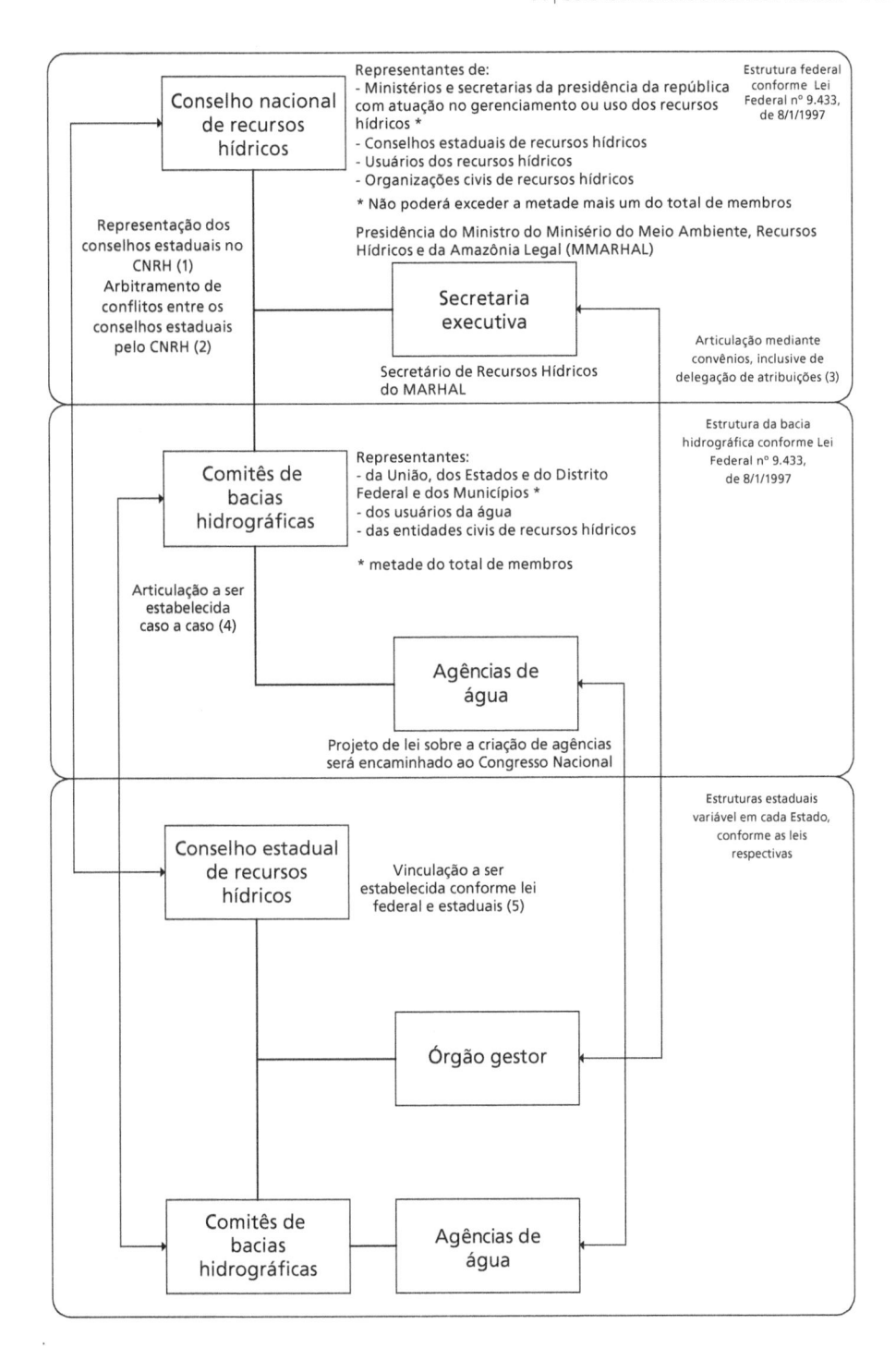

FIG.14.1 *Modelo brasileiro de gerenciamento de recursos hídricos*

as decorrentes de obras da União. O duplo domínio da águas em bacias hidrográficas de rios do domínio federal é a principal dificuldade que o sistema nacional de gerenciamento enfrenta;
▷ Compete à União legislar sobre as águas. Lei complementar pode autorizar os Estados a legislar sobre questões específicas relacionadas a águas. Esse impedimento constitucional é dificultador de uma mais rápida evolução da legislação brasileira de águas, com base nas experiências dos Estados, que estão mais próximos dos problemas a resolver;
▷ Compete à União explorar, diretamente ou com autorização, concessão ou permissão: o aproveitamento energético dos cursos d'água, em articulação com os Estados em que se situam os potenciais hidroenergéticos e os serviços de transporte aquaviário entre portos brasileiros e fronteiras nacionais ou que transponham os limites de Estado ou território;
▷ Compete à União definir critérios de outorga de direitos de seu uso. É competência comum da União, dos Estados e dos municípios: proteger o meio ambiente e combater a poluição em qualquer de suas formas; promover a melhoria das condições e fiscalizar as concessões de direitos de exploração de recursos hídricos em seus territórios;
▷ Compete à União, aos Estados e ao Distrito Federal legislar concorrentemente sobre defesa do solo e dos recursos naturais, proteção do meio ambiente e controle da poluição, responsabilidade por dano ao meio ambiente e proteção e defesa da saúde;
▷ Os potenciais de energia hidráulica pertencem à União e constituem propriedade distinta do solo, para efeito de exploração ou aproveitamento, que somente poderão ser efetuados com autorização ou concessão da União, por brasileiros ou empresas brasileiras de capital nacional e de interesse nacional. Não depende de autorização ou concessão o aproveitamento de potencial de energia renovável de capacidade reduzida;
▷ Incumbe ao poder público exigir, na forma da lei, para a instalação da obra ou atividade potencialmente causadora de significativa degradação do meio ambiente, estudo prévio de impacto ambiental;
▷ O aproveitamento dos recursos hídricos e dos potenciais energéticos em terras indígenas só pode ser efetivado com autorização do Congresso Nacional, ouvidas as comunidades afetadas;

▷ É assegurada, conforme disposto na lei, aos Estados, ao Distrito Federal, aos municípios e ao órgão da administração direta da União participação no resultado da exploração de recursos hídricos para fins de geração de energia elétrica no respectivo território ou compensação financeira por essa exploração;
▷ Compete à União o planejamento e a promoção da defesa permanente contra calamidades públicas, especialmente secas e inundações;
▷ Para fins administrativos, a União pode articular suas ações em um mesmo complexo geoeconômico e social, objetivando o desenvolvimento e a redução das desigualdades regionais, com a priorização do aproveitamento econômico e social dos rios e das massas represadas ou represáveis nas regiões de baixa renda, sujeitas a secas periódicas;
▷ A União incentivará a recuperação de terras áridas e cooperará com pequenos e médios proprietários rurais para o estabelecimento, em suas glebas, de fontes de águas e de pequena irrigação.

As principais mudanças introduzidas pela Constituição Federal de 1988 dizem respeito ao domínio das águas, nas quais, a não ser decisão em contrário do Poder Judiciário, desapareceu o domínio das águas municipais, as comuns e as particulares, sendo conferido o domínio das águas subterrâneas para os Estados.

14.2.2 O Código de Águas

O Código de Águas, estabelecido pelo Decreto Federal nº 24.643, de 10/7/1934, consubstancia a legislação básica brasileira de águas. Considerado avançado pelos juristas, haja vista a época em que foi promulgado, necessita de atualização, principalmente para ser ajustado à Constituição Federal de 1988 e de regulamentação de muitos de seus aspectos. Destacam-se alguns de seus dispositivos principais, ainda vigentes:

i **O aproveitamento das águas**

É assegurado o uso gratuito de qualquer corrente ou nascente de água para as primeiras necessidades da vida. É permitido a todos usar de quaisquer águas públicas, conformando-se com os regulamentos administrativos. As águas públicas não podem ser derivadas para as aplicações da agricultura, da indústria e da higiene sem a existência de concessão, no caso de utilidade pública, e de autorização, nos outros casos. A legislação federal estabeleceu que a Agência Nacional de Águas (ANA) confira as outorgas mediante autorização (administrativa). Em qualquer hipótese, será dada preferência e derivação para abastecimento das populações. O uso comum das águas será gratuito ou retribuído, conforme as leis e regulamentos da circunscrição administrativa a que pertencem dispositivo precursor do princípio usuário-pagador. A concessão ou autorização devem ser feitas sem prejuízo da navegação, salvo nos casos de uso para a primeiras necessidades da vida ou previstos em lei especial. Regulamento administrativo deve dispor sobre as condições de derivação, de modo a conciliar quanto possível os usos das águas;

ii **As águas nocivas**

A ninguém é lícito conspurcar ou contaminar as águas que não consome, com prejuízo de terceiros. Os trabalhos para a salubridade das águas serão executados à custa dos infratores, que, além da responsabilidade criminal, se houver, responderão pelas perdas e danos que causarem e pelas multas que lhes forem impostas pelos regulamentos administrativos. Esse dispositivo é visto como precursor do usuário-pagador, no que diz respeito ao uso para assimilação e transporte de poluente. Se os interesses relevantes da agricultura ou da indústria o exigirem, e com expressa autorização administrativa, as águas poderão ser inquinadas, mas os agricultores ou industriais deverão providenciar para que elas se purifiquem, por qualquer processo, ou sigam o seu esgoto natural. Essas normas devem ser adaptadas à posterior legislação ambiental;

iii **A desobstrução e a defesa**

Os proprietários marginais das correntes são obrigados a abster-se de fatos que possam embaraçar o livre curso das águas e remover os obstáculos a este livre curso, quando eles tiverem origem nos seus prédios, de modo a evitar prejuízos de terceiros, que não for proveniente de legítima aplicação das águas.

14.2.3 O Código de Mineração

O Código de Mineração (Decreto-Lei nº 227, de 28/2/1967, em seu Art. 5º, Inciso IX) classificou, dentre as jazidas minerais, as águas subterrâneas, e fixou que elas serão regidas por leis especiais (Art. 10º, Inciso V). A atribuição aos Estados do domínio das águas subterrâneas condiciona a legislação referida.

14.2.4 A Política Nacional do Meio Ambiente

A Política Nacional do Meio Ambiente, estabelecida pela Lei nº 6.938, de 31/8/1981, tem como objetivo a preservação, melhoria e recuperação da qualidade ambiental propícia à vida, para assegurar, no País, condições ao desenvolvimento socioeconômico, aos interesses da segurança nacional e à proteção da dignidade da vida humana.

Os princípios adotados nessa política levam em conta: considerar o meio ambiente como patrimônio público, a ser necessariamente assegurado e protegido, para uso coletivo; a racionalizar o uso da água e outros recursos ambientais; o planejamento e a fiscalização do uso de recursos ambientais; o controle e o zoneamento das atividades potenciais ou efetivamente poluidoras; os incentivos ao estudo e à pesquisa de tecnologias orientadas para o uso racional e para a proteção dos recursos ambientais; o acompanhamento do estado da qualidade ambiental; a recuperação de áreas degradadas; a proteção de áreas ameaçadas de degradação; a educação ambiental em todos os níveis de ensino, inclusive a educação da comunidade.

Essa política procura também: compatibilizar o desenvolvimento econômico e social com a preservação da qualidade do meio ambiente e do equilíbrio ecológico; definir áreas prioritárias de ação governamental relativa à qualidade e ao equilíbrio ecológico, atendendo aos interesses da União, dos Estados, do Distrito Federal e dos municípios; estabelecer critérios e padrões da qualidade ambiental e de normas relativa ao uso e manejo dos recursos ambientais; desenvolver pesquisas e tecnologias nacionais orientadas para o uso racional dos recursos ambientais; difundir tecnologias de manejo do meio ambiente, divulgar dados e informações ambientais; preservar e restaurar recursos ambientais para serem utilizados racionalmente e com disponibilidade permanente, concorrendo para manter o equilíbrio ecológico propício à vida; impor, ao poluidor e ao predador, a obrigação de recuperar e/ou indenizar pelos danos causados e, ao usuário, a contribuição pela utilização de recursos ambientais com fins econômicos.

A falta de regulamentação do Código de Águas e o desenvolvimento da legislação ambiental acentuaram a dicotomia do gerenciamento da quantidade e da qualidade dos recursos hídricos.

14.2.5 As Constituições e leis estaduais

Em razão do impedimento constitucional para os Estados legislarem sobre as águas, as Constituições estaduais e as decorrentes leis regulamentadoras somente tratam de política, diretrizes e critérios de gerenciamento de recursos hídricos. São disposições sobre a organização dos Estados para a administração de águas de seu domínio, subordinadas à legislação federal sobre águas e meio ambiente.

14.2.6 As leis orgânicas municipais

Os municípios brasileiros, em razão do disposto na Constituição Federal de 1988, promulgaram, em 1990, suas respectivas leis orgânicas municipais. No Estado de São Paulo, em razão da iniciativa de associações técnicas interessadas em recursos hídricos, cerca de 300 municípios, aproximadamente 50% do total, incluíram nas respectivas leis orgânicas dispositivos sobre recursos hídricos.

Os temas mais frequentes são: a proteção e a conservação dos recursos hídricos superficiais e subterrâneos; a racionalização do uso das águas para fins de abastecimento urbano, industrial e irrigação; o zoneamento de áreas inundáveis e sujeitas a riscos de escorregamentos, estabelecendo restrições e proibições ao uso, parcelamento, edificações, nas áreas impróprias ou críticas; implantação de sistemas de alerta e defesa civil para garantir a saúde e segurança públicas, quando ocorrerem eventos hidrológicos indesejáveis; complementação das normas federais e estaduais sobre produção, armazenamento, utilização e transporte de substâncias tóxicas; previsão de adequada disposição de resíduos sólidos, para evitar o comprometimento dos recursos hídricos, em quantidade e qualidade; disciplina dos movimentos de terra e retirada da cobertura vegetal para prevenir a erosão do solo, o assoreamento e a poluição dos corpos d'água; controle das águas pluviais, para mitigar e compensar os efeitos da urbanização no escoamento das águas na erosão do solo; informar à população dos benefícios do uso racional da água, da proteção contra sua poluição e da desobstrução dos cursos d'água.

14.3 A experiência de São Paulo em águas subterrâneas

14.3.1 Histórico

Entre 1972 e 1983, o Estado de São Paulo desenvolveu amplo programa de estudos de águas subterrâneas, por uma autarquia, o Departamento de Águas e Energia Elétrica (Daee), com a assistência técnica de consórcio brasileiro-israelense.

Esses estudos, embora especializados em águas subterrâneas, suscitaram a criação de uma equipe técnica multidisciplinar, constituída por mais de uma centena de engenheiros civis, geólogos, tecnólogos, economistas e administradores, especializados em hidrologia, hidrogeologia, saneamento, planejamento de recursos hídricos, sob supervisão de consultores especializados de grande experiência. Obteve-se ainda a cooperação de universidades e centros de pesquisa e desenvolvimento tecnológico para a elaboração de estudos e levantamentos específicos.

Ao longo de mais de uma década, foram desenvolvidas as seguintes atividades: complementação da cartografia geológica; estudos geofísicos; controle da perfuração de poços tubulares profundos experimentais; inventários dos poços existentes; determinação de rede de postos de observação de dados piezométricos; realização de ensaios de bombeamento; análises químicas das águas superficiais e subterrâneas; coleta, sistematização e análise de dados hidrológicos, hidrometereológicos e hidrogeológicos; balanços hidrológicos e hidrogeológicos; implantação do sistema de informações de águas subterrâneas; levantamento de dados de saneamento, planejamento do atendimento das demandas de água para abastecimento e outros.

O principal resultado desses trabalhos foi a capacitação de equipe especializada em recursos hídricos e águas subterrâneas, não só da autarquia responsável, mas também das empresas de consultoria participantes, dos institutos de pesquisa e, particularmente, das empresas de perfuração de poços tubulares profundos. Deu-se, nessa importante experiência de transferência e difusão de tecnologia, um grande salto no conhecimento sobre a ocorrência das águas subterrâneas. Somaram-se a isso os recursos tecnológicos para a sua explotação, com perfuração de poços em localização precedida de criteriosa avaliação hidrogeológica e de projeto segundo as melhores técnicas de perfuração sob fiscalização e controle rigorosos e de operação apoiada em ensaios de bombeamento.

A consequência desse trabalho foi a criação, em 1978, em São Paulo, da Associação Brasileira de Águas Subterrâneas (Abas), importante associação técnica-profissional, com relevantes contribuições. A Companhia de Tecnologia de Saneamento Ambiental (Cetesb) iniciou, em paralelo, estudo sistemático sobre a poluição das águas subterrâneas, que teve continuidade por intermédio do Instituto Geológico, da Secretaria do Meio Ambiente.

14.3.2 A proposta de legislação nacional sobre águas subterrâneas

Como consequência dos estudos regionais de águas subterrâneas e da enorme evolução da perfuração de poços em São Paulo, sentiu-se a necessidade de controle e fiscalização da utilização de águas subterrâneas. Para propor legislação específica, em 1980 constitui-se uma comissão integrada por representantes de entidades de recursos hídricos, saneamento e meio ambiente.

Partiu-se da proposta da Comissão Interministerial – criada em 1977, pelos Ministérios de Minas e Energia e do Interior – de revisão do Código de Águas, com inclusão de novo capítulo sobre as águas subterrâneas e de decreto regulamentador da pesquisa, captação e uso dessas águas.

A comissão paulista, diante das dificuldades dessa revisão, por abranger, o Código de Águas, interesses muito mais amplos, optou por recomendar lei federal a ser regulamentada por decretos federais e estaduais, conforme o caso.

A minuta de lei foi encaminhada apara a Abas, que a debateu no Congresso Nacional de Águas Subterrâneas (Salvador, 1982) e no Fórum Brasileiro de Águas Subterrâneas (Belo Horizonte, 1984), sendo propostos inúmeros aperfeiçoamentos ao texto inicial

A minuta foi submetida ao governo federal e, em 1986, foi encaminhado Projeto de Lei ao Congresso Nacional, mas somente de 7 artigos, mutilando, assim, a proposta original.

Em razão de gestões da Abas, o projeto do Executivo foi recomposto de acordo com a proposta inicial, na Câmara dos Deputados, com o parecer do deputado Octávio Elísio, em 1989. Alterado no Senado Federal, permaneceu pendente de aprovação em razão de divergências sobre qual entidade federal, a de recursos hídricos ou de recursos minerais, seria responsável pelas águas subterrâneas. Posteriormente, foi retirado pelo Poder Excutivo Federal.

Desde a Constituição Federal de 1988, as águas subterrâneas integram o domínio dos Estados, de modo que compete à União apenas estabelecer diretrizes gerais e a coordenação da gestão das águas subterrâneas.

14.3.3 A legislação paulista de águas subterrâneas

Apresentada antes da Constituição Federal de 1988, isto é, antes da definição do domínio dos Estados sobre as águas subterrâneas, a lei paulista fundamenta-se na competência do Estado de legislar supletivamente no campo da saúde pública e do meio ambiente. Em razão disso, a Lei nº 6.134, de 2/6/1988, é uma lei de preservação e não de gestão de águas subterrâneas. A sua regulamentação, pelo Decreto nº 32.955, de 7/2/1991, ampliou esse regulamento e estabeleceu que cabe ao DAEE a administração das águas subterrâneas nos campos de pesquisa, captação, fiscalização, extração e acompanhamento de sua interação com o ciclo hidrológico; à Cetesb cabe prevenir e controlar a poluição das águas subterrâneas; à Secretaria da Saúde cabe fiscalizar as águas subterrâneas destinadas ao consumo humano; ao Instituto Geológico cabe a execução da pesquisa e estudos geológicos e hidrogeológicos, o controle e arquivo de informações pertinentes.

Como a Lei nº 6.134/1988 não estabele sanções, o Decreto nº 32.955/1991 limitou-se à aplicação das sanções previstas na legislação ambiental e sanitária, mas, com isso, não deu o adequado suporte à administração das águas subterrâneas. A expedição de outorgas referentes a águas subterrâneas são objeto da Portaria Daee nº 717, de 12/12/1996.

14.3.4 A inserção das águas subterrâneas no gerenciamento de recursos hídricos

A Lei nº 7.663/1991 estabelece a política e o sistema integrado de gerenciamento de recursos hídricos e adota, dentre seus princípios: o gerenciamento descentralizado, integrado e participativo, sem dissociação dos aspectos quantitativos e qualitativos e das fases meteórica, superficial e subterrânea do ciclo hidrológico; a bacia hidrográfica como unidade físico-territorial de planejamento e gerenciamento.

Ela considera a água subterrânea como parte integrante do ciclo hidrológico a ser gerida de forma integrada com os recursos superficiais. Reconhece a importância e as peculiaridades de ocorrência, qualidade natural, vulnerabilidade à poluição e forma de extração das águas subterrâneas. Por exemplo, preconiza como um dos objetivos do sistema de gerenciamento o "desenvolvimento de programas permanentes de conservação e proteção das águas subterrâneas".

Resolve a deficiência da Lei nº 6.134/1988 ao estabelecer sanções para quem "executar a perfuração de poços tubulares profundos para a extração de águas subterrâneas ou operá-los sem a devida autorização". A regulamentação das sanções previstas na Lei nº 7.663/1991 depende da instituição do sistema integrado de outorga de direitos de uso dos recursos hídricos, compatibilizado com os sistemas correlacionados de licenciamento ambiental e metropolitano, sucessivamente adiado por dificuldades políticas e institucionais, as mesmas que resultaram em regulamentação parcial da Lei nº 6.134/1988.

Na divisão do Estado em unidades hidrográficas de gerenciamento de recursos hídricos, objeto da Lei nº 9.034, de 27/12/1994, sobre o Plano Estadual de Recursos Hídricos (PERH) 94/95, em que orienta a jurisdição dos comitês de bacias hidrográficas, os recursos hídricos subterrâneos tiveram importância decisiva. A sua delimitação constou entre os aspectos fundamentais levados em conta para essa divisão das bacias hidrográficas em trechos ou sub-bacias homogêneas sob pontos de vista físicos, ambientais, sociais e políticos, com dimensões que comportassem e justificassem o gerenciamento descentralizado e participativo dos recursos hídricos.

Dentre os Programas de Duração Continuada constantes do PERH 94/95, constou um, específico, sobre as águas subterrâneas (Quadro 14.2):

Quadro 14.2 DESENVOLVIMENTO E PROTEÇÃO DAS ÁGUAS SUBTERRÂNEAS (PDAS)

Subprograma	Projeto ou atividade
Controle da perfuração de poços profundos e da exploração de águas subterrâneas	Desenvolvimento do cadastro de poços tubulares profundos; Licenciamento da perfuração de poços e da explotação de águas subterrâneas; Gestão de aquíferos em áreas críticas de superexplotação ou poluição.
Cartografia hidrogeológica	Execução, publicação e divulgação da cartografia hidrogeológica básica.
Proteção da qualidade das águas subterrâneas	Execução de cartografia da vulnerabilidade natural dos aquíferos à poluição; Cadastro das fontes reais ou potenciais de poluição dos aquíferos subterrâneos; Zoneamento da vulnerabilidade dos aquíferos à poluição, desenvolvimento, implantação e aplicação de legislação de proteção.
Cooperação com os municípios para a explotação, conservação e proteção das águas subterrâneas	Avaliação hidrogeológica, projeto e perfuração de poços tubulares profundos; Operação, controle e manutenção de sistemas de extração de águas subterrâneas; Convênios de cooperação entre Estado e Municípios para gestão dos aquíferos de interesse local, especialmente os situados em áreas urbanas.

Elaborado por Flávio Terra Barth.

14.4 O sistema aquífero Guarani

Em 2/8/2010, Argentina, Brasil, Paraguai e Uruguai celebraram, em San Juan, na Argentina, acordo, com duração ilimitada, para reger, segundo as respectivas disposições constitucionais e legais e de conformidade com as normas de direito internacional aplicáveis, as relações relativas ao sistema aquífero Guarani, recurso hídrico transfronteiriço que integra o respectivo domínio territorial soberano de cada país.

Os signatários exercerão o direito soberano de promover a gestão, o monitoramento e o aproveitamento sustentável dos recursos hídricos do aquífero em seus territórios, respeitando a obrigação de não causar prejuízo sensível aos demais nem ao meio ambiente, promovendo sua conservação e proteção ambiental para assegurar o uso múltiplo, racional, sustentável e equitativo daqueles recursos.

Estudos, atividades ou obras relacionados com partes do aquífero nos respectivos territórios que possam ter efeitos além-fronteiras deverão ocorrer em conformidade com os princípios e as normas de direito internacional aplicáveis. Os que realizarem atividades ou obras de aproveitamento e exploração do recurso hídrico, nos respectivos territórios, deverão adotar as medidas necessárias para evitar que prejuízos sensíveis aos demais ou ao meio ambiente sejam causados. Quando houver prejuízo sensível a outros signatários ou ao meio ambiente, quem o causar deve adotar meios para eliminá-lo ou reduzi-lo.

Haverá intercâmbio de informações técnicas sobre estudos, atividades e obras que contemplem o seu aproveitamento sustentável. Se aquele que receber a informação chegar à conclusão de que a execução das atividades ou obras projetadas pode causar-lhe prejuízo sensível, indicará suas conclusões ao outro, em exposição documentada, das razões em que se fundamentam. Nesse caso, analisarão a questão para chegar, de comum acordo e no prazo mais breve possível, compatível com a natureza do prejuízo sensível e sua análise, a uma solução equitativa com base no princípio de boa-fé. Aquele que prestar a informação não executará nem permitirá a execução de medidas projetadas, sempre que o signatário receptor lhe demonstre que as atividades ou obras projetadas causariam prejuízo sensível ao seu espaço territorial ou ao meio ambiente. O pretendente das atividades e/ou obras não irá iniciá-las ou continuá-las enquanto durarem as consultas e as negociações, que deverão ser concluídas no prazo máximo de seis meses.

Haverá programas de cooperação com o propósito de ampliar o conhecimento técnico e científico do sistema, promover o intercâmbio de informações sobre práticas de gestão e desenvolver projetos em comum. A cooperação deverá ocorrer sem prejuízo dos projetos e empreendimentos que decidirem executar em seus respectivos territórios, de conformidade com o direito internacional.

Foi instituída, no âmbito do Tratado da Bacia do Prata, e de acordo com o Art. VI, uma comissão, integrada pelos quatro signatários, que coordenará a cooperação entre si para o cumprimento dos princípios e objetivos do acordo. Ela elaborará o próprio regulamento. Caso não se alcance o acordo dentro de prazo razoável com as negociações diretas ou se a controvérsia for solucionada apenas parcialmente, os signatários poderão, de comum acordo, solicitar à comissão que, com a exposição prévia das respectivas posições, avalie a situação e formule recomendações. Quando a controvérsia não puder ser solucionada pelas partes, elas poderão recorrer a procedimento arbitral, estabelecido em protocolo adicional, para isso.

O Brasil foi o depositário do acordo e dos instrumentos de ratificação, devendo notificar aos demais a data dos depósitos desses instrumentos e enviar cópia autenticada aos demais. Esse acordo poderá ser denunciado pela notificação escrita ao depositário. A denúncia surtirá efeito um ano após a data em que tenha sido recebida a notificação, a menos que se assinale data posterior, não afetando, a denúncia, qualquer direito, obrigação ou situação jurídica da parte, que resulte da execução do acordo, antes de seu término, a seu respeito. A denúncia não dispensa a parte que a formule das obrigações previstas nos procedimentos em curso continuarem até sua finalização e até que os acordos alcançados ou decisões ou sentenças sejam cumpridos.

Anexos

Carlos Eduardo Quaglia Giampá
Valter Galdiano Gonçales

Anexo I

Associações, institutos e órgãos relacionados às águas subterrâneas

1. Associação Brasileira de Águas Subterrâneas (Abas)

    A Abas é uma entidade tecnocientífica, sem fins lucrativos, que objetiva, dentro do escopo das águas subterrâneas: utilização racional e sustentada; divulgação; elevação do nível técnico dos associados; elevação da qualidade dos serviços prestados pelas empresas associadas; fomentar a utilização de aquíferos de forma racional, por meio de: gestão integrada, observação das normas técnicas e licenças ambientais; desenvolvimento de técnicas e tecnologias. Ela congrega empresas fabricantes de equipamentos e materiais, perfuradores de poços, prestadores de serviços, universidades, institutos e órgãos de pesquisa e gestão de recursos hídricos, grandes consumidores de água e profissionais multidisciplinares, pesquisadores, professores, consultores, geólogos, engenheiros, sondadores, administradores e técnicos de nível médio, além de estudantes. A Abas dispõe de um conselho e vários comitês técnicos que podem apoiar a sociedade civil nessas atividades. De questões cotidianas, para dirimir dúvidas, receber denúncias e sugestões, até colaborar com estudos de planejamento, termos de referências e formulações de editais que objetivem a contratação de poços tubulares profundos e serviços correlatos. Publica um boletim informativo mensal, AbasInforma (<abasinforma@abas.org>). R. Capitão Messias, 51, Perdizes. CEP 05004-020. São Paulo/SP. Tel.: (11) 3868-0723. Fax: (11) 3868-0727. www.abas.org.br. E-mail: <info@abas.org>.

2. Associação Brasileira de Engenharia Sanitária Ambiental (Abes)

    Organização não governamental sem fins lucrativos, fundada em 1966, cuja missão é contribuir para a melhoria da qualidade de vida dos brasileiros por meio do conhecimento de seus associados. Mantém parceria com os principais órgãos e empresas de saneamento do Brasil e do exterior, promovendo continuamente cursos, seminários, simpósios, palestras e congressos, além de editar revistas e outras publicações. Constitui-se na seção brasileira da Associação Interamericana de Engenharia Sanitária e Ambiental (Aidis). Possui seções em todos os Estados brasileiros. Av. Beira-mar, 216, 13º andar, Castelo. CEP 20021-060. Rio de Janeiro/RJ. Tel.: (21) 2277-3900. Fax: (21) 2262- 6838. www.abes.org.br.

3. Associação Brasileira de Recursos Hídricos (ABRH)
Congrega pessoas físicas e jurídicas ligadas ao planejamento e à gestão dos recursos hídricos no Brasil. A ABHR promove o Simpósio Brasileiro de Recursos Hídricos e edita a *Revista Brasileira de Recursos Hídricos* (RBRH). Av. Bento Gonçalves, 9.500. Caixa Postal 15.029. CEP 91501-970. Porto Alegre/RS. Tel.: (51) 3493-2233. www.abrh.org.br. E-*mail*: <abrh@abrh.org.br>.

4. Associação Brasileira de Geologia de Engenharia e Ambiental (ABGE)
Entidade tecnocientífica que congrega profissionais, estudantes e pesquisadores de diversas especialidades que se dedicam às atividades de Geologia de Engenharia. A ABGE estimula o avanço do conhecimento e aplicação da Geologia na solução dos problemas de engenharia e do meio ambiente e a prevenção e correção de acidentes geológicos. Av. Prof. Almeida Prado, 532, IPT (Prédio 7). CEP 05508-901. São Paulo/SP. Tel.: (11) 3767-4361. Fax: (11) 3719-0661. www.abge.com.br.

5. Sociedade Brasileira de Geologia (SBG)
Fundada em 27 de dezembro de 1945, constitui-se numa associação civil de direito privado, sem fins lucrativos, com finalidade cultural e de utilidade pública, com natureza jurídica própria. R. do Lago, 562. Cidade Universitária (USP). CEP 05508-080 São Paulo/SP. Tel./Fax: (11) 3812-6166. www.sbgeo.org.br.

6. Asociación Latinoamericana de Hidrología Subterránea para el Desarollo (ALHSUD)
Foi fundada em 1987, e iniciada durante a Segunda Conferencia Latinoamericana de Hidrología Urbana (Buenos Aires, novembro de 1989). Seus objetivos principais são: promover, na América Latina e Caribe,

pesquisa, utilização, conservação e proteção dos recursos humanos para um desenvolvimento equilibrado e racional de seus recursos hídricos subterrâneos. Rio Branco, 1.438, Of. 101. Montevidéu/Uruguai. Tel.: 00598-29021093. www.alhsud.com. E-mail: <info@alhsud.com>.

7. **Conselho Federal de Engenharia, Arquitetura e Agronomia (Confea)/Conselhos Regionais de Engenharia, Arquitetura e Agronomia (Crea) (Sistema Confea/Crea)**
O Confea é regido pela Lei n° 5.194, de 1966, e também representa os geógrafos, geólogos, meteorologistas, tecnólogos dessas modalidades, técnicos industriais e agrícolas e suas especializações, num total de centenas de títulos profissionais. É a instância máxima a que um profissional pode recorrer no que se refere ao regulamento do exercício profissional. Conselho Federal de Engenharia, Arquitetura e Agronomia (Confea). SEPN 508, Bloco A. CEP 70740-541. Brasília/DF. Tel.: (61) 2105-3700. www.confea.org.br.

8. **Agência Nacional das Águas (ANA)**
É uma autarquia sob regime especial, com autonomia administrativa e financeira, vinculada ao Ministério do Meio Ambiente. É responsável pela implantação da Política Nacional de Recursos Hídricos. Setor Policial, Área 5, Quadra 3, Bloco B. CEP 70740-542. Brasília/DF. Tel.: (61) 2109-5400/ (61) 2109-5252. www.ana.gov.br.

9. **Ministério do Meio Ambiente (MMA)/Secretaria de Recursos Hídricos**
A Secretaria de Recursos Hídricos foi criada em 1995 e faz parte do MMA e do Sistema Nacional de Gerenciamento de Recursos Hídricos (Singreh), e tem sob sua responsabilidade: a Política Nacional de Recursos Hídricos; a integração da gestão dos recursos hídricos com a do meio ambiente; a provisão dos serviços de secretaria executiva do Conselho Nacional de Recursos Hídricos. Esplanada dos Ministérios, Bloco B. CEP 70068-9000. Brasília/DF. Tel.: (61) 3184-2500. www.mma.gov.br.

10. **Conselho Nacional de Recursos Hídricos (CNRH)**
É o principal fórum de discussão nacional sobre gestão de recursos hídricos, exercendo o papel de agente integrador e articulador das respectivas políticas públicas, particularmente quanto à harmonização do gerenciamento de águas de diferentes domínios. www.cnrh-srh.gov.br.

11. Departamento Nacional da Produção Mineral (DNPM)
    Autarquia federal criada pela Lei nº 8.876, de 2/5/1994, vinculada ao Ministério de Minas e Energia, dotada de personalidade jurídica de direito público, com autonomia patrimonial, administrativa e financeira, com sede e foro em Brasília, Distrito Federal, e circunscrição em todo o território nacional. O DNPM promove o planejamento e o fomento da exploração mineral e controla e fiscaliza o exercício das atividades de águas minerais em todo o Brasil, na forma do que dispõe o Código de Águas Minerais. S.A.N. Quadra 1, Bloco B, CEP 70041-903. Brasília/DF. Tel.: (61) 3312-6666. Fax: (61) 3312-6918. www.dnpm.gov.br.

12. Departamento de Águas e Energia Elétrica do Estado de São Paulo (DAEE)
    O DAEE é o órgão gestor dos recursos hídricos do Estado de São Paulo. Para melhor desenvolver suas atividades e exercer suas atribuições conferidas por lei, atua de maneira descentralizada no atendimento aos municípios, usuários e cidadãos, executando a Política de Recursos Hídricos do Estado de São Paulo e coordenando o Sistema Integrado de Gestão de Recursos Hídricos, nos termos da Lei nº 7.663/91, adotando as bacias hidrográficas como unidade físico-territorial de planejamento e gerenciamento. R. Boa Vista, 170, 11º andar, Centro. CEP 01014-000. São Paulo/SP. Tel.: (11) 3293-8200/(11) 3293-8201. www.daee.sp.gov.br.

13. Instituto Geológico (IG)
    Órgão vinculado à Secretaria do Meio Ambiente do Estado de São Paulo. Realiza pesquisas na área de meio ambiente e águas subterrâneas. Av. Miguel Stéfano, 3.900. CEP 04301-903. São Paulo/SP. Tel.: (11) 5073-5511. www.igeologico.sp.gov.br.

14. Companhia Ambiental do Estado de São Paulo (Cetesb)
    É a agência do governo do Estado de São Paulo responsável pelo controle, fiscalização, monitoramento e licenciamento de atividades geradoras de poluição, com a preocupação fundamental de preservar e recuperar a qualidade das águas, do ar e do solo. Av. Prof. Frederico Hermann Jr., 345, Alto de Pinheiros. CEP 05489-900. São Paulo/SP. Tel.: (11) 3133-3000. www.cetesb.sp.gov.br.

15. National Ground Water Association (NGWA)
Associação norte-americana de água subterrânea e perfuração de poços com mais de 25 mil associados, possuindo publicações, filmes e cursos. P.O. Box 715435, Columbus, OH 43271-5435 – USA 61 Dempsey – RD Westerville, OH – 43081. F.: 800-551-7379/614-898-7791. www.ngwa.org.

16. Associação Nacional dos Serviços Municipais de Saneamento (Assemae)
Reúne os municípios brasileiros que administram seus serviços públicos de água, esgoto, limpeza e drenagem urbana. SCRN 702/703, Bloco C, Loja 50. CEP 70.720-630. Brasília/DF. Tel.: (61) 3322-5911. Fax: (61) 3322-9353. www.assemae.org.br.

Anexo II

COMPANHIAS ESTADUAIS DE SANEAMENTO E SERVIÇOS MUNICIPAIS

Companhias	Dados	*Homepage*
Associação das Empresas Estaduais de Saneamento Básico (Aesbe)	SCS, Quadra 1, Bloco B, Edifício Morro Vermelho, 8° andar. CEP 70399-900. Brasília/DF. Tel./Fax.: (61) 3326-4888.	www.aesbe.org.br
Águas e Esgoto do Piauí S/A (Agespisa)	Av. Marechal Castelo Branco, 101. CEP 64000--810. Teresina/PI. Tel.: (86) 3216- 6300.	www.agespisa.com.br
Cia. de Águas e Esgoto do Maranhão (Caema)	R. Silva Jardim, 307. CEP 65020-560. São Luís/MA. Tel.: (98) 3219-5000.	www.caema.ma.gov.br
Companhia de Águas e Esgotos de Roraima (Caer)	R. Melvin Jones, 219. São Pedro. CEP 69306--610. Tel.: (95) 121-2200.	www.caer.com.br
Cia. de Águas e Esgoto de Rondônia (Caerd)	Av. Pinheiro Machado, 2.112, São Cristóvão. CEP 76804-046. Porto Velho/RO. Tel.: (69) 3216-1712.	www.caerd.com.br
Cia. de Águas e Esgoto do Rio Grande do Norte (Caern)	R. Senador Salgado Filho, 1.555, Tirol. CEP 59015-000. Natal/RN. Tel.: (84) 3232-4100.	www.caern.com.br
Cia. de Águas e Esgoto do Amapá (Caesa)	Av. Ernestino Borges, 222. CEP 68908-010. Macapá/AP. Tel.: (96) 9153-3196.	www.caesa.ap.gov.br
Cia. de Águas e Esgoto de Brasília (Caesb)	SCS, Quadra 2, Bloco C, 67/97, Ed. Cedro, Térreo II. CEP 70300-523. Brasília/DF. Tel.: (61) 3329-9090.	www.caesb.com.br
Cia. de Águas e Esgoto do Ceará (Cagece)	R. Dr. Lauro Vieira Chaves, 1.030, V. União. CEP 60422-901. Fortaleza/CE. Tel.: (85) 3101-1728.	www.cagece.com.br
Cia. de Águas e Esgoto da Paraíba (Cagepa)	R. Feliciano Cirne, 220. CEP 58015-570. João Pessoa/PB. Tel.: (83) 3218-1287.	www.cagepa.com.br
Cia. de Abastecimento de Águas e Saneamento de Alagoas (Casal)	R. Barão de Atalaia, 200. CEP 57020-510. Maceió/AL. Tel.: (82) 3315-3108.	www.casal.al.gov.br
Cia. Catarinense de Águas e Saneamento (Casan)	R. Emílio Blum, 83, Centro. CEP 88020-010. Florianópolis/SC. Tel.: (48) 3221-5000.	www.casan.com.br

COMPANHIAS ESTADUAIS DE SANEAMENTO E SERVIÇOS MUNICIPAIS (Cont.)

Companhias	Dados	Homepage
Cia. Estadual de Águas e Esgoto do Rio de Janeiro (Cedae)	Av. Presidente Vargas, 2.655, 4° andar, Cidade Nova. CEP 20210-303. Rio de Janeiro/RJ. Tel.: (21) 2332-3831.	www.cedae.rj.gov.br
Cia. Espírito-Santense de Saneamento (Cesan)	Av. Gov. Bley, 186, 3° andar. CEP 29010-150. Vitória/ES. Tel.: (27) 2127-5005.	www.cesan.com.br
Cia. Pernambucana de Saneamento (Compesa)	Av. Cruz Cabugá, 1.387, Santo Amaro. CEP 50040-905. Recife/PE. Tel.: (81) 3412-9012.	www.compesa.com.br
Cia. de Saneamento de Minas Gerais (Copasa)	R. Mar de Espanha, 525, Santo Antônio. CEP 30330-900. Belo Horizonte/MG. Tel.: (31) 3250-1300.	www.copasa.com.br
Cia. Rio Grandense de Saneamento (Corsan)	R. Caldas Júnior, 120, 18° andar. CEP 90010-260. Porto Alegre/RS. Tel.: (51) 3215-5600.	www.corsan.com.br
Companhia de Saneamento do Amazonas (Cosama)	R. Gen. Miranda Reis, 20, Conj. Celetra. CEP 69057-320. Adrianópolis/AM. Tel.: (92) 4009-1999.	www.cosama.am.gov.br
Companhia de Saneamento do Pará (Cosanpa)	Av. Magalhães Barata, 1.201. CEP 66060-670. Belém/PA. Tel.: (91) 3202-8400.	www.cosanpa.pa.gov.br
Cia. de Saneamento de Sergipe (Deso)	R. Campo de Brito, 331, São José. CEP 49020-380. Aracaju/SE. Tel.: (79) 3226-1002.	www.deso.se.com.br
Empresa Baiana de Saneamento (Embasa)	Quarta Avenida, 420, Centro Administrativo da Bahia. CEP 41745-002. Salvador/BA. Tel.: (71) 3372-4844.	www.embasa.ba.gov.br
Cia. de Saneamento Básico do Estado de São Paulo (Sabesp)	R. Costa Carvalho, 300. CEP 05429-000. São Paulo/SP. Tel.: (11) 3388-8200.	www.sabesp.com.br
Companhia de Saneamento do Estado do Acre (Sanacre)	Av. Brasil, 346. CEP 69900-100. Rio Branco/AC. Tel.: (68) 3223-2216.	www.sanacre.com.br
Companhia de Saneamento de Goiás (Saneago)	Av. Fued José Sebba, 1.245, Jd. Goiás. CEP 74805-100. Goiânia/GO. Tel.: (62) 3243-3300.	www.saneago.com.br
Cia. de Saneamento do Paraná (Sanepar)	R. Eng. Rebouças ,1.376, Rebouças. CEP 80215-900. Curitiba/PR. Tel.: (41) 3330-3045.	www.sanepar.com.br
Empresa de Saneamento do Mato Grosso do Sul (Sanesul)	R. Dr. Zerbini, 421, Chácara Cachoeira. CEP 79040-040. Campo Grande/MS. Tel.: (67) 3318-7878.	www.sanesul.ms.gov.br
Companhia de Saneamento do Tocantins (Saneatins)	Av. LO 5, s/n°, Quadra 312 Sul, Centro. CEP 77021-200. Palmas/TO. Tel.: (63) 3218-3401.	www.saneatins.com.br

Anexo III

Normas e legislação brasileiras

1. Normas brasileiras para projetos e construção de poço tubular

A Associação Brasileira de Normas Técnicas (ABNT), órgão criado em 1940, é responsável pela normatização técnica no Brasil. Após anos de estudos, debates e discussões, aprovou e publicou as duas normas técnicas que devem nortear as obras de captação das águas subterrâneas: 1) NBR 12212: Projeto de poço para captação das águas subterrâneas; 2) NRB 12244: Construção de poços para a captação das águas subterrâneas; 3) NRB 13604/13605/13606/13607/13608: Dispões sobre tubos de PVC para poços tubulares profundos; 4) NRB 13895/1997: Poços de monitoramento. Av. Paulista, 726, 10° andar. São Paulo/SP. Tel.: (11) 2344-1720. www.abnt.org.br. *E-mail*: <atendimento.sp@abnt.org.br>.

2. Legislação federal sobre os recursos hídricos

A Constituição Federal de 1988 estabeleceu que a água é um bem de domínio público pertencendo aos Estados e à União. Art 26, Inciso I: "Incluem-se entre os bens dos Estados: as águas superficiais ou subterrâneas".

É de competência do Estado legislar e controlar o uso das águas subterrâneas e, no caso do Estado de São Paulo, é de responsabilidade do Departamento de Águas e Energia Elétrica (DAEE) os procedimentos de licenciamento e outorga do uso de águas subterrâneas e superficiais.

A Lei n° 9.433/1997, Lei das Águas, institui a Política Nacional de Recursos Hídricos, cujos fundamentos são:

a) **A água é um bem de domínio público de uso do povo**: o Estado concede o direito de uso da água e não sua propriedade. A outorga não implica a alienação parcial das águas que são alienáveis, mas o simples direito de uso;

b) **Usos prioritários e múltiplos da água**: a água tem de atender sua função social e, em situações de escassez, a outorga pode ser parcial ou totalmente suspensa, para atender ao consumo humano e dessedentação de animais. A água deve ser utilizada considerando projetos de usos múltiplos, tais como: consumo humano, dessedentação de animais, diluição de esgotos, transporte, lazer, paisagística, potencial hidrelétrico etc., e as prioridades de uso serão estabelecidas nos planos de recursos hídricos;

c) **A água como um bem de valor econômico**: a água é reconhecida como recurso natural limitado e dotado de valor, sendo a cobrança pelo seu uso um poderoso instrumento de gestão, em que é aplicado o princípio de poluidor-pagador, que possibilitará a conscientização do usuário. A Lei n° 9433/97, Art. 22, *caput*, informa que "os valores arrecadados com a cobrança pelo uso de recursos hídricos serão aplicados prioritariamente na bacia hidrográfica em que foram gerados", e isso pressupõe que os valores obtidos com a cobrança propiciarão recursos para obras, serviços, programas, estudos, projetos etc. dentro da bacia;

d] A gestão descentralizada e participativa, tendo a bacia hidrográfica como unidade de atuação para implementação dos planos, sendo organizadas em comitês de bacia. Isso permite que diversos agentes da sociedade opinem e deliberem sobre os processos de gestão da água, pois, nos comitês, o número de membros do Poder Público (federal, estadual e municipal) está limitado em até 50% do total.

Planos de recursos hídricos: são planos diretores para fundamentar a implementação da Política Nacional de Recursos Hídricos, elaborados por bacia hidrográfica, por Estado e país. Devem conter diagnósticos da situação atual e futura, análises alternativas, balanços, recursos, diretrizes para cobrança, metas de uso, racionalização, proteção ambiental, entre outros. O Estado de São Paulo possui um plano de recursos hídricos cujo texto pode ser encontrado em <www.recursoshidricos.sp.gov.br>.

O Ministério do Meio Ambiente está desenvolvendo ações e atividades relativas à estruturação e consolidação das Políticas Nacionais e Estaduais de Recursos Hídricos (PNRH), do Sistema Nacional de Recursos Hídricos (SNRH), do Conselho Nacional de Recursos Hídricos (CNRH) e da Secretaria de Recursos Hídricos (SRH).

3. Lei estadual que regulamenta o uso e a proteção das águas subterrâneas no Estado de São Paulo

Com base na Lei Estadual nº 6.134, de 2/6/1988, e de sua regulamentação, aprovada pelo Decreto nº 32.995, de 7/2/1991, a Portaria DAEE/12, de 14/3/1991, fixa normas para emissão da Licença de Execução e da Licença de Operação de Poços Tubulares Profundos, e a outorga final para a exploração das águas subterrâneas no Estado de São Paulo.

O Departamento de Águas e Energia Elétrica (DAEE) é o órgão gestor das portarias e da aplicação da legislação. Os poços tubulares profundos já existentes (e em operação ou não) e aqueles em perfuração ou a serem perfurados deverão ser objeto de cadastramento e de obtenção de autorização, cujos procedimentos legais resumiremos a seguir.

Anexo IV

Orientações gerais para contratação de um poço tubular

Na contratação de uma obra de construção de um poço tubular, é de fundamental importância a seleção da empresa perfuradora.

Roteiro de sugestões para a contratação, construção e instalação de poços tubulares profundos:

1. **Elaboração de projeto técnico construtivo do poço:** deve ser realizado por profissional habilitado, levando em consideração principalmente: a geologia do local, a vazão necessária ou esperada e a qualidade físico-química da água. Deverá conter as formações geológicas; os tipos de rochas previstos a serem perfurados; os diâmetros de perfuração; as especificações dos materiais a serem empregados durante a perfuração e aqueles a serem aplicados em definitivo no poço e os serviços de completação: desenvolvimento, teste de bombeamento, laje de proteção sanitária, cimentações e desinfecção.

2. **Escolha do local de perfuração de um poço tubular profundo:** deve ser precedida de um estudo a ser realizado por um hidrogeólogo, podendo ou não contar com a execução de sondagens geofísicas. Esse procedimento busca a maximização do resultado.

3. **Licença de execução:** em alguns Estados da União, é necessária a obtenção de uma autorização para a execução de perfurações de poços tubulares profundos. No caso do Estado de São Paulo, é necessária a obtenção de uma licença de execução, a ser obtida junto ao DAEE, nos termos da Portaria DAEE nº 717, de 12/12/96.

   Para se obter a Licença de Execução de Poço Tubular Profundo são necessários: requerimento com dados cadastrais do interessado, localização do ponto de perfuração com as coordenadas em mapa topográfico, estudo de avaliação hidrogeológica, o projeto do poço tubular profundo segundo normas da ABNT, contendo descrição dos materiais a serem utilizados, geologia e hidrogeologia da área e informações de poços da região. É exigida também uma cópia da ART do responsável técnico pelo projeto e o comprovante de pagamento de emolumentos.

   Na entrega dos documentos relacionados em um dos endereços do DAEE, relacionados no Anexo II, será emitido um protocolo de solicitação. O processo será avaliado por técnicos do órgão e, se considerado viável, será aprovado e publicado no *Diário Oficial do Estado*.

4. **Contratação do poço:** recomenda-se a contratação de uma empresa idônea e capacitada a atender os requisitos de ordem legal, jurídica, financeira e técnica; para isso, apresenta-se, a título de sugestão, um *check list* na Tab. 1.

5. **Construção do poço:** a construção dever ser executada dentro das normas da ABNT, por empresa que esteja registrada no Crea, possua responsável técnico e de preferência esteja credenciada na Abas. Essas precauções asseguram a realização de um serviço dentro das normas, que será fiscalizado pelas entidades competentes e gozará de todas as garantias construtivas. Recomendam-se o acompanhamento dos serviços e a exigência de informações técnicas, conforme modelo de relatório (Fig. 1), para que sejam tomados vários cuidados e precauções, impondo-se às empresas algumas de suas obrigações, conforme recomendações feitas na Tab. 1.
6. **Relatório final do poço:** a ser fornecido pela empresa executora do poço, devendo conter dados construtivos, geologia, teste de vazão, completação, análise da água e dados para o dimensionamento do equipamento de bombeamento (Fig. 1).
7. **Outorga de direito de uso dos recursos hídricos:** para se obter o direito de operar o poço, deve-se entrar com o pedido de outorga. Novamente, e ainda dando como exemplo o Estado de São Paulo, deve-se encaminhar a solicitação ao DAEE, que analisará e emitirá, pelo *Diário Oficial* do Estado, a autorização do direito de uso. O poço, então, fica liberado para sua utilização, respeitando-se o volume, tempo de bombeamento e destino da água apresentados no processo e/ou determinados pelo órgão gestor.

Para exemplificar uma situação completa, apresentam-se as principais exigências do DAEE para a obtenção da Outorga do Direito de Uso dos Recursos Hídricos, em cumprimento à Portaria DAEE nº 717, de 12/12/96:

- Formulários de requerimento segundo o tipo de uso;
- Informações do empreendimento, documentos de posse ou cessão de uso da terra do usuário;
- Projetos, estudos e detalhes das obras acompanhados da Anotação de Responsabilidade Técnica (ART);
- Licença de Instalação emitida pela Cetesb, no caso de poços localizados em empreendimentos sujeitos a licenciamento ambiental;
- Relatório final de execução do poço, no caso de captação de água subterrânea, e Relatório de Avaliação de Eficiência (RAE) do uso das águas;
- Estudos de viabilidade (EVI) e cronograma de implantação, no caso de novos empreendimentos;
- Comprovante de pagamento dos emolumentos.

O outorgado obterá direito e deveres. Direito de ter prioridade no uso da água com relação a futuros vizinhos interessados em novas perfurações. Deveres como proteger o poço e o aquífero, tomando cuidados para que não haja infiltrações de qualquer tipo, enxurradas ou outras causas para dentro deles. Comunicar ao DAEE eventuais anomalias ou anormalidades verificadas no seu poço ou em outros próximos. Pedir renovação da outorga a cada 5 anos.

Tab. 1 COMO SELECIONAR UMA EMPRESA DE PERFURAÇÃO DE POÇOS

Recomendações	
Na proposta	≈ Registro ou visto no Crea da unidade da federação em que se encontra a sede e a unidade na qual o poço será construído; ≈ Responsável técnico: geólogo ou engenheiro de minas; ≈ Atestado de capacidade técnica acervado pelo Crea; ≈ Atestados de idoneidade: administrativa, jurídica e financeira; ≈ Relação de equipamentos; ≈ Relação de pessoal técnico; ≈ Projeto técnico executivo especificando diâmetros de perfuração, litologias atravessadas e eventuais acréscimos de preço em profundidade; ≈ Credenciamento (selo de qualidade) na Abas.
Após fechamento do contrato	≈ Recolhimento de ART no Crea; ≈ Obtenção de Licença de Execução no DAEE.
Durante os trabalhos de perfuração	≈ Acompanhamento dos serviços; ≈ Correlação entre o descritivo dos serviços propostos e os efetivamente realizados.
Relatório técnico	≈ Dispor de todas as informações conforme modelo sugerido na Figura 1.

Relatório final de poço tubular

As informações que deverão constar de um relatório final da construção de um poço, seja ele de exploração ou de pesquisa e investigação, são:

1. **Localização do poço:** informando as coordenadas geográficas – em base – UTM, cota do terreno e outros dados – como rua, cidade, Estado, província ou departamento, bacia e sub-bacia hidrográfica;
2. **Proprietário do poço e do direito de uso do poço:** responsável legal pela outorga;
3. Responsável pela concessão da outorga de uso do poço e a finalidade da água;
4. Responsável pelo projeto e especificações técnicas;
5. Nome da empresa perfuradora;
6. Método de perfuração e equipamentos utilizados;
7. Diâmetros de perfuração e sistema de amostragem;
8. Características do fluido de perfuração utilizado (composição básica);

9. Perfil litológico e profundidade dos diferentes extratos;
10. Perfilagens realizadas, perfil composto e perfil de avanço, com conceitos de dureza da rocha, tempo de avanço;

SISTEMA DE INFORMAÇÃO DE ÁGUAS SUBTERRÂNEAS - SIDAS
FICHA DE CADASTRO DE POÇOS

I - IDENTIFICAÇÃO E LOCALIZAÇÃO

UGRHI: 6	Folha topográfica: 4433 1:10.000	Folha topográfica: 1:50.000	N.º poço DAEE

Município:
Bairro / Distrito: | CGC / CPF
Endereço:
Proprietário: | N.º poço local P01
Projetista: | Data constr. julho/2003
Coordenadas: N/S | E/O | MC 45 | Cota (m) 757,00
Cia. Perfurad.: DH PERFURAÇÃO DE POÇOS LTDA | Código

Tipo de poço | 1 | 1. Tubular 2. Escavado / Cisternana / Cacimba 3. Ponteira 4. Outro
Finalidade da perf. | 1 | 1. Exploração de água 2. Explor. de petróleo 3. Piezômetro 4. Recarga de aqüífero 5. Outro
Uso da água | 2 | 1. Abastecimento público 2. Industrial / Sanitário 3. Doméstico 4. Recreação 5. Irrigação
 | | 6. Criação animal 7. Industrial / Processo 8. Não utilizada 9. Outro
Estado do poço | 1 | 1. Equipado 2. Abandonado 3. Não equip. utilizável 4. Soterrado 5. Jorrante equipado 6. Outro
Aqüífero Explorado | Sedimentar | Código

II - CARACTERÍSTICAS TÉCNICAS DE CONSTRUÇÃO

Poço
Profundidade 183,00

Drenos
Comprimento | Largura

Galerias
Comprimento | Largura

DIÂMETRO DE PERFURAÇÃO

De (m)	A (m)	Diâm. (mm)	Diâm. (pol.)	Método	Fluído	Fluido
0,00	18,00	508,00	20	1	2	1 - Água
18,00	183,00	311,15	12 1/4	1	3	2 - Bentonita
183,00		0,00				3 - Polimeros
0,00		0,00				4 - Misto
0,00		0,00				Método
0,00		0,00				1 - Rotativo direto
0,00		0,00				2 - Rotativo reverso
0,00		0,00				3 - Percussão
0,00		0,00				4- Roto percussão

TUBO DE BOCA
Profundidade (m) 18,00 | Diâmetro (mm) 355,60 | Espessura (mm) 4,75

FIG. 1   *Relatório de poço tubular profundo*

ANEXO VII
2/5

II.1 - REVESTIMENTO (TUBO LISO)

De (m)	A (m)	Diâm. (mm)	Diâm. (pol.)	Material	
+0,50	81,45	152,40	6	4	**Código do material**
87,93	94,01	152,40	6	4	1 - Aço preto
106,98	119,13	152,40	6	4	2 - Aço inox
132,10	144,23	152,40	6	4	3 - PVC
150,72	162,88	152,40	6	4	4 - Galvanizado
169,37	181,54	152,40	6	4	5 - Outros
0,00		0,00			
0,00		0,00			
0,00		0,00			
0,00		0,00			
0,00		0,00			
0,00		0,00			

II.2 - REVESTIMENTO (FILTRO)

De (m)	A (m)	Diâm. (mm)	Diâm. (pol.)	Material	
81,45	87,93	152,40	6	2	**Código do material**
94,01	106,98	152,40	6	2	1 - Espiralado galvan.
119,13	132,10	152,40	6	2	2 - Espiralado inox
144,23	150,72	152,40	6	2	3 - PVC
162,88	169,37	152,40	6	2	4 - Estampado preto
181,54		0,00			5 - Estampado galv.
0,00		0,00			6 - Tubo ranhurado
0,00		0,00			7 - Outros
0,00		0,00			
0,00		0,00			

II.3 - PRÉ-FILTRO

Tipo	Granulometria (mm)	Volume (m³)
1 1 - Jacareí 2 - Pérola 3 - Pirambóia	1,00 a 2,00	29,70

II.4 - CIMENTAÇÃO

Prof. (m)	Traço: 1 - Calda 2 - Argamassa	Volume (m³)
18,00	1	1,86

II.5 - PERFILAGEM ELÉTRICA

Tipo | 1 | | 2 | | 3 | | 4 |

1-Raios gama 2-Potencial espont. 3-Resistência 4-Resistiv. 5-Calliper 6-Sônico 7-Densidade 8-Outros

Empresa | PERFIL MASTER PERFILAGENS | Código

FIG. 1   Relatório de poço tubular profundo (Cont.)

ANEXO VII
3/5
III - PERFIL GEOLÓGICO

De (m)	A (m)	
0,00	14,00	Solo areno-argiloso, plástico com matéria orgânica
14,00	22,00	Areia, granulom. fina a média, má seleção granulométrica e mineralógica, color. mar
22,00	30,00	Areia, granulom. fina, argilosa, subangulosa, má seleção mineral e granulométrica, ção esbranquiçada
30,00	48,00	Areia, granulom. muito fina, argilosa, sub-angulosa, boa seleção granulométrica, má ção mineralógica, coloração amarelada
48,00	54,00	Argila plástica, coloração marrom
54,00	66,00	Areia, granulom. muito fina, argilosa, sub-angulosa, boa seleção granulométrica, má ção mineralógica, coloração amarelada
66,00	72,00	Areia, granulometria fina a média, argilosa, má seleção granulométrica e mineralógic coloração amarelada
72,00	78,00	Areia, granulometria grossa (cascalho), angulosa, má seleção granulométrica.
78,00	82,00	Areia, granulometria média, sub-angulosa, boa seleção granulométrica, má seleção ralógica, coloração acinzentada
82,00	98,00	Areia, granulometria fina a média, argilosa, má seleção mineral e granulométrica, co ção acinzentada
98,00	102,00	Areia, granulometria fina a média, má seleção mineral e granulométrica, coloração e branquiçada
102,00	116,00	Areia, granulometria fina a média, argilosa, má seleção mineral e granulométrica, co ção acinzentada
116,00	130,00	Areia, granulometria média, argilosa, má seleção mineral e granulométrica, coloraçã cinzentada
130,00	140,00	Areia, granulometria média, má seleção mineral e granulométrica, coloração acinzen
140,00	152,00	Areia, granulometria média, argilosa, má seleção mineral e granulométrica, coloraçã cinzentada
152,00	182,00	Argila plástica, coloração acinzentada c/passagens arenosas

IV - PERFIL ESTRATIGRÁFICO

De (m)	A (m)	Grupo ou Formação	Código
0,00	183,00	Formação São Paulo	

ANEXO VII
4/5
V - ANÁLISE FÍSICO-QUÍMICA E BACTERIOLÓGICA

Data		Laboratório		Código	

FIG. 1 Relatório de poço tubular profundo (Cont.)

VI - TESTE DE BOMBEAMENTO

Tipo de teste realizado:

X	Rebaixamento		24	DURAÇÃO (Horas)
X	Recuperação		4	DURAÇÃO (Horas)
	Produção			DURAÇÃO (Horas)

VI.1 RESUMO DO TESTE

VAZÃO | 27,69 | m³/h.   REBAIXAMENTO | 10,21 | m.
NÍVEL ESTÁTICO | 76,99 | m.   TEOR DE AREIA | | ppm
NÍVEL DINÂMICO | 87,20 | m.

EQUIPAMENTO DE BOMBEAMENTO UTILIZADO:

Profundidade de Instalação | 142,15 | Potência | 15 | HP

VI.2 INTERPRETAÇÃO DOS TESTES DE BOMBEAMENTO

VAZÃO ESPECÍFICA: | 2,7120 | m³/h/m
REBAIXAMENTO ESPECÍFICO: | 0,3687 | m/m³/h
PERDA DE CARGA DO AQUÍFERO (B): | | h/m²
PERDA DE CARGA DO POÇO (C): | | h²/m⁵
EFICIÊNCIA HIDRÁULICA: | | %
COEFICIENTE DE TRANSMISSIVIDADE: | | m²/dia
COEFICIENTE DE ARMAZENAMENTO: | | sem dimensão

VII - CONDIÇÃO DE EXPLORAÇÃO E FUNCIONAMENTO

VAZÃO DE EXPLORAÇÃO | 10,00 |
NÍVEL DINÂMICO | 80,68 |

HORAS/DIA | 18 | DIAS/MÊS | | MÊS/ANO | |

EQUIPAMENTO INSTALADO:

TIPO: | 1 | 1 - BOMBA SUBMERSA 2 - EIXO (PROLONGADO) 3 - AIR LIFT 4 - OUTROS
MODELO: | BHS 412-7 | POTÊNCIA | 6 | HP
PROFUNDIDADE DE INSTALAÇÃO | 108,00 | m.   DIÂMETRO DA BOMBA | 6 | pol.

Fig. 1   *Relatório de poço tubular profundo (Cont.)*

ANEXO VII
5/5
VIII - PLANTA DE LOCALIZAÇÃO DO POÇO

O ponto de locação deverá ser amarrado com o cruzamento das coord. UTM (NS/EW) com os seus respectivos valores			
Folha Topogr. n° 4433	Nomenclatura CUMBICA	Ano 1992	Escala 1: 10.000

Obs.: indicar poços vizinhos e a presença nas proximidades de fontes de poluição reais e potenciais.

Responsável pelas informações:

Nome / cargo / função: Geól. Sandro Mateus G. da Silva

Local: São Paulo   Data: 11 outubro, 2006

DOCUMENTOS ANEXOS

☐ Perfilagem elétrica   ☐ ART da execução da obra

☐ Análise físico-química (2 vias)   ☐ Cópia da licença de exec. de perfuração

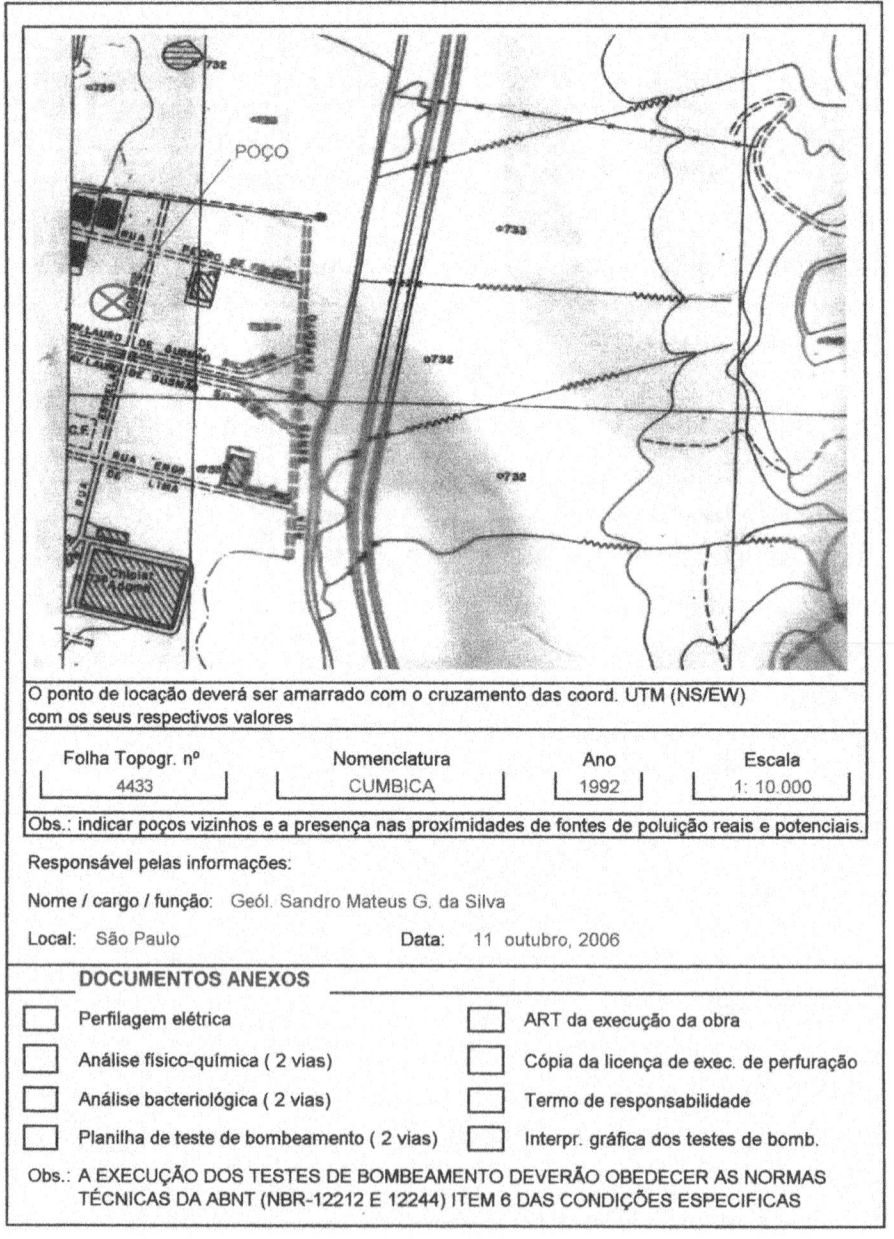

☐ Análise bacteriológica (2 vias)   ☐ Termo de responsabilidade

☐ Planilha de teste de bombeamento (2 vias) ☐ Interpr. gráfica dos testes de bomb.

Obs.: A EXECUÇÃO DOS TESTES DE BOMBEAMENTO DEVERÃO OBEDECER AS NORMAS TÉCNICAS DA ABNT (NBR-12212 E 12244) ITEM 6 DAS CONDIÇÕES ESPECIFICAS

FIG. 1   Relatório de poço tubular profundo (Cont.)

11. Características dos materiais empregados no poço – tubulação e filtros, informando diâmetros, tipo, espessura, quantidade, tipo e abertura de filtros, posição instalada;

12. Cimentações realizadas – tipo, profundidade e quantidade aplicada;
13. Operações de limpeza e desenvolvimento aplicadas – método utilizado, uso e aplicação de produtos químicos e tempo demandado em cada operação;
14. Teste de vazão realizado – equipamento utilizado, profundidade de instalação, tempo de cada etapa, registro de produção e dos níveis durante todo o teste, equipamento utilizado para medição e observações sobre presença e quantidade de areia e de eventuais mudanças de qualidade de água;
15. Temperatura e pH da água – ambiente e do poço – no início e ao término do teste;
16. Análises físico-químicas e bacteriológica. Informações de análises *in situ*, como ferro, cloretos e outros executados;
17. Dados da desinfecção aplicada;
18. Análise e interpretação dos ensaios de vazão e indicação das condições adequadas de exploração – profundidade de equipamentos e recomendações;
19. Indicação do responsável técnico pela perfuração e pela avaliação do resultado e indicação das condições de exploração do poço.

Anexo V

Especificações de equipamentos, ferramentas, materiais e o mercado brasileiro

Este item procura situar o que existe de disponível no mercado brasileiro de maneira abrangente, sem detalhar aspectos qualitativos. Traz informações sobre o que se produz no país e o que é importado, mostrando algumas das características básicas que possibilitam não só definir (selecionar e especificar), mas identificar rapidamente equipamentos e materiais. Assim é que citações e referências a um determinado fabricante devem-se exclusivamente ao fato de que a identificação do produto está intimamente ligada a ele, não se pretendendo eleger uma marca em detrimento de outras.

1. Equipamentos de perfuração

Especificação de equipamentos utilizados em poços tubulares disponíveis no mercado brasileiro.

1.1 Perfuratrizes

1.1.1 Sistema a percussão

As percussoras seriadas disponíveis têm capacidade para perfuração de até 500 m de profundidade com diâmetro de 6" em rochas duras compactas.

1.1.2 Sistema rotopneumático

As sondas com cabeçote rotativo pneumático *top drive* são utilizadas principalmente nas perfurações com martelo *down-the-hole* em formações duras ou compactas, e podem operar no sistema rotativo com fluido de perfuração em formações sedimentares. Equipamentos seriados fabricados operam com até 40.000 kgf no *pull-down*. Em função dos compressores utilizados, diâmetros do hasteamento e da situação geológica local, atingem profundidades de até 800 m com 6" de diâmetro.

1.1.3 Sistema rotativo

Apesar da grande variedade de componentes para montar essas perfuratrizes, ainda não se fabricam esses equipamentos seriados no Brasil. Há, porém, inúmeras sondas, montadas ou importadas, com capacidade para perfurar poços de 6", com 50 m de profundidade, até aqueles que atingem grandes diâmetros, 20", e cerca de 2.000 m.

1.2 Ferramentas de perfuração

Dá-se especial atenção aos principais elementos dos componentes que fazem parte da coluna de perfuração. Algumas tabelas específicas serão fornecidas e outras poderão ser consultadas na parte final do manual.

1.2.1 Hastes de perfuração

▷ **Finalidade:** utilizada como ferramenta de perfuração, conectando a mesa rotativa com os comandos e a broca. Transporta pelo seu interior o fluido de perfuração da bomba de lama até a broca, nas perfurações em rochas sedimentares. Nas perfurações pelo sistema *down-the-hole*, a coluna de hasteamento é utilizada para o transporte de ar do compressor para o conjunto martelo + *button bit*.

1.2.2 Comandos

▷ **Finalidade:** ferramentas de perfuração utilizadas entre as hastes e a broca, com o objetivo de dar peso à coluna de perfuração. No Brasil, esses materiais são produzidos seriados, utilizando-se padrões API, sendo os diâmetros mais usuais 4 ½"; 5 ½"; 6"; 7 ¾"e 8 ¼".

1.2.3 Coroas DTH

As coroas *down-the-hole* tipo *button bit* podem ser:

▷ **Coroa DTH/face plana**

Essas coroas são projetadas para uso em formações de rocha sólida e dura, com força compressiva de média a muito alta. Pastilhas resistentes à abrasão completam a forte estrutura da face plana, e canais de limpeza de fragmentos abertos na face garantem a sua rápida remoção;

▷ **Coroa DTH/centro rebaixado**

Podem ser usadas em formações rochosas de dureza média e fraturadas, com força compressiva moderada, de modo a se obter uma ótima velocidade de penetração. A localização dos canais de limpeza assegura eficiente limpeza no fundo do furo. São recomendadas quando a rocha facilita desvios no furo;

▷ **Coroa DTH/face côncava**

Essas coroas possuem múltiplas aplicações, principalmente em formações rochosas de dureza média a muito dura. Os canais de limpeza de detritos incluídos ajudam a desenvolver boa velocidade de penetração;

▷ *Button bits*

Finalidade: usados como material cortante na extremidade inferior da ferramenta empregada nas perfuratrizes rotopneumáticas:

Tab. 1.1 ALGUNS TIPOS DE *BUTTON BITS* DISPONÍVEIS NO BRASIL, IMPORTADOS

Marca	Ø pol.	Ø mm	Peso (kg)
Puma/EUA	6"	153	24,40
Puma/EUA	6 1/8"	156	24,8
Puma/EUA	8"	203	34
Rock Hog/EUA	3 ½" a 12 ¼"	88,90/311,10	5 a 70
Numa/EUA	3 ½' a 43 "	88,90/1.092	5 a 3.409
Sidermetal Modelo Destroyer/Brasil	3 ½" a 17 ½" – Alargadores; turbinados; Punhos Mission e I. Rand	88,90 a 444,50	3,5 a 229
Bits News Brocas/Brasil			

Essas ferramentas podem ser encontradas de vários outros fabricantes do exterior em distribuidores no Brasil:

- EUA : Kingdrill; Winger Machine e Halco;
- Inglaterra: Bulroc;
- China: Mission, JSI e Drillmaster;
- Coreia: Mission e Kukje;
- Europa: Mission, Robits, Sandvick e Atlas Copco.

1.2.4 Martelos pneumáticos

▷ **Finalidade:** são ferramentas acopladas à coluna de perfuração entre as hastes e os *bits*, constituídas por pistões que são acionados por ar comprimido enviado pelo compressor, e têm a finalidade de percutir o *bit* sobre as rochas a uma velocidade média de 2 mil vezes por minuto.

Tab. 1.2 ALGUNS MARTELOS DISPONÍVEIS NO MERCADO

Modelo	Diâmetro	Peso (kg)
Martelos Puma/EUA		
6.2 SD6 e DHD 360	141,5 mm = 6"	96
6.2 QL 6	146,50 mm = 6"	99
7.1 SD 8	176 mm = 8"	178
Martelos Numa/EUA		
Patriot 35 A	79 mm = 3"	20,90
Patriot RC 46	95 mm = 4"	61,70
Martelos Rock Hog/EUA		
RH4i9	92,2 mm = 4"	37
RH8i3	180 mm = 8"	170
Martelos Water Drill/Brasil		
WD 300	79 mm = 3,11"	23
WD 401 - 402	98 mm = 3,86"	41
WDRW 500 - 501	120 mm = 4,72"	68
WD 600 - 600P e 6001P	139 mm = 5,47"	99,5
WDRW 700	172 mm = 6,77"	160
WDRW 800	178 mm = 7,01"	206
WDRW 1.000	225 mm = 8,86"	315
WDRW 1.200	280 mm = 11,02"	540

Pode-se adquirir outras marcas e modelos de martelos, a saber:

▷ EUA: Kingdrill, Winger Machine e Halco;
▷ Inglaterra: Bulroc;
▷ China: Mission, JSI e Drillmaster;
▷ Coreia: Mission e Kukje;
▷ Europa: Mission, Robits, Sandvick e Atlas Copco.

As faixas de diâmetros dos furos indicados para cada martelo seriam as seguintes:

Tab. 1.3 Diâmetros dos furos indicados para cada martelo

Diâmetro nominal do martelo	Medidas dos *bits* compatíveis
3 ½"	3 ½" a 4"
4"	4" a 5"
5"	5 ½" a 6"
6"	6" a 8"
8"	8" a 10"
10"	10" a 14"
12"	12" a 18"

1.2.5 Brocas tricônicas

▷ **Finalidade:** utilizadas na extremidade inferior das colunas de perfuração rotativa como material cortante. Há dois tipos de brocas com referência ao elemento cortante:

Quadro 1.1 Brocas de dentes de aço disponíveis no mercado

Dureza da rocha	Hughes		Reed		Smith	
	Journal/Selada	Não selada	Journal/Selada	Não Selada	Journal/Selada	Não selada
Mole	J1, J2 e J3	R1, R2 e R3	FP12 e FP13	Y11, Y12 e	FDS, FDT e	DS, DT,
	X3A, X3 e X1G		S11, S12 e	Y13	FDG	DTT, DG e
			S13		SD, STD e SDG	DGT
Média	J4	R4 e DR5	F21	Y21 e Y22	SVH	V1, V2 e
	XV		S21 e S23G		S12 e S12H	T2
Dura	J7 e J8	R7	F31G	Y31	SL4 e SL4H	L4
	XWR		S31G			

Quadro 1.2 Brocas de dentes de carboneto de tungstênio disponíveis

Dureza da rocha	Hughes		Reed		Smith	
	Journal	Selada	Journal	Selada	Journal	Selada
Mole	J21, J22 e J23	X33	HS51, FP52, FP53 e FP54	S53	A1, F2 e F3	2JS e 3JS
Média	J44 e J55	X44	FP62, FP63 e FP64	S62, S63 e S64	F4, F45, F5, F47 e F57	4JS e 5JS
Dura	J77 e J99		FP73, FP75 e FP84	S73 e S74	F6, F7 e F9	6JS, 7JS e 9JS

Critérios para seleção do tipo de broca a ser utilizado numa perfuração:
Tipo de rocha a ser perfurada
Basicamente, o conhecimento das características geológicas de uma região e, em consequência, das formações e do tipo de rocha que a constitui é que determinará o tipo básico de broca:

- ▷ **Rochas moles:** são os aluviões ou rochas sedimentares inconsistentes;
- ▷ **Rochas médias:** são as rochas sedimentares compactas – arenitos, folhelhos, varvitos (ou mistitos) e outras rochas que oferecem resistência à penetração;
- ▷ **Rochas duras:** são rochas ígneas ou metamórficas – granitos, diabásio, gnaisses etc.

Capacidade da sonda em termos de estrutura e equilíbrio
A seguinte relação deve ser observada para que se atinjam os melhores índices de penetração e rendimento do conjunto, incluindo vida média:

- ▷ **Tipo de rocha:** peso da coluna sobre a rocha – rotação adequada. É importante contar com sondas que disponham de recursos para controle do peso da coluna – tipo Martin Decker.

1.2.6 Ferramentas de percussão

- ▷ **Finalidade:** utilizadas na perfuração com perfuratrizes percussoras. São construídas nas dimensões do American Petroleum Institute (API) para furos de 4", 6", 8", 10" e 12". Diâmetros maiores são confeccionados especialmente.

Ferramentas de perfuração
Porta-cabo giratório, mandril, percussor, haste, trépano de botões e calibradores.

Ferramentas de pescaria
Porta-cabo fixo, percussor, haste, pescadores, arpão simples e duplo, manga cônica, combinado, mordente deslizante e de tramela.

Ferramentas auxiliares
Caçambas de dardo ou válvula chata, bomba de areia, protetor de chaves de aperto, destravador de percussor, protetor de rosca, ventoinha, bigorna, tenaz, marreta, corta-fios e cabos de aço.

2. Materiais utilizados durante a construção do poço

Na perfuração de poços tubulares para a exploração de águas subterrâneas, o desejável seria a utilização de um fluido que não afetasse as características físicas (porosidade e permeabilidade) do aquífero e a química da água contida. Nesse aspecto, o melhor fluido é a água. A utilização de água pura é facilitada na perfuração com circulação reversa do fluido. Em outros sistemas – rotativos com circulação direta, *down-the-hole* (martelo), percussão –, é necessária a adição de aditivos à água.

2.1 Objetivos da aplicação de aditivos à água

▷ Obter uma viscosidade em que se consiga a remoção das partículas cortadas com menor energia;
▷ Obter uma densidade do fluido que não comprometa o aquífero (invasão), mantendo o poço estável sem desmoronamento;
▷ Obter melhor lubrificação das partes cortantes e menor risco de "prisão" das ferramentas.

2.2 Esquema geral dos fluidos à base de água

▷ Formações com baixo teor de sólidos: polímeros;
▷ Formações com alto teor de sólidos: bentonita.

Os polímeros empregados devem considerar duas condições:

▷ **Fluido inibido**: argilas (viscosificantes/gel; inibidores e antiencerantes);
▷ **Fluido não inibido**: areias e arenitos (viscosificantes/gel; afinantes; lubrificantes e selos).

Produtos mais utilizados:

▷ **Polímeros**: CMC, Polysafe (carboximetilcelulose);
  - **Descrição**: sal de sódio de carboximetilcelulose (CMC), grau purificado neutro, alta viscosidade, alto grau de substituição;
  - **Propriedades**: pH de 6,5 a 7,5;
  - **Forma**: pó branco fino, solúvel em água, embalado em sacos de polietileno com 25 kg ou 30 kg;
  - **Concentração recomendada**: 2,5 kg a 4,5 kg por m^3;
  - **Rendimento**: 390 m^3/t a 550 m^3/t.
▷ **Bentonita**: usada como fluido de perfuração;
  - **Formas de fornecimento**: em pó, embalado em sacos de papel multifoliados de 25 kg a 50 kg cada;
  - **Rendimento**: de 16 m^3/t a 21 m^3/t;
  - **Filtrado**: de 14 mL a 20 mL;
  - **pH da suspensão**: máximo de 10;
  - **Teor de umidade**: de 8% a 12%;
  - **Tipo**: sódica ativada.

2.3 Outros produtos utilizados na "lama de perfuração"

O uso de bicarbonato de sódio, soda cáustica e sal de cloreto de sódio tem como objetivo conferir à "lama" melhores condições de:

▷ Preservação de suas características;
▷ Manutenção de PH adequado (entre 8,5 e 9,5, no caso de CMC);
▷ Maior densidade específica.

A baritina é empregada para se aumentar substancialmente a densidade específica do fluido, interrompendo o efeito de jorrância e equilibrando a pressão hidrostática no furo.

É importante contar com um técnico de lama e alguns equipamentos básicos como: balança, viscosímetro e indicador de pH.

No mercado existem produtos que oferecem melhores condições ao fluido em zonas ou situações especiais (argilas hidratáveis e expansivas).

3. Materiais utilizados na completação do poço

3.1 Tubos de revestimento

3.1.1 Tubos de boca/revestimento superficial/proteção sanitária

▷ **Objetivos de sua aplicação:** conferir maior proteção sanitária ao poço, possibilitando um isolamento adequado de zonas superficiais, tanto do ponto de vista físico-químico como bacteriológico, e conferir estabilidade ao poço em termos de erosão (decorrente da própria circulação dos fluidos de perfuração), eliminando riscos de desmoronamentos na zona de maior instabilidade, o trecho inicial da perfuração.

3.1.2 Especificação dos tubos

Normalmente, é suficiente a utilização de tubos de chapa de aço carbono 1010/1020, preto, sem nenhum acabamento específico. Recomenda-se a especificação de 1º de alinhamento, e arredondamento muito bom. Não há restrição ao fato de se utilizarem tubos soldados helicoidais ou mesmo longitudinalmente.

Tab. 3.1 ESPESSURA DAS PAREDES DO TUBO SEGUNDO A PROFUNDIDADE

Profundidade (m)	Espessura das paredes do tubo
até 12,0	1/8" (3,18 mm)
até 30,0	3/16" (4,75 mm)
> 30,0	Recomendada espessura mínima 1/4"(6,35 mm)

De maneira geral, são mais frequentes os tubos de 3/16" (4,75 mm) de espessura, porque a profundidade média de instalação está situada entre 12 m e 30 m.

Tab. 3.2 Características de peso do tubo de boca – aço chapa frequentemente utilizado. Diâmetro x espessura x peso (kg/m)

Espessura parede	10"	12"	14"	16"	18"	20"	22"	24"	26"
3,18	21	26	28	32	Não aconselhável				
4,75	31	37	43	49	55	61	Não aconselhável		
6,35	41	49	49	65	73	89	89	97	104

3.1.3 Tubos para a coluna de revestimento

▷ **Objetivo de sua aplicação**: os tubos têm o objetivo de dar sustentação à estrutura do poço. São utilizados basicamente em rochas sedimentares, solos, solo residual, rocha alterada, podendo, em alguns casos, ser necessários em rochas cristalinas que apresentem problemas de instabilidade. A utilização de tubos de aço ou PVC está condicionada a:

- Profundidade (extensão) da coluna de revestimento;
- Diâmetro da coluna de revestimento;
- Necessidade de operações pós-revestimento, tais como continuidade da perfuração, desenvolvimento com pistoneamento etc.;
- Potencial de oxirredução da água contida no aquífero;
- Objetivos específicos para a utilização de água (bebidas etc.).

3.1.4 Tubos de aço

Principais especificações de tubos de aço de acordo com as normas: ABNT, DIN, ASTM e API.

▷ **DIN 2440 e 2441**: tubos de aço preto galvanizado para condução de fluidos e outros fins de classe média;

▷ **ASTM**;

▷ **A-53**: tubos de aço preto ou galvanizado com exigências especiais;

▷ **A-106**: tubos de aço carbono, sem costura, para serviços de alta temperatura.

▷ **A-120**: tubos de aço preto ou galvanizado de baixo carbono, sem especificação de análise, para condução de fluido. Os tubos ASTM Schedule 40 e Schedule 80 são testados à pressão de 50 kg/mm^2 a 120 kg/mm^2.

No mercado brasileiro existe disponibilidade de tubos de aço de diversos fabricantes, não havendo problemas de suprimento.

Algumas recomendações e observações:

▷ Tubos de aço podem ser aplicados mediante união solda ponta a ponta ou com roscas e luvas. Recomenda-se que o tubo seja biselado quando

se procede à sua soldagem. Quanto às roscas, os fabricantes devem ser consultados. Normalmente, para profundidades de até 300 m, roscas BSP conferem resistência suficiente à tração. Para maiores profundidades, deve-se analisar cada caso;
▷ Não é recomendada a aplicação de tubos com rebarba interna. Ela pode provocar danos ao cabo elétrico alimentador do motor ou dificultar a instalação do grupo motobomba;
▷ Observar, no caso de solda, se os pontos de tubos e filtros são do mesmo tipo e espessura; quando forem feitas emendas em pontos de aço carbono com aço inox, deve-se utilizar elétrodo específico para essa união.

3.1.5 Tubos de PVC
Os tubos de PVC adequados para poços existentes no mercado são do tipo geomecânico, produzidos nos diâmetros de 4", 6", 8" e 10", *standard* e reforçados. Em vista de suas resistências aos diversos tipos de esforços acometidos na construção dos poços, seu emprego deve ser avaliado antecipadamente.

3.2 *Filtros*
Os filtros disponíveis no Brasil são dos seguintes tipos:

3.2.1 Geomecânico
Construído sob a norma DIN 4925, específica para revestimentos e filtros fabricados com PVC.
▷ **Tipos:**
- *Standard* (especial) nervurado;
- Reforçado nervurado;
- Ponteira-rosca tipo trapezoidal.

3.2.2 Nold
Construído de chapas de aço carbono 1010/1020, com espessura de parede variando entre 3/16" e 1/4", e inoxidável entre 1/8" e 1/4". As ponteiras podem ser lisas ou rosqueáveis.

3.2.3 Espiralados
Construídos com abertura contínua sem fim, com arames de perfil triangular ou trapezoidal em V; fabricados em aço carbono galvanizado

ou inoxidável, AISI 304. As ponteiras podem ser lisas ou rosqueáveis. Dependendo da profundidade de aplicação final e da pressão a que será submetido, o filtro poderá ser: *standard*; reforçado; super-reforçado; hiper-reforçado ou *superweld*.

3.3 Pré-filtro

O material filtrante deve ter as seguintes características básicas:
- Arredondamento, de preferência, da ordem de 0,85 (bem arredondado) ou de 0,60 (mínimo);
- Quimicamente inerte, de preferência quartzoso, isento de impurezas como: mica (biotita e muscovita), outros minerais ferromagnesianos, carbonatos e argilas (feldspatos em processo de caolinização);
- Granulometria adequada, ou seja, função da característica granulométrica da formação, relacionada à abertura do filtro.
- As faixas granulométricas produzidas são: de 0,5 mm a 1 mm; de 0,75 mm a 1,5 mm; de 1 mm a 2 mm; de 1,5 mm a 2,5 mm; de 1,5 mm a 3 mm; de 2 mm a 4 mm.

O material deve ser selecionado por processo de peneiramento e conter uma distribuição homogênea no intervalo requerido, ou tender a maior porcentagem na sua fração média. O pré-filtro deve ser colocado e fornecido em sacos de 40 kg a 50 kg. É importante utilizar sacos limpos e isentos de produtos químicos (sacos reutilizados).

No Brasil, encontramos basicamente pré-filtros de origem:
- **Marinha**: conhecido como tipo pérola rolado, bem arredondado, com pureza de 92% a 95% de quartzo. Densidade média de 1,6 t/m^3. De difícil fornecimento;
- **Fluvial ou eólica**: normalmente subangular, com predominância de grãos quartzosos, e ocorrência (nos de origem fluvial) de minerais ferromagnesianos e feldspáticos. Densidade média de 1,4 t/m^3. No caso do eólico, conhecido atualmente como Piramboia, a densidade média é de 1,6 t/ m^3.

3.4 Outros materiais

São ainda utilizados na etapa final da construção do poço e na de desenvolvimento:
- **Polifosfatos** (mais comumente na forma de hexametafosfato de sódio): promovem a remoção de partículas de argila, o que é obtido pela "desagregação" de grumos de argila;

- ▷ **Desinfetantes**: para efetuar a desinfecção do poço utilizam-se normalmente produtos comerciais (hipocloritos), com dosagem de cloro livre da ordem de 10% a 15%. O objetivo é obter uma mistura que contenha cerca de 50 ppm de cloro livre. É necessário que a desinfecção do poço atinja a parte do maciço filtrante e do próprio aquífero, o que se consegue com a injeção de água em quantidade equivalente a duas ou três vezes o volume contido no poço, mantendo-se, no entanto, a dosagem recomendada de 50 ppm de cloro livre;
- ▷ **Centralizadores**: do tipo cesto, fixos ou móveis. São aplicados, geralmente, ao longo das colunas de revestimento; o espaçamento médio é de 25 m a 30 m;
- ▷ **Válvula de fundo (pé de poço)**: em casos em que o fundo do poço é fechado por afunilamento do tubo ou, então, naqueles em que se requerem trabalhos especiais de cimentação e desenvolvimento, utiliza-se uma peça denominada *válvula de fundo*.

4 Outros equipamentos utilizados na perfuração

4.1 *Bombas de lama*

São unidades de bombeamento do fluido de perfuração, do tanque de lama, via espaço anular da coluna de perfuração, removendo à superfície os detritos perfurados pela broca em sistemas rotativos.

Temos, basicamente, dois tipos de bombas:

4.1.1 Pistão duplex com alta pressão e vazões variáveis, conforme a dimensão das camisas

Ex.: 5" x 6", 5 ½" x 8", 7½" x 12" e 7½" x 14".

4.1.2 Centrífugas com baixa pressão e vazões variáveis, conforme a dimensão dos rotores

Ex.: 3" x 4", 4" x 5" e 5" x 6".

4.2 *Perfiladores elétricos e radioativos*

Medem as propriedades elétricas, físicas e radioativas das formações geológicas penetradas pelo poço e fornecem informações quantitativas e qualitativas (principalmente porosidade e teor de argilas) que contribuem para definir a melhor colocação dos filtros nas formações. Estão disponíveis os seguintes perfis, que são corridos nos poços continuamente e apresentados em gráficos: potencial espontâneo; raios gama; resistividade 16"/64"; indução; sônico; temperatura, desvios e cáliper.

4.3 *Perfiladores ópticos*

São equipamentos destinados a filmar/inspecionar poços tubulares profundos, objetivando o registro de uma situação e a detecção de problemas. Esses aparelhos são dotados de câmeras coloridas ou em preto e branco, que fazem visadas laterais e de fundo, permitindo que a imagem produzida seja observada em monitor de TV e gravada para posterior reprodução e avaliação. Podem investigar até cerca de 1.500 m de profundidade.

5 Tabelas de conversões

Tab. 5.1 COMPRIMENTO

Unidade	centímetro	metro	km	pol.	pé	jarda	milha
1 metro	100	1	0,001	39,37	3,2808	1,0936	0,000626
1 pé	30,48	0,0304	0,000305	12	1	0,3333	0,000189
1 jarda	91,44	0,914	0,000914	36	3	1	0,000568
1 milha	160,93	1.609,3	1,6093	63.360	5.280	1.760	1

Tab. 5.2 ÁREA

Unidade	cm²	m²	pol²	pé²	jarda²	acre²	milha²
1 cm²	1	0,0001	0,155	0,00108	0,00012	-	-
1 m²	10.000	1	1.550	10,76	1,196	0,00024	-
1 pol²	6,452	0,000645	1	0,00694	0,000772	-	-
1 pé²	929	0,929	144	1	0,111	0,00002	-
1 jarda²	8,361	0,836	1.269	9	1	0,00020	-
1 acre²	40.465.284	4.047	6.272.640	43.560	4,840	1	0,0015
1 milha²	-	2.589.998	-	27.879.312	3.097.600	640	-

Tab. 5.3 VOLUME

Unidade	cm³	m³	litro	galão USA	galão UK	pol³	pé³
1 cm³	1	0,000001	0,001	0,000264	0,00022	0,061	0,0000353
1 m³	1.000.000	1	1.000	264,17	220,083	61.023	35,314
1 litro	1.000	0,001	1	0,264	0,220	61.023	0,353
1 galão USA	3.785,40	0,00379	3,785	1	0,833	231	0,134
1 galão UK	4.542,50	0,00454	4,542	1,2	1	277,274	0,160
1 pol³	16,39	0,000016	0,0164	0,00433	0,0361	1	0,000579
1 pé³	28.317	0,0283	28,317	6,232	6,232	1.728	1

Tab. 5.4 PESO

Unidade	grama	kg	onça	libra	ton. (curta)	ton. (longa)
1 grama	1	0,001	0,0353	0,0022	0,0000011	0,00000098
1 quilograma	1.000	1	35,274	2,205	0,0011	0,0000984
1 onça	28,349	0,0283	1	0,0625	0,0000312	0,0000279
1 libra	453,592	0,454	16	1	0,0005	0,000446
1 ton. curt.	907.184,8	907.185	32.000	2.000	1	0,983
1 ton. long.	1.016.047	1.016.047	35.840	2.240	1,12	1

Tab. 5.5 ENERGIA

Unidade	W = J/s	kW	HP	libra/pé min	cv	kgf.m/min
1 W = J/s	1	0,001	0,00134	44,254	0,00136	6,12
1 kW	1.000	1	1,341	44,254	1,360	6.118
1 HP	746	0,746	1	33.000	1,013	4.560
1 libra/pé min	0,0226	0,0000226	0,0000303	1	0,0000307	0,138
1 cv	735,5	0,7350	0,9868	32.550	1	4.500
1 kgf.m/min	0,1634	0,000163	0,0002193	7,23	0,000222	1

Tab. 5.6 MILÍMETROS EM POLEGADAS

pol	1/8	3/16	1/4	5/16	3/8	1/2	5/8	1
mm	3,18	4,76	6,35	7,94	9,53	12,7	15,88	25,4

Tab. 5.7 UNIDADES DE VAZÃO

Vazão	Fator	Vazão
L/min	0,060	m^3/h
L/s	3,6	m^3/h
gal/h	0,00379	m^3/h
gal/min	0,227	m^3/h
$pé^3/h$	1,70	m^3/h
$pé^3/min$	102	m^3/h

Tab. 5.8 UNIDADES DE PRESSÃO

Pressão	Fator	Pressão
psi (lb/pol^2)	0,0703	kg/cm^2
psi	0,703	mca
psi	51,7	mmHg

Tab. 5.9 PRESSÃO HIDROSTÁTICA PARA FLUIDOS DE PERFURAÇÃO

unidade	Pa	atm	bar	kgf/m^2
Pa	1	$9,869^{-6}$	0,00001	0,102
atm	101.325	1	1,01325	10.332
bar	100.000	0,9869	1	10.197
kgf/m^2	9,80665	$9,678^{-5}$	0,000098	1
$lbf/pé^2$	47,88	$47,26^{-5}$	0,000479	4,88
psi	6.894,8	0,068	0,06895	703

Tab. 5.10 Pressão hidrostática para fluidos de perfuração

Unidade	pa	atm	bar	ba	kgf/m²	at	lbf/pé²
psi	0,000145	14,6959	14,5	0,0000145	0,00142	14,2	0,00694

Tab. 5.11 Densidade do fluido

Unidade	kg/m³	g/cm³	lb/pe³
kg/m³	1	0,001	0,0625
g/cm³	1.000	1	62,5

6 Tabelas sobre especificações de ferramentas de perfuração

Tab. 6.1 Hastes de perfuração

Diâmetro externo (pol.)	Diâmetro int. médio (pol.)	Peso médio (kg/metro linear)
2 3/8	1,8 a 2	9,90
2 7/8	2,15 a 2,4	15,50
3 1/2	2,6 a 3,6	19,80
4 1/2	3,64 a 4,0	24,75
5	-	29,00

Tab. 6.2 Comandos (Drill Collars) – Pesos (kg/metro linear)

Diam. int. → Diam. ext. ↓	2	2 1/4	2 1/2	3	3 1/4	3 1/2	3 3/4	4
4 1/2	64,13	61,14	-	-	-	-	-	-
5	83,51	79,04	74,57	-	-	-	-	-
5 1/2	104,39	89,48	85,00	-	-	-	-	-
6	126,77	123,78	117,82	107,38	101,41	-	-	-
7	178,97	174,49	170,02	159,58	158,61	146,15	138,70	125,27
8	238,62	234,15	229,67	219,23	213,27	205,81	198,35	181,95

Obs.: 1 libra/pé x 1,4914 = 1 kg/m; diâmetros em polegadas.

Tab. 6.3 Brocas tricônicas

Diâmetros		Dimensão pino API	Brocas dente de aço	Brocas botão carbeto de tungstênio
pol	mm	pol	Peso em kg	Peso em kg
8½	215,9	4 1/2	37,6	40,8
9½	241,3	6 5/8	58,0	62,1
9⅞	250,8	6 5/8	60,7	63,4
12 ¼	311,2	6 5/8	87,0	101,5
14 ¾	374,6	7 5/8	142,4	156,8
17 ½	444,5	7 5/8	243,1	257,6
26	660,4	7 5/8	546,1	-

7 Dados importantes utilizados na perfuração

Tab. 7.1 VOLUME DO ESPAÇO ANULAR (L/M) – PERFURAÇÃO X HASTE/COMANDO

Diâmetro (haste)	3 1/2	4	4 1/2	5	6	6 1/2
Diâmetro perfuração	4,9	7,5	10,1	12,7	18,2	21,4
8	32,4	27,5	24,9	22,3	19,7	14,2	11,0
8 1/2	36,6	31,7	29,1	26,5	23,9	18,4	15,2
9 5/8	46,9	42,0	39,4	36,8	34,2	28,7	25,5
12 1/4	76,0	80,5	68,5	65,9	63,3	57,8	54,6
14 3/4	110,2	114,7	102,7	100,1	97,5	92,0	88,8
17 1/2	155,2	159,7	147,7	145,1	142,5	137,0	133,8
20	202,7	207,2	185,2	142,6	190,0	184,5	181,3
24	291,9	296,4	284,4	283,8	279,2	273,7	270,5
26	342,4	346,9	334,9	334,3	329,7	324,2	321,0

Obs.: Diâmetros em polegadas.

Tab. 7.2 TABELA DE VELOCIDADES (*DOWN-THE-HOLE*)

D (has) → / D (per) ↓	6 3/4	7	7 3/4	8	8 1/4	9	9 1/2
7 7/8	8,3	6,6	1,0	-	-	-	-
8	9,3	7,6	2,0	-	-	-	-
8 1/2	13,5	11,8	6,2	4,2	1,1	-	-
8 5/8	14,6	12,9	7,3	5,3	2,2	-	-
9 5/8	23,8	22,1	16,5	14,5	12,4	5,9	1,2
9 7/8	26,3	24,6	19,0	17,0	14,9	8,4	3,7
10 5/8	34,1	32,4	26,8	24,8	22,7	16,2	11,5
12	49,9	48,2	42,6	40,6	38,5	32,0	27,3
12 1/4	52,9	51,2	45,6	43,6	41,5	35,0	30,3
14 3/4	87,1	85,4	79,8	77,8	75,7	69,2	64,5
15	90,9	89,2	83,6	81,6	79,5	73,0	68,3
17 1/2	132,1	130,4	124,8	122,8	120,7	114,2	109,5
20	179,6	177,9	172,3	170,3	168,2	161,7	157,0
24	268,8	267,1	261,5	259,5	257,4	250,9	246,2
26	319,3	317,6	312,0	310,0	307,9	301,4	296,7

Tab. 7.3 TABELA DE VELOCIDADES (*DOWN-THE-HOLE*)

D ext. bit → / D ext. Haste ↓	3 3/8	3 7/8	4	4 1/8	4 1/4	4 3/8	4 1/2	4 3/4	5	5 1/4	5 1/2	5 3/4
2 3/8	138	153	171	186	204	219	234	267	303	342	387	438
2 7/8	96	111	129	144	162	177	192	225	261	300	345	396
3 1/2	-	-	-	-	93	108	123	156	192	231	276	327
4	-	-	-	-	-	-	-	104	145	188	230	280
4 1/2	-	-	-	-	-	-	-	-	-	-	163	204
5	-	-	-	-	-	-	-	-	-	-	-	-
5 1/2	-	-	-	-	-	-	-	-	-	-	-	-
6	-	-	-	-	-	-	-	-	-	-	-	-

Tab. 7.3 TABELA DE VELOCIDADES (*DOWN-THE-HOLE*) (Cont.)

D ext. bit → D ext. Haste ↓	6	6 1/2	7 7/8	9 7/8	12 1/4	15	17 1/2
2 3/8	500	600	920	1.500	-	-	-
3 1/2	387	492	813	1.400	2.250	-	-
4	335	435	750	1.320	2.200	3.500	4.750
4 1/2	264	366	687	1.250	2.140	3.405	4.700
5	182	285	600	1.200	2.050	3.350	4.600
6	-	-	290	900	1.740	3.190	4.300

Volume de ar requerido (PCM) para velocidades de 3 mil FPM.
Obs.: Diâmetros em polegadas.

Tab. 7.4 MÉDIA DE CIRCULAÇÃO (L/MIN)

D (furo)	D (haste)	20	25	30	35	40	45	50
6 1/8	3 1/2	260	300	380	455	500	570	680
	4	220	265	340	415	420	490	560
7 7/8	3 1/2	530	605	760	910	985	1.175	1.325
	4	500	570	720	870	910	1.060	1.210
	4 1/2	455	530	645	795	835	985	1.100
8 1/2	3 1/2	645	760	945	1.100	1.210	1.400	1.590
	4	605	680	870	1.060	1.135	1.285	1.475
	4 1/2	570	645	795	945	1.060	1.210	1.360
9 7/8	3 1/2	910	1.100	1.285	1.590	1.700	2.005	2.270
	4	870	1.020	1.250	1.515	1.625	1.890	2.160
	4 1/2	830	945	1.210	1.440	1.550	1.780	2.045
	5	795	910	1.135	1.360	1.440	1.665	1.890
12 1/4	3 1/2	1.475	1.665	2.160	2.650	2.840	3.140	3.635
	4 1/2	1.400	1.590	2.005	2.420	2.610	2.990	3.405
	5	1.360	1.550	1.930	2.310	2.500	2.915	3.290
	5 1/2	1.285	1.475	1.855	2.235	2.420	2.765	3.140
	6 5/8	985	1.325	1.625	1.970	2.120	2.460	2.800
14 3/4	4 1/2	1.855	2.120	2.610	3.105	3.405	3.975	4.465
	5	1.780	2.045	2.535	3.030	3.290	3.820	4.315
	5 1/2	1.700	1.970	2.460	2.950	3.180	3.670	4.165
	6 5/8	1.550	1.780	2.235	2.690	3.915	3.370	3.290
17 1/2	4 1/2	4.200	4.620	6.095	6.925	7.685	8.820	10.295
	5	3.595	4.010	5.185	6.020	6.625	7.610	8.780
	5 1/2	2.990	3.405	4.280	5.110	5.565	6.395	7.270
	6 5/8	2.840	3.255	4.050	4.880	5.300	6.095	6.890

Velocidades anulares em m/min – Obs.: diâmetros em polegadas.

Tab. 7.5 TABELA DE VOLUMES

Diâmetro (pol)	Diâmetro (mm)	Volume (L/m)
1	25,40	0,51
1 1/2	38,10	1,14
2	50,80	2,03
2 1/2	63,50	3,17
3	76,20	4,56
4	101,60	8,11
5	127,00	12,67
6	152,40	18,24
8	203,20	32,43
10	254,00	50,67
12	304,80	72,96
12 1/4	311,15	76,04
14 3/4	374,65	110,24
16	406,40	129,72
17 1/2	444,50	155,18
18	457,20	164,17
20	508,00	202,68
22	558,80	245,25
24	609,60	291,86
26	660,40	342,53
30	702,00	456,04

Tab. 7.6 CIMENTAÇÃO DO ESPAÇO ANULAR (QUANTIDADE DE CIMENTO EM SACOS DE 50 kg, CONSIDERANDO 25 L DE ÁGUA POR SACO)

Diâmetro do poço (pol)	10	12	12	14	14	16	16
Diâmetro do revestimento (pol)	6	6	8	6	8	8	10
Quantidade de sacos para 10 m	9/10	16/17	10/11	25/26	21/22	31/32	25/26

Tab. 7.7 TUBOS E HASTES DE REVESTIMENTO (CAPACIDADE DO FURO)

Diâmetro do furo (pol)	L/m	Sacos de cimento por 10 m
4 1/2	10	3/4
6	18	5/6
8	32	10/11
10	51	16/17
12	73	23/24
12 1/4	76	24/25
14 3/4	110	35/36
17 1/2	155	50/51
18	164	52/53
20	203	65/66
24	292	97/98
26	342	110/111
30	456	146/147

8 Fluidos de perfuração

Tab. 8.1 VELOCIDADE DA LAMA (MÍNIMO RECOMENDADO)

Diâmetro do furo (pol)	Velocidade (m/min)
7 7/8	30 - 40
10 5/8	25 - 35
12 1/4	20 - 30
15	20 - 25
17 1/2	15 - 20

Bibliografia consultada

DRISCOLL, F. G. *Groundwater and wells*. Minnesota: Johnson Division, 1986.

TRIONIC. *Tabelas práticas e informações para usuários de águas subterrâneas*. São Paulo, 2002.

Sobre os autores

Aldo da Cunha Rebouças

Geólogo pela Universidade Federal de Pernambuco (UFPE), 1962; doutor pela Université de Strasbourg, 1973; geólogo da Superintendência de Desenvolvimento do Nordeste (Sudene), na qual exerceu vários cargos até 1971; docente e professor titular do Instituto de Geociências da Universidade de São Paulo (IGc/USP) até 1998; ex-presidente e conselheiro vitalício da Associação Brasileira de Águas Subterrâneas (Abas); pesquisador do Instituto de Estudos Avançados da Universidade de São Paulo (IEA/USP) e consultor.

Almiro Cassiano Filho

Engenheiro eletricista pela Universidade de Mogi das Cruzes (UMC), 1981; especialização em Engenharia de Saneamento Básico pela Faculdade de Saúde Pública da Universidade de São Paulo (USP), 1995; ocupou cargos de engenheiro, gerente de divisão e gestor de manutenção e automação na Sabesp, de 1982 a 2003; gerente de departamento de automação e manutenção, 2003/05; coordenador de projetos, 2006/09; gerente de departamento de desenvolvimento operacional, 2010/11.

André Marcelino Rebouças

Geólogo pelo Instituto de Geociências da Universidade de São Paulo (IGc/USP), em 1991; mestre em Poluição dos Aquíferos pela USP, em 1997; diretor da Arcadis Logos S.A. desde 1991.

Carlos Eduardo Quaglia Giampá

Geólogo pela Universidade de São Paulo (USP), 1972; pós-graduado em Hidrogeologia pela USP, 1977; geólogo da Petrobras, do DAEE/SP, Prominas/SP e Sabesp, entre 1973 e 1986; diretor técnico da Hidrogesp até 2000; conselheiro do Crea/SP, de 1995 a 2004; ex-presidente e conselheiro vitalício da Abas; sócio-diretor da DH – Perfuração de Poços Ltda. desde 1990.

Cid Tomanik Pompeu

Bacharel em Direito pela Faculdade de Direito da Universidade de São Paulo (USP), em 1957; especialização, mestrado e doutorado pela Universidade de São Paulo (USP); procurador aposentado do DAEE/SP; ex-consultor jurídico da presidência da Sabesp e Cetesb; assessor do Ministério de Minas e Energia para o anteprojeto do Código de Águas; ex-professor da USP, da Fundação Armando Álvares Penteado (FAAP) e das Faculdades Metropolitanas Unidas (FMU).

Fernando Antônio Carneiro Feitosa

Geólogo pela Universidade Federal de Pernambuco (UFPE), 1983; mestre em Hidrogeologia pela UFPE, 1992; hidrogeólogo em várias empresas nacionais (Conesp, Atepe, Funceme, Labhid e Aquaplan); hidrogeólogo da CPRM desde 1997.

Flávio Terra Barth *(in memoriam)*

Engenheiro civil pela Escola Politécnica da Universidade de São Paulo (USP), em 1966; pós-graduado em Recursos Hídricos, em 1972; atuou no DAEE/SP como engenheiro e diretor de Planejamento e Recursos Hídricos, de 1967 a 1995; foi consultor na elaboração do Plano Nacional de Recursos Hídricos; faleceu em 2000.

Geraldo Girão Nery

Engenheiro agrônomo pela Universidade Federal do Ceará (UFC), em 1960; geólogo pela Universidade Federal da Bahia (UFBA)/Petrobras, em 1962; mestre em Geologia pela UFBA, em 1989; na Petrobras, atuou em diversas áreas, principalmente em perfilagem geofísica; desde 1992 é sócio e diretor de marketing da Hydrolog.

Ivanir Borella Mariano

Geólogo pela USP, 1966; geólogo, assistente técnico, chefe de equipe de hidrogeologia, coordenador e diretor da Divisão de Águas Subterrâneas do DAEE/SP, de 1973 a 1995; consultor autônomo.

Janaina Barrios Palma

Geóloga pela Universidade Estadual Paulista (Unesp), em 1997; doutora em Hidrogeologia/Geotecnia pela Universidade de São Paulo (USP), em 2004; geóloga da Arcadis Logos S.A. desde 2004.

Jean-Pierre Di Schino

Engenheiro pela École Nationale d'Ingénieur de Constructions Aéronautiques de Paris, em 1963; atuou na área de perfilagem geofísica em empresas transnacionais em vários países; ex-diretor-presidente da Hydrolog.

João Manoel Filho

Geólogo pela Universidade Federal de Pernambuco (UFPE), 1962; mestre em Hidrogeologia pela Universidade de Strasbourg, 1965; doutor em Hidrogeologia pelo Instituto de Geociências da Universidade de São Paulo (IGc/USP), 1996; geólogo da Sudene, entre 1963 e 1971; diretor executivo da Planat, entre 1975 e 1985; professor adjunto do CTG/UFPE, de 1972 a 2003; professor voluntário da UFPE e consultor.

José Geílson Alves Demétrio

Geólogo pela Universidade Federal de Pernambuco (UFPE), 1983; mestre em Hidrogeologia pela UFPE, 1990; doutor em Hidrogeologia pelo IGc/USP, 1998; hidrogeólogo de empresas nacionais (Atepe e Planat); professor adjunto do Centro de Tecnologia e Geociências da UFPE desde 1992.

Kokei Uehara

Engenheiro civil pela Escola Politécnica da Universidade de São Paulo (USP); professor titular do Departamento de Engenharia Hidráulica e Sanitária da Escola Politécnica da USP de 1981 a 1987.

Nelson Ellert

Geólogo pela Faculdade de Filosofia, Ciências e Letras da USP, em 1962; geólogo-geofísico de campo da Geotécnica, em 1963; doutor em 1966; engenheiro-geofísico pelo Institut Français du Pétrole, em 1968; de 1963 a 1995, docente da USP; professor livre-docente, em 1971; professor adjunto, em 1979; professor titular, em 1993; professor visitante da Universidade do Texas, Austin; diretor da Arcadis Hidroambiente.

Suely Schuartz Pacheco Mestrinho

Doutora em Recursos Minerais e Hidrogeologia (USP); mestra em Geoquímica e Meio Ambiente (UFBA) e em Química Industrial (UFSE); professora adjunta aposentada da UFBA; consultora da Unesco para apoio à Agência

Nacional de Águas (ANA); sua produção científica se destaca com publicações e capítulos de livros relacionados a temáticas como hidrogeoquímica, qualidade e monitoramento de águas superficiais e subterrâneas, classificação de águas subterrâneas para enquadramento e planejamento integrado do uso e conservação de recursos hídricos em bacias hidrográficas.

Valdir Gonçales

Geólogo pela Universidade de São Paulo (USP), 1972; atuou como geólogo para as empresas Morro Vermelho, Reago e Cimimar até 1991; coordenador de operações e manutenção de poços da Sabesp em São José dos Campos de 1991 a 1997, pela Hidrogesp; gerente de vendas e de produção até 2003; geólogo do departamento comercial da DH – Perfuração de Poços Ltda. desde 2003.

Valter Galdiano Gonçales

Geólogo pela Universidade de São Paulo (USP), 1970; geólogo e responsável técnico de perfuração da Cia. T. Janer até 1979; fundador e diretor da Hidrogesp até 2000; conselheiro do Crea/SP de 1989 a 1991; ex-conselheiro e diretor da Associação Brasileira de Águas Subterrâneas (Abas); sócio-diretor da DH – Perfuração de Poços Ltda. desde 1990.

Waldir Duarte Costa

Geólogo pela então Escola de Geologia de Pernambuco, em 1962; mestre em Hidrogeologia pelo Centro de Tecnologia da UFPE, em 1977; doutor em Hidrogeologia pelo Instituto de Geociências da USP, em 1987; professor titular da UFPE; presidente da Associação Brasileira de Águas Subterrâneas (Abas) (1995/96); diretor-presidente da Costa Consultoria e Serviços Técnicos e Ambientais Ltda.

Walter Antonio Orsati

Engenheiro Mecânico pela Universidade de Mogi das Cruzes (UMC), 1976; especialização em Engenharia de Saneamento Básico pela Faculdade de Saúde Pública da Universidade de São Paulo (USP), 1993; especialização em Gerenciamento de Manutenção pela Faculdade de Engenharia Industrial (FEI), 1995; ocupou cargos de engenheiro, chefe de setor técnico e gerente de departamento na Sabesp, entre 1977 e 2013.